# 铁矿石烧结生产实用技术

许满兴　何国强　张天启　廖继勇　编著

北　京
冶　金　工　业　出　版　社
2021

## 内 容 提 要

本书介绍了近年来我国烧结生产中的新技术，内容包括：降低固体燃耗技术、强化混合制粒技术、提高混合料温技术、烧结点火技术的进步、烧结漏风治理技术、均质厚料层烧结技术、烧结矿整粒技术等。

本书可供钢铁企业的工程技术人员阅读，也可供大专院校相关专业的师生参考。

**图书在版编目(CIP)数据**

铁矿石烧结生产实用技术/许满兴等编著. —北京：冶金工业出版社，2019.8（2021.3 重印）

ISBN 978-7-5024-8185-8

Ⅰ.①铁… Ⅱ.①许… Ⅲ.①铁矿物—烧结 Ⅳ.①TF521

中国版本图书馆 CIP 数据核字（2019）第 144283 号

出 版 人 苏长永
地　　址 北京市东城区嵩祝院北巷 39 号 邮编 100009 电话 (010)64027926
网　　址 www.cnmip.com.cn 电子信箱 yjcbs@cnmip.com.cn
责任编辑 戈 兰 美术编辑 彭子赫 版式设计 孙跃红
责任校对 石 静 责任印制 李玉山
ISBN 978-7-5024-8185-8
冶金工业出版社出版发行；各地新华书店经销；北京虎彩文化传播有限公司印刷
2019 年 8 月第 1 版，2021 年 3 月第 2 次印刷
169mm×239mm；24.25 印张；472 千字；369 页
**106.00** 元

**冶金工业出版社 投稿电话 (010)64027932 投稿信箱 tougao@cnmip.com.cn**
**冶金工业出版社营销中心 电话 (010)64044283 传真 (010)64027893**
**冶金工业出版社天猫旗舰店 yjgycbs.tmall.com**
（本书如有印装质量问题，本社营销中心负责退换）

# 前　言

烧结矿是我国高炉炼铁的主要原料，它决定着高炉冶炼的生产技术经济指标。近几十年来，我国高炉炼铁生产中，烧结矿的比例基本上占高炉炉料的75%左右，占高炉炼铁成本和能源消耗的70%以上，因此烧结生产的技术经济指标和质量对高炉的成本和效果有着决定性的作用。

近五年是我国烧结技术转型发展的关键时期，全国烧结厂从重生产阶段向生产与环保协同发展阶段转变，钢铁企业把抓生产与抓环保上升到同等重要的高度，烧结工序能否兼顾好这两个方面是决定企业可持续发展的重要因素。为此，烧结工序已经肩负起了钢铁冶炼流程的双重使命，它既肩负着为高炉提供优质炉料的生产重任，还肩负着钢铁冶炼流程中污染物治理的重任。钢铁企业已经从被动改进和提升烧结技术、治污技术，转变到“求生存、增效益、降成本、要环保”的主动作为上来。

我们编写的《铁矿石烧结生产实用技术》一书共分8章，全面总结了21世纪以来我国烧结机大型化、低碳厚料层烧结工艺技术的进展情况，对我国烧结生产降本增效、环境治理和智能工厂进行了展望；对降低固体燃耗技术、强化混合制粒技术、提高混合料温技术、烧结点火技术、烧结漏风治理技术、均质厚料层烧结技术、烧结矿整粒技术等技术的基本原理、工艺特点、生产装备和案例分析等进行了详细阐述，重点介绍了相关技术在宝钢、首钢、包钢、柳钢、马钢、太钢等企业的成功案例。本书数据详实、逻辑严谨、表述清晰、结论科学且有深度，书中所述各项技术可能会增加少量投资，但对降低运营成本、改善生态环境具有明显效果，各企业从长远利益考虑，可根据实际情况合理选用。期待本书的出版对促进我国钢铁业烧结工序的转型升级贡献一份力量。

本书在编写过程中得到北京科技大学冯根生和祁成林、中国钢铁之家赵晓慧、《烧结球团》编辑部唐艳云、余海钊等专家的大力支持，同时参考和引用了有关文献资料，在此对以上专家和相关文献作者一并表示衷心的感谢。

由于编者水平有限，收集的资料不全，书中不妥之处，恳请专家和读者批评指正。

2019 年 7 月

# 目　　录

# 1 概 述

【本章提要】

本章介绍了我国烧结生产的发展历程，烧结矿对高炉炼铁的重要意义，21世纪我国烧结生产技术的进步，以及对我国烧结生产技术的展望。

烧结法是将粉状物料进行高温加热，在不完全熔化的条件下烧结成块的方法，所得产品称为烧结矿，外形为不规则多孔状。烧结所需热量由配入烧结料内的燃料与通入料层的空气燃烧提供，故又称氧化烧结。烧结矿主要靠熔融的液相将未熔矿粒黏结成块获得强度。

依据二元碱度（$R_2 = CaO/SiO_2$）的不同，可将烧结矿分为酸性（$R_2 < 1.0$）、自熔性（$R_2 = 1.0 \sim 1.3$）和碱性（$R_2 > 1.3$），碱性烧结矿中 $R_2 > 1.8$ 时为高碱度烧结矿。长期的炼铁生产实践表明，高碱度烧结矿不仅机械强度高，而且具有优良的冶金性能，碱度为 1.8~2.2 的高碱度烧结矿已成为现代烧结生产的主流产品。

## 1.1 我国烧结生产的发展历程

从 1911 年美国的 Brooke 公司建成投产世界第一台应用于钢铁生产的 D-L 烧结机（面积 $6m^2$）算起，烧结工艺经历了 100 多年的技术发展。我国第一台烧结机 1926 年在鞍钢建成投产，面积为 $21.8m^2$。我国烧结经过了五个发展阶段：

第一阶段（1953~1970 年）是起步期。引进苏联技术，在鞍钢、本钢、武钢、包钢、马钢、太钢等先后建成 40 余台 $65m^2$、$75m^2$、$90m^2$ 烧结机，由于工艺不完善、无自动配料、整粒、铺底料以及冷却设备，技术指标非常落后。

第二阶段（1970~1985 年）是探索期。我国自主探索性设计和建造了攀钢、酒钢、梅钢、本钢等 7 台 $130m^2$ 烧结机，实现了部分配料自动化，增设了铺底料、整粒及冷却设备。

第三阶段（1985~2000 年）是转折期。最具标志性的是 1985 年宝钢引进日本 $450m^2$ 大型烧结机，此后在消化吸收日本烧结技术的基础上，自主设计建设 $90 \sim 500m^2$ 大中型烧结机 30 余台，积累了自主建设现代化大型烧结机的丰富经验。

第四阶段（2000~2013 年）是繁荣期。一大批烧结机相继建成投产，大量的科研成果得到自主开发，如高铁低硅烧结、高碱度烧结、超高料层烧结、新型点火炉、偏析布料、降低漏风率、余热回收利用、烟气脱硫等技术得到推广应用。其中有两个重要节点，一是 2010 年太钢建成了国内最大的 660m$^2$ 烧结机，至此特大型烧结机自主研制取得突破；二是 2013 年烧结矿产量达到 10.6 亿吨，建成烧结机 1300 余台，行业处于 10 余年的高速发展期。

第五阶段（2013~）是转型期。随着国家供给侧改革深入推进，2016~2017 年国内累计压减钢铁产能和“地条钢”产能约 2.5 亿吨，2018 年再压减钢铁产能 3000 万吨左右，有效缓解国内钢铁行业产能严重过剩的矛盾，截至 2017 年底，全国烧结机预计降低至 900 余台（2015 年统计 1186 台），产量达到 10 亿吨；同时行业治污力度持续加强，“2+26”区域大气污染治理取得阶段性成果，逐步拉开了全国超低排放的序幕，2018 年 5 月 16 日生态环境部已经发布了《钢铁企业超低排放改造工作方案（征求意见稿）》，颗粒物、$SO_2$、$NO_x$ 排放浓度分别不得超过 10mg/m$^3$、35mg/m$^3$、50mg/m$^3$。钢铁企业完成超低排放改造的时间表（见图 1-1）。

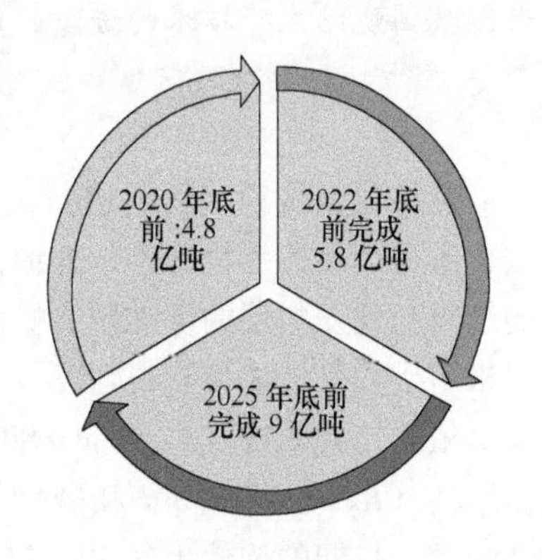


图 1-1　钢铁超低排放改造时间表

## 1.2　烧结矿对高炉炼铁的重要意义

烧结矿一直以来都是我国高炉炼铁的主要原料，它决定着高炉冶炼的生产技术经济指标。近几十年来，我国高炉炉料中烧结矿的比例在 75%左右，占高炉炼铁成本和能源消耗的 70%以上，因此烧结生产的技术经济指标和质量对高炉的成本和效益有着决定性的作用。

根据高炉配料测算结果，吨烧结矿成本增加 10 元，吨铁成本将提高 12~13 元。宝钢经验告诉我们，降低烧结矿成本，不降低烧结矿的质量，才能取得降低炼铁成本、增加效益的好指标，否则将会得不偿失。

烧结矿质量对高炉炼铁技术经济指标的作用和影响是多方面的。首先是品位的影响，入炉矿品位降低 1%，将影响高炉燃料比 1.0%~1.5%，影响产量 2.0%~2.5%，烧结矿的含铁品位力求不小于 57%；$SiO_2$ 含量的影响也是举足轻重的，入炉矿 $SiO_2$ 提高 1%，高炉炼铁将增加 50kg 渣量，而 100kg 渣量将影响高炉燃料比和产量各 3.5%，$SiO_2$ 含量的最佳值应为 4.6%~5.3%；烧结矿的碱度是影响高炉操作最基本的因素，当碱度低于 1.80 后，高炉的燃料比会大幅度上升，碱度对高炉操作指标的影响主要是通过其矿物组成、强度和冶金性能表现出来的，最佳碱度应为1.90~2.30。

据统计，烧结矿的900℃还原性每降低10%，将影响高炉燃料比和产量各8%~9%；烧结矿的低温还原粉化指数（$RDI_{-3.15}$）升高10%，将影响高炉燃料比1.5%，影响产量3%；烧结矿的软熔性能对高炉操作指标的影响更为突出，它们主要影响高炉中下部的透气性，从而影响高炉炉腹煤气量指数和高炉下部顺行，意大利的皮昂比诺（Piombimo）4号高炉曾作过统计，当高炉透气性改善8.7%，产量提高16%，燃料比相应降低8.6%。

烧结矿的MgO和$Al_2O_3$含量直接影响高炉炉渣的$MgO/Al_2O_3$，传统观念高炉渣的$MgO/Al_2O_3$为0.65。近几年来国内外高炉炼铁均有把炉渣$MgO/Al_2O_3$降低到0.35~0.40，保持了高炉的稳定和顺行，吨铁成本有下降近30元的实例。

烧结矿的FeO含量也是影响高炉操作的一个重要因素，FeO高，不仅使烧结矿难还原，在高炉内熔融带的高度和透气阻力均与低熔点的硅酸盐渣量有关。FeO含量应控制在8%±0.5%的水平。

综上所述，烧结矿的质量和成本对高炉炼铁的作用和影响是多方面的，因此低成本、低燃料比炼铁离不开烧结生产的工艺技术和质量指标。

## 1.3 21世纪我国烧结生产技术的进步

跨入21世纪以来，我国烧结生产技术和质量取得了巨大的发展和长足进步，近十几年我国和宝钢烧结生产主要技术经济指标见表1-1和表1-2。由表可见，在不断提高生产力、烧结机大型化、低碳、厚料层烧结、优化配矿、节约能耗、降低成本、烧结烟气净化、余热利用和改善环保及烧结矿质量诸方面均取得了快速发展和较大的进步。

### 1.3.1 烧结机大型化

1970年以后我国才能设计130$m^2$以上烧结机；1985年宝钢从新日铁引进的450$m^2$烧结机投产，使我国烧结工作者感受到了大型烧结机的投资省、产量高、质量好和劳动生产率高，且环保也有很大的改善等优点；1989年中冶长天承担了对宝钢1号450$m^2$烧结机的技术改造设计，不仅将料层厚度由500mm提高到600mm，对烧结机的密封、布料等装置也作了改进，取得了高产、优质、降耗等多方面的成果。此后我国烧结机的大型化就逐步走上了一条快速发展的道路，特别是进入21世纪以来，大型化发展更加迅速，据统计2008年和2009年每年投产360$m^2$以上的烧结机分别达到25台和28台，到2015年我国360$m^2$以上大型烧结机已经超过100台，全国重点企业284条烧结生产线，平均烧结面积已经由2001年76$m^2$提高到2015年的240$m^2$。大型化技术的进步包括机械装备、控制技术、

表 1-1 2000~2017 年我国烧结生产技术主要技术经济指标

| 年份 | 烧结面积 /$m^2$·台$^{-1}$ | 利用系数 /t·($m^2$·h)$^{-1}$ | 料层厚度 /mm | 成品率 /% | 含粉率 /% | 返矿率 /% | 电耗 /kWh·$t^{-1}$ | 固体燃耗 /kg·$t^{-1}$ | 工序能耗 /kgce·$t^{-1}$ | 转鼓指数 /% | 化学成分/% | | | $CaO/SiO_2$ |
|---|---|---|---|---|---|---|---|---|---|---|---|---|---|---|
| | | | | | | | | | | | TFe | FeO | $SiO_2$ | |
| 2000 | 76.0 | 1.45 | 482.8 | — | 11.33 | — | 34.71 | 58.00 | 69.87 | 75.81 | 55.65 | 10.17 | — | 1.70 |
| 2001 | 76.0 | 1.47 | 499.0 | — | 10.50 | — | 33.89 | 59.00 | 70.77 | 74.19 | 55.95 | 10.32 | 5.99 | 1.76 |
| 2002 | 76.0 | 1.48 | 528.2 | — | 9.26 | — | 35.27 | 57.00 | 71.85 | 73.72 | 56.60 | 9.87 | 5.74 | 1.83 |
| 2003 | 80.0 | 1.48 | 535.9 | 82.05 | 8.53 | 19.02 | 34.74 | 55.00 | 67.92 | 71.83 | 56.90 | 9.28 | 5.31 | 1.94 |
| 2004 | 80.0 | 1.48 | 546.2 | 81.71 | 7.72 | 19.98 | 35.98 | 54.00 | 68.10 | 73.24 | 56.00 | 9.33 | 5.58 | 1.93 |
| 2005 | 94.6 | 1.48 | 575.9 | 82.68 | 7.76 | 21.43 | 39.41 | 53.00 | 65.70 | 73.78 | 55.91 | 9.16 | 5.65 | 1.94 |
| 2006 | 98.3 | 1.43 | 602.6 | 83.27 | 7.36 | 18.89 | 39.32 | 54.00 | 57.50 | 75.75 | 55.85 | 9.15 | 5.73 | 1.95 |
| 2007 | 117.1 | 1.42 | 614.4 | 82.24 | 6.44 | 18.82 | 40.22 | 54.00 | 59.37 | 76.02 | 55.65 | 8.84 | 5.50 | 1.88 |
| 2008 | 126.5 | 1.360 | 636.0 | 83.31 | 7.15 | 18.65 | 40.49 | 53.31 | 56.52 | 76.59 | 55.39 | 8.84 | 5.70 | 1.96 |
| 2009 | 146.3 | 1.341 | 642.2 | 81.30 | 7.07 | 19.20 | 41.06 | 55.00 | 57.28 | 77.44 | 55.97 | 8.50 | 5.20 | 1.834 |
| 2010 | 165.9 | 1.324 | 666.1 | 83.50 | 7.18 | 22.29 | 43.87 | 54.00 | 56.71 | 78.77 | 55.53 | 8.35 | 5.35 | 1.914 |
| 2011 | 182.2 | 1.306 | 661.4 | 82.99 | 6.86 | 19.18 | 43.22 | 54.00 | 55.35 | 78.72 | 55.13 | 8.58 | 5.69 | 1.877 |
| 2012 | 202.9 | 1.275 | 666.0 | 84.18 | 6.49 | 19.09 | 43.01 | 53.00 | 52.97 | 80.48 | 54.81 | 8.51 | 5.91 | 1.887 |
| 2013 | 222.7 | 1.250 | 688.9 | 85.46 | 6.75 | 18.35 | 44.49 | 44.77 | 51.39 | 79.69 | 54.38 | 8.29 | 6.21 | 1.938 |
| 2014 | 229.3 | 1.277 | 710.4 | 86.82 | 6.62 | 17.56 | 45.39 | 44.20 | 51.05 | 77.58 | 54.76 | 8.48 | 6.11 | 1.956 |
| 2015 | 235.7 | 1.260 | 688.5 | 83.34 | 8.79 | 16.81 | 44.41 | 47.38 | 49.50 | 78.73 | 54.31 | 8.70 | 5.90 | 1.888 |
| 2016 | 316.3 | 1.270 | 731.4 | 82.80 | 6.55 | 16.81 | 43.39 | 45.89 | 50.24 | 78.03 | 55.65 | 8.73 | 5.49 | 2.120 |
| 2017 | 320.5 | 1.260 | 714.3 | 83.24 | 6.78 | 17.04 | 46.74 | 46.40 | 49.36 | 78.36 | 55.35 | 8.55 | 5.82 | 1.980 |

表 1-2 2000~2017 年宝钢烧结生产主要技术经济指标

| 年份 | 利用系数 /t·(m²·h)⁻¹ | 料层厚度 /mm | 成品率 /% | 含粉率 /% | 返矿率 /% | 电耗 /kWh·t⁻¹ | 固体燃耗 /kg·t⁻¹ | 工序能耗 /kgce·t⁻¹ | 转鼓指数 /% | 烧结矿化学成分/% | | | | | $CaO/SiO_2$ |
|---|---|---|---|---|---|---|---|---|---|---|---|---|---|---|---|
| | | | | | | | | | | TFe | FeO | $SiO_2$ | MgO | $Al_2O_3$ | |
| 2000 | 1.215 | 648 | 77.79 | 4.5 | 34.00 | 41.72 | 49.63 | 59.08 | 75.97 | 59.09 | 7.35 | 4.47 | 1.58 | 1.50 | 1.80 |
| 2001 | 1.224 | 655 | 77.52 | 4.4 | 35.00 | 41.23 | 50.00 | 59.22 | 75.49 | 59.50 | 7.53 | 4.43 | 1.60 | 1.48 | 1.81 |
| 2002 | 1.215 | 644 | 75.43 | 3.6 | 33.00 | 40.13 | 51.04 | 60.32 | 77.74 | 58.85 | 7.62 | 4.56 | 1.62 | 1.50 | 1.82 |
| 2003 | 1.223 | 648 | 75.20 | 3.3 | 30.02 | 41.09 | 50.42 | 61.12 | 77.40 | 58.73 | 7.78 | 4.58 | 1.61 | 1.61 | 1.82 |
| 2004 | 1.261 | 668 | 74.04 | 3.5 | 35.34 | 40.34 | 52.11 | 62.21 | 77.78 | 58.68 | 7.80 | 4.57 | 1.66 | 1.68 | 1.83 |
| 2005 | 1.372 | 710 | 74.69 | 3.7 | 33.91 | 37.46 | 51.18 | 60.56 | 77.86 | 58.39 | 7.91 | 4.63 | 1.81 | 1.68 | 1.84 |
| 2006 | 1.396 | 705 | 74.22 | 3.9 | 34.81 | 37.71 | 52.60 | 57.58 | 77.61 | 58.45 | 8.22 | 4.69 | 1.82 | 1.65 | 1.84 |
| 2007 | 1.419 | 727 | 74.63 | 4.0 | 35.76 | 38.67 | 51.94 | 55.95 | 77.77 | 58.16 | 8.21 | 4.71 | 1.90 | 1.62 | 1.91 |
| 2008 | 1.387 | 744 | 75.73 | 4.1 | 32.09 | 40.39 | 51.00 | 55.40 | 77.63 | 57.94 | 8.02 | 4.75 | 1.82 | 1.68 | 1.93 |
| 2009 | 1.408 | 702 | 75.52 | 4.1 | 32.42 | 42.78 | 52.25 | 57.53 | 77.55 | 57.86 | 8.00 | 4.84 | 1.70 | 1.63 | 1.89 |
| 2010 | 1.395 | 684 | 75.79 | 3.8 | 31.92 | 43.89 | 51.31 | 57.20 | 78.03 | 57.82 | 8.02 | 4.72 | 1.61 | 1.62 | 2.02 |
| 2011 | 1.386 | 679 | 75.50 | 3.6 | 32.49 | 48.11 | 52.53 | 59.41 | 77.41 | 57.62 | 8.05 | 4.74 | 1.63 | 1.66 | 2.03 |
| 2012 | 1.372 | 689 | 76.60 | 3.9 | 33.19 | 50.16 | 52.27 | 60.02 | 77.51 | 57.69 | 8.21 | 4.92 | 1.66 | 1.74 | 1.89 |
| 2013 | 1.290 | 690 | 75.54 | 3.1 | 30.65 | 52.02 | 47.79 | 61.21 | 77.85 | 57.82 | 8.03 | 4.95 | 1.69 | 1.67 | 1.86 |
| 2014 | 1.278 | 755 | 76.96 | 4.9 | 29.94 | 52.28 | 44.23 | 49.49 | 76.27 | 57.93 | 8.47 | 4.90 | 1.66 | 1.66 | 1.80 |
| 2015 | 1.293 | 759 | 78.43 | 5.0 | 27.51 | 52.56 | 45.18 | 48.54 | 77.50 | 58.26 | 8.56 | 4.99 | 1.58 | 1.70 | 1.80 |
| 2016 | 1.209 | 747 | 78.30 | 8.3 | 27.73 | 52.36 | 43.98 | 46.91 | 77.95 | 58.36 | 8.36 | 4.85 | 1.49 | 1.72 | 1.84 |
| 2017 | 1.309 | 771 | 78.89 | 5.7 | 26.76 | 54.44 | 42.34 | 49.86 | 77.20 | 57.71 | 8.70 | 4.77 | 1.51 | 1.64 | 2.01 |

工艺技术、环境保护等全方位的进步。1991年宝钢2号450m²烧结机的投产，标志着我国烧结自主设计制造工艺已经达到了世界先进水平。

### 1.3.2 低碳厚料层烧结

进入21世纪以来，我国厚料层烧结生产取得了显著进步，由表1-1可知，全国列入统计的284条生产线平均料层厚度由2000年的482.8mm提高到2015年的688.5mm，年平均提高接近15mm。目前我国大多数烧结机料层厚度超过700mm，马钢三烧2台360m²烧结机料层厚度已超过900mm。固体燃耗由2000年的58.00kg/t降低到2015年的47.38kg/t，年平均降低1kg/t左右，全国烧结矿年产量约9亿吨，即每年降低固体燃料90万吨，可降低$CO_2$排放330万立方米，这对节能降耗和改善环境都是一项巨大的贡献。

宝钢实践证明，料层每提高100mm，能降低煤气消耗0.64m³/t，降低配碳1.04kg/t，降低烧结矿FeO含量0.6%，提高转鼓指数2.3%。厚料层烧结对改善烧结矿产、质量和节能降耗具有以下五个方面的作用和效果：

（1）厚料层烧结降低了机速和垂直烧结速度，延长了烧结料层在高温下的保温时间，有利于针状复合铁酸钙的生成，提高了烧结矿的强度和成品率，改善了烧结矿的质量。

（2）厚料层烧结降低了配碳，抑制了烧结料层的过烧和欠烧等不均匀的烧结现象，促进了低温烧结技术的发展，提高了烧结料层的均匀性。

（3）厚料层烧结由于低配碳，提高了烧结料层的氧化气氛，有利于降低烧结矿的FeO含量和提高还原性。

（4）厚料层烧结使强度低的表层烧结矿减少，有利于提高烧结成品率和入炉烧结矿的比例，降低烧结成本。

（5）厚料层烧结由于料层的自动蓄热作用，降低了固体燃耗、煤气消耗和提高了烧结烟气净化的效果。

正因为厚料层烧结具有上述作用和效果，故烧结生产应千方百计采取强化制粒、偏析布料等措施，改善烧结料层的透气性，实现低碳厚料层烧结。

### 1.3.3 烧结工艺技术进步

烧结工艺技术的进步主要包括优化配矿、强化制粒、偏析布料、合理操作、烧结机和环冷机的密封节能等方面。

#### 1.3.3.1 烧结优化配矿技术的进步与发展

烧结优化配矿是烧结工艺的一项关键技术，在20世纪八九十年代由于我国烧结生产多数以国产矿为主，配矿方法主要通过烧结杯试验进行探索性的配矿，多数企业烧结配矿依据铁矿粉、熔剂和燃料的化学成分，通过简易配矿计算，满足烧结矿碱度和主要化学成分的要求。1985年自从宝钢引进日本新日铁的配矿方法，根据进口铁矿粉的化学成分和烧结性能将其分为A、B、C三类，我国才开始重视进口铁矿粉的不同烧结特性研究。

跨入21世纪后，随着我国进口矿配比的快速增加、质量的劣化、价格的飞涨，促使我国优化配矿技术的提高和发展，其主要有：（1）按烧结机利用系数和成品矿机械强度为一对指数，高、中、低合理搭配的烧结反应性配矿方法；（2）巴西淡水河谷公司研发的按铁矿粉晶体颗粒大小、水化程度和$Al_2O_3$含量高、中、低合理搭配的配矿方法；（3）创新发展提出了按铁矿粉五项烧结基础特性（同化性、液相流动性、黏结相强度、生成铁酸钙能力、连晶固结强度）和铁矿石成矿能力（包括固相反应能力、液相生成特性及冷凝结晶特性）进行优化配矿，同时结合数学模型、专家系统（人工智能）及大数据管理。

#### 1.3.3.2 强化制粒技术的进步

强化制粒是厚料层烧结改善混合料透气性的关键技术，进入21世纪以来，为了适应不断提高料层的需要，全国钢铁企业和科研院所进行了强化制粒的大量实验研究，以及与其相关的一系列技术革新，诸如原燃料的粒度与粒度组成、黏结剂的选择与用量，圆筒混合料的工艺参数与内衬材质，混合料水分配加位置与方式问题等。

（1）原燃料的粒度及粒度组成是影响强化制粒的基础因素。经大量的研究提出不同粒级成球性指数的概念，并得出小于0.25mm颗粒的成球性指数达到98%，0.25~0.5mm颗粒有80%进入1mm以上的混合料中参加制粒，0.5~1.0mm颗粒的成球性指数达到60%以上；成球性指数最低的是1.0~3.0mm颗粒，但这部分可以成为制粒过程的粒核，即使不成粒核，因颗粒较粗，对混合料的透气性也不会造成多大影响；研究得出0.25~1.0mm单颗粒称为中间颗粒，所占比例是影响制粒效果的主要颗粒。

（2）黏结剂的质量和数量是影响混合料制粒的重要因素。研究和实践证明，添加生石灰，不仅能强化制粒，改善混合料的透气性，有利于提高料层厚度同时还会加快垂直烧结速度。黏结剂的质量主要指生石灰的CaO含量和活性度，要求生石灰的CaO含量不小于80%，活性度180~300是适宜的，生石灰的添加量3%~5%是适宜的。

（3）圆筒混合机的工艺参数和内衬材质是强化制粒的重要保证。研究和实践证明，增加混合机的长度和延长混合时间是改善混合机关键工艺参数，大型烧结机混合机的长度由原来的6~9m增加到17~22m，制粒时间由原来的3min增加到7~9min。混合料在圆筒混合机内的最佳充填率为11%~14%，混合料在圆筒内的最佳运动状态应以滚动为主辅之以少量泄落状态。混合机内衬材质和型式也是影响制粒效果的重要条件，强化制粒对内衬材质的质量基本要求是耐磨、既不粘料又不滑料。

(4) 合理的加水位置和加水方式是影响烧结混合料制粒、改善透气性的重要因素。实践证明，混合料混匀之前不宜加水，加水后难以混匀，进入一混后的5m内不宜加水，5m后加水应遵循粉状料制粒的规律："滴水成球，雾水长大，水小球小，水大球大"，在一混内加水应加喷淋水，不宜加雾水，而进入二混应加雾水。很多企业已采用红外线测水，实现了加水量的自动控制。

(5) 强化烧结制粒技术快速发展。烧结料的混合与制粒本是两个不同的概念和两个不同的作业，但由于烧结生产普遍采用圆筒混合机，其既有混合作用也有制粒的作用，在许多情况下，将两者合二为一，统称为混合制粒。混合制粒有一段、二段和三段工艺。一段和二段混合制粒工艺随着烧结机规模的大型化和超细铁矿粉或粉尘制粒，已经无法满足混合制粒的要求。

20年前，日本住友、新日铁等公司就开始采用立式强力混合机+圆筒混合机用于强化烧结制粒。强力混合机借助高速旋转的搅拌，使矿粉、燃料和熔剂在烧结混合料中分布更均匀，与水分充分相互接触，有利于提高燃烧效率，可节能固体能耗，改善成球效果，提高透气性。经验数据显示，使用强力混合机可提高烧结速度10%~12%，提升产量8%~10%，降低焦粉配比0.5%。

近几年国内外逐步重视推行强化烧结制粒技术，即采用强力混合机+圆筒混合工艺替代传统单纯的圆筒混合工艺。2012年台湾龙钢烧结项目，采用一台强力混合机和一台圆筒制粒机，取代二次料场和一混；2012年巴西Usiminas烧结改造项目，采用立式强力混合机处理超细铁矿粉；2013年比利时根特厂烧结改造项目二次混匀采用立式强混机，处理能力1100t/h，返矿占比22%~27%；2015年本钢566m$^2$烧结项目采用三段混合制粒，一段为强力混合机，二段、三段采用圆筒制粒机。2017年宝钢660m$^2$烧结机改建工程采用卧式强力混合机，用于全厂所有粉尘的强力混匀。

#### 1.3.3.3 节能减排、余热利用、烟气净化

全国烧结固体燃耗由2000年的平均58.0kg/t逐年降低到2015年的47.38kg/t，工序能耗全国平均由2000年的69.87kgce/t，降低到2015年的49.50kgce/t，十五年降低的幅度分别为接近25%，先进企业的这两个指标降低幅度均超过全国平均值的50%。

余热利用主要包括烧结机的废气余热、含C元素的利用和烧结矿显热即环冷机的废气余热利用，近几年由于钢铁处于"困境时期"，降低成本的压力促使钢铁企业大大加快了二次能源的开发利用，主要有料面喷洒热蒸汽技术、烟气循环

烧结、余热发电和余热蒸汽锅炉的应用，烟气循环烧结的比例可达到18%~35%。宁波钢铁烟气循环18.5%的效果达到降低固体燃耗2.0~2.3kg/t，沙钢等企业通过改善环冷机密封，提高废气温度，使余热蒸汽达到41t/h的产量。武钢450m$^2$烧结机余热年发电量已达到4457万千瓦时，二次能源的利用创造了巨大的经济效益。

同样，烧结烟气的净化和治理取得了很大的进展，目前全国烧结烟气基本上实现了脱硫、脱硝工序，达到了国家废气排放标准。宝钢湛江、太钢等企业采用活性焦对烧结烟气进行净化处理，实现烧结烟气脱硫、脱硝和脱二噁英一体化，达到了国家环保烧结烟气排放标准。

#### 1.3.3.4 烧结矿质量的提高和改善

烧结矿的质量主要有品位、$SiO_2$、碱度和FeO，以及MgO、$Al_2O_3$和有害元素的含量。21世纪以来，由于铁矿粉短缺，价格飞涨，造成2014年全国烧结矿$SiO_2$含量的平均值不仅没有下降，反而提高了一些，这是可以理解的。从高炉低成本、低燃料比炼铁出发，烧结矿的含铁品位应高于57%的水平，$SiO_2$最佳含量应在4.6%~5.3%的范围，最佳碱度范围是1.9~2.3，FeO≤9%。MgO和$Al_2O_3$含量也是烧结矿质量的重要成分，由韩国、日本和我国有些钢铁企业的研究和生产实践证明，高炉炉渣的$MgO/Al_2O_3$由0.6降低到0.4是可行的。

## 1.4 对我国烧结生产技术的展望

随着新旧动能转换、超低排放和国际产能合作的全面实施，烧结技术的提升将重点体现在“降本增效、环境治理、智能工厂”三大技术层面上。

### 1.4.1 降本增效

通过烧结机大型化、强化烧结混匀和制粒、低负压点火、均匀布料等技术的成熟，推进均质厚料层烧结技术，提升单台烧结机产能和质量，降低返矿率；通过烧结机材质和结构的改进与创新，攻克漏风率的顽疾，实现低能耗烧结技术发展。

（1）继续推进烧结大型化，淘汰落后小型烧结机。目前我国小于180m$^2$的烧结机占比还相当大，它存在着生产率低、能耗高，成品矿质量差、自动化水平和环保水平低，因此应继续推进烧结机大型化、自动化、绿色化（新能源烧结）、低能耗烧结。

（2）重视生石灰消化对强化制粒的重要作用。生石灰的消化和混合制粒的可视为厚料层烧结技术的一个薄弱环节，烧结生产要改变生石灰不消化进入混合料制粒的状况，要通过在主控室建立混合料制粒的可视视频画面，优化混合制粒过程，提高制粒效果。

（3）优化配矿是烧结生产的首道工序，也是关系到烧结产质量和成本的首道工序。可以说没有优化配矿，就不会有烧结的高产优质和低成本。企业做好优化配矿，一要建立长期稳定的主矿体系；二要建立铁矿粉综合品位计算法，先算账再采购配矿；三要掌控铁矿粉的高温烧结特性，关注特性互补；四要建立配矿数据库和专家系统；五要运用快捷和准确的配料计算方法。

（4）“点好火”是烧结生产确保产质量的关键操作。所谓“点好火”即掌握好50%~60%的总管负压的低负压点火；掌控好1050~1150℃的点火温度和60s左右的点火时间；主控室建立合理的风箱负压和温度分布棒态图，实现低负压烧结和控制好烧结终点；通过风箱负压和温度分布棒态图去监控制粒和布料。

（5）坚持生产高品位、低 $SiO_2$、高碱度、低 FeO、低 $MgO/Al_2O_3$ 的高质量烧结矿。烧结矿的品位应不小于57%，$SiO_2$ 保持4.6%~5.3%的范围，1.90~2.30的高碱度，小于9.0%的FeO水平及0.4左右的 $MgO/Al_2O_3$ 水平。

### 1.4.2 环境治理

随着钢铁行业超低排放标准以及工作规划的推出，时间节点紧、排放标准严，烧结工序的环境治理面临巨大挑战。要不断完善活性炭多污染物治理技术，加快推进SCR法中低温脱硝技术，以及开展二噁英以及CO、$CO_2$ 治理技术，同时利用烟气循环、低氮燃烧、过程控制等多种手段，以满足 $SO_2$、$NO_x$、粉尘、二噁英等多污染物的超低排放要求。

### 1.4.3 智能工厂

随着互联网+、人工智能、大数据、云服务、卫星定位系统、工业机器人以及先进的检测手段的引入，智能制造在钢铁冶炼流程中已经开始逐步凸显。宝钢作为行业先进技术的集大成者，计划用10年左右时间，完成智能制造雏形的建设，建成“智慧制造的城市钢厂”，现已建成了无人值守综合原料场、全球首套大型高炉控制中心以及1580mm热轧智能车间等示范项目。烧结工序作为钢铁冶炼的重要一环，智能制造尚处于研究阶段，相信在不久的未来将实现智能生产。

## 参考文献

[1] 唐先觉，何国强．论我国30年来铁矿烧结的技术进步［J］．烧结球团，2009，34（6）：1~4.

[2] 许满兴．新世纪我国烧结生产技术发展现状与展望［C］//全国高炉炼铁生产技术会暨炼铁学术年会文集，2016：378~383.

[3] 廖继勇，何国强．近五年烧结技术的进步与发展［J］．烧结球团，2018，44（5）：1~11.

# 2 降低固体燃耗技术

【本章提要】

本章介绍了我国烧结生产固体燃耗的状况与降耗举措，燃料的燃烧性、配碳量对烧结矿矿物组成和冶金性能的影响，首钢京唐以煤代焦烧结生产实践，重钢、太钢烧结燃料分加技术。

烧结生产的工序能耗包括固体燃料消耗（简称固体燃耗）、电耗和点火煤气消耗。在常态下，固体燃耗占烧结生产工序能耗的80%，电耗占15%，点火煤气消耗占5%，故降低烧结生产的工序能耗主要是降低固体燃耗。烧结生产的能耗是钢铁企业能耗的第二大户，它仅次于高炉炼铁的能耗。近几年我国年产烧结矿9亿吨，吨矿的工序能耗为50kgce/t，固体燃耗46kg/t，如果每吨矿降低5kg固体燃耗，全国每年烧结降低固体燃耗450万吨，这是什么概念，焦粉价格如按1000元/t计，就能节约45亿元；450万吨焦粉（或煤粉）按70%的固定碳计算，将减少碳燃烧315万吨，如果燃烧1t碳排放的 $CO_2$ 按3.67$m^3$ 计，则每年将减少 $CO_2$ 排放 $1156\times10^4m^3$，这将对保护和改善环境做出巨大的社会贡献。

降低烧结生产固体燃耗还有一个不能低估的价值，就是降低烧结烟气排放的价值。烧结生产过程产生大量的烟气，它基本占钢铁企业废气排放量的50%，而烧结烟气的产生量与固体燃耗直接相关，烧结机头烟气量一般为3600~4000$m^3$/t，机尾烟气量通常占烧结烟气总量的25%~50%即约为2000$m^3$/t。

降低5kg/t固体燃耗会降低10.89%的烟气，也就是说生产1t烧结矿将会减少435.6$m^3$ 的烟气排放，年生产9亿吨烧结矿将减少排放烟气量 $3920.4\times10^8m^3$，同时还减少了烟气净化设备投入和运行成本，社会效益和经济效益都是极大的。

## 2.1 我国烧结生产固体燃耗的状况与降耗举措

进入21世纪，随着钢铁工业的快速发展，我国烧结生产也取得了巨大的进步，烧结机面积由2000年的平均76$m^2$ 快速扩大到2016年的316.29$m^2$，大型化不仅是设计的进步、面积的扩大，它还包含了机械装备、控制技术、工艺技术、仪器仪表、环境保护水平等全方位的进步。2000~2017年我国主要企业烧结固体燃耗列于表 2-1。

**表 2-1　2000~2017 年我国主要企业烧结固体燃耗**　(kg/t)

| 年　份 | 2000 | 2001 | 2002 | 2003 | 2004 | 2005 | 2006 | 2007 | 2008 |
|---|---|---|---|---|---|---|---|---|---|
| 固体燃耗 | 58.00 | 59.00 | 57.00 | 55.00 | 54.00 | 53.00 | 54.00 | 54.00 | 53.31 |
| 年　份 | 2009 | 2010 | 2011 | 2012 | 2013 | 2014 | 2015 | 2016 | 2017 |
| 固体燃耗 | 55.00 | 54.00 | 54.00 | 53.00 | 44.77 | 44.20 | 47.38 | 45.89 | 46.40 |

### 2.1.1　影响烧结固体燃料消耗的因素分析

分析整个烧结工艺过程，影响固体燃耗的主要因素有含铁料的物理化学性质、混合料的粒度组成、温度、水分、料层厚度、熔剂的性质和添加量、固体燃料的粒度及分布等。

从烧结机热平衡支出项中可知，影响烧结矿热耗的因素有：(1) 烧结饼的物理热；(2) 烧结混合料的分解吸热；(3) 返矿热；(4) 混合料水分；(5) 燃料利用率；(6) 点火器绝热程度及冷却水带走的物理热等。

从烧结机热平衡收入项可知，影响烧结矿热耗的因素有：(1) 燃料的种类和性质；(2) 烧结用各种物料带入的物理热；(3) 使用高炉瓦斯灰和钢渣等；(4) 混合料内部产生化学反应热（如成渣热、FeO 氧化放热）等。

总之，烧结矿的热耗随原料的矿物性质、粒度、生产操作条件、设备性能、工艺流程以及烧结矿的质量要求不同而异，根据国内外试验和生产的经验数据统计分析，影响烧结固体燃耗的部分因素见表 2-2。

**表 2-2　影响烧结固体燃耗的部分因素**

| 因　素 | 变化量 | 固体燃料变化 /kg · $t^{-1}$ | 生产实际变化量 | 固体燃料变化 /kg · $t^{-1}$ |
|---|---|---|---|---|
| 混合料温度 | +10℃ | -0.85 | ±(30~50)℃ | ±(2.55~4.25) |
| 料层厚度 | +10mm | -0.5~-1.0 | ±50mm | ±(2.5~5.0) |
| 烧结矿 FeO 含量 | +1.0% | +2.0~+5.0 | — | — |
| 生石灰量 | +50kg/t | -6.0 | — | — |
| 石灰石量 | +1.0kg/t | -0.1 | ±20kg/t | ±2.0 |
| 烧结温度 | -100℃ | -6.71 | — | — |
| 混合料中结晶水 | +1.0% | +2.0~+5.0 | — | — |
| 混合料中粒度（-125μm） | +1.0% | -0.2~-0.7 | ±10% | ±(2.0~7.0) |
| 原料中 $Al_2O_3$ 含量 | +1.0% | +2.3~+7.0 | — | — |
| 原料中 FeO 含量 | +1.0% | -1.0~-3.0 | ±2.0% | ±(2~6) |
| 点火煤气单耗（焦炉煤气） | +1.0$Nm^3$/t | -0.6~-1.3 | — | — |
| 落下强度（+10mm） | +1.0% | -0.2~-0.7 | — | — |
| 低温还原粉化率（<3mm） | +1.0% | -0.4~-0.5 | ±3.0% | ±(1.2~1.5) |

从表 2-2 可以看出混合料温度、料层厚度、混合料粒度（包括焦粉的粒度）及生石灰的添加量是对固体燃耗影响最敏感的因素。

### 2.1.2 降低固体燃耗的工艺举措

降低固体燃耗的因素是多方面的，除增加烧结机面积、料层厚度、提高烧结矿的碱度、降低烧结矿 FeO 含量来实现降低燃耗外，还有：（1）强化制粒、改善混合料的透气性、偏析布料、克服边缘效应和中心料层自动蓄热现象、实现均匀烧结等；（2）改善固体燃料的燃烧条件，实行燃料分加；（3）利用蒸汽或废气再循环，提高混合料的温度降低能耗；（4）优化配矿提高成品率、降低燃耗；（5）实现低负压点火、保持原始料层的透气性降低能耗；（6）点火前或点火后采用松料器，提高烧结速度等工艺技术举措，达到进一步降低固体燃耗的目的。

（1）进一步提高料层厚度，降低固体燃耗。厚料层烧结始终是烧结生产降低固体燃耗的重要举措，在生产实践中，宝钢积累了丰富的经验数据：料层厚度每增加 100mm，煤气消耗下降 0.6$m^3$/t，固体燃耗下降 1.04kg/t，烧结矿 FeO 下降 0.6%，转鼓指数提高 2.3%。对全国重点企业平均值统计可以看出，料层厚度从 2000 年的 482.8mm 提高到 2016 年的 731.44mm，固体燃耗由 58kg/t 降低到 45.89kg/t，平均每提高 100mm 料层厚度降低固体燃耗达 4.78kg/t。太钢厚料层烧结对固体燃耗和质量指标的影响列于表 2-3。

**表 2-3 太钢厚料层烧结对固体燃耗和质量指标改善的效果**

| 料层 /mm | 总管负压 /kPa | 台时产量 /t | FeO /% | (FeO±1) 率/% | ($R$±0.08) 率/% | 返矿量 /kg·$t^{-1}$ | 工序能耗 /kg·$t^{-1}$ | 固体燃耗 /kg·$t^{-1}$ |
|---|---|---|---|---|---|---|---|---|
| 500 | 10.6 | 126.10 | 9.7 | 41.2 | 84.30 | 624 | 80.90 | 62.5 |
| 600 | 11.2 | 142.08 | 7.8 | 60.9 | 91.35 | 352 | 61.24 | 50.8 |
| 700 | 12.3 | 139.20 | 7.6 | 61.2 | 93.64 | 260 | 58.60 | 49.4 |

值得关注的是，料层厚度、配碳、配水和混合料透气性是烧结生产的主要工艺参数，它们之间的关系“料层厚度是基础，配碳配水是保证，混合料透气性是关键”。料层厚度在烧结生产中从来不是只影响固体燃耗，同时影响透气性、垂直烧结速度和强度，透气性不好，无法进一步提高料层厚度，只有通过强化制粒等举措改善料层的透气性，才有提高料层厚度的可能。

（2）强化制粒，改善混合料的透气性，降低固体燃耗。强化制粒是改善厚料层烧结混合料透气性的关键技术。进入新世纪以来，为了适应不断提高料层的需要，全国钢铁企业和科研院所进行了烧结混合料强化制粒的大量实验，解决了一系列技术问题，诸如原燃料的粒度与粒度组成、黏结剂的选择与用量、圆筒混合机的工艺参数与内衬材质、混合料水分配加位置与方式方法、强力混合机的推广使用等。

（3）强化偏析布料，降低烧结固体燃耗。偏析布料要解决的问题是烧结台车的边缘效应和台车中间料层自动蓄热问题。强化制粒后没有偏析布料就会出现靠台车两边的料层透气性好，烧的快，烧结矿强度差；而中间的料层由于自动蓄热作用，透气性变差，机尾的红火层超过料层的三分之二的高度。已有的研究证明，厚料层烧结的表层温度 1100～1200℃，由于蓄热作用下层的温度高达 1600℃，使下层发生过烧，这样烧出来的烧结矿强度低、产量低，故强化制粒后需进行偏析布料以解决边缘效应和自动蓄热问题。

（4）采取燃料分加，改善固体燃料的燃烧条件，降低固体燃耗。传统的燃料配加方式容易造成燃料被粉矿层层包裹，恶化了固体燃料的燃烧条件，不少企业虽然进行了强化制粒、提高了料层高度，但是固体燃耗降不下来。针对这种情况一般采取在一混前添加 50%的燃料，余下的 50%在二混制粒后分加在矿粒之间，直接与高温燃烧气体接触，改善了固体燃料燃烧的条件，提高了燃烧效率。例如：新日铁釜山制铁所 170$m^2$ 烧结机采用此项技术后，固体燃耗由原来的 60kg/t 降到 56.3kg/t；我国太钢在 660$m^2$ 烧结机上增设了燃料分加设备，采用小于 3mm 粗粒焦粉内配和小于 1mm 细粒焦粉外配的工艺技术，降低了固体燃耗 1.7kg/t。

（5）提高混合料温度，降低固体燃耗。试验和生产实践证明，混合料的温度在烧结过程中对烧结料层的透气性有很大影响，当混合料的温度较低（<60℃）时，水汽在料层中会形成过湿带，使烧结料层透气性变坏，影响垂直烧结速度，影响产量；提高混合料温度，使其达到露点温度以上，可以显著减少甚至消除水汽在料层中的冷凝量，改善了烧结料层的透气性，加快了垂直烧结速度，提高了产量，从而达到降低燃耗的目的。在生产中提高混合料温度的技术措施有：1）混合料中配加热返矿；2）采用蒸汽预热混合料；3）配加生石灰；4）回抽烧结热废气。

例如：首钢采用蒸汽预热混合料，料温由 53.4℃提高到 70℃，消除了过湿层，产量提高了 10%，降低固体燃耗 2.5～3.8kg/t，蒸汽耗量 6.05kg/t。黑龙江西林钢铁采用焦炉煤气燃烧的废气预热混合料，料温提高到 66℃左右，产量提高 10%，降低固体燃耗 1.37kg/t；新日铁室兰烧结厂采用 280℃的冷却热风在点火前预热混合料，固体燃耗降低了 4.8kg/t。在有双烟道的条件下，将机头和机尾的热废气抽入点火后的台车烧结层，可以取得降低固体燃耗和净化烟气效果的双重作用。

（6）优化配矿提高成品率，降低返矿率和固体燃耗。烧结生产原料成本占烧结总成本的 80%左右，故降低烧结成本主要应从铁矿粉的采购和优化配矿着手。例如，褐铁矿和高铝矿价格低，为降低成本往往要多采购和配用，但是褐铁矿含结晶水高，在烧结过程中分解要消耗大量的热（5564kJ/kg），同时会往大气中排放大量的$CO_2$；在烧结生产中褐铁矿粉配加由40%增加到60%，烧结的固体燃耗将由50.78kg/t增加到54.43kg/t，同时褐铁矿粉比例增加后需要低温点火和大水制粒，也需要消耗热量增加固体燃耗。

高铝矿粉是生成复合硅铝铁酸盐［$5CaO \cdot 2SiO_2 \cdot 9(Fe \cdot Al)_2O_3$］所需原料之一，其合理的$Al_2O_3/SiO_2$应控制在0.1~0.32的范围内，由于$Al_2O_3$的熔点较高（2042℃），高铝矿粉增加后会提高黏结相的熔化温度，使固体燃耗升高。褐铁矿粉和高铝矿粉的配比增加都会造成烧结矿成品率和强度下降、返矿增加和燃耗上升，因此烧结生产的成品率和固体燃耗与优化配矿息息相关。优化配矿需要正确处理成本与成品率、成本与质量的关系，在烧结生产中通常需要调整烧结工艺操作手段来取得合理的结果。

（7）对原料进行合理搭配，添加氧化放热物质。据有关资料统计，钢渣中含有10%左右的金属铁，在烧结过程中可氧化放热，钢渣配比为4%~6%时，每吨烧结矿固体燃耗可以降低1.0~3.0kg。生石灰对固体燃料燃烧有催化作用，与混合料中的水分结合进而放出热量，提高混合料的温度。轧钢氧化铁皮TFe约为69%~75%，FeO含量约为60%左右，在烧结生产中FeO会被氧化放出热量，通过理论计算，烧结生产每使用1.0kg轧钢氧化铁皮可以节省无烟煤0.2kg。

（8）实现低负压点火，降低烧结固体燃耗。低负压点火操作是指烧结机的1号、2号和3号风箱点火负压分别为总管负压的50%、60%和70%，这样的操作有利于保持原始料层的透气性，从而提高垂直烧结速度、提高成品率降低烧结固体燃耗。

（9）加设松料器，改善厚料层烧结透气性，降低固体燃耗。实现厚料层烧结后，不少企业为了改善烧结料层的透气性，台车布料后加设了水平或垂直松料器。通过实验研究发现，厚料层烧结加设垂直松料器改善料层透气性效果比较好，有效风量提高了30%~45%，垂直烧结速度提高了14.5%~23.6%，烧结矿转鼓指数提高了1.17%，降低固体燃耗0.5kg/t。

（10）降低和控制烧结矿的FeO，实现低温烧结，降低烧结固体燃耗。FeO含量是烧结矿的一项重要质量指标，是衡量一个企业烧结技术水平的重要标志。高配碳、高FeO烧结是生产不出高质量的烧结矿的，只有低碳、厚料层的低温烧结才能生产出高质量的烧结矿。烧结矿的FeO与配碳直接相关，配碳量每增加1%，烧结矿的FeO会上升1%~2%。高配碳烧结是低氧位烧结，不利于FeO被氧化为$Fe_2O_3$或$Fe_3O_4$，因此难降低FeO；反之低碳低温烧结是高氧位烧结，有利于FeO被氧化为$Fe_2O_3$或$Fe_3O_4$，故有易降低FeO。

低温烧结是指烧结温度低于1320℃的烧结，这个温度有利于针状复合铁酸钙（SFCA）的生成。高于1320℃的烧结称为高温烧结，当温度高于1350℃时

（$Fe_2O_3$ 的分解温度为1350℃），就不具备生成铁酸钙的温度条件，$Fe_2O_3$ 将分解为 $Fe_3O_4$ 和 FeO，故烧结生产要想获得针状复合铁酸钙作黏结相就要实行低温烧结。低温烧结条件下，燃烧带窄，透气性好；而高温条件下，燃烧带宽，透气性差，烧结速度慢，不利于降低固体燃耗。

在高碱度条件下，配碳和烧结温度是烧结矿矿物组成及质量的决定因素，不同温度条件下烧结矿的矿物组成列于表2-4；配碳、FeO对烧结矿质量的影响列于表2-5。

**表2-4　不同温度条件下烧结矿的矿物组成**　（%）

| 矿物组成 | 烧结温度 | | | | | |
|---|---|---|---|---|---|---|
| | 1225℃ | 1265℃ | 1290℃ | 1315℃ | 1340℃ | 1360℃ |
| $CaO \cdot Fe_2O_3$ | 19.5 | 24.0 | 27.2 | 22.5 | 18.1 | 12.8 |
| $Fe_2O_3$ | 23.2 | 20.1 | 17.4 | 16.2 | 15.4 | 14.3 |
| $Fe_3O_4$ | 25.1 | 28.2 | 29.1 | 31.6 | 35.7 | 38.1 |
| $2CaO \cdot SiO_2$ | 13.2 | 10.8 | 7.6 | 8.1 | 7.8 | 7.1 |
| 玻璃相 | 8.2 | 8.6 | 9.2 | 13.2 | 14.8 | 18.4 |
| 孔隙率 | 10.7 | 9.2 | 9.4 | 8.5 | 8.2 | 8.6 |

**表2-5　烧结配碳、FeO含量与烧结矿质量的关系**

| 烧结配碳/% | 烧结温度/℃ | FeO含量/% | 转鼓指数/% | *RI*/% | $RDI_{+3.15}$/% |
|---|---|---|---|---|---|
| 2.8 | 1225 | 5.26 | 54.23 | 35.11 | 70.20 |
| 3.3 | 1265 | 6.39 | 69.17 | 33.62 | 78.82 |
| 3.3 | 1290 | 6.85 | 72.85 | 34.75 | 81.50 |
| 4.0 | 1315 | 8.24 | 73.52 | 32.87 | 75.08 |
| 4.2 | 1340 | 10.40 | 75.58 | 31.06 | 74.33 |
| 5.0 | 1360 | 11.08 | 72.37 | 29.85 | 70.09 |

由表2-4和表2-5可见，烧结过程配碳和烧结温度直接影响烧结矿矿物组成及质量，低配碳、低温烧结是提高烧结矿质量、降低固体燃耗的重要举措。

## 2.2　固体燃料加工流程

烧结生产要求适宜的固体燃料粒度一般为0.25～3mm。宝钢烧结的焦粉粒度小于3mm的占80%，小于0.125mm的不超过20%，平均粒度1.5mm。

## 2.2.1 固体燃料类型

### 2.2.1.1 焦炭

用于烧结生产的焦炭，主要是炼铁厂和焦化厂焦炭的筛下物（即碎焦和焦粉），其质量用工业分析和化学性质来评定。工业分析包括固定碳、挥发分、灰分含量和硫含量等。燃料性质与粒度组成及化学性质有关，化学性质主要指其燃烧性和反应性。燃烧性表示碳与氧在一定温度下的反应速度；反应性表示碳与 $CO_2$ 在一定温度下的反应速度。这些反应速度越快，则表示燃烧性和反应性越好。一般情况下碳的反应性与燃烧性成正比关系。

### 2.2.1.2 煤

视在造块中用途不同，选用的煤种不同。

（1）无烟煤。当供烧结作燃料时，主要作为热源提供者，一般破碎成 0~3mm，选用含固定碳高（70%~80%），挥发分低（<2%~8%）、灰分少（6%~10%）的无烟煤，其结构致密，呈黑色，具亮光泽，含水分很低，常作焦粉代用品以降低生产成本。

（2）烟煤。烟煤不能在抽风烧结中使用。用作还原球团生产的还原剂和提供热源的燃料，要求挥发分和固定碳含量高，灰分和硫含量低，灰分软熔温度1200℃以上。

我国部分烧结厂固体燃料入厂条件见表 2-6。

**表 2-6 我国部分烧结厂固体燃料入厂条件**

| 名称 | 序号 | 固定碳/% | 挥发分/% | 硫含量/% | 灰分/% | 水分/% | 粒度/mm |
|---|---|---|---|---|---|---|---|
| 无烟煤 | 1 | ≥75 | ≤10 | ≤0.05 | ≤15 | <6 | 0~13 |
| | 2 | ≥75 | ≤10 | ≤0.50 | ≤13 | ≤10 | ≤25(≥95%) |
| 焦粉 | 1 | ≥80 | ≤2.5 | ≤0.60 | ≤14 | ≤15 | 0~25 |
| | 2 | ≥80 | — | ≤0.80 | ≤14(波动+4) | ≤18 | <3(≥80%) |

### 2.2.1.3 兰炭

兰炭又称半焦，是利用陕西神木煤田盛产的优质侏罗精煤块烧制而成的，作为一种新型的炭素材料，以其固定碳高、比电阻高、化学活性高、含灰分低、铝低、硫低、磷低的特性，逐步取代冶金焦而广泛运用于电石、铁合金、硅铁、碳化硅等产品的生产，其筛下物副产品兰炭粉末，因价格低廉，有一定性价优势。如果能将其用于烧结生产替代焦粉，可在一定程度上降低烧结成本。

## 2.2.2　燃料破碎筛分流程

烧结厂所用的固体燃料有碎焦和无烟煤，其破碎筛分流程是根据其进厂粒度和性质来确定的。当进厂粒度小于25mm时，可采用一段四辊破碎机开路破碎流程（见图2-1）。如果来料粒度大于25mm，应考虑两段开路破碎流程（见图2-2）。

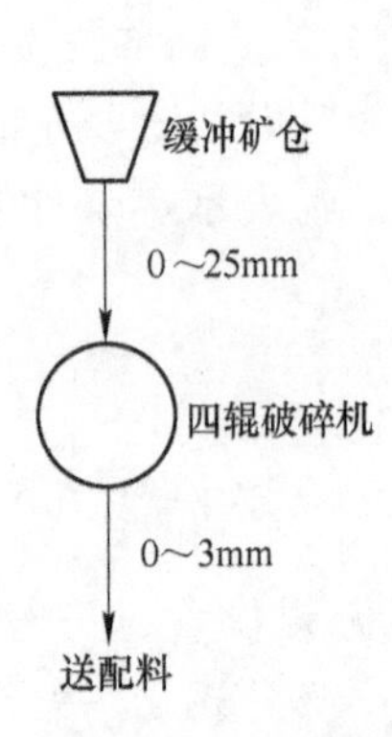


图2-1　燃料一段开路破碎流程

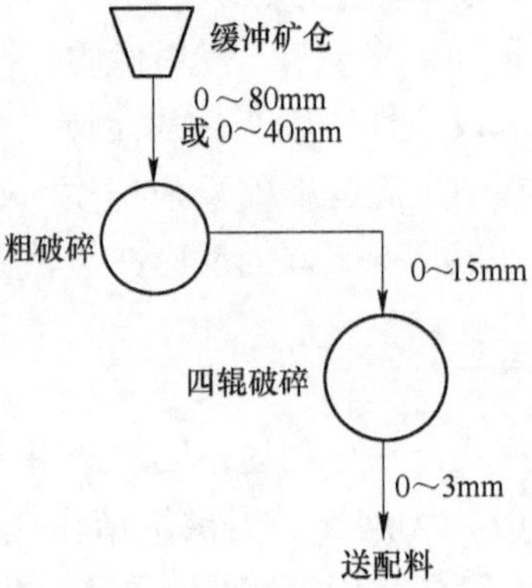

缓冲矿仓
0～80mm
或0～40mm
粗破碎
0～15mm
四辊破碎
0～3mm
送配料

图2-2　燃料两段开路破碎流程

给料粒度一般很难保证在25mm以下，因此多采用两段破碎流程。

我国烧结用煤或焦粉的来料都含有相当高的水分，采用筛分作业时，筛孔易堵，降低筛分效率。因此，固体燃料破碎流程多不设筛分。但我国北方气候干燥，如进厂燃料水分不太大，含0~3mm粒级较多时，可设置预先筛分。

宝钢烧结用固体燃料为碎焦，并设有预先筛分及检查筛分（见图2-3）。这是因为宝钢碎焦是干熄焦，不堵筛孔，但劳动条件稍差。

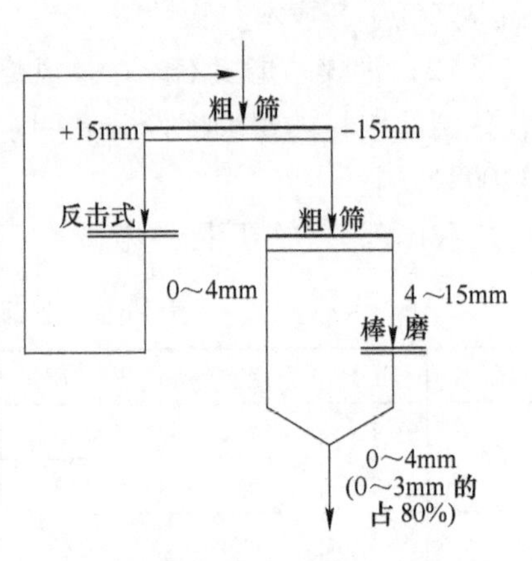


图2-3　宝钢焦粉破碎工艺流程

## 2.2.3　燃料破碎设备

### 2.2.3.1　对辊破碎机

对辊破碎机（见图2-4）是由两个相对转动的圆辊组成，两圆辊间保持一定的间隙，该间隙的大小就是排矿口的大小，排矿口的尺寸决定产品的最大粒度，被破碎的焦炭或无烟煤依靠自重及辊皮产生的摩擦力，带入辊间缝隙而被挤碎，由排矿口排出。对辊破碎机工作可靠、维修简单、运行成本低，排料粒度大小可调，用对辊破碎机作预破碎设备效果好、产量高。

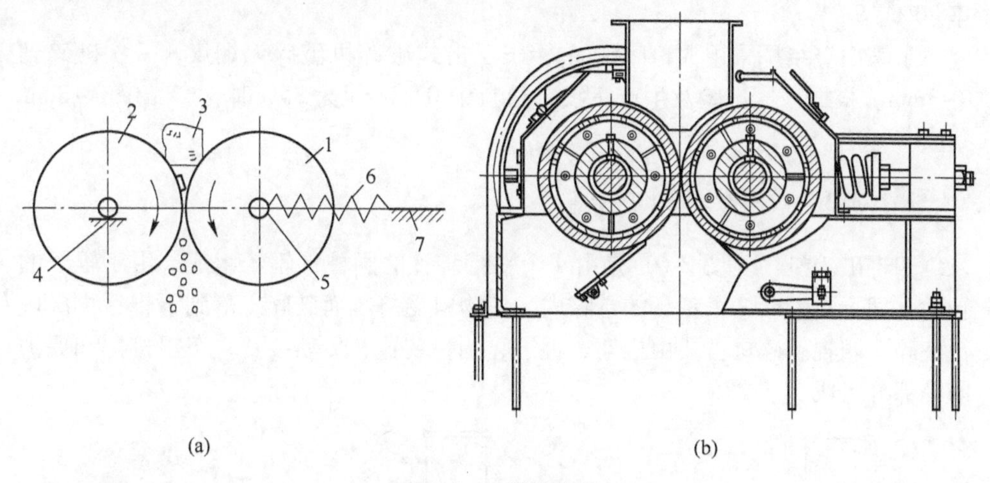


图 2-4　对辊破碎机
（a）工作原理；（b）结构示意图
1，2—辊子；3—物料；4—固定轴承；5—可动轴承；6—弹簧；7—机架

### 2.2.3.2　反击式破碎机

反击式破碎机与四辊、锤式、对辊破碎机相比，具有体积小、构造简单、破碎比大、耗能少、生产能力大、产品粒度均匀等优点，并有选择性的碎矿作用，是较好的粗碎设备。但反击式破碎机破碎无烟煤时，有过粉碎现象。

反击式破碎机主要是由机体、转子及反击板等部件构成，通过三角带或直接由电动机传动，如图 2-5 所示。

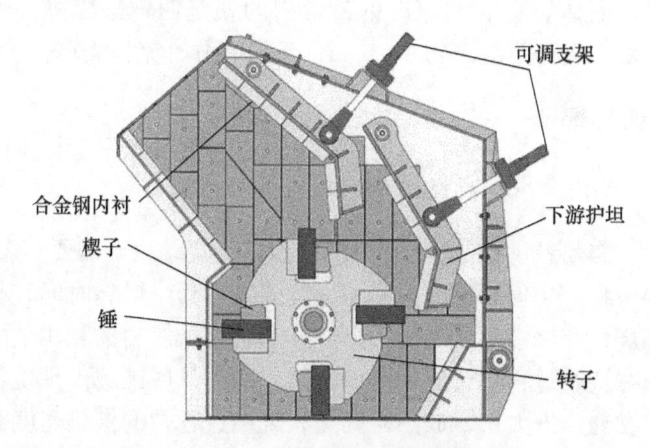


图 2-5　反击式破碎机结构图

宝钢烧结采用 $\phi$1300mm×2000mm 反击式破碎机作为碎焦粗破，由给矿粒度 0~40mm 破碎到 0~15mm，筛除 0~3mm 后，进入棒磨机细碎到 0~3mm，破碎效率 70%。

东鞍山烧结厂采用 MFD-100 单转子反击式破碎机破碎无烟煤，一次破碎到 0~3mm。根据该厂试验及生产实践，给料中 0~3mm 为 35%时，产品中 0~3mm 达 85%左右。

#### 2.2.3.3 四辊破碎机

四辊破碎机（见图 2-6）是由 4 个平行装置的圆柱形辊子组成。由于辊子的转动，把物料带入 2 个辊子的空隙内，使物料受挤压而破碎，落到下辊后再次进行破碎。四辊破碎机主要由机架、辊子、调整装置、传动装置、车辊机构和保护罩等部分组成。

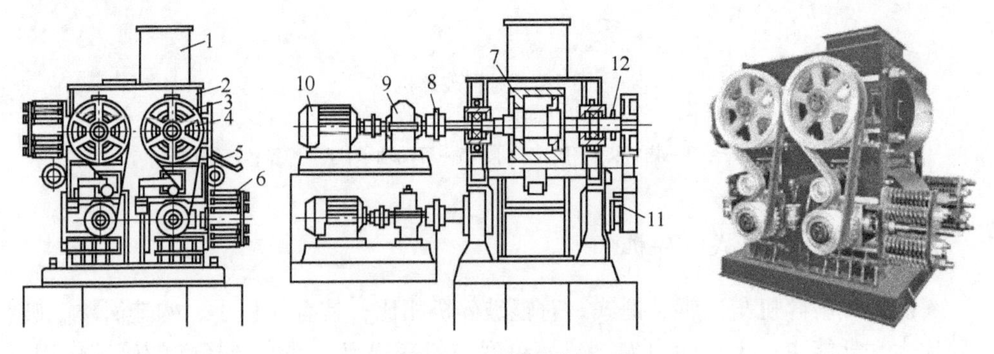


图 2-6 四辊破碎机

1—进料斗；2—机架；3—皮带轮；4—轴承；5—切削装置；6—弹簧；7—辊子；8—联轴器；9—减速机；10—电机；11—干油润滑装置；12—链轮

我国烧结厂固体燃料的破碎设备最常用的就是四辊破碎机，当给料粒度为 0~25mm 时，可一次开路破碎到 0~3mm，无需筛分，流程简单，设备可靠。

### 2.2.4 燃料加工实例

#### 2.2.4.1 武钢二烧提高燃料破碎粒度合格率措施

试验表明，焦粉粒度控制在 0.5~3mm 最适合烧结生产需要。燃料粒度过粗，在烧结混合料中将产生偏析，分布不均，且烧结过程中燃烧时间较长，大颗粒燃料未能充分燃烧，在烧结矿和返矿中形成残炭，降低燃料的利用效率；同时，燃料分布不均，在烧结过程中会出现局部过烧，而另一些区域出现烧不透现象。燃料粒度过细，燃烧速度太快，放热时间短，烧结过程中的供热速度和反应速度不相匹配，在抽风烧结过程中，燃料在料层中发生迁移，小部分细粒级燃料随气流穿透料层进入大烟道，实际参与燃烧反应的燃料数量较其配入量降低约为0.11%，燃料利用率降低。由此可见，焦粉粒度对烧结过程非常重要，合适的焦粉粒度组成是降低烧结固体燃料消耗的重要措施。为确保燃料破碎粒度满足烧结生产工艺要求，主要从以下几个方面进行控制：

(1) 从源头入手，严格控制进库焦粉质量。入库焦粉粒度必须小于16mm，对于粒度过粗、水分含量较高的焦粉坚决不能进库。

(2) 定期检查反击锤头及四辊破碎机辊皮磨损情况，并做好记录。及时调整反击锤头与反击板、四辊破碎机辊子之间的间隙，确保反击板与锤头的间距为10~20mm，四辊破碎机两个上辊间距为7~8mm，两个下辊间距为1~3mm。

(3) 定期安排对辊皮进行车削。每周一、三、五对四辊破碎机主动辊和被动辊的辊皮进行车削，同时检查车辊质量，保证四辊破碎机辊皮表面平整，从而确保四辊破碎的效果。

(4) 提高燃料破碎作业率，延长焦粉破碎时间，减小焦粉料流，确保其破碎粒度合格率。

(5) 在进入四辊破碎机前皮带上加装一个刮料板，将进入四辊破碎机的焦粉料流刮平，并确保给料宽度尽可能与辊面宽度一致，提高破碎效果。

(6) 加强对焦粉破碎质量的监督与控制，并将焦粉破碎质量纳入质量管理考核，不定期对焦粉破碎质量进行抽查。

采取以上措施之后，焦粉的破碎粒度有了明显改善，见表2-7。

**表2-7 改进前后焦粉粒度对比** (%)

| 时间 | +5mm | 5~3.15mm | 3.15~2mm | 2~1mm | 1~0.5mm | -0.5mm | -3.15mm |
|---|---|---|---|---|---|---|---|
| 实施前 | 7.63 | 20.82 | 5.68 | 31.58 | 21.25 | 13.04 | 71.55 |
| 实施后 | 4.18 | 15.45 | 7.10 | 38.03 | 22.51 | 14.86 | 80.37 |

#### 2.2.4.2 宝钢4号烧结机燃料破碎新工艺应用

根据入厂燃料粒度（0~20mm），采用振动给料机→粗破→筛分→细破的破碎工艺。粗破选用对辊破碎机，破碎粒度为0~10mm；经筛分后，≥3mm的筛上物进入四辊破碎机进行细破，≤3mm粒级和四辊破碎机破碎后的成品焦由四通分料器分别送入粉焦槽。

## 2.3 烧结料层蓄热现象及理论配碳关系

### 2.3.1 烧结料层的蓄热现象

在抽风烧结过程中，从料层表面抽入的低温空气在上部热烧结饼的加热作用下，温度不断升高，到达燃烧带的最高温度层时，所形成的废气温度达到最高；

在继续向下运动过程中，高温废气与低温烧结料之间发生热交换，其热量被下部各料层吸收，使得下层物料获得比上层物料更多的热量，这就是烧结过程的蓄热现象。因此，就传热方式来说，蓄热主要靠气-固对流传热形成的。也有研究者认为，蓄热还包括温度较高的上层物料对下层物料的传导和辐射作用，但这两种作用较小。

从蓄热形成的过程来看，蓄热的热量来自于热烧结饼。自料面点火、开始烧结的瞬间，烧结饼即在料层表面形成，此时通过的空气被表层烧结饼加热并传递给下部各个料层。也就是说，蓄热过程自烧结开始后就立即发生，并伴随着烧结的全部过程。随着烧结过程的推进，烧结饼的厚度不断增大，空气被加热的温度越来越高，自上而下料层的蓄热量连续增加，越是接近料层底部，料层积蓄的热量越多。虽然从源头上来说，除点火热量外，烧结料层的总热量来自于内配燃料的燃烧，但是蓄热并不直接来自燃料燃烧。

料层蓄热是内配燃料抽风烧结工艺特有的现象，只要不从根本上改变现行烧结工艺，料层的蓄热现象是不可避免的。蓄热导致烧结料层上、下热量不均，即上部热量相对不足，而下部热量过剩。热量不足和热量过剩都会导致烧结矿质量下降，热量过剩还会使料层下部的液相生成量过大，降低料层的透气性和烧结矿产量。合理利用烧结料层的蓄热是提高烧结矿产、质量，降低固体燃料消耗的重要途径。

### 2.3.2 烧结料层蓄热的计算

#### 2.3.2.1 总蓄热与可利用蓄热

研究并查明沿料层高度方向蓄热的分布规律是合理利用蓄热的前提。过去数十年，虽然有学者提出了一些计算蓄热的公式，但由于烧结料层的蓄热量与原料种类、性质、各种物料配比、料层高度等多种因素有关，不同烧结厂料层蓄热量及其分布特点不同，到目前为止，尚无一种简单、方便且普遍适用的蓄热计算方法。普遍采用的方法是，针对具体烧结原料和烧结工艺参数，将烧结料层自上而下划分为若干分层，通过对各分层进行热平衡计算，获得每层的蓄热量和蓄热率，然后通过绘图获得沿整个料层蓄热量或蓄热率的分布。

需要指出的是，现有关于烧结料层蓄热的研究只是获得烧结料层每一分层的总蓄热量及沿料层高度方向总蓄热量的分布规律。但是，从合理利用蓄热的角度考虑，仅获得总蓄热量是不够的。这是因为在实际生产过程中，离开烧结机的烧结饼自上而下温度越来越高，带走的热量也自上而下越来越多。也就是说，下部特别是底部料层的蓄热实际上是无法全部用于烧结本身的。为此，中南大学姜涛、范晓慧等教授提出了可利用蓄热量的概念。可利用蓄热量是从总蓄热量中扣除烧结饼所带走的物理热后的蓄热量，它是合理利用蓄热、开发节能烧结新技术的依据。

以下的蓄热计算以宝钢公司烧结原料和工艺为例进行。

#### 2.3.2.2 计算依据与假定

为方便计算，需首先进行一些参数的设定或假定：

（1）根据宝钢现场情况，料层高度为700mm、混合料堆密度为1.9t/m$^3$。为便于计算，取长1m、宽1m、高0.7m，体积为0.7m$^3$的单元料柱为对象。

根据对宝钢烧结热平衡计算的结果，获得此料柱总热收入和支出平衡表（见表2-8）。

**表2-8 料柱（长1m，宽1m，高0.7m）中烧结热收入和支出平衡表**

| 收入 | | | 支出 | | |
|---|---|---|---|---|---|
| 符号 | 项目 | 热量/kJ | 符号 | 项目 | 热量/kJ |
| $Q_1$ | 点火燃料化学热 | 62612.8 | $Q'_1$ | 水分蒸发热 | 248591.7 |
| $Q_2$ | 点火燃料物理热 | 111.2 | $Q'_2$ | 碳酸盐分解热 | 105936.2 |
| $Q_3$ | 点火空气物理热 | 792.9 | $Q'_3$ | 烧结饼物理热 | 679828.1 |
| $Q_4$ | 固体燃料化学热 | 1463966.2 | $Q'_4$ | 废气带走热 | 308434.6 |
| $Q_5$ | 混合料物理热 | 69572.3 | $Q'_5$ | 化学不完全燃烧损失热 | 79218.3 |
| $Q_6$ | 铺底料物理热 | 1459.6 | $Q'_6$ | 烧结矿残碳损失热 | 6604.6 |
| $Q_7$ | 保温段物理热 | 27857.1 | $Q'_7$ | 结晶水分解吸热 | 11764.7 |
| $Q_8$ | 烧结空气物理热 | 16906.6 | $Q'_8$ | 其他热损失 | 312319.1 |
| $Q_9$ | 化学反应放热 | 95637.3 | | | |
| $Q_{10}$ | 氧化铁皮中金属铁氧化放热 | 13781.3 | | | |
| 合计 | 总热收入 | 1752697.3 | 合计 | 总热支出 | 1752697.3 |

（2）沿料层高度方向把料柱等分为7个单元料层，如图2-7所示，每层高度

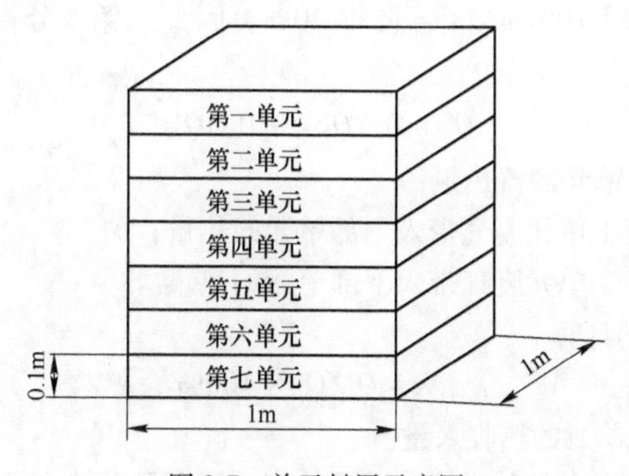


图2-7 单元料层示意图

为0.1m，每个单元料层体积为0.1m³。

（3）确定第一层热损失为该层热量收入的15%，除第一层外其他各层热损失为热量收入的8%。

（4）点火燃料化学热、点火燃料物理热、点火空气物理热、保温段物理热和烧结空气物理热只对第一层物料有影响，保温段空气温度为300℃。

（5）铺底料的物理热只对第七层物料有影响。

（6）其他各个项目的热量对七个分层的物料平均分配。

（7）烧结终了时，烧结饼最上层温度为150℃，最下层温度为1300℃，根据相关研究，拟合了烧结饼离开烧结机时的平均温度与料层高度关系的曲线（见图2-8），获得烧结饼离开烧结机时7个分层的温度分别为：第一单元150℃；第二单元200℃；第三单元300℃；第四单元450℃；第五单元700℃；第六单元1000℃；第七单元1300℃。

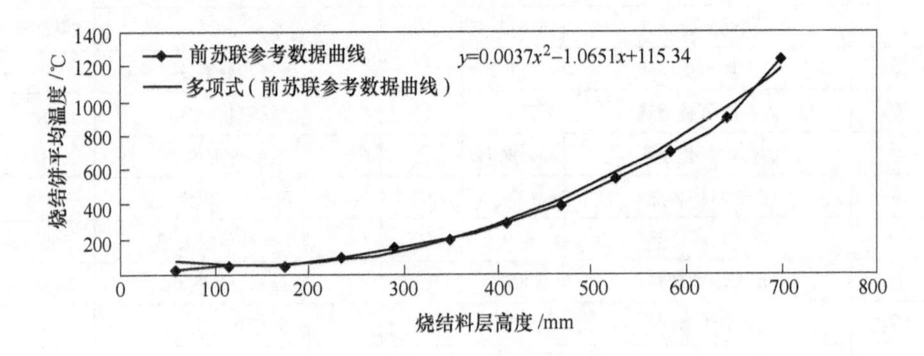


图2-8 料层高度对烧结饼平均温度的影响

（8）蓄热量的计算。研究表明，在正常烧结条件下，自烧结上部料层传给下部料层的热量绝大部分被厚度为200mm的下部料层所吸收，其中前100mm料层吸收70%，后100mm料层吸收30%。因此，第$i$分层的蓄热量计算公式为：

$$Q_i^a = 0.7Q'_{i-1} + 0.3Q'_{i-2}$$

式中 $Q_i^a$——第$i$单元的蓄热量；

$Q'_{i-1}$——第$i$-1单元废气带入下部单元的热量；

$Q'_{i-2}$——第$i$-2单元废气带入下部单元的热量。

（9）蓄热率的计算。

$$N_i = Q_i^a/Q_i \times 100\%$$

式中 $Q_i$——第$i$单元的热收入量。

经过计算，各单元的热平衡、总蓄热率、可利用蓄热率见表2-9。

表 2-9　各单元的热平衡及蓄热率

| 项　目 | | 第一单元 | 第二单元 | 第三单元 | 第四单元 | 第五单元 | 第六单元 | 第七单元 |
|---|---|---|---|---|---|---|---|---|
| 热收入项 /kJ·$(0.1\text{m}^3)^{-1}$ | 总热收入 | 342988.74 | 379669.34 | 477074.09 | 543849.17 | 591608.51 | 600642.17 | 567557.16 |
| | 其中，上部单元废气带入热量（蓄热） | — | 144961.17 | 242365.93 | 309141.00 | 356900.34 | 365934.00 | 331389.43 |
| 热支出项 /kJ·$(0.1\text{m}^3)^{-1}$ | 总热支出 | 342988.74 | 379669.34 | 477074.09 | 543849.17 | 591608.51 | 600642.17 | 567557.16 |
| | 传给下部各单元热 | 207087.39 | 257485.30 | 331279.16 | 367880.85 | 365099.64 | 316942.20 | 220838.76 |
| | 烧结饼带走物理热 | 19865.11 | 27222.56 | 43041.07 | 67872.46 | 114592.25 | 171060.67 | 236725.89 |
| 蓄热率及理论焦粉配比/% | 各单元总蓄热率 | — | 40.37 | 54.07 | 61.39 | 66.60 | 70.30 | 72.99 |
| | 各单元总可利用蓄热率 | — | 38.18 | 50.80 | 56.84 | 60.33 | 60.92 | 58.39 |
| | 理论焦粉配比 | 4.30 | 3.81 | 3.48 | 3.26 | 3.10 | 3.07 | 3.18 |

### 2.3.3　烧结料层蓄热特点及利用途径

（1）研究和计算结果表明，由于烧结过程特殊的传热特点，烧结料层每一单元均从上部料层吸收热量，而又同时向下部料层传递热量，该部分热收入和热支出是不等量的，致使烧结料层每一单元的总热量收入（或支出）不同。

（2）烧结料层的总蓄热量自上而下一直在增大，至最后的第七单元时总蓄热率达 72.99%。可利用蓄热率从第一至第四单元不断增大，至第五、第六单元时增加缓慢，并在第六单元达到最大值 60.92%，随后降低至第七单元时，降至 58.39%。

为了合理利用蓄热、节约固体燃料，要求料层中燃料的分布应自上而下依次下降。根据可利用蓄热率，获得实现均热烧结时各单元燃料的理论配比（如图 2-9所示）。

为充分利用烧结料层蓄热作用，在烧结生产过程中应将难以焙烧的粗粒铁矿分布到蓄热量最多的料层下部，中等粒度的铁矿分布到料层中部，细粒铁矿分布到料层上部，而燃料较多地分布在料层的上部。即自上而下，料层中矿石粒度不断增大，燃料配比不断下降。

利用烧结料层蓄热提高烧结矿产、质量和降低固体燃料消耗的方法包括：采用热风烧结并适当降低混合料中燃料的配比、双层布料（上部料层燃料采用正常配比，下部料层燃料配比相应降低）烧结和能够实现铁矿粉和燃料合理偏析的各种布料技术等。

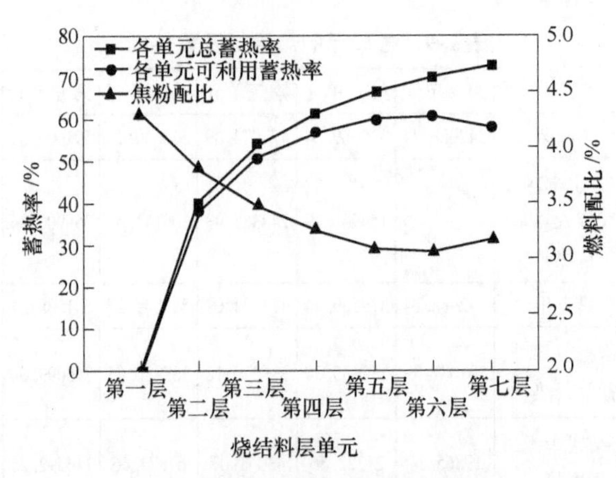


图 2-9　宝钢烧结料层各单元蓄热率、可利用蓄热率及理论焦粉配比

## 2.4　原料性能对焦粉配比的影响

### 2.4.1　原料吸热、放热对焦粉配比的影响

烧结过程中发生的放热、吸热反应影响着烧结热平衡。除焦粉燃烧放热外，烧结过程中主要的放热、吸热反应见表 2-10。由于碳酸盐分解出单位质量的 $CO_2$ 与结晶水脱除释放出单位质量的 $H_2O(g)$ 所需的热量基本相当，因此可将两个因素合并为混合料（除焦粉外）的 LOI（即烧损，不包括 FeO 的氧化增重）。

表 2-10　烧结原料吸热、放热反应

| 热化学反应 | 反应式 | 放（吸）热量/J·kg$^{-1}$ |
| --- | --- | --- |
| FeO 氧化放热 | $FeO + \frac{1}{2}O = \frac{1}{2}Fe_2O_3$ | $\Delta H(FeO) = -1.95 \times 10^6$ |
| 水分蒸发 | $H_2O(l) = H_2O(g)$ | $\Delta H(H_2O) = 2.25 \times 10^6$ |
| 石灰石分解 | $CaCO_3 = CaO + CO_2$ | $\Delta H(CO_2) = 4.04 \times 10^6$ |
| 白云石分解 | $CaCO_3 \cdot MgCO_3 = CaO + MgO + 2CO_2$ | $\Delta H(CO_2) = 3.40 \times 10^6$ |
| 结晶水脱除 | $mFe_2O_3 \cdot nH_2O = mFe_2O_3 + nH_2O(g)$ | $\Delta H(H_2O) = 3.51 \times 10^6$ |

在保证混合料碱度、$SiO_2$、$Al_2O_3$、MgO 含量基本相当，且混合料中-0.5mm 含量相同的条件下，研究了混合料 LOI、FeO 含量对烧结适宜焦粉配比的影响，结果如图 2-10 所示。由图可知，随着 LOI 的增加，由于分解吸热，使得适宜焦粉配比增加；随着 FeO 含量的增加，适宜焦粉配比有所降低，主要是由于 FeO 氧化放热可替代部分焦粉放热。

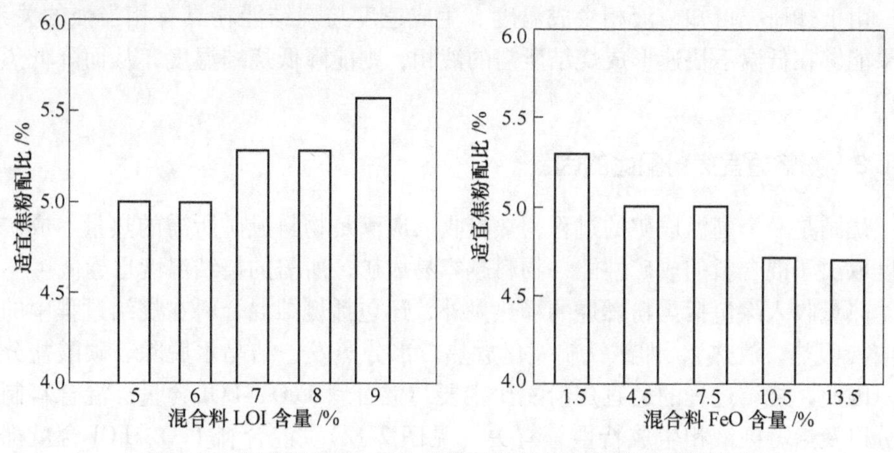


图 2-10　混合料 LOI、FeO 含量对烧结适宜焦粉配比的影响

### 2.4.2　液相生成特性对焦粉配比的影响

液相生成温度、生成速度与烧结能耗具有较强的相关性，如果能够在低温下快速形成烧结所需的液相，则能降低烧结温度，从而降低焦粉消耗。

混合料的液相生成特性决定了烧结所需的温度，而烧结温度与焦粉配比相关。液相生成温度、速度与焦粉适宜配比的关系见图 2-11。由图可知，液相生成温度越低、生成速度越快，所需的适宜焦粉配比越低。液相开始生成温度为 1200~1250℃、液相生成速度大于 0.25%/s 时，适宜焦粉配比为 4.7%；液相开始生成温度为 1230~1270℃、液相生成速度为 0.1~0.3%/s 时，适宜焦粉配比为 5.0%；液相开始生成温度为 1250~1290℃、液相生成速度为 0.06~0.2%/s 时，适宜焦粉配比为 5.3%。

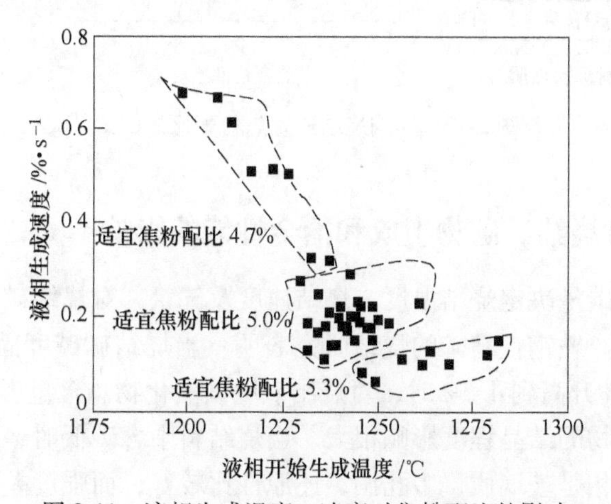


图 2-11　液相生成温度、速度对焦粉配比的影响

由上述研究可知，液相生成温度、生成速度与烧结能耗具有相当强的关系，如果能够在低温下快速形成烧结所需的液相，则能降低烧结温度，从而降低焦粉配比。

### 2.4.3　影响适宜焦粉配比的因素

烧结是一个高温成矿的过程，热量收入应满足物料成矿所需的热量。成矿的温度取决于混合料的成矿性能，物料越容易成矿，所需的烧结温度也越低。

热量收入除包括焦粉燃烧的释热量外，还包括烧结混合料在烧结过程中的热效应（吸热、放热），即磁铁矿氧化放热、水分蒸发、结晶水脱除、碳酸盐分解等。因此，烧结过程的适宜焦粉配比主要与混合料 FeO、LOI 含量、混合料制粒水分以及熔融区液相生成特性等有关（见图 2-12）。混合料 FeO、LOI 含量都可依据单种原料的 FeO、LOI 含量及其配比计算得到。而液相生成特性主要与熔融区的化学成分（$CaO/Fe_2O_3$、$SiO_2$、$Al_2O_3$、MgO）等含量有关。

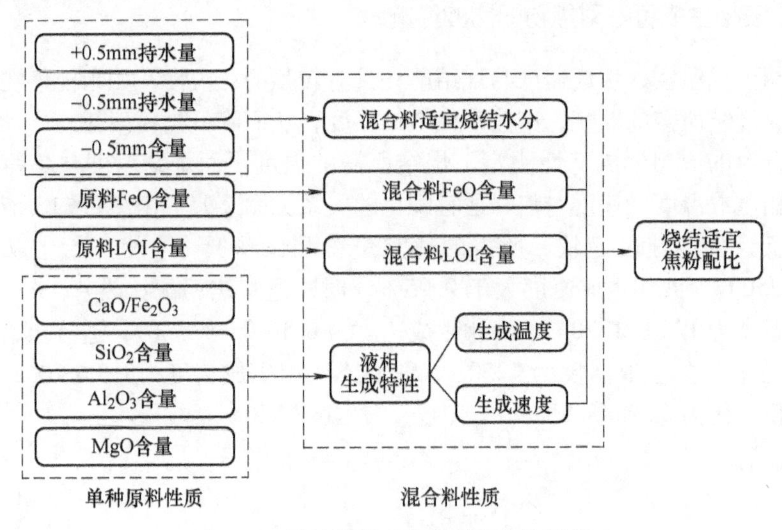


图 2-12　影响烧结适宜焦粉配比的因素

## 2.5　配碳量对烧结矿矿物组成和冶金性能的影响

烧结料中配碳量决定烧结温度、烧结速度及气氛，对烧结矿的性质及矿物组成有很大的影响。鞍钢铁精矿的烧结研究表明：当烧结矿碱度固定在 1.5，烧结料含碳量由 3.0%升高到 4.5%时，对烧结矿中铁氧化物总含量影响不大，而对黏结相的形态及矿物的结晶程度影响很大。当烧结料中含碳低时，磁铁矿的结晶程度差，主要黏结相是玻璃质，多孔洞，还原性比较好，而强度差；随着烧结料含碳量的增加，磁铁矿的结晶程度改善，并生成大粒结晶，这时液相黏结物以钙铁橄榄石代替了玻璃质，孔洞少，因此烧结矿强度变好。当配碳过多时容易生成过量液相，形成大孔薄壁或气孔度低的烧结矿，此时烧结矿产量低，还原性差，强度也不好。表2-11为某钢铁公司配碳量对烧结矿矿物组成及冶金性能的影响。

**表2-11 配碳量对烧结矿矿物组成及冶金性能的影响**

| 碳比/% | 化学成分/% | | | | $CaO/SiO_2$ | 矿物组成（体积分数）/% | | | | 低温还原粉化率(-3mm)/% | 还原度/% |
|---|---|---|---|---|---|---|---|---|---|---|---|
| | TFe | FeO | $Al_2O_3$ | MgO | | 赤铁矿 | 磁铁矿 | 铁酸钙 | 硅酸盐渣相 | | |
| 4.4 | 59.0 | 4.35 | 2.08 | 1.36 | 1.59 | 45.3 | 15.0 | 24.6 | 15.1 | 45.4 | 64.8 |
| 5.0 | 57.3 | 6.41 | 1.96 | 1.32 | 1.56 | 41.1 | 22.2 | 29.2 | 15.5 | 38.9 | 63.2 |
| 5.5 | 56.9 | 8.22 | 1.99 | 1.35 | 1.56 | 35.4 | 30.4 | 17.3 | 16.9 | 35.8 | 60.1 |
| 6.0 | 57.1 | 10.22 | 1.99 | 1.18 | 1.54 | 28.4 | 40.4 | 13.6 | 17.6 | 30.0 | 60.9 |

对一般铁矿粉烧结，烧结矿FeO含量随配碳量的增加而有规律地增大。因此烧结矿FeO含量通常被用来评定烧结矿冶金性能。表2-12为烧结矿FeO含量与冶金性能的关系，从表可以清晰地看出，随着FeO含量的增加，烧结矿成品率、转鼓指数和烧结利用系数均明显增加，但烧结矿的还原度明显变差。此外烧结矿FeO含量高，意味着烧结固体燃料消耗高。

**表2-12 烧结矿FeO含量与冶金性能的关系**

| 烧结矿FeO/% | 垂直烧结速度/$mm \cdot min^{-1}$ | 成品率/% | 利用系数/$t \cdot (m^2 \cdot h)^{-1}$ | ISO转鼓指数/% | 平均粒度/% | JIS还原度/% | 低温还原粉化率(-3mm)/% |
|---|---|---|---|---|---|---|---|
| 6.50 | 21.49 | 52.76 | 1.162 | 56.3 | 11.41 | 63.0 | 46.5 |
| 7.50 | 21.77 | 62.77 | 1.390 | 63.0 | 13.80 | 78.2 | 43.5 |
| 8.40 | 21.00 | 68.19 | 1.408 | 65.0 | 15.37 | 75.0 | 40.1 |
| 10.05 | 22.03 | 73.89 | 1.526 | 65.0 | 15.69 | 71.9 | 31.7 |
| 11.00 | 21.33 | 73.36 | 1.487 | 64.3 | 15.96 | 68.7 | 26.8 |
| 12.20 | 21.68 | 76.51 | 1.540 | 64.3 | 14.57 | 64.1 | 22.2 |
| 13.80 | 21.33 | 77.13 | 1.528 | 65.3 | 14.65 | 53.1 | 19.6 |

## 2.6 燃料的燃烧性及对烧结过程的影响

在烧结过程中，烧结燃料（焦粉）为烧结提供热量，通过抽风烧结，这些热量用于加热干燥烧结料，对烧结料中的铁矿粉和熔剂进行焙烧，使其中的铁矿物、脉石矿物和熔剂发生同化反应并生成液相，从而形成烧结矿。因此，燃料的特性对烧结燃料消耗、垂直烧结速度以及产、质量指标有着显著的影响。

烧结过程中的最高烧结温度主要取决于燃料的着火点和燃烧性等特性，当烧结燃料的特性与烧结混合料的特性相匹配时，燃料的燃烧速度与传热速度相匹配，能够获得合适的高温区宽度，这不但有利于烧结矿的充分结晶，还有利于改善烧结过程的热态透气性，能够减少烧结料层底部的过熔，有利于烧结矿产、质量指标的提高。

### 2.6.1 不同粒度燃料的燃烧性

为了解不同粒度燃料的燃烧规律，将燃料进行筛分，选出大于 3mm、1～3mm 以及小于 1mm 三种粒级的燃料，分别选取 50g 不同粒度的燃料试样放入加热炉内进行试验，燃烧性（燃烧率）则由失重量与原始重量的比值表示。不同粒度燃料燃烧性的测定结果如图 2-13 所示。

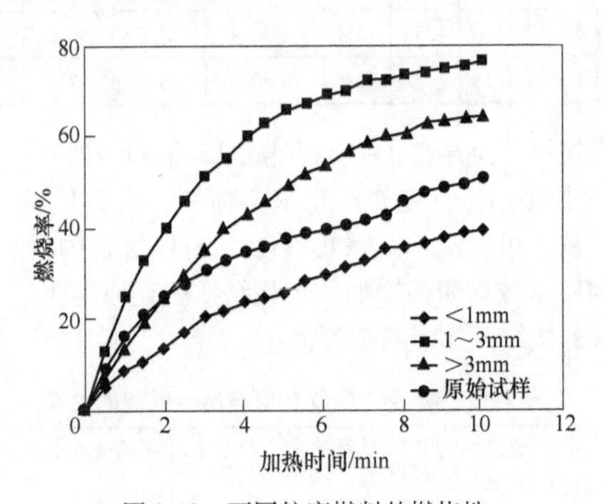


图 2-13　不同粒度燃料的燃烧性

从图可以看出，1～3mm 粒级燃料的失重率相对最高，其燃烧速度相对最快，燃烧效率相对高，燃烧性好；大于 3mm 粒级燃料的失重率相对较高，其燃烧性相对较好；小于 1mm 粒级燃料的失重率低，其燃烧性差；没有经过筛分的燃料的失重率较低，其燃烧性相对较差。因此，为了提高烧结燃料的燃烧性，可以选择粒度为 1～3mm 的燃料作为烧结燃料；若要降低烧结燃料的燃烧性，可以选择粒度小于 1mm 的燃料。

### 2.6.2 烧结燃料分加前后燃料的燃烧性

为了研究分加前后烧结燃料的燃烧规律，采用两种方式进行试验。第一种是将铁矿粉和燃料直接进行混合制粒；第二种是先将 30%燃料与铁矿粉混合制粒，再将 70%燃料后加入进行制粒，使得烧结料的表面被固体燃料包裹。最后分别将 100g 制好的试样放入高温炉内进行焙烧，分加前后燃料燃烧性的测定结果如图 2-14 所示。

从图可以看出，分加后的燃料燃烧速率较高，燃烧性较好。这是因为没有分

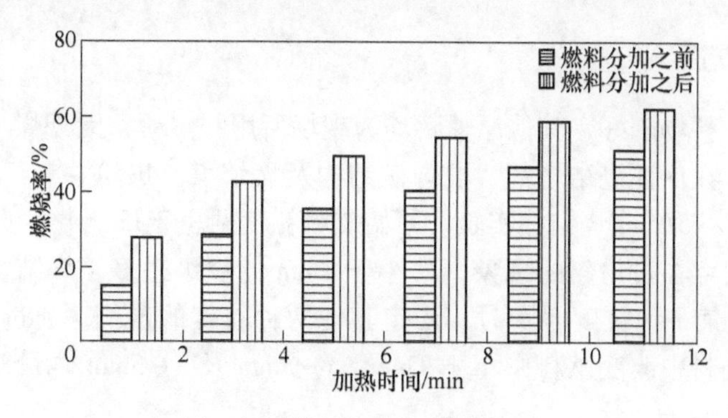


图 2-14 燃料分加前后的燃烧性

加时，一些燃料包裹在铁矿粉中，影响了燃料的燃烧。分加后，固体燃料包裹在烧结料的表面，在烧结过程中燃料与空气的接触增加，这有助于燃料燃烧性的提高。因此燃料分加能够明显地提高燃料的燃烧性。

但是由于单纯燃料分加，后加的燃料不易裹在烧结料颗粒上，易使焦粉堵塞烧结料层空隙，对烧结成品率、粒度组成、热态透气性等均有影响，垂直烧结速度有所降低。

基于上述原因，北京科技大学吴胜利教授团队提出了将钙质熔剂和燃料同时分加方案，使外裹燃料更好地黏结在烧结混合料表面，同时钙质熔剂对焦粉燃烧有催化作用，从而可加快混合料表面的焦粉燃烧速度，使垂直烧结速度增加，烧结矿产量提高。另外，在碱度较高时，钙质熔剂分加有利于烧结料表层生成更多的铁酸钙，从而有利于提高烧结成品率。因此，熔剂燃料分加烧结的烧结矿成品率和粒度组成最好，热态透气性较好，固体燃耗最低。

## 2.7 燃料粒度对烧结指标的影响研究

燃料在烧结生产过程中起着重要作用，不同粒度分布的燃料对烧结矿产、质量有较大的影响。粒度过大，燃烧速度慢，燃烧带变宽，烧结透气性变差，垂直烧结速度下降，利用系数会降低；而且粒度大小差异较大时，易发生偏析，大颗粒集中在料层下部，容易导致下部料过熔；小颗粒由于燃烧速度快，在其周围不能保持一定的高温时间，不利于液相的形成，会导致成品率降低。粒度组成的改变，还会对氧化物的再结晶、高价氧化物的还原和分解、低价氧化物的氧化、液相的生成数量、烧结矿的矿物组成以及宏观和微观结构等产生影响，尤其对烧结矿中铁酸钙的生成产生影响，将会直接影响到烧结矿的还原性等冶金性能。

鉴于此，沙钢钢铁研究院和北京科技大学等专家在保证配矿结构不变的条件下进行了实验，主要探究燃料中不同粒级量对烧结生产指标及质量的影响。

### 2.7.1　实验方案

混匀矿于料场配好，其他原辅料均为现场所用，焦粉、无烟煤分别取自燃料破碎后皮带。在保证烧结熔剂、混匀矿结构及无烟煤、焦粉总量不变的条件下，进行 $\phi$300mm×750mm 烧结杯实验。原始燃料粒度见表 2-13，由表的数据可看出，目前所用燃料存在过粉碎的现象，即小于 1mm 的粒级过多。烧结实验方案见表 2-14，在改变某一种粒度含量时，固定其他两种粒度的比例。通过烧结杯实验，研究烧结混合料中改变燃料中小于 1mm、1～3mm 及 3～5mm 含量对烧结指标的影响。

表 2-13　原始燃料粒度分布　（%）

| >8mm | 8～5mm | 5～3mm | 3～1mm | <1mm |
|---|---|---|---|---|
| 0.77 | 6.74 | 12.84 | 22.56 | 57.07 |

表 2-14　燃料中不同粒度比例对烧结矿质量影响实验方案　（%）

| 方　案 | 燃料配比 | 生石灰配比 | 燃料各粒级比例 | | |
|---|---|---|---|---|---|
| | | | <1mm | 1～3mm | >3mm |
| S-1 | 4.25 | 2.5 | 15.00 | 50.00 | 35.00 |
| S-2 | 4.25 | 2.5 | 35.00 | 38.24 | 26.76 |
| S-3 | 4.25 | 2.5 | 50.00 | 29.41 | 20.59 |
| S-4 | 4.25 | 2.5 | 43.19 | 39.00 | 17.78 |
| S-5 | 4.25 | 2.5 | 31.86 | 55.00 | 13.12 |
| S-6 | 4.25 | 2.5 | 27.48 | 47.40 | 25.00 |
| S-7 | 4.25 | 2.5 | 34.80 | 60.04 | 5.00 |

烧结杯实验的工艺参数为：点火温度 1050℃，点火时间为 2min，点火负压控制在 6kPa，烧结负压控制在 13kPa。当烧结废气温度达到最高并开始下降时，烧结杯实验结束。实验结束后，计算垂直烧结速度、成品率和检测转鼓强度。

### 2.7.2　结果与讨论

#### 2.7.2.1　燃料的燃烧性能

动力学分析表明，烧结过程中的燃料燃烧受扩散环节控制。烧结混合料中燃料的燃烧速度及燃烧带的宽度与燃料颗粒的直径、气流的流速及透气性有关。在烧结条件一定时，燃料粒度成为烧结过程的决定因素，关系着烧结矿的成品率和烧结利用系数。为研究不同粒度燃料的燃烧规律，把实验用燃料筛分为 -1mm、1～3mm、+3mm 粒级，进行了 STA 差热分析，图 2-15 为不同粒度的焦粉的差热分析图。

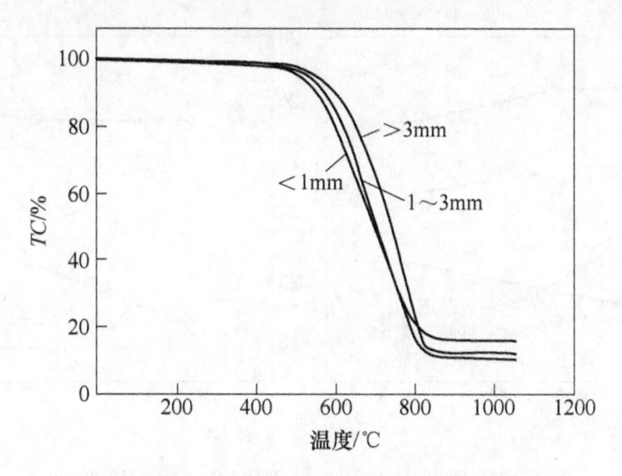


图 2-15 不同粒度燃料的差热分析图

从图中可看出，各粒度的燃料均在接近500℃时开始燃烧，在800℃时均燃烧完毕；粒度越小，开始燃烧温度相对越低，燃烧速度越快；燃料粒度越大，开始燃烧温度相对稍高，燃烧速度越慢。由于粒度的差异，会造成烧结燃烧带温度的横向分布不均，影响到料层中焦粉燃烧的动力学条件及热力学条件，造成烧结指标及烧结矿质量的差异。燃料粒度大，由于燃烧速度慢，会使得燃烧带变宽，高温停留时间变长，液相产生量增加，有利于矿物的黏结，但会使烧结过程透气性变差，垂直烧结速度及利用系数降低；反之，粒度小，燃烧速度快，高温停留时间短，液相反应不完全，烧结矿强度变差，成品率降低，利用系数也低。

#### 2.7.2.2 燃料中小于1mm比例对烧结指标的影响

图2-16给出了燃料中小于1mm比例对烧结指标和烧结矿粒度组成的影响。从实验结果来看，随着小于1mm比例由15%提高到50%，烧结速度提高，烧结矿成品率和转鼓强度均显著降低；小于1mm量从15%提高到50%后，转鼓强度下降了8.72%，幅度较大，同时固体燃耗升高；粒级组成中5～10mm比例由18.56%急剧升高到26.36%，烧结矿粒级组成指标恶化。

当小于1mm比例增多时，从热力学角度分析可知，由于粒度的减小，单位体积分布的燃料增多，碳的不完全反应增加，会造成负压的上升，料层颗粒之间$O_2$浓度下降，使混合料层的透气性下降，影响烧结指标。从动力学角度分析，由于燃料粒度越小，碳的燃烧速度越快，在抽风负压的作用下，碳的燃烧速度进一步加快，燃料燃烧后的热量难以被有效利用，烧结过程中料层高温停留时间变短，高温带变窄，烧结液相反应不完全，造成烧结矿质量的下降，尤其是强度的下降，5～10mm粒级的增加。同时，由于-1mm粒级的燃料容易被气流抽走，造

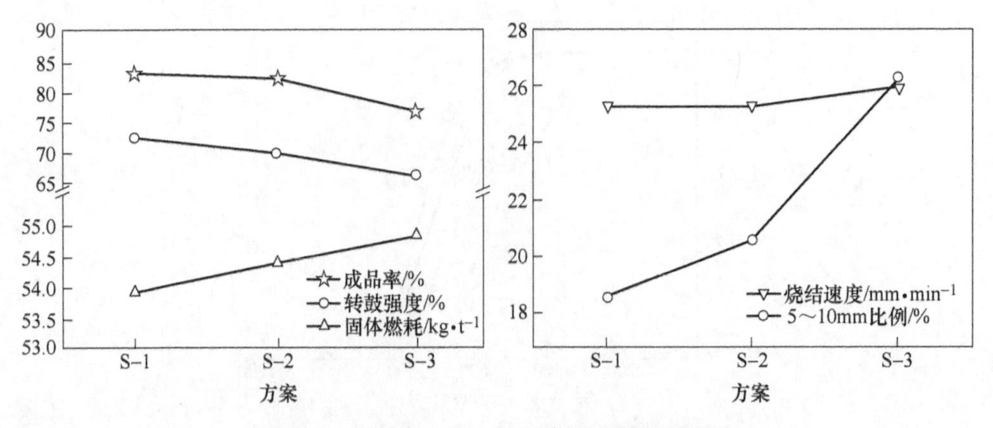


图 2-16　燃料中小于 1mm 比例对烧结指标影响

成燃料的浪费，使燃耗升高。因此，为了保证烧结矿强度，必须控制燃料中小于 1mm 的粒级量，改善燃料的整体粒度分布。在本实验的条件下，燃料中小于 1mm 的比例不宜超过 35%。

### 2.7.2.3　燃料中 1~3mm 比例对烧结指标的影响

图 2-17 给出了燃料中 1~3mm 比例对烧结指标和烧结矿粒度组成的影响。从实验结果来看，随着 1~3mm 燃料比例的增加，烧结速度有所变慢，固体燃耗也降低，烧结矿成品率和转鼓强度均有所增加；1~3mm 量从 29%提高到 55%后，转鼓强度增加了 4%，粒级组成中 5~10mm 比例显著降低，由 26.36%降低到 23.05%，烧结矿粒级组成得到了改善。

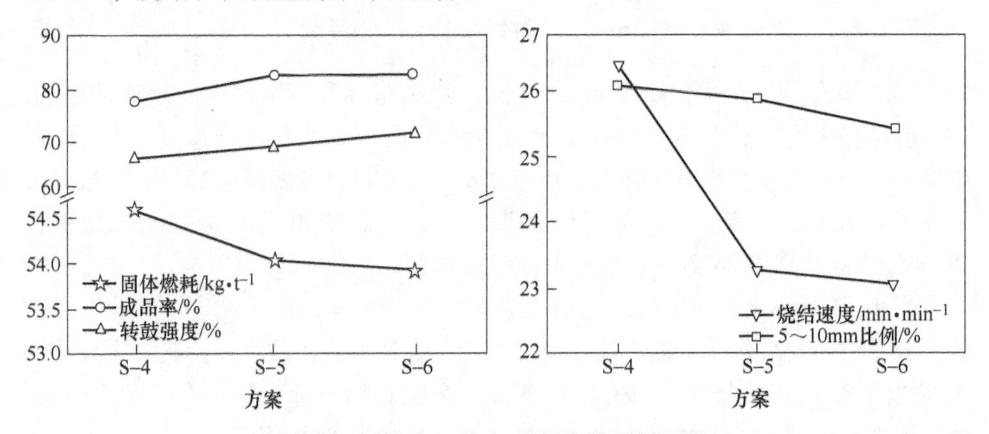


图 2-17　燃料中 1~3mm 比例对烧结指标影响

当燃料中 1~3mm 比例增多时，燃料粒度分布趋于均匀，在料层中的偏析现象减少，有利于燃料的充分燃烧利用，碳的燃烧时间加长，烧结过程氧化性气氛增强，热能利用效果好，能够增加高温保持时间，增宽高温带，为液相反应提供足够的时间，也能为铁酸钙的生成创造有利条件，有利于提高烧结矿的强度，同时也有利于固体燃耗的降低。因此，为了保证烧结矿强度，需尽量控制燃料中1~3mm的粒级量在较高的水平，以提高燃料的利用率。

#### 2.7.2.4 燃料中大于3mm比例对烧结指标的影响

图2-18给出了燃料中大于3mm比例对烧结指标和烧结矿粒度组成的影响。从实验结果来看，随着大于3mm比例的提高，烧结速度提高，烧结矿成品率和转鼓强度均显著降低，固体燃耗增加；大于3mm量从5%提高到25%后，转鼓强度下降了2%，幅度较大；粒级组成中5~10mm比例由21.21%急剧升高到23.52%，烧结矿粒级组成指标趋于恶化。

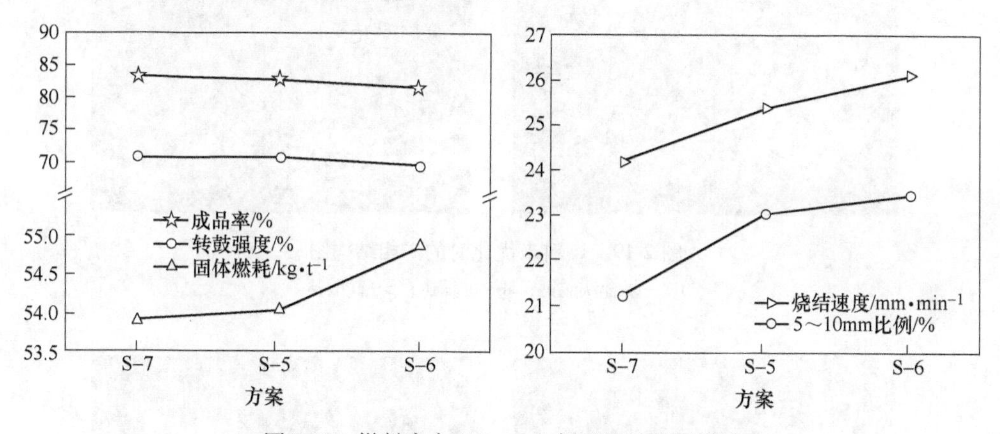


图2-18 燃料中大于3mm比例对烧结指标影响

燃料中大于3mm的量增加，布料后由于粒度偏析，大颗粒燃料容易落到下层，其自动蓄热性会造成下部高温热量高，形成大块，冶金性能变差；同时，由于大颗粒量增加，而燃料整体配加量未变，也会造成中上部燃料分布更加偏析，分布及其不均，部分生矿周围无充足液相黏结，不易矿化，影响烧结矿粒度粒度指标恶化，而且固体燃耗升高。

烧结的根本是燃料燃烧，焦粉是提供烧结燃烧所需热量的主要原料，而且焦粉是用量少，但可以发挥较大作用的原料。因此要着力控制焦粉粒度分布，避免其在布料过程中造成过分偏析，影响燃料的充分利用，同时影响烧结指标。

#### 2.7.2.5 最佳焦粉粒度烧结实验对比

根据上述实验，确定了焦粉的合适燃料粒度为（S-8）：小于1mm 30%、1~3mm 55%、大于3mm 15%。应用此焦粉粒度分布进行了烧结矿实验，由于方案S-3中焦粉粒度与原始粒度最为接近，因此此处对比S-3。同时对烧结矿进行了矿相组成鉴定，烧结指标及矿相鉴定结果分别如表 2-15 与表 2-16 所示，矿相结构分别如图 2-19、图 2-20 所示。

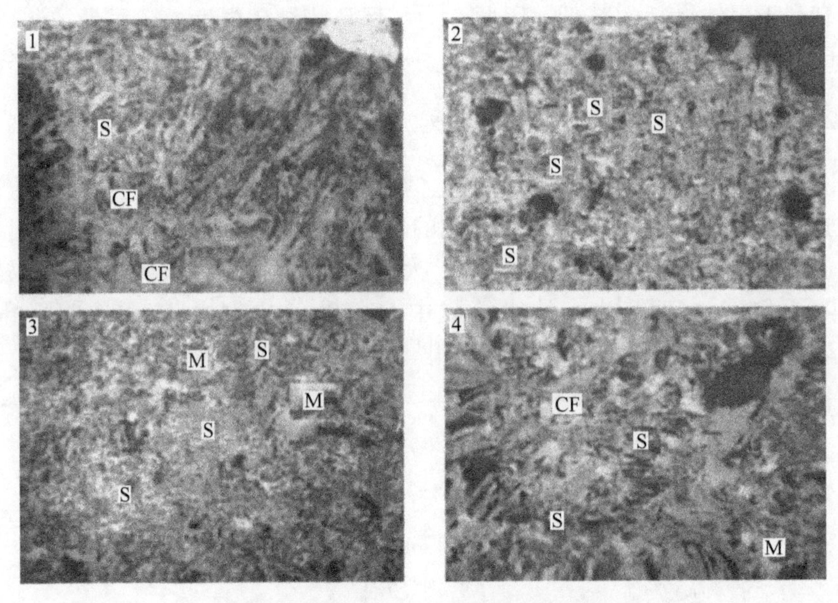


图 2-19　燃料未优化时的矿相结构图

CF—复合铁酸钙；M—磁铁矿；S—硅酸盐

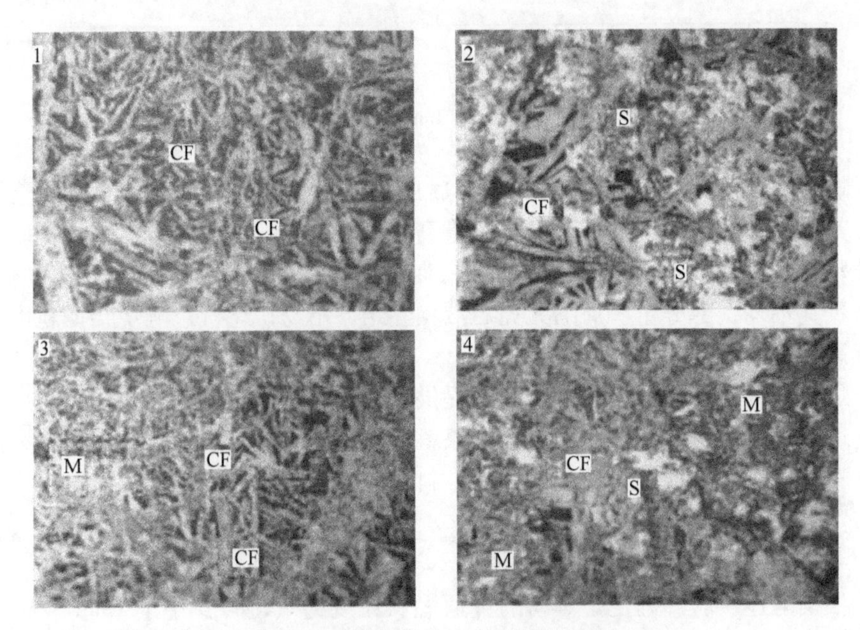


图 2-20　燃料优化后的矿相结构图

CF—复合铁酸钙；M—磁铁矿；S—硅酸盐

表 2-15 最佳燃料粒度时烧结指标

| 方 案 | 烧结速度 /mm · min$^{-1}$ | 成品率 /% | 转鼓强度 /% | 固体燃耗 /kg · t$^{-1}$ | 5~10mm 比例 /% |
|---|---|---|---|---|---|
| S-8 | 24.25 | 83.10 | 71.10 | 53.45 | 21.15 |
| S-3 | 26.08 | 77.46 | 66.33 | 54.81 | 26.36 |

由表 2-15 结果可看出，焦粉粒度经过优化后，各项烧结指标明显优于未经过优化燃料。焦粉粒度优化后烧结，烧结速度放缓，有利于提高成品率、转鼓强度，减少 5~10mm 粒级量；同时由于优化后焦粉粒度分布合理，偏析现象减少，焦粉燃烧利用效率提高，固体燃耗降低。

表 2-16 烧结矿化学成分及铁酸钙含量 (%)

| 烧结矿 | TFe | FeO | CaO | MgO | $SiO_2$ | $Al_2O_3$ | 铁酸钙 |
|---|---|---|---|---|---|---|---|
| S-8 | 56.46 | 8.76 | 10.46 | 1.86 | 5.29 | 1.85 | 40.12 |
| S-3 | 56.35 | 8.21 | 10.41 | 1.85 | 5.31 | 1.82 | 36.54 |

由表 2-16 结果可看出，焦粉粒度经过优化后进行烧结，烧结矿铁酸钙含量比未优化时增加，说明对燃料焦粉进行优化后，燃烧较为充分，烧结料层上、中、下热量分布均匀，有效提升烧结矿显微结构组织形态，提高质量。

从图 2-19 与图 2-20 的矿相结构对比可看出，燃料优化前铁酸钙数量相对较低，铁酸钙呈团块状形态，局部有少量针状铁酸钙，在团块状铁酸钙周围夹杂着硅酸盐。燃料优化后的烧结矿铁酸钙数量增多，磁铁矿和硅酸盐含量减少；铁酸钙形态由团块状变为针状，且铁酸钙相互交织，结构致密，其间有磁铁矿填充在铁酸钙之间。

### 2.7.3 结论

(1) 各粒度的燃料均在接近 500℃时开始燃烧，在 800℃时均燃烧完毕。粒度越小，开始燃烧温度相对越低，燃烧速度越快；粒度越大，开始燃烧温度相对稍高，燃烧速度越慢。

(2) 焦粉是提供烧结燃烧所需热量的主要原料，且用量少，但可以发挥较大作用，因此要着力控制焦粉粒度分布，避免其在布料过程中造成过分偏析，影响燃料的充分利用，同时影响烧结指标。

(3) 从本实验的原辅料条件考虑，燃料焦粉的合理粒度应控制在小于 1mm 比例小于 30%，1~3mm 比例控制在 55%左右，大于 3mm 比例不宜超过 15%。

(4) 燃料进行优化后，烧结矿中铁酸钙数量增加，磁铁矿和硅酸盐含量减少，针状铁酸钙明显增多，且相互交织，形成较为致密的结构，有利于提高烧结矿冷强度。

## 2.8　无烟煤对烧结指标的影响研究

无烟煤作为固体燃料，与焦粉相比，由于孔隙度小，反应能力和可燃性都比焦粉差，如果大量使用无烟煤代替焦粉时，会使高温区温度下降，高温区厚度增加，垂直烧结速度下降而影响到烧结矿的产、质量。鉴于此，重庆大学材料科学与工程学院联合沙钢钢铁研究院，在保证配矿结构不变的条件下，进行了不同无烟煤比例及无烟煤中小于1mm量对烧结生产指标影响试验，结果如下。

### 2.8.1　无烟煤配比对烧结指标影响

由实验结果可知（见图2-21），无烟煤配比由2.25%降低到2.0%时，垂直烧结速度稳定在25.40%，成品率在82%~83%范围内，转鼓强度有微小幅度的提高。当无烟煤配比由2.0%降低到1.7%时，成品率和转鼓强度分别降低2.5%和0.5%。从烧结矿的粒度组成来讲，无烟煤配比为1.7%时，烧结烧结矿中5~10mm比例升高2.0%。

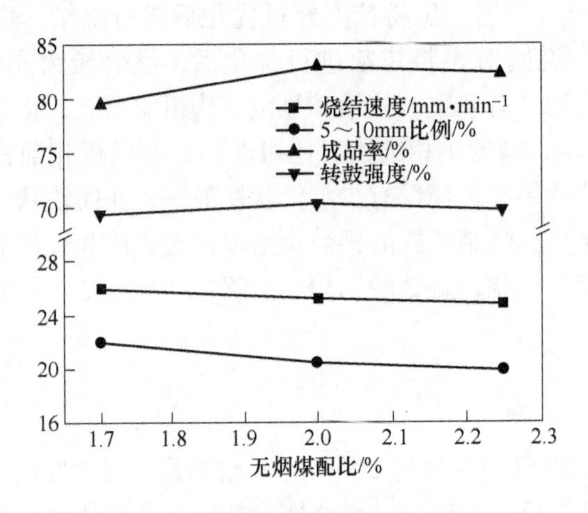


图2-21　无烟煤配比对烧结指标及粒度的影响

由于无烟煤与焦粉在物理性能和化学性质上均存在一定差异。无烟煤与焦粉相比，孔隙要小得多，在相同燃烧条件下，焦粉发热量和燃烧速度均比无烟煤高。因此，在使用焦粉和无烟煤时，烧结过程会存在一定的差异。烧结开始时无烟煤先于焦粉着火，两者不能同时到达烧结所要求的高温，造成烧结燃烧层的增厚，从而使烧结过程产生的返矿量增加，烧结矿强度变差，成品率降低。

从实验结果得出，混合料中无烟煤的配比在2.0%时，烧结矿的各项指标均较好。无烟煤比例继续升高时，对烧结指标的改进无显著影响；而无烟煤进一步降低到1.7%时，燃料燃烧放热量降低过多，会引起烧结液相生成量降低，导致烧结成品率、转鼓指数等指标恶化。因此在实验的基础条件下，无烟煤的配比应控制在2.0%。

### 2.8.2 无烟煤中小于1mm比例对烧结指标影响

从实验结果来看（见图2-22），随着无烟煤小于1mm比例由15%提高到50%，烧结速度提高，烧结矿成品率和转鼓强度均显著降低，其中转鼓强度下降了8.7%，幅度较大；粒级组成中5~10mm比例由18.5%急剧升高到26.4%，烧结矿粒级组成指标恶化。

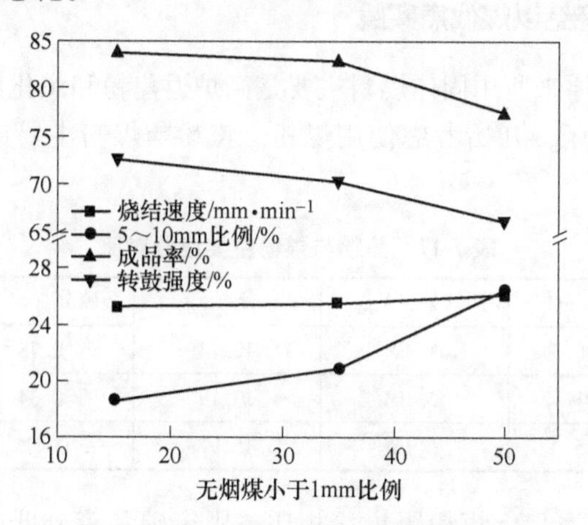


图2-22 无烟煤小于1mm比例对烧结指标影响

当无烟煤小于1mm比例增多时，小粒级燃烧速度过快，会导致烧结速度的加快，无烟煤燃烧后的热量难以被有效利用，烧结过程中料层高温停留时间变短，使得料层中的氧化气氛被抑制，不利于烧结液相生成，造成烧结矿质量的下降，尤其是强度。因此，为保证烧结矿强度，必须控制无烟煤中小于1mm的比例不超过20%。

### 2.8.3 无烟煤中不同小于1mm粒级量对烧结矿矿物组成

随无烟煤中小于1mm粒级量的增加，铁酸钙量减少，烧结矿还原度也降低。其中无烟煤中小于1mm粒级量由15%提高到35%时，烧结矿还原度降低幅度较大，降低了4.54%，此后继续增加无烟煤中小于1mm粒级量，烧结矿还原度下降幅度变小。

## 2.9 首钢京唐公司烧结以煤代焦实践

无烟煤价格每吨要比焦粉低150元左右。若能用煤粉作为烧结燃料替代部分焦粉，对缓解焦粉紧张情况和降低烧结矿成本，具有十分重要的现实意义。

### 2.9.1 首钢京唐烧结对固体燃料的要求

烧结过程中燃料的配比、粒度、化学性质直接影响烧结过程中的热量利用，进而影响到烧结返矿率、烟道温度、烟道负压、垂直烧结速度、终点温度、终点位置等，并直接影响烧结矿的产量和质量。因此京唐烧结对燃料质量有高要求：固定碳含量高，灰分挥发分低，可燃性好。生产中要求：小于3mm的燃料比例达到70%以上，大于5mm的要小于10%。

### 2.9.2 首钢京唐烧结以煤代焦实践

首钢京唐烧结原来所用固体燃料主要是高炉返焦粉和焦化筛下焦末，由于以上两种焦粉供应紧张，开始考虑使用煤粉。焦粉与煤粉主要成分对比情况如表2-17所示。

表2-17 焦粉与煤粉主要成分对比 (%)

| 种　类 | 固定碳（FC） | 挥发分（$V_{daf}$） | 灰分（$A_d$） | 硫分（$S_{t,d}$） | 全水（$M_t$） |
|---|---|---|---|---|---|
| 焦粉 | 85.90 | 1.40 | 12.74 | 0.78 | 1.98 |
| 朝鲜煤 | 81.01 | 6.10 | 13.19 | 0.34 | 7.20 |
| 京西煤 | 81.25 | 6.16 | 15.97 | 0.212 | 4.45 |

由表2-17可以看出，煤粉跟焦粉相比：固定碳和硫分低，挥发分、灰分和水分比焦粉高。由于朝鲜煤较细，而京西煤粒度好，所以采取朝鲜煤与京西煤按照比例2∶1的方法配加。京唐烧结燃破间共有5个燃料仓，1号、2号燃料仓存放高炉筛下焦末，3号燃料仓存放焦化筛下焦末，4号燃料仓存放京西煤，5号燃料仓存放朝鲜煤。1号、2号、3号仓同时使用，4号、5号仓同时使用。生产试验分四个阶段进行，煤粉配加量分别为：第一阶段20%，第二阶段30%，第三阶段40%，第四阶段50%，每个阶段试验两天。为了把不确定因素降低到最低限度，在试验过程中，保持上料量1000t/h不变，原料的配比保持不变，烧结矿碱度确定为2.05±0.08，石灰石配比情况根据碱度进行相应调整。原燃料配比情况如表2-18所示。

表2-18 原燃料配比情况 (%)

| 混匀矿 | 高炉返矿 | 烧结返矿 | 燃料 | 生石灰 |
|---|---|---|---|---|
| 70 | 10 | 24 | 3.84 | 3.4 |

在试验过程中，保持燃料的总配比为3.84%，煤粉与焦粉的比例按照20%、30%、40%和50%进行调整。在烧结以煤代焦过程中，采取了以下三项技术措施保证实践阶段烧结过程的稳定。

（1）保证燃料粒度分布合理，防止煤粉过粉碎而焦粉破碎不充分，严格控制煤粉水分含量控制在10%以下，焦粉水分含量控制在3%以下，使煤粉和焦粉更易于破碎；同时进行焦粉和煤粉分开破碎，2号四辊专门用于破碎煤粉，1号、3号、4号四辊用于破碎焦粉，煤粉的四辊间隙稍微放宽，防止煤粉过粉碎；每2个小时测量一次燃料粒度，根据测量结果调整对辊和四辊辊皮间隙，保证煤粉和焦粉粒度在要求的范围内。

（2）在试验过程中，根据烧结料面燃烧情况调节焦炉煤气阀门开度、保持合适的空燃比、合理控制1号~3号风箱的执行机构等措施来提高点火温度，并保持在1050℃以上，弥补由于煤粉热值低、燃烧速度快所造成的料层表面热量不足的问题。

（3）适当提高料层厚度，提高至835mm，并及时调节圆辊转速和六个小布料闸门的状态，保证台车上混合料布料均匀，料面平整，充分利用厚料层的自动蓄热作用，弥补配加煤粉发热量不足的问题，使表层未烧好及强度差的烧结矿相对减少，上部供热充足和料层高温保持时间延长，促进液相生成和矿物结晶充分。

## 2.9.3 试验结果与分析

首钢京唐烧结用煤粉替代部分焦粉后，使燃料产生以下变化：燃料中总的固定碳含量降低，挥发分含量升高，燃料燃烧产生的热量减少；燃料粒度总体偏细，煤粉破碎过度而焦粉破碎不充分；配加煤粉后燃料的反应性和可燃性下降。

通过四个阶段的生产试验，对煤粉作为烧结燃料替代部分焦粉对生产过程产生一定的影响，试验各阶段主要经济技术指标见表2-19。

**表2-19 试验各阶段烧结矿主要技术经济指标**

| 阶段 | 煤粉比例/% | 焦粉比例/% | 台时产量/$t \cdot h^{-1}$ | 利用系数/$t \cdot (m^2 \cdot h)^{-1}$ | (TFe±0.5)率/% | 自返矿率/% | 燃料消耗/$kg \cdot t^{-1}$ | 转鼓指数/% | 粒级(-10mm)/% | 硫含量/% |
|---|---|---|---|---|---|---|---|---|---|---|
| 1 | 20 | 80 | 728 | 1.33 | 86.39 | 22.95 | 55.14 | 82.55 | 17.28 | 0.02 |
| 2 | 30 | 70 | 682 | 1.24 | 90.96 | 23.01 | 56.23 | 82.61 | 17.22 | 0.019 |
| 3 | 40 | 60 | 678 | 1.23 | 90.39 | 24.96 | 57.33 | 82.64 | 17.38 | 0.017 |
| 4 | 50 | 50 | 670 | 1.22 | 90.57 | 25.40 | 58.16 | 81.92 | 17.63 | 0.016 |

### 2.9.3.1 煤粉用量对烧结过程影响

煤粉强度差，配加煤粉后燃料在破碎过程中存在过粉碎现象，但是配加煤粉后烧结机机速和负压并没有出现明显变化。由于煤粉的挥发分含量较高，在烧结料层下部这些挥发性物质重新凝结，影响烧结料层的透气性，致使烧结过程垂直烧结速度降低。

#### 2.9.3.2　煤粉用量对燃耗的影响

从表 2-19 可以看出，随着煤粉的配加量增加，燃耗呈逐渐上升的趋势。在试验进行的四个阶段中，每个阶段燃耗上升约 1.8%。主要是配加煤粉后燃料的整体固定碳含量降低造成的，为了保证燃烧带的高温区有足够高的温度，必须通过增加燃料的用量来弥补替代燃料的发热量不足。

#### 2.9.3.3　煤粉用量对烧结矿强度和粒度的影响

从表 2-19 可以看出，转鼓指数在试验过程中均有所下降，特别是当煤粉配加量达到 50%时，转鼓指数达不到公司考核的最低限度（>82%）。烧结矿整体偏碎，强度下降，小于 10mm 粒级的有所增加。

#### 2.9.3.4　煤粉用量对烧结矿产量和利用系数的影响

从表 2-19 可以看出，随着煤粉配加量增加，台时产量和利用系数呈逐渐下降的趋势，通过提高燃料用量可以弥补煤粉造成的燃烧带温度降低。当煤粉配加量达到 50%以后，产量下降明显，不能满足高炉对烧结矿产量的需求。

#### 2.9.3.5　煤粉用量对成本的影响

当煤粉配加量达到 50%时，烧结矿的质量仍能满足炼铁生产对烧结矿各项指标的要求，但是烧结矿产量下降明显，为满足炼铁生产需要，制约了煤粉配加量，综合各方面因素，煤粉配加量在 40%时是比较适宜的。当前焦粉与煤粉存在约 150 元的价差，用煤粉替代 40%焦粉后固体燃料成本降低约 1.46 元/t。通过控制烧结操作过程，配加 40%的煤粉造成的烧结矿的质量指标下降非常有限，生产试验期间高炉稳定顺行。

#### 2.9.3.6　煤粉用量对烧结矿硫含量的影响

随着煤粉比例的增加，烧结矿硫含量略呈下降的趋势，其主要原因为煤粉中硫含量仅 0.3%左右，低于焦粉硫含量，增加煤粉的用量造成烧结燃料中硫的带入量减少，而烧结工序的脱硫率仅与硫在烧结原料中的存在形态以及烧结矿碱度有关，因此在脱硫率一定的情况下，由于硫的带入量减少，烧结矿中硫含量降低，对环境保护有利，有利于改善大气质量。

### 2.9.4　结论

（1）配加煤粉过程中，防止煤粉过粉碎而焦粉破碎不充分，严格控制煤粉水分含量控制在10%以下，焦粉水分含量控制在3%以下，使煤粉和焦粉更易于破碎；同时进行焦粉和煤粉分开破碎，2号四辊专门用于破碎煤粉，1号、3号、4号四辊用于破碎焦粉，煤粉的四辊间隙较焦粉稍微放宽。

（2）在现有工艺和原料条件下，随着煤粉配比量的增加，烧结矿产量、燃耗、转鼓指数、粒度组成指标均会受到不同程度的影响。通过保证燃料粒度分布合理、控制焦粉和煤粉水分、焦粉煤粉实行分开破碎、合理控制1号~3号风箱的执行机构、提高料层厚度等措施，当煤粉的配加量控制在40%以下时，完全能满足炼铁对烧结矿产、质量的要求。

（3）由于煤价低、硫低、挥发分低，用煤粉替代40%的焦粉，可使烧结矿成本每吨下降1.46元，对降本增效意义重大。

（4）配加煤粉后，烧结矿硫含量下降明显，对环境保护有利，有利于改善大气质量。

## 2.10 兰炭作烧结燃料对烧结矿质量的影响

兰炭是一种产自陕北神木县的半焦，具有固定碳高、发热值高和价格相对低廉的特点，如果能将其用于烧结生产替代焦粉，可在一定程度上降低烧结矿成本。

### 2.10.1 试验原料及方法

#### 2.10.1.1 烧结原燃料的基础性能

混匀料是由杨迪矿、澳矿、精宝粉等7种含铁原料按一定比例混匀而成，原料及熔剂成分如表2-20~表2-22所示。

表2-20 烧结杯试验原料的化学成分 （%）

| 原料名称 | TFe | $SiO_2$ | CaO | MgO | $Al_2O_3$ | $TiO_2$ | S | P | 烧损 |
|---|---|---|---|---|---|---|---|---|---|
| 混匀矿 | 54.30 | 6.74 | 3.98 | 1.40 | 3.77 | 0.27 | 0.02 | 0.16 | 3.12 |
| 返矿 | 50.74 | 6.49 | 13.55 | 2.99 | 3.17 | 0.45 | — | — | 0.75 |
| 白灰 | — | 2.76 | 81.67 | 1.25 | — | 2.74 | 0.12 | — | — |
| 白云石 | — | 2.03 | 30.00 | 20.00 | — | — | — | — | — |

表2-21 烧结用焦粉和兰炭工业分析

| 名 称 | 固定碳/% | 挥发分/% | 灰分/% | 硫含量/% |
|---|---|---|---|---|
| 焦粉 | 85.36 | 2.49 | 10.38 | 0.41 |
| 兰炭 | 75.95 | 11.31 | 11.60 | 0.37 |

表 2-22　燃料的粒度分布　（%）

| 名称 | >10mm | 10~6.3 mm | 6.3~5 mm | 5~3 mm | 3~2mm | 2~1mm | 1~0.5 mm | 0.5~0.15mm | <0.15mm | 平均粒级 |
|---|---|---|---|---|---|---|---|---|---|---|
| 焦粉 | 5.21 | 3.04 | 10.17 | 6.59 | 31.69 | 41.67 | 1.31 | 0.32 | 0 | 3.02 |
| 兰炭 | 0.11 | 6.19 | 23.55 | 9.61 | 16.13 | 38.30 | 4.22 | 1.89 | 0 | 3.25 |

#### 2.10.1.2　试验方案及方法

保持原料及熔剂配比不变，在燃料比为5.2%的条件下调整燃料结构，主要考察兰炭的替代比例与粒度对烧结过程及烧结矿性能的影响。

### 2.10.2　试验结果与讨论

#### 2.10.2.1　兰炭替代比例对烧结过程能量利用的影响

随兰炭替代比例不同，垂直烧结速度在27.52%和27.75%之间变化，总体情况比较稳定。垂直烧结速度与烧结矿产量密切相关，一般情况下提高垂直烧结速度可以增加产量，但过高的垂直烧结速度会降低能量利用率，最终导致烧结矿成品率和强度下降，反而不利于生产。由试验结果可以看出，配入不同比例的兰炭后，产量依然维持在一个较好的水平上。

垂直烧结速度取决于燃料的燃烧速度和传热速度两个因素，燃烧速度与燃料特性、风量大小等因素有关，而传热速度则与料层孔隙率、固体和气体的热容以及气体流速等因素有关。当燃烧速度和传热速度保持同步时，就可以提高料层的蓄热量，更好地利用燃料的热量。兰炭的燃烧速度快，所以造球时要通过水分和消化时间等因素来控制成球粒度，保证适当的烧结料透气性，才能使兰炭的燃烧速度和烧结料的传热速度同步，提高能量的利用率。

另外，随着兰炭替代比例增加，烧结过程的最高废气温度并不是单一的线性升高。造成最高废气温度变化的原因是兰炭的燃烧速度比焦粉的要快，烧结过程中先于焦粉燃烧，这样就会导致两种燃料燃烧时所产生的热量不能有效叠加。燃烧速度和传热速度不同步会使烧结料的蓄热量下降，影响燃料的能量利用，所以在配加了20%兰炭时最高废气温度会有所下降。但兰炭的替代比例提高后，由于其发热值较高，加之燃烧速度趋于一致，能量的利用更加充分，故最高废气温度又出现上升的趋势。

#### 2.10.2.2　兰炭替代比例对烧结矿质量的影响

兰炭的替代比例并不会对烧结矿品位产生很大影响，但随着兰炭替代比例升高，烧结矿 FeO 含量呈下降趋势，但总体稳定在一个较好的范围内。FeO 下降的原因主要有两方面：（1）兰炭的固定碳含量较焦粉低，随着兰炭配入量增加，燃料中的固定碳含量逐渐降低，烧结过程中的还原性气氛会减弱；（2）兰炭的发热量也比焦粉低，烧结过程中的热量也会有所下降。

随着兰炭替代比例增加，成品率略有下降，由83.66%逐步降到82.12%，但总体降幅不大；转鼓指数则在一个适当的范围内波动，且均保持在71.3%以上。兰炭的配用虽然导致了烧结矿粒度组成有所变化，但不同替代比例时烧结矿粒度分布的差别不大，以上结果说明，用兰炭作烧结燃料可以保证烧结矿有较好的冷强度。

由于兰炭的发热值与焦粉相差不大，只要保证燃烧充分，控制燃料的燃烧速度，使兰炭和焦粉在燃烧过程中的燃烧速度和传热速度尽可能一致，就能提高烧结料层的蓄热量，为烧结过程提供充足的热量。保证了热量供应，烧结过程中生成液相的数量和质量就不会产生太大变化，所以烧结矿强度也就不会出现较大波动。

#### 2.10.2.3　兰炭粒度对烧结生产的影响

随着兰炭粒度上限增大，垂直烧结速度逐渐降低。虽然减小兰炭粒度能提高垂直烧结速度，但是垂直烧结速度过快不利于烧结蓄热，会导致热量得不到充分利用，进而出现燃烧层温度过低，液相生成量不足的现象，对烧结矿强度和成品率造成不良影响。另外，兰炭粒度减小会导致烧结矿FeO升高。这是因为二混造球过程中，小粒度的兰炭易被裹入黏附粉层，烧结过程中小球内部氧气含量相对较少，氧化性气氛较弱，铁氧化物被还原为FeO。

随兰炭粒度增大，成品率和烧结矿强度均提高，同时，烧结矿粒度组成也得到改善（大于40mm的大块和小于5mm的粉末减少，5~25mm的中间粒级增多）。这是因为合适粒度的兰炭有助于烧结过程中燃烧和传热同步，同时减少燃料被包裹的现象，从而提高烧结过程的热量利用率，使烧结矿质量得到改善。

综合所述，兰炭粒度对烧结过程的能量利用有着重要影响。首先，兰炭粒度减小会使其燃烧速度加快，过快的燃烧速度会导致烧结过程中燃烧与传热不同步，降低能量利用率。其次，燃料的成球性能差，造球时较大粒度的兰炭会镶嵌在小球外部，而粒度较小的燃料则会和矿粉一起被裹在黏附粉层内。抽风烧结时，小球表面的燃料与空气接触良好，燃烧充分；而黏附粉层中的燃料则与空气隔离，燃烧受到限制，在燃料比不变的情况下燃烧过程所释放的热量也就会减少。从试验结果可以看出，减小兰炭粒度不但会降低能量利用率，还会使燃料燃烧不充分，造成烧结过程中有效热量不足，进而影响燃烧带液相的数量和性能，导致烧结矿质量明显下降。

### 2.10.3 结论

（1）在一定条件下，兰炭的替代比例对烧结生产影响不是很大。如果烧结参数控制得当，高比例配用兰炭作烧结燃料是可行的。

（2）用兰炭作烧结燃料完全替代焦粉时，其粒度不宜过细，否则会使燃烧速度过快且燃烧不充分，导致烧结矿质量下降。

（3）由于兰炭的燃烧速度较快，导致其对燃料粒度、水分和负压等烧结参数较为敏感，生产配用时需审慎，应及时调节工艺参数，才能确保生产过程和烧结矿质量稳定。

## 2.11 陕钢汉钢烧结配加兰炭的工业试验

陕煤集团在煤热解提制焦油和煤气的过程中产生了大量的副产品兰炭，也称半焦。陕钢集团作为陕煤集团的下属企业，为实现集团内部资源优势互补，降低烧结矿成本，进行了配加兰炭末工业试验。

### 2.11.1 兰炭的性质及与焦粉比较

兰炭和焦粉的工业分析见表2-23和表2-24。可以看出，兰炭的热值较焦粉低，挥发分较焦粉高，理论上兰炭的燃烧速度要高于焦粉。兰炭含硫量较焦粉低，有利于降低废气中$SO_2$含量，减少烧结烟气脱硫的压力。兰炭灰分中酸性脉石（$SiO_2$+$Al_2O_3$）含量较焦粉低，碱性脉石（CaO+MgO）含量比焦粉高，因此，使用兰炭有利于降低烧结熔剂消耗。此外，兰炭的软化温度和流动温度均低于焦粉，灰分软化温度（*ST*）比焦粉低180℃，流动温度（*FT*）比焦粉低210℃，因此，兰炭在烧结过程中更易于烧结液相的生成和黏结，有利于烧结矿质量的提升。

**表2-23　燃料的元素及热值分析**

| 燃料名称 | 水分/% | 固定碳/% | 灰分/% | 挥发分/% | 硫含量/% | 热值 /J·g$^{-1}$ |
|---|---|---|---|---|---|---|
| 焦粉 | 15.21 | 84.66 | 13.00 | 2.21 | 0.82 | 24000 |
| 兰炭 | 19.24 | 74.64 | 13.43 | 12.09 | 0.47 | 21890 |

**表2-24　燃料的灰分成分及熔点**

| 燃料名称 | 灰分分析/% | | | | 灰分熔点/℃ | | | |
|---|---|---|---|---|---|---|---|---|
| | $SiO_2$ | $Fe_2O_3$ | $Al_2O_3$ | CaO | *DT* | *ST* | *HT* | *FT* |
| 焦粉 | 56.78 | 6.19 | 34.22 | 6.82 | 1320 | 1360 | 1370 | 1390 |
| 兰炭 | 33.20 | 7.92 | 17.00 | 31.87 | 1160 | 1180 | 1180 | 1180 |

## 2.11.2 工业试验方案及条件

### 2.11.2.1 试验方案

试验目的：(1) 探索适宜烧结的兰炭粒度；(2) 探索适宜的兰炭配比。生产中焦粉粒度一直按小于3mm占80%控制，试验中兰炭粒度小于3mm按80%、75%、70%分别进行。根据国内其他烧结厂配加兰炭的经验，试验初步安排兰炭代替焦粉比例为20%、25%、30%、35%、40%。

### 2.11.2.2 试验条件

试验期间维持了相对稳定的混匀矿配比（35%~40%精矿+60%~65%粉矿），熔剂结构为80%熟料（生石灰粉、轻烧白云石粉）+20%生料（石灰石粉+白云石粉）。

## 2.11.3 工业试验及结果

工业试验在原燃料相对稳定的条件下开展，通过分组试验，摸索了兰炭配加工艺要求及兰炭作为烧结固体燃料代替焦粉的最大比例。

### 2.11.3.1 兰炭粒度探索

为探索适宜烧结的兰炭粒度，按兰炭粒度小于3mm部分占80%、75%、70%分别进行了工业试验，每个试验阶段为期6天。各试验阶段原、燃料配比见表2-25，操作参数列于表2-26，试验结果列于表2-27和表2-28。

**表2-25 试验期间原、燃料配比** (%)

| 试验阶段 | 混匀矿配比 | | | | 燃料条件 | | | |
|---|---|---|---|---|---|---|---|---|
| | 精矿粉 | 高硫矿 | 澳粉 | 巴西粉 | 焦粉小于3mm | 兰炭小于3mm | 焦粉配比 | 兰炭配比 |
| 1 | 35 | 5 | 40 | 20 | 80 | 80 | 70 | 30 |
| 2 | 35 | 5 | 40 | 20 | 80 | 75 | 70 | 30 |
| 3 | 35 | 5 | 45 | 15 | 80 | 70 | 70 | 30 |

**表2-26 试验期间烧结过程参数**

| 试验阶段 | 料层厚度/mm | 燃料配比/% | 点火温度/℃ | 终点温度/℃ | 烟道废气/℃ | 烟道压力/kPa |
|---|---|---|---|---|---|---|
| 1 | 650 | 4.3 | 1123 | 285 | 145 | −12.1 |
| 2 | 650 | 4.1 | 1118 | 268 | 140 | −12.3 |
| 3 | 650 | 4.1 | 1115 | 265 | 139 | −12.2 |

表 2-27　试验期间烧结矿化学成分及冶金性能

| 试验阶段 | 化学成分/% | | | | | | | | | 碱度 | 冶金性能 | | | |
|---|---|---|---|---|---|---|---|---|---|---|---|---|---|---|
| | TFe | FeO | $SiO_2$ | CaO | MgO | $Al_2O_3$ | P | S | $TiO_2$ | | $RDI_{+6.3}$/% | $RDI_{+3.15}$/% | $RDI_{-0.5}$/% | $RI$/% |
| 1 | 55.95 | 8.67 | 4.85 | 10.08 | 1.79 | 1.92 | 0.081 | 0.018 | 0.22 | 2.08 | 77.53 | 79.36 | 6.87 | 63.26 |
| 2 | 56.16 | 8.95 | 4.73 | 9.96 | 1.85 | 1.89 | 0.079 | 0.016 | 0.19 | 2.11 | 78.85 | 80.25 | 6.35 | 64.65 |
| 3 | 55.87 | 9.656 | 4.98 | 10.46 | 1.90 | 1.95 | 0.077 | 0.021 | 0.20 | 2.10 | 73.69 | 76.85 | 9.25 | 62.93 |

表 2-28　试验期间烧结生产指标

| 试验阶段 | 利用系数 /t·(m²·h)⁻¹ | 垂直烧结速度 /mm·min⁻¹ | 转鼓指数 /% | 大于16mm 比例/% | 小于10mm 比例/% | 燃料单耗 /kg·t⁻¹ | 燃料成本 /元·t⁻¹ |
|---|---|---|---|---|---|---|---|
| 1 | 1.20 | 17.62 | 78.75 | 45.26 | 37.65 | 60.5 | 44.8 |
| 2 | 1.20 | 17.45 | 79.65 | 46.35 | 36.70 | 58.7 | 43.5 |
| 3 | 1.19 | 17.32 | 78.02 | 44.65 | 38.52 | 59.8 | 44.3 |

注：兰炭价格 650 元/t，焦粉价格 780 元/t。

试验分析：(1) 试验 1 兰炭粒度小于 3mm 控制在 80%，机尾红层相对较薄、发暗。这主要是因为兰炭中小于 1mm 部分占到了 68%，其粒度偏细、燃烧性又好，燃烧速度快，热量来不及充分加热铁料就随烟气被抽走，故烟道温度较高(145℃)。因燃烧带变薄，烧结矿强度及粒度组成相对较差，实际生产中不得不提高燃料配比来改善烧结矿质量，故燃耗也相对较高。

(2) 试验 2 阶段，兰炭粒度增粗（小于 3mm 占 75%）后，各项指标均有改善，烧结矿强度为 79.65%，大于 16mm 粒级占 46.35%，小于 10mm 粒级占 36.70%，冶金性能均优于试验 1 和试验 3，同时，固体燃耗也是三组最低的。

(3) 试验 3 阶段兰炭粒度小于 3mm 占 70%。生产中出现机尾红层较厚，红层分布不均匀，表层烧结矿质量相对较差的情况；烧结矿 FeO 含量高达 9.65%，较试验 1、试验 2 高；薄壁大孔状的烧结矿比例增加，转鼓强度为 78.02%、冶金性能均系 3 组试验中最差。

### 2.11.3.2　适宜兰炭配比探索

为探索适宜的兰炭比例，按兰炭代替焦粉比例 20%、25%、30%、35%、40%分别进行了试验，结合含铁原料采购情况，每个试验为期 6~15 天。各试验阶段原、燃料配比见表 2-29。

试验结果分析：(1) 随着兰炭配比升高，固体燃料配比相应增加，燃料单耗也同步上升。主要原因是兰炭的热值低于焦粉；加之兰炭的燃烧速度比焦粉快，部分热量来不及被料层吸收便随烟气进入烟道内。

表 2-29 混匀矿及燃料配比 (%)

| 试验阶段 | 精矿粉 | 高硫矿 | 澳粉 | 巴西粉 | 兰炭/焦炭 |
|---|---|---|---|---|---|
| 1 | 35 | 5 | 45 | 15 | 0/100 |
| 2 | 35 | 5 | 45 | 15 | 20/80 |
| 3 | 35 | 5 | 45 | 15 | 25/75 |
| 4 | 35 | 5 | 45 | 15 | 30/70 |
| 5 | 30 | 5 | 45 | 20 | 35/65 |
| 6 | 30 | 5 | 45 | 20 | 40/60 |

注：兰炭粒度小于 3mm 占 75%；焦粉粒度小于 3mm 占 80%。

（2）兰炭配比控制在 30%以内对烧结矿产量、质量没有影响，烧结固体燃料成本较全部使用焦粉低；兰炭配比为 25%时，固体燃料成本最低。

（3）兰炭配比超过 30%以后，烧结矿强度、粒度均变差，利用系数稍有降低，同时烧结固体燃料成本比全部使用焦粉高。

（4）兰炭配比不大于 35%时，烧结矿冶金性能与全部使用焦粉时没有明显差别；兰炭配比为 40%时，烧结矿低温还原粉化性能明显变差。

（5）在保证料面点火效果的情况下，随着兰炭配比增高，可适当提高点火温度。这是因为兰炭粒度较细，小于 1mm 粒级达到 65%，布料时容易偏析分布在料层上部，兰炭热值低，需要点火炉提供；更多的热量来保证上部料层热量需求。

（6）随着兰炭配比升高，垂直烧结速度加快，料层高温区保持时间缩短，不利于烧结矿质量的提升。配加兰炭宜采用厚料层烧结，有助于保证烧结矿质量。

（7）焦粉与兰炭差价要大于 120 元/t，配加兰炭才会产生经济效益。

### 2.11.4 结论

（1）烧结用焦粉粒度按小于 3mm 占 80%控制时，适宜的兰炭粒度为小于 3mm 控制在 75%左右，同时要严防兰炭过粉碎，减少兰炭中小于 1mm 比例。

（2）烧结配加兰炭时，应适当提高燃料配比和烧结机点火温度，同时实施低碳厚料层烧结。

（3）兰炭代替焦粉，替代比例在 30%以内对烧结矿产量、强度、粒度以及冶金性能均不会产生影响，替代比例为 25%时经济效益最佳。

（4）兰炭价格比焦粉低 120 元/t 以上时，烧结配加兰炭才会产生经济效益。

（5）根据烧结对燃料质量的要求、兰炭生产的干馏程度以及试验结果，总结出了烧结用兰炭的技术要求，如表 2-30 所示。

（6）兰炭易破碎，且易过粉碎，须从源头上控制兰炭中小粒度比例，同时进厂兰炭粒度要均匀，要求 3~25mm 大于 80%，小于 1mm 部分小于 10%。

表 2-30 烧结用兰炭的技术参考要求 (%)

| 类 别 | 灰分 | 挥发分 | 硫含量 | 固定碳 | 水分 |
|---|---|---|---|---|---|
| 一级兰炭 | ≤10 | ≤8 | ≤0.5 | ≥80 | ≤8 |
| 二级兰炭 | ≤15 | ≤12 | ≤1.0 | ≥70 | ≤12 |

## 2.12 龙钢烧结机头除尘灰含碳量与兰炭使用的探索

从 2016 年 5 月至 2017 年 3 月，龙钢烧结间歇性配加部分兰炭末置换焦末，兰炭末与焦末比例分别为 2∶8 和 4∶6，通过跟踪机头除尘灰含碳量、除尘器运行状况、煤耗配比等参数，对兰炭末使用情况进行分析。

### 2.12.1 燃料质量

燃料成分如表 2-31 所示。

表 2-31 燃料成分

| 种 类 | 水分 /% | 灰分 /% | 挥发分 /% | 固定碳 /% | 发热量 /kJ · kg$^{-1}$ | 大于 5mm 比例/% | 小于 3mm 比例/% | -0.147mm (-100 目) 比例/% |
|---|---|---|---|---|---|---|---|---|
| 焦末 | 15.46 | 13.75 | 1.84 | 84.48 | 23442 | 35 | 51 | 5 |
| 兰炭末 | 18.77 | 13.12 | 12.37 | 77.17 | 22202 | 13 | 68 | 18 |

### 2.12.2 除尘灰状况

机头除尘器采用四电场除尘，除尘效果良好，但在配加兰炭末后陆续出现除尘器灰斗结块现象，随着兰炭末配比的提升，结块现象频繁发生，且周期越来越短，结块状况如图 2-23 所示。

图 2-23 机头电除尘灰的结块

在烧结原料和操作过程基本稳定条件下，对烧结机头除尘灰固定碳等成分进行对比分析，数据见表2-32。

**表2-32　烧结机机头除尘灰成分**

| 电场号 | 燃料结构 | 成分/% | | | | |
|---|---|---|---|---|---|---|
| | | TFe | $K_2O$ | $Na_2O$ | Zn | C |
| 1 | 纯焦末 | 40.89 | 9.96 | 1.21 | 0.34 | 2.03 |
| | 兰炭末20% | 38.18 | 8.20 | 1.36 | 0.24 | 2.91 |
| | 兰炭末40% | 33.72 | 9.41 | 0.98 | 0.15 | 3.75 |
| 2 | 纯焦末 | 19.44 | 10.57 | 2.63 | 0.61 | 1.41 |
| | 兰炭末20% | 20.72 | 11.29 | 1.32 | 0.33 | 2.64 |
| | 兰炭末40% | 30.96 | 11.65 | 1.20 | 0.21 | 3.17 |
| 3 | 纯焦末 | 9.21 | 13.43 | 2.83 | 0.76 | 1.29 |
| | 兰炭末20% | 11.15 | 13.31 | 1.69 | 0.50 | 3.15 |
| | 兰炭末40% | 13.18 | 13.25 | 1.72 | 0.38 | 3.86 |
| 4 | 纯焦末 | 10.75 | 13.45 | 2.82 | 0.81 | 1.27 |
| | 兰炭末20% | 12.31 | 13.41 | 1.43 | 0.68 | 3.00 |
| | 兰炭末40% | 15.45 | 13.42 | 1.95 | 0.43 | 3.96 |

通过对以上数据及实践分析如下：

（1）使用纯焦末时，除尘灰固定碳含量基本稳定在2%以下，除尘效果较好；机头除尘器基本未出现结块现象，灰斗排灰较稳定，1号、2号电场排灰量基本为20t/d，3号、4号电场排灰量基本为13t/d。

（2）兰炭末使用后，除尘灰固定碳含量上涨至3.0%以上，兰炭末比例上涨至40%后，机头各除尘灰固定碳含量呈上升趋势；1号、2号电场排灰量基本为18t/d，3号、4号电场除尘灰排灰量基本为17t/d，3号、4号电场除尘灰量明显增加。

（3）兰炭末使用后，1号电场除尘灰TFe含量呈下降趋势，烟气中含铁料颗粒在电场中运行轨迹加大，但颗粒粒径无较大变化，说明极板尘膜加厚，1号电场极板放电过程中对微粒的吸附作用下降，导致微粒运行轨迹增长，同时3号、4号除尘灰量与TFe含量上涨也说明此点。

### 2.12.3　兰炭末与燃料配比的分析

以纯焦末配比作为基准值分析，兰炭末在烧结燃料结构中占比20%，加权固定碳含量较纯焦末下降至82.29%，降幅2.6%；加权发热值下降至23069kJ/kg，降幅1.6%；烧结燃料配比提升至4.8%，涨幅29.7%；实际涨幅远大于固定碳和发热值降幅，说明部分燃料未得到充分利用及进入烟道。兰炭末比例与燃料配比见表2-33。

**表2-33 兰炭末比例与燃料配比**

| 燃料结构/% | | 加权固定碳含量/% | 加权发热值/kJ·kg$^{-1}$ | 燃料配比/% |
|---|---|---|---|---|
| 焦末 | 兰炭末 | | | |
| 100 | 0 | 84.48 | 23442 | 3.7 |
| 80 | 20 | 82.29 | 23069 | 4.8 |
| 60 | 40 | 81.56 | 22948 | 5.0 |

燃料发热值测定采用氧弹法测定，相较焦末而言，兰炭末发热值中较大部分来源于可燃基挥发分；燃料中可燃基挥发分在300℃（烧结过程预热层）开始挥发，其含碳量偏高，进入除尘器后冷却凝结、富集；随兰炭末配比提升除尘灰固定碳提升，表现明显。

兰炭末原始粒度-0.147mm（-100目）部分占比为18%左右，焦末仅为5%，此部分不能与烧结料充分黏结成球，大部分单独存在，在烧结过程中形成未燃烧燃料颗粒，随风带入除尘器，并在除尘灰器内富集，与富集的可燃基挥发分形成除尘灰白燃现象。部分除尘灰白燃后形成结块，进而堵塞灰斗。

### 2.12.4 措施

（1）避免兰炭末单独作为烧结燃料，控制兰炭末配比不得超过20%。

（2）焦末、兰炭末要充分混匀，减少偏析。

（3）兰炭末原始粒度在大于5mm部分低于15%时，可以调大四辊间隙或者不予破碎直接入仓，减少超细粒度。

（4）烧结过程实行超厚料层，并且实施料层压实措施。

（5）杜绝废气温度出现超高现象。

（6）建议兰炭末在烧结少量配加，可以考虑在高炉喷煤使用。

## 2.13 固体燃料延时分加技术在重钢烧结的实践

重钢使用的扬迪矿在烧结混匀矿的配比中达到了25%，配比在国内生产实践中处于较高的水平，重钢烧结固体燃料单耗也上升了较高的水平，因此如何降低固体燃料单耗是扬迪矿生产实践期间的难点和重点。固体燃料延时分加技术是降低固体燃耗的重要措施。

### 2.13.1 固体燃料延时分加的理论基础

#### 2.13.1.1 固体燃料分加的国内趋势

国内少数钢厂前些年曾对燃料分加技术进行过研究和生产实践，目的是通过分两次加入固体燃料来改善烧结混合料的制粒性，从而降低固体燃料单耗和提高烧结利用系数。

#### 2.13.1.2 固体燃料分加模型基础

以固体燃料颗粒为核心的小球在烧结过程中容易形成一个独立的反应体，外部接触空气多，为强氧化反应，生成的FeO低，热量传递快；而内部接触空气少，形成还原反应，生成的FeO高，热量传递慢。

通过燃料分加可以最大程度避免这种两极分化现象，因为将部分燃料加到已经成核的小颗粒表面，一定程度避免了燃料直接形成球核，燃料颗粒移到球核外部，有利于与空气接触，改善燃料燃烧的动力学条件，减少焦粉表面被熔剂黏附和包裹的可能性，减少绝热作用，有利于内部热向外部传递，焦粉沿料层厚度方向分布更合理，提高料层透气性，减少物料过湿层。图2-24为分加前后的混合料小球示意图。

### 2.13.2 延时分加的工艺流程设计

流程设计如图2-25所示。分加位置一般选择在二混或三混之前，由于重钢烧结没有三混，所以分加位置选择在二混之前的胶带输送机上（原冷固球皮带）。通过电子秤进行计量，以便提高分加的准确性。

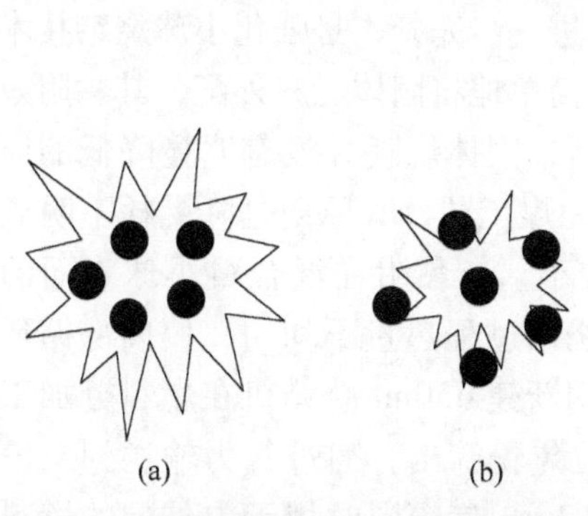


图2-24 分加前后的混合料小球示意图
（a）未分加小球图；（b）分加小球图

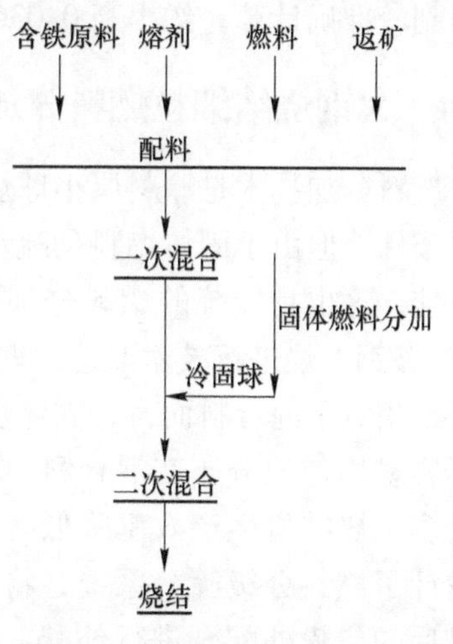


图2-25 燃料分加的流程设计

### 2.13.3 固体燃料分加的生产实践

2016年5月24~27日，重钢开始在1号和2号两台360m$^2$烧结机进行固体燃料延时分加试验，持续时间为 96h，所用混匀矿成分基本一致。

2.13.3.1　分加燃料品种的选择

重钢烧结使用的固体燃料有焦粉和白煤，二者的固体碳和粒度都有较大的差别，生产中一般采用 5：5 的混合模式进行轧制使用，为了不影响烧结的生产，分加的固体燃料也采用了四辊之后的混合燃料。

2.13.3.2　固体燃料的分加比例

国内外分加比例一般为总燃料的 20%～50%，重钢在生产实践前期没有进行烧结杯实验，所以本次试验直接借用了国内较为保守的分加比例，即配料室内配 70%，二混前皮带上分加 30%。

### 2.13.4　试验结果

（1）延时分加固体燃料可以降低固体燃料单耗。通过为期 92h 的生产实践，其可以降低固体燃料 2～4kg/t，和国内生产实践数据基本一致。但延时分加的固体燃料种类、比例、粒度还有待进一步研究。

（2）延时分加固体燃料可以提高利用系数。在为期 92h 的生产时间里，由于高炉对烧结矿需求不高，烧结的产能还没有得到最大的释放，因此利用系数还没有得到较准确计算，约提高 0.036t/($m^2$·h)。

## 2.14　太钢烧结细粒燃料分加技术

燃料分加技术是厚料层小球烧结技术的进一步完善，是强化小球烧结技术的必要条件。但由于固体燃料是疏水性物质，简单地将固体燃料外配，其黏附效果并不佳，这也是传统的燃料分加技术使用后，固体燃耗并没有明显降低的原因（例如鞍钢二烧进行技术改造，取消了原外配煤工艺，其原因是降燃耗不明显）。此外，相对于混合料而言，固体燃料质量较小，未黏附在混合料小球表面的燃料不容易均匀地分布在混合料中，易造成烧结过程热量不均匀，使内部循环返矿增多，烧结机生产效率降低。因此，太钢新建 450$m^2$ 烧结机在燃料分加工艺中设计了燃料分级筛分系统，将-1mm 细粒焦粉筛出，通过气力输送到二段混合机后的焦粉外配仓进行外配，改变了原-3mm 焦粉同时用于内外配的燃料分加方式。

### 2.14.1　烧结生产关键参数

为了较好地对比外配不同比例细焦粉的效果，统一控制生产过程关键工艺参数如下：

（1）烧结机料层厚度保持在720~730mm；烧结机机速保持在2.5m/min。

（2）烧结矿碱度中限控制为1.75。

（3）烧结机圆辊下料处混合料水分保持在6.9%~7.2%之间，配混系统加水分配方式为一混80%，二混20%，三混不加水。

（4）焦粉破碎后的-3mm粒级含量应控制在75%以上。

（5）根据BRP及BTP位置，适当调整烧结主抽风机的转速及风门，风机转速及风门调整按以下方式操作：1）当需要增加风量时，应先上调风门，若风门开度最大后仍不满足要求，再上调转速；2）当需要减少风量时，应先下调转速，若调整最小后仍不满足要求，再下降风门。

BTP方法为传统的直接采用在风箱废气最高温度区域（一般为倒数第二个风箱）得到烧结终点的位置，该方法在生产正常或者烧透点靠前的情况下可以，但在烧透点偏后情况下就无法直接测量。而BRP方法采用在靠近烧结机中后部风箱上的多个温度监测点拟合成废气温度曲线，通过计算得出BRP的位置来预知BRP的位置，可靠性更高。

### 2.14.2 主要烧结工艺参数变化

（1）随着外配细焦粉比例的增加，焦粉总配比由4.83%降低到4.31%，降低了0.52%，点火强度由2.41$m^3/m^2$降低到1.78$m^3/m^2$，降低了0.63$m^3/m^2$。

（2）当细焦粉外配比例增加，在主抽风门开度不变的情况下，主抽风机转速和烧结负压明显降低。将筛上物1~3mm粒级焦粉全内配比例越高，风机转速越高，抽风负压越大。分析认为主要原因是烧结料层下部大颗粒焦粉过多，燃烧带过宽甚至过熔，烧结过程抽风阻力增大所致。

### 2.14.3 烧结矿理化性能变化

（1）随着外配细焦粉比例的增加，烧结矿FeO含量逐渐降低，当外配比例大于30%后，烧结矿FeO含量与基准期接近；外配比例为50%时，烧结矿FeO含量最低。主要原因是随着外配细粒级焦粉增多，大量细粒焦粉包裹在小球表面，改善了烧结过程燃料燃烧条件，碳与氧气充分接触，使焦粉总配比降低，还原性气氛减弱，有利于烧结矿FeO的降低。

（2）随着外配细焦粉比例的增加，烧结矿中-5mm粒级由5.79%降低到3.56%，5~10mm粒级由23.14%降低到14.01%。这说明采用细粒级焦粉外配，可以明显降低烧结矿-10mm粒级含量。-1mm细粒级焦粉外配，较直接外配-3mm焦粉对烧结矿粒度的改善作用更显著。

（3）随着外配细焦粉比例的增加，烧结矿转鼓强度由76.71%提高到79.55%，烧返比由38.3%降低到30.14%。

### 2.14.4　存在的问题

（1）燃料分级后分加是在原分加工艺基础上增加了一套燃料筛分系统。对含水量低于12%的焦粉，筛分效率可以保证在80%以上，但焦粉水分大于12%时，筛分效率过低。因此，需要从降低燃料水分或改进筛分设备方面考虑，以增强该系统的生产适应能力。

（2）按内、外配比5∶5组织生产，物流平衡需要重新考虑，要尽量避免细焦粉不足而单独内配筛上焦粉进行生产。因为对辊和四辊组成的开路破碎加工方式对燃料的粒度控制指标-3mm粒级含量占75%以上，实际加工后的焦粉经筛分后，内配焦粉中+3mm粒级含量过多，单独内配对整个烧结过程参数和烧结矿质量指标有较大的影响。

### 2.14.5　小结

（1）在太钢新450m$^2$烧结机原料条件和技术装备下，实施-1mm细粒焦粉外配技术，最佳细焦粉外配比例为50%。

（2）随着-1mm细粒焦粉外配比例增大，烧结料中+3mm粒级减少，料层原始透气性变差，但料球表面细粒焦粉黏附量增加，上层固定碳含量提高，解决了厚料层烧结固有的上层热量不足，返矿率高的缺陷，改善了燃料的燃烧动力学条件，取得了降低固体燃耗，降低焦比，提高转鼓强度的良好效果。

---

### 参考文献


［1］许满兴．降低烧结生产固体燃料消耗的工艺技术举措［C］//全国炼铁生产技术会暨炼铁学术年会文集，2018：91~98.

［2］聂绍昌，秦峰．新钢降低烧结固体燃料消耗的实践［C］//全国中小高炉炼铁学术年会论文集，2015：635~638.

［3］张惠宁．烧结设计手册［M］．北京．冶金工业出版社，2008：34~36.

［4］姜涛．烧结球团生产技术手册［M］．北京．冶金工业出版社，2014：201~208.

［5］姜涛，李光辉，许斌，等．烧结生产进一步提质节能的途径-均热高料层烧结［C］//第十届中国钢铁年会暨第六届宝钢学术年会论文集，2015：1432~1441.

［6］刘忠，陈宝军，杨慧．武钢二烧降低烧结矿固体燃料消耗的实践［C］//全国烧结球团技术交流年会论文集，2013：32~34.

［7］韩宏亮，冯根生，段东平，等．烧结燃料特性及其对烧结产质量指标的影响［C］//第十二届全国炼铁原料学术会议论文集，2011：79~83.

［8］吴胜利，赵成显，冯根生，等．燃料优化配置对提高厚料层烧结利用系数的效果研究［C］//第十一届全国炼铁原料学术会议论文集，2009：47~51.

[9] 王永红，刘建波，周俊兰，等. 燃料粒度对烧结指标的影响研究［J］. 烧结球团，2018，43（3）：37~42.

[10] 王永红，谢兵，刘建波，等. 无烟煤对烧结指标的影响研究［C］//第十五届全国炼铁原料学术会议论文集，2017：177~183.

[11] 王同宾，樊统云，史凤奎，等. 首钢京唐公司烧结以煤代焦实践［C］//全国炼铁生产技术会暨炼铁学术年会文集，2016：108~111.

[12] 于韬，张建良，王喆，等. 兰炭作烧结燃料对烧结矿质量的影响［J］. 烧结球团，2014，39（5）：10~13.

[13] 康学军，刘晓军，彭元飞. 烧结机头除尘灰含碳量与兰炭末使用的探索［C］//第十五届全国炼铁原料学术会议论文集，2017：241~244.

[14] 李强. 烧结细粒燃料分加技术研究［J］. 烧结球团，2012，37（2）：9~11.

[15] 胡钢. 固体燃料延时分加技术在重钢烧结的实践［C］//全国烧结球团技术交流年会论文集，2017：61~63.

[16] 王建鹏，张颖，惠宏智，等. 陕钢集团烧结配加兰炭的工业试验［J］. 烧结球团，2015，40（5）：10~13.

# 3 强化混合制粒技术

【本章提要】

本章介绍了混合与制粒工艺的区别，混合机衬板研发与应用，混合料仓粘料技改及液压铲式疏通机在太钢、本钢混合料仓的应用；安钢 400m$^2$ 烧结机系统混合机改造经验；烧结分层制粒工艺研究及燃料与熔剂外配的烧结制粒技术。

制粒是烧结混合料在水分的作用下，细颗粒黏附在粗颗粒上或者细颗粒之间相互聚集而长大成小球的过程，目的是改善混合料的粒度组成、减少混合料中细粒级颗粒的含量，以改善烧结料层透气性，提高烧结矿产量。因此，混合料制粒是铁矿石烧结的一个重要的环节。

## 3.1 混合与制粒工艺

烧结料的混合与制粒本是两个不同的概念和两个不同的作业，但由于烧结生产普遍采用的圆筒机既有混合作用也有制粒作用。因此，又将两者合二为一，统称为混合制粒。根据作业段数，混合制粒有一段、两段和三段工艺。

一段混合制粒工艺采用一台圆筒机完成烧结料的混合和细粒物料的制粒。这种工艺在早期的烧结生产中普遍应用，目前仅在少数以粗粒粉矿为主要原料的烧结厂应用。

二段混合制粒工艺一般由相互联系的前后两台圆筒机和与之相联系的皮带机构成，第一段圆筒机主要完成烧结料的混匀，也有部分制粒作用；第二段圆筒机主要完成混合料的制粒。随着混合技术的发展，部分企业在改造或新建时用强力混合机取代第一段的圆筒混合机。

随着现代烧结机大型化的不断发展，传统的二段工艺已无法满足制粒的要求，三段混合制粒工艺因此而发展。三段工艺也两种设备配置模式，即一段圆筒混合加二段圆筒制粒的三圆筒模式和一段强力混合加二段圆筒制粒的模式。太钢 660m$^2$ 烧结机采用的是三圆筒模式，而宝钢湛江 550m$^2$ 烧结机采用的是一段强力混合加二段圆筒制粒的模式。

### 3.1.1　制粒小球的结构

混合料制粒后小球颗粒群的剖面图见图 3-1（a）。可见，制粒小球主要有 3 种类型的结构：（1）大部分制粒小球的内部有一较大的核颗粒，周围被粒度较细的颗粒包裹，即构成细颗粒黏附核颗粒的结构，如图 3-1（a）中的 1 号小球，其显微结构见图 3-1（b）；（2）少量制粒小球只有核颗粒而无黏附粉，为单独的核颗粒结构，如图 3-1（a）中的 2 号小球，其显微结构见图 3-1（c）；（3）还有少量只有黏附粉而无核颗粒的结构，如图 3-1（a）中的 3 号小球，其显微结构见图 3-1（d）。

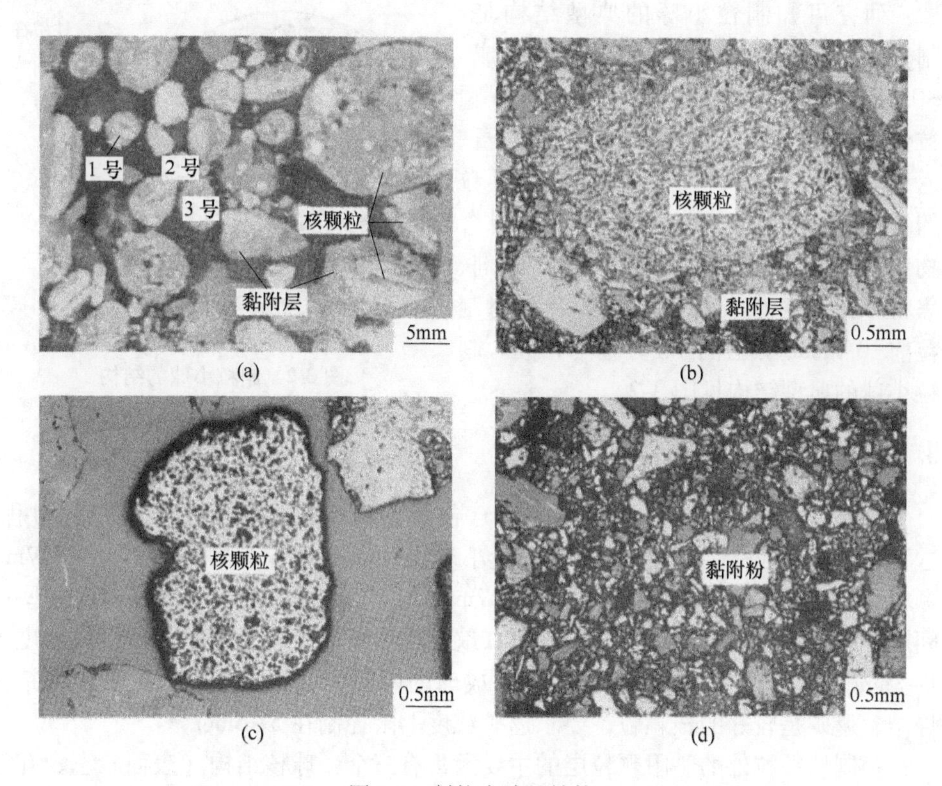


图 3-1　制粒小球的结构
（a）制粒小球颗粒群剖面；（b）黏附层包裹核颗粒结构；（c）独核结构；（d）无核结构

各个粒级制粒小球的化学成分分布见表 3-1。可见，+8mm、5～8mm 粒级小球的 TFe、$SiO_2$、$Al_2O_3$ 含量相对较高，而 CaO、C 含量相对较低，主要是由于这两个粒级的制粒小球核颗粒主要是粗粒的铁矿石，而熔剂和燃料一般小于 3mm，因而较少分布到 5～8mm 和+8mm 粒级的小球中，只有黏附层中含有细粒的熔剂和燃料；而 3～5mm、1～3mm 和-1mm 制粒小球的 CaO、C 的含量相对较高。

表 3-1　各个粒级制粒小球的化学成分分布　(%)

| 试验样 | TFe | $SiO_2$ | $Al_2O_3$ | CaO | MgO | C |
|---|---|---|---|---|---|---|
| +8mm 小球 | 54.70 | 4.98 | 1.49 | 6.71 | 0.94 | 3.06 |
| 8~5mm 小球 | 54.48 | 4.71 | 1.36 | 7.15 | 1.02 | 3.31 |
| 5~3mm 小球 | 53.06 | 4.61 | 1.31 | 9.70 | 2.47 | 4.18 |
| 3~1mm 小球 | 52.61 | 4.40 | 1.29 | 10.03 | 2.85 | 4.16 |
| -1mm 小球 | 51.19 | 4.27 | 1.25 | 11.04 | 2.98 | 5.07 |
| 混合料 | 53.19 | 4.51 | 1.32 | 8.83 | 1.84 | 3.85 |

研究可知制粒小球的典型结构是：制粒小球由黏附层和核颗粒构成，-0.5mm 颗粒起黏附粉作用，+0.5mm 颗粒作为核颗粒。核颗粒种类包括铁矿石、返矿、熔剂、燃料等。黏附层由细颗粒的铁矿石、焦粉、返矿、熔剂等的混合物组成，在黏附层中，铁矿石、熔剂、焦粉分布相对比较均匀，且其成分与制粒前-0.5mm 颗粒中的成分基本相同。制粒小球的典型结构见图 3-2。

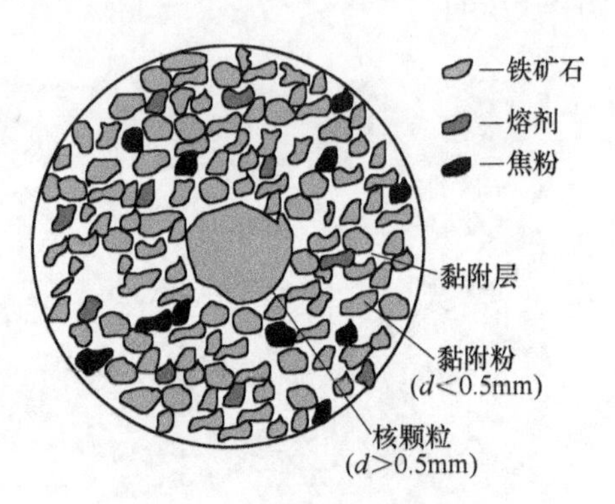


图 3-2　制粒小球的结构

### 3.1.2　颗粒物料的制粒行为

制粒是将较细物料（称为黏附粉）包覆到粗颗粒（称为核颗粒）的过程，这种粒化的颗粒称为“准颗粒”。一般小于 0.2mm 颗粒作为黏附粉，大于 0.7mm 颗粒作为核颗粒。中间颗粒（0.2~0.7mm）很难制粒。当水分增加时，这些中间颗粒黏结成粗粒球核，但是干燥时，就会再度离散开来。理想的核颗粒粒度为 1~3mm，而 0.25~1.0mm 部分为难以成球的中间颗粒，越少越好。对于铁精矿烧结，返矿是较好的核颗粒，要求返矿粒度上限控制在 5~6mm。

控制核颗粒外的黏附颗粒层的主要因素有三个：球核结构（表面状态、孔隙度），水分含量和细粉颗粒的总量。不规则形状的颗粒，如返矿、焦粉和针铁矿是很好的球核颗粒，而像石灰石、致密赤铁矿等表面光滑且形状规则的颗粒作为球核效果不好。

制粒效果在很大程度上受水分的影响，其他因素如球核的类型、颗粒形状、表面特性等的影响相对较小。黏附粉颗粒越小，越有利于制粒。添加水分后，较细的黏附粉很快粒化后成为较大的颗粒。

中间颗粒制粒过程取决于混合料的水分。同一粒度的中间颗粒在制粒过程中，既可作为黏结细粉，也可作为球核颗粒。因制粒性能差，中间颗粒的物料应越少越好，因为，它将从以下两个方面影响混合料层的透气性：

（1）若作为核颗粒，这些颗粒的掺入将使得准颗粒平均粒径减小；此外，作为球核中间颗粒使粒化颗粒粒径范围扩大，以致于造成较小的颗粒填充到颗粒间孔隙中，使料层孔隙率下降。

（2）若作为黏附粉，则由于它们的黏附性差，所以很容易从干燥的准颗粒表面脱落，也使平均粒径和料层空隙率下降。

颗粒的成球性或形状系数也有重要影响。球形颗粒越多，透气性越高。点火前的原始透气性与颗粒平均粒度有关。一般情况，烧结混合料的原始透气性越好，在烧结过程中的透气性也较好。因此，烧结原料的制粒成为现代烧结生产的重要工序。

### 3.1.3 制粒小球含量对料层孔隙率的影响

料层的孔隙率是指孔隙体积与料层总体积之比，可根据混合料的堆密度和制粒小球的视密度求得，如式（3-1）所示。制粒小球的视密度难以直接测量，可用式（3-2）进行计算，公式是假设制粒小球中颗粒内部和颗粒间的孔隙都被水完全填充而推导得到：

$$\varepsilon = \left(1 - \frac{\rho_b}{\rho_g}\right) \times 100\% \tag{3-1}$$

$$\frac{1}{\rho_g} = \left(\frac{100 - w}{\rho_t} + \frac{w}{\rho_w}\right) \times 100\% \tag{3-2}$$

式中 $\rho_b$——制粒后混合料的堆密度，$kg/m^3$；

$\rho_g$——制粒小球的视密度，$kg/m^3$；

$\rho_t$——混合料的真密度，$kg/m^3$；

$w$——制粒小球的水分含量，%；

$\rho_w$——水的密度，$kg/m^3$。

因此，可通过检测制粒后混合料的堆密度、水分含量及原料的真密度计算得到料层的孔隙率。在混合料粒度组成相当的条件下，研究孔隙率对料层压力降的影响，见图3-3。可知，随着孔隙率的降低，料层压力降增大。

（1）-1mm小球含量对料层孔隙率的影响。混合料中制粒小球之间堆积所产生的孔隙容易被细粒级的小球所填充。因此，混合料中细粒级含量将影响着料层孔隙率和透气性。混合料中主要是3~5mm和5~8mm的制粒小球，这两个粒级的小球堆积时，产生的孔隙大小为1mm左右。因此，-1mm粒级的小球容易填充在孔隙中降低料层的孔隙率。混合料中-1mm粒级含量对孔隙率的影响见图3-4。由图可见，随着混合料中-1mm含量的增加，料层孔隙率降低。因此，要使料层具有良好透气性，-1mm粒级含量应低于5%。

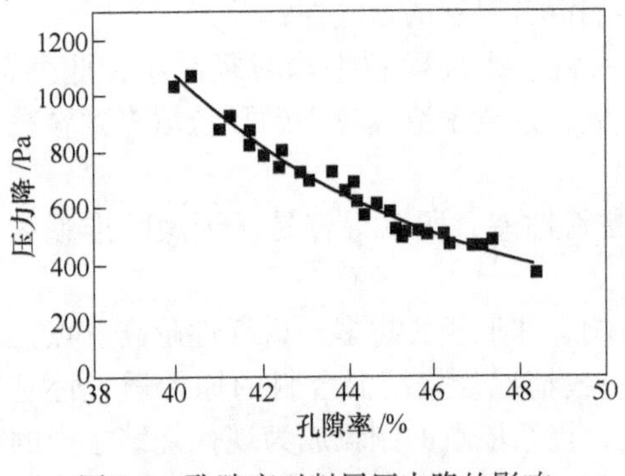


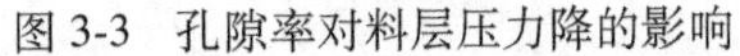
图 3-3　孔隙率对料层压力降的影响

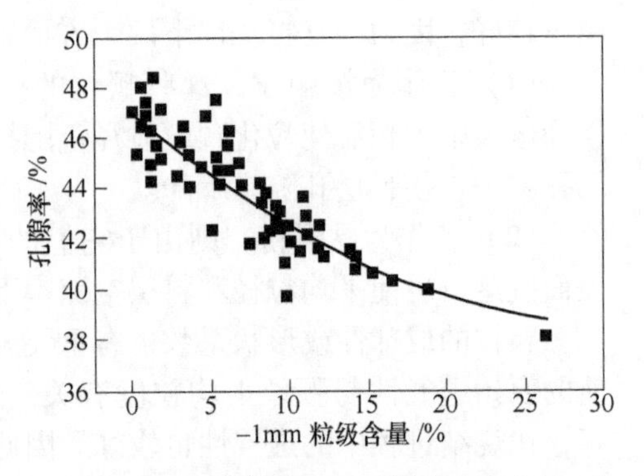


图 3-4　混合料中−1mm 制粒小球含量对料层孔隙率的影响

（2）+3mm 小球含量对料层孔隙率的影响。小球堆积对料层孔隙率影响比较大，一般来说粗细粒级小球搭配，其孔隙率比单一粒级堆积的孔隙率大。研究由两种粒级构成的烧结料层，混合料中粗细粒级比例对料层孔隙率的影响见图 3-5。粗粒级与细粒级比例在 50%时，料层孔隙率降到最低。当小球粒度都大于 3mm 时，粗细粒级搭配对料层孔隙率降低的幅度较小；而当细粒级为 1～3mm 时，粗细粒级搭配显著降低了料层的孔隙率。这表明+3mm 与−3mm 制粒小球的相对比例，对料层孔隙率有着重要的影响。

研究了两组烧结混合料中+3mm 粒级制粒小球的含量对料层孔隙率的影响，见图 3-6。结果表明，当+3mm 粒级含量在 40%～55%范围内时，料层孔隙率最低；当+3mm 含量大于 50%时，随着+3mm 粒级含量的增加，料层的孔隙率提高；当+3mm 粒级含量大于 65%时，孔隙率增加幅度变缓。因此，要使混合料具有较大的孔隙率，+3mm 粒级含量应大于 65%。

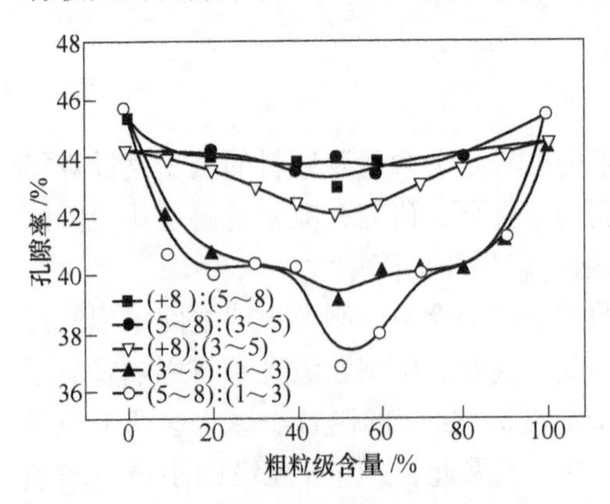


图 3-5　粗细粒级比例对料层孔隙率的影响

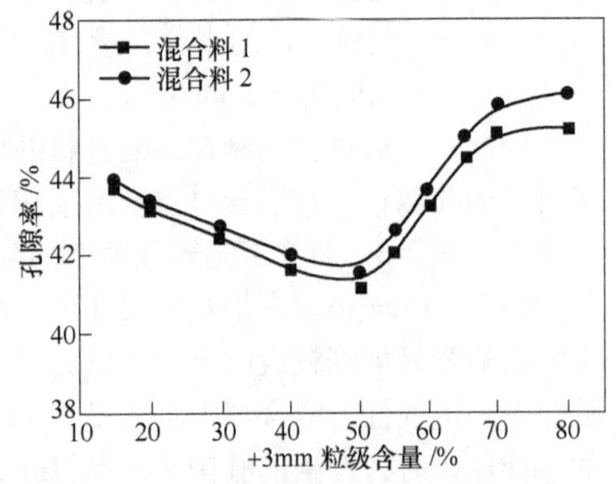


图 3-6　混合料中+3mm 制粒小球含量对料层孔隙率的影响

综上所述，烧结料层要获得良好的透气性，制粒后混合料满足的条件是：制粒小球的平均粒径为5mm左右，形状系数大于0.88，制粒小球中-1mm粒级含量低于5%，+3mm粒级含量大于65%。

### 3.1.4 影响混合制粒的因素

混合料制粒必须具备两个主要条件：一是物料加水润湿，二是作用在物料上面的机械力。细粒物料在被水润湿前，其本身已带有一部分水，然而这些水不足以使物料在外力作用下形成球粒，物料在混合机内加水润湿后，在水的表面张力作用下，使物料颗粒集结成团粒。初步形成的团粒在机械力的作用下不断地滚动、挤压，逐渐长成具有一定强度和一定粒度组成的烧结料。

制粒的效果是以混合料粒度组成来表示的。制粒的主要目的是减少混合料中0~3mm级别，增加3~8mm级别尤其是增加3~5mm级别含量。影响混合制粒的效果主要有原料性质、添加剂的种类、添加水用量以及混合设备的工艺参数等。

#### 3.1.4.1 原料性质的影响

混合过程中，添加水量直接影响混合效果，而添加水量又与矿种有密切关系，表3-2列出我国部分烧结厂不同矿种的混合料实际含水量。由表看出，以褐铁矿、镜铁矿为主的原料的混合料水分较高。

**表3-2 部分厂混合料水分**（1983~1985年数据）

| 厂　名 | 混合料含水量/% | 主要矿种 | 厂　名 | 混合料含水量/% | 主要矿种 |
|---|---|---|---|---|---|
| 鞍钢二烧 | 8.0 | 磁铁矿、赤铁矿 | 武钢三烧 | 7.1 | 磁铁矿 |
| 首钢二烧 | 7.0 | 磁铁矿 | 马钢一烧 | 7.6 | 假象赤铁矿 |
| 梅山烧结 | 6.7 | 赤铁矿 | 三明烧结 | 8.1 | 褐铁矿为主 |
| 攀钢烧结 | 7.0 | 钒钛磁铁矿 | 韶钢烧结 | 10.4 | 褐铁矿为主 |
| 本钢二烧 | 8.0 | 磁铁矿 | 昆钢一烧 | 10.4 | 褐铁矿、赤铁矿 |
| 包钢二烧 | 7.4 | 赤铁矿 | 酒钢烧结 | 9.3 | 镜铁矿 |
| 太钢烧结 | 7.0 | 赤铁矿 | | | |

#### 3.1.4.2 添加剂的影响

添加少量消石灰或生石灰可改善混合制粒过程，提高小球强度，添加生石灰后小于0.25mm粒级的含量下降（见表3-3）。日本大分烧结测定，未加生石灰的混合料，附着粉的比例为27%，转运中破坏率12%~20%，加生石灰2%，附着粉比例为30%，转运中破坏率5%。

表 3-3 添加生石灰后的粒度组成 (%)

| 生石灰用量 | 产品 | >5mm | 5~2mm | 2~1mm | 1~0.5mm | 0.5~0.25mm | 0.25~0mm |
|---|---|---|---|---|---|---|---|
| 0 | 成球 | 29.2 | 34.2 | 17.1 | 10.3 | 5.6 | 3.6 |
| | 原料 | 22.3 | 23.9 | 11.2 | 7.4 | 4.3 | 30.9 |
| 1 | 成球 | 29.9 | 39.4 | 16.6 | 8.2 | 4.2 | 1.7 |
| | 原料 | 21.7 | 26.6 | 10.1 | 5.6 | 3.1 | 32.9 |

添加生石灰的粒度要求因生石灰性质不同而异，一般要求生石灰粒度0~3mm，以便造球前全部消化。

3.1.4.3 添加水量的影响

烧结料的水分必须严格控制，图 3-7 所示为某种铁精矿烧结料含水量与成球率的关系。从图中看出，这种烧结料的适宜水量为 7%，当水分波动范围超过±0.5%时，成球率显著降低。

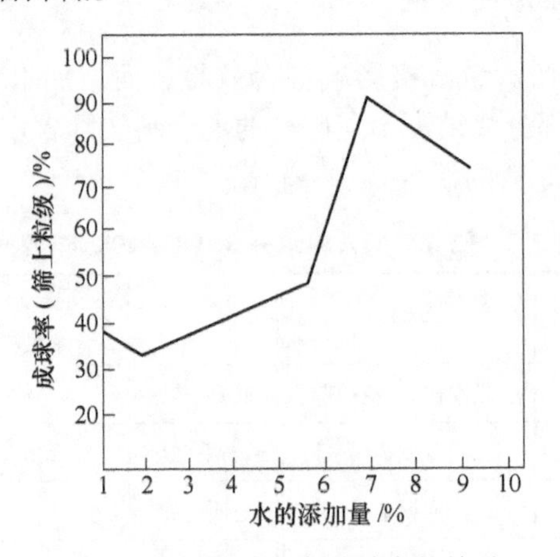


图 3-7 烧结含水量与成球率的关系

一次混合的目的在于混匀，应在沿混合机的长度方向均匀加水，二次混合主要作用是造球，给水位置应设在混合机的给料端，一次混合的加水量一般要占总量的 80%~90%，二次混合加水量仅为 10%~20%。

3.1.4.4 混合设备的影响

现代烧结生产的混匀制粒设备有圆筒混合机、圆盘造球机和搅拌式强力混合机三种。

(1) 圆筒混合机结构简单、运行可靠，混匀和造球效率高。为了延长混合时间，圆筒的长径比可适当加大。圆筒混合机倾角应根据混合时间及混合机的作用确定，一般一次混合机不大于3°，二次混合机约为1°30′。图3-8是宝钢湛江一次圆筒混合机现场。表3-4和表3-5为朝阳重型机器有限公司制造的一次、二次圆筒混合机有关技术参数。

图3-8 宝钢湛江一次圆筒混合机现场

为了防止筒体磨损和粘料，提高混合制粒效果，一些厂家将混合机镶嵌了特制的耐磨衬板和扬料板，效果较好。主要有复合耐磨陶瓷橡胶衬板（CWRL）、稀土含油尼龙花纹衬板、聚氯乙烯高分子衬板及耐磨橡胶衬板。各种衬板都能起到耐磨粘料少的作用，但都存在着不足之处：耐磨橡胶衬板遇高温易变形、高分子衬板易局部磨透、稀土含油衬板重量大、复合耐磨陶瓷衬板陶瓷易碎。

**表3-4 朝阳重型机器有限公司制造一次圆筒混合机有关技术参数**

| 规格/m×m | 总重量/t | 生产能力/t·h$^{-1}$ | 转速/r·min$^{-1}$ | 倾角/(°) | 填充率/% | 功率/kW | 筒体 | | |
|---|---|---|---|---|---|---|---|---|---|
| | | | | | | | 板厚/mm | 材质 | 重量/t |
| $\phi$3.5×16 | 168 | 450 | 7.0 | 2.0 | 11.00 | 450 | 20/32/50 | Q345B | 79 |
| $\phi$3.6×13 | 166 | 500~700 | 7.0 | 2.0 | 8.96~14 | 560 | 22/40/56 | Q345B | 78 |
| $\phi$3.6×14 | 190 | 590~660 | 7.0 | 2.0 | 12.8~14.5 | 500 | 20/36/56 | Q345B | 83 |
| $\phi$3.6×16 | 195 | 600~780 | 6.8 | 2.5 | 9.2~13.6 | 560 | 20/36/56 | Q345B | 86 |
| $\phi$3.8×15 | 215 | 750~850 | 6.5 | 2.5 | 12.7~13.8 | 630 | 22/36/60 | Q345B | 94 |
| $\phi$3.8×18 | 227 | 680~960 | 6.5 | 2.5 | 11.9~14.3 | 630 | 22/36/60 | Q345B | 98 |
| $\phi$4.0×18 | 242 | 840~1000 | 6.5 | 2.5 | 11.4~14.2 | 710 | 22/38/60 | Q345B | 114 |
| $\phi$4.2×18 | 266 | 850~1100 | 6.3 | 2.5 | 10.2~13.2 | 900 | 22/32/40/60 | Q345B | 119 |
| $\phi$4.4×18 | 292 | 950~1230 | 6.13 | 2.5 | 10.2~13.2 | 900 | 22/32/40/60 | Q345B | 129 |
| $\phi$4.4×20 | 315 | 900~950 | 6.0 | 2.5 | 9.66~11.5 | 900 | 22/32/40/60 | Q345B | 134 |
| $\phi$4.6×20 | 365 | 1200~1250 | 6~6.8 | 2.3 | 11.5~12.9 | 1120 | 22/36/40/60 | Q345B | 158 |
| $\phi$5.0×24 | 498 | 1200~1350 | 6.0 | 2.1 | 9.03~11.5 | 1400 | 25/36/50/60 | Q345B | 246 |

注：以上是朝阳重型机器有限公司实际产品型号。

**表 3-5　朝阳重型机器有限公司制造二次圆筒混合机有关技术参数**

| 规格 /m×m | 总重量 /t | 生产能力 /t·h$^{-1}$ | 转速 /r·min$^{-1}$ | 倾角 /(°) | 填充率 /% | 功率 /kW | 筒体 | | |
|---|---|---|---|---|---|---|---|---|---|
| | | | | | | | 板厚/mm | 材质 | 重量/t |
| ϕ3.5×15 | 165 | 280~300 | 5~8 | 约 1.5 | 13.57 | 400 | 20/32/50 | Q345B | 76 |
| ϕ3.5×16 | 172 | 450~500 | 7.0 | 1.5 | 15 | 450 | 20/32/50 | Q345B | 79 |
| ϕ3.6×15 | 195 | 400~450 | 6.5 | 1.5 | 11 | 500 | 20/36/56 | Q345B | 87 |
| ϕ3.6×16 | 198 | 400~500 | 7.0 | 1.5 | 11.6~14.5 | 560 | 20/36/56 | Q345B | 86 |
| ϕ3.8×16 | 220 | 520~660 | 7.0 | 1.8 | 11.5 | 560 | 22/28/40/60 | Q345B | 97 |
| ϕ3.8×18 | 235 | 400~510 | 7.0 | 1.5 | 10.5~14.0 | 560 | 22/28/40/60 | Q345B | 103 |
| ϕ4.0×18 | 285 | 500~600 | 6.5~8.5 | 1.25 | 12.45~16.27 | 710 | 22/28/42/60 | Q345B | 109 |
| ϕ4.0×20 | 245 | 680~900 | 7.0 | 1.9 | 11 | 800 | 22/28/40/60 | Q345B | 115 |
| ϕ4.2×18 | 285 | 690~800 | 6.5 | 1.6 | 12 | 800 | 22/28/40/60 | Q345B | 116 |
| ϕ4.4×18 | 302 | 650~780 | 6.0 | 1.8 | 9.9~11.9 | 900 | 22/30/40/60 | Q345B | 129 |
| ϕ4.4×22 | 313 | 800~950 | 6~6.8 | 2.15 | 9.41~11.2 | 900 | 22/32/40/60 | Q345B | 146 |
| ϕ4.4×24 | 385 | 850~950 | 6.5 | 2 | 10.7~12.16 | 1000 | 22/32/40/60 | Q345B | 181 |
| ϕ4.5×22 | 392 | 880~1020 | 6.0 | 2.2 | 10.22~11.84 | 1120 | 22/32/40/60 | Q345B | 172 |
| ϕ4.8×23.5 | 421 | 1100~1150 | 6.0 | 1.9 | 12.16 | 1400 | 25/32/40/60 | Q345B | 192 |
| ϕ5.0×25 | 508 | 1200~1350 | 5.5~6.5 | 2.0 | 11.1~12.5 | 1600 | 25/36/45/60 | Q345B | 252 |
| ϕ5.1×25 | 585 | 1150~1300 | 5.5 | 2.0 | 10.94~12.36 | 1600 | 25/36/45/65 | Q345B | 287 |

注：以上是朝阳重型机器有限公司实际产品型号。

（2）内齿轮圈传动的圆盘造球机（见图 3-9）。内齿轮圈传动的圆盘造球机是西德鲁尔基公司设计的，它是在伞齿轮传动的圆盘造球机的基础上改进的，改造后的造球机主要结构是：盘体连同内齿圈回转支承固定在支承架上，电动机、减速机、刮刀架也均安装在支承架上，支承架安装在圆盘造球机的机座上，并与

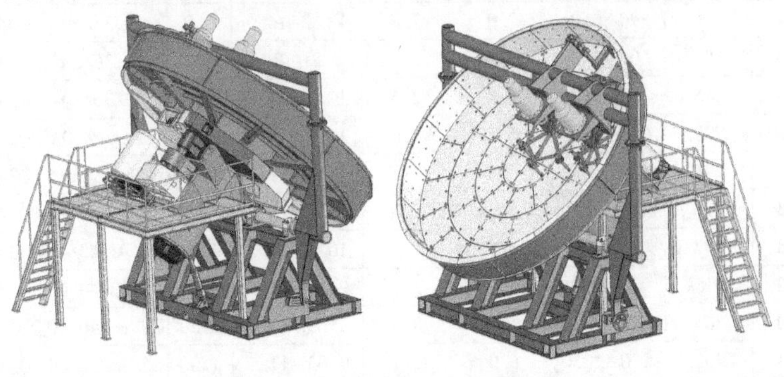

图 3-9　圆盘造球机效果图

调整倾角的螺杆相连，用人工调节螺杆，圆盘连同支承架一起改变角度。这种结构的圆盘造球机的传动部件由电动机、摩擦片接手、三角皮带轮、减速机、内齿圈和小齿轮等组成。

（3）传统的烧结原料，其细粉和粗颗粒料都是通过圆筒混合机来进行混合和制粒的。由于细粉的亲水能力比较差，在传统烧结工艺中很难使水分均匀的分散，而水的均匀分散对于制粒效果非常关键。因此，细粉烧结由于其阻碍了透气性而影响了烧结机的生产效率。

近 20 年来，许多烧结厂不断对传统的烧结料制备技术进行革新。日本住友、新日铁等公司最早开始采用立式强力混合机（见图 3-10）用于烧结料混合，由于使用了强力混合机替代圆筒混合机，使烧结原料透气性增加、制粒效果增强，并且烧结速度提高了 10%～12%。由此，生产能力也提高了 8%～10%，同时降低焦粉的添加比例 0.5%。圆筒混合机与强力混合机综合效果对比见表 3-6。

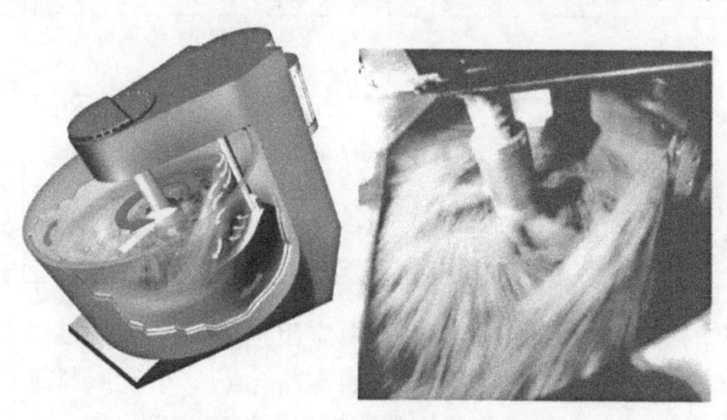

图 3-10　强力混合机混合效果图

**表 3-6　圆筒混合机与强力混合机综合效果对比**（用于 1200t/h 烧结机产能）

| 比较内容 | 圆筒混合机 | 强力混合机 | 效　果 |
|---|---|---|---|
| 安装占地 | 一台 $\phi$4.5m×22m 的圆筒混合机占地约为 7m×25m，总占地 175m$^2$，总高度 7.5m | 一台 DW40 混合机，占地约为 7m×7m，总占地 50m$^2$，总高度 4m | 占地节约 70% |
| 重量 | 400t，只能安装在地面 | 42t，带料重量 58～60t，可以安在钢结构上 | 节约地基成本 |
| 基础 | 适合动载，安装成本高 | 适合静载，安装成本低 | 节约安装成本 |
| 内部面积 | 圆筒混合机内部面积达 300m$^2$，相比 10 倍以上的面积意味着有 10 倍以上可能粘料量。烧结工艺未来发展将会使用更多的细料（0.15～3mm），更多细料的使用粘料量更大 | DW40 底部面积 12m$^2$，壁部面积 13m$^2$，设备具有自清洁功能，未来烧结原料的变化不会影响强力混合机的使用，这一点已被在各个行业应用的众多用户证实 |  |

续表 3-6

| 比较内容 | 圆筒混合机 | 强力混合机 | 效 果 |
|---|---|---|---|
| 速度-弗劳德数 | 圆筒混合的制造原理限制其混合速度，圆筒混合机弗劳德数小于1，即没有在物料中输入足够的机械能，导致混合效果差，物料粘壁 | 混合机的混合原理（旋转混合盘，壁部底部刮板和高能转子的安排）大大提高弗劳德数，得到更佳的混合效果，达到最佳混合均匀度 | |
| 焦粉消耗 | 高消耗 4.5%（根据配比不同可能有差异） | 低消耗 4.0%，因为焦粉能够被更好地分散，降低焦粉用量 0.5%，每小时节省 4t 焦粉 | 节约焦粉成本 |
| 混合均匀度 | 低 | 高 | |
| 能量传输 | 只有一个电机驱动，如遇到电机故障，整个系统瘫痪 | 由 4 个主轴电机，2 个盘电机分别驱动，如遇到一个电机故障，混合机仍然可以工作 | |
| 烧结矿强度 | 强度低 | 强度高，因为原料更好地被分散 | |
| 烧结能力 | 能力低 | 能力高，因为细粉更好地被包覆在颗粒表面，提高了烧结矿的透气性。提高 10%，如果按照 5% 计算，以上混合机产能 800t/h，可以提高产能 40t/h | 提高烧结矿利润 |

通过以上的综合分析，在烧结生产中应用强力混合机，可以在减少占地面积、提高工艺水平（提高烧结矿强度和烧结矿产量）、节能减排（降低焦粉消耗 0.5%）、降低生产成本、提高烧结厂利润等方面带来多重优势。

最早强力混合机均靠进口，近几年我国制造业异军突起，例如江阴市创裕机械有限公司自主研发的 CQ 系列立式强逆流强力混合机（规格型号见表 3-7），采用国际上先进的混合原理，顺时针旋转的混合盘+逆时针高速三位转子旋转（见图 3-11）。CQ 系列立式强逆流强力混合机有倾斜式和平盘式两种（见图 3-12）的筒体，20°倾斜角，装有 L 形内壁和底盘刮板。在右上侧逆时针运转的三维转子高速旋转时，可以帮助 100% 的物料混合并起到自我清洁的作用。该产品已在宝钢湛江、沙钢、山东日照、山西建邦、江苏长强、台塑福欣等烧结、球团、固废处理、转底炉生产工序使用。

**表 3-7 CQ 系列立式强逆流强力混合机主要技术参数表**

| 规格型号 | 有效容积 /$m^3$ | 转子电机功率/kW | 筒体电机功率/kW | 处理量 /$m^3 \cdot h^{-1}$ | 外形尺寸/mm | | |
|---|---|---|---|---|---|---|---|
| | | | | | 长 | 宽 | 高 |
| CQ08-L-X | 0.1 | 4 | 2.2 | 5 | 1900 | 1500 | 2505 |
| CQ15-L-X | 1.0 | 55 | 11×2 | 20 | 3545 | 2425 | 2890 |

续表 3-7

| 规格型号 | 有效容积 /$m^3$ | 转子电机功率/kW | 筒体电机功率/kW | 处理量 /$m^3 \cdot h^{-1}$ | 外形尺寸/mm | | |
|---|---|---|---|---|---|---|---|
| | | | | | 长 | 宽 | 高 |
| CQ22-L-X | 2.2 | 110 | 18.5×2 | 85 | 4435 | 3790 | 3120 |
| CQ29-L-P | 4.35 | 2×132 | 22×2 | 210 | 6512 | 3260 | 3250 |
| CQ32-L-P | 6.25 | 2×160 | 37×2 | 300 | 6900 | 3600 | 3370 |
| CQ40-L-P | 10.42 | 4×160 | 55×2 | 500 | 7800 | 7800 | 3520 |

注：C—公司代号；Q—强力混合；CQ 后数字—筒体直径（如 2.2m）；L—连续式；X—倾斜式；P—平盘式。

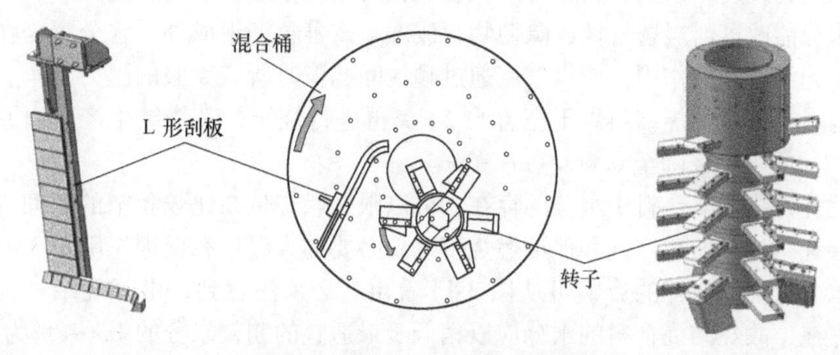


图 3-11 强力混合机逆向流原理图

(a)

(b)

图 3-12 CQ 系列立式强逆流强力混合机实物图

（a）倾斜式；（b）平盘式

#### 3.1.4.5 混合时间的影响

过去国内铁精矿烧结混合制粒时间，一般为 2.5~3.0min，其中一次混合为 1min 左右，二次制粒为 1.5~2.0min。多年生产实践证明，不论以铁精矿为主的混合料还是以铁粉矿为主的混合料，混合时间均显不足。现在国内外烧结厂混合制粒时间都增加到 5~9min，如日本君津厂为 8.1min，前釜石厂达 9min。我国近年投产和设计的一次、二次和三次混合制粒时间基本在这一范围内。

## 3.1.5　强化混合制粒技术

### 3.1.5.1　混合制粒水分的控制

细粒物料被水润湿后，由于水在颗粒间孔隙中形成薄膜水和毛细水，产生毛细引力，在机械力作用下，物料聚集成团粒，从而改善料层透气性，提高烧结矿产量。混合制粒适宜水分取决于物料的成球性，而成球性由物料表面亲水性、水在表面迁移速度，以及物料粒度组成和机械力的大小诸因素所决定。

水分能改善料层透气性，除使物料成球、改善粒度组成外，水分覆盖在颗粒表面，起润滑剂的作用，使得气流通过颗粒间孔隙时所需克服的阻力减小。例如将混合料制粒后的烧结料烘干至含水2.3%再进行烧结，其烧结生产率由原来的1.11t/($m^2$·h) 下降至0.66t/($m^2$·h)。

此外，烧结混合料中水分的存在，可以限制燃烧带在比较狭窄的区间内，这对改善烧结过程的透气性和保证燃烧带达到必要的高温也有促进作用。

水分对烧结指标的影响可从图3-13看出。必须注意到，由于烧结过程过湿带的存在，故烧结混合料的水分应以稍低于最适宜的制粒水分的1%~2%为宜。

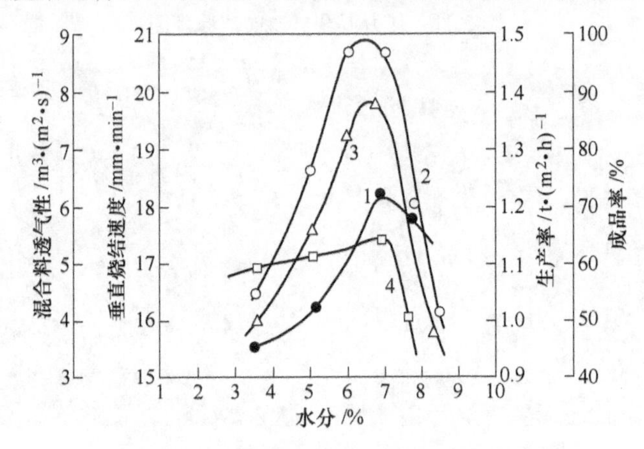


图3-13　混合料水分对烧结指标的影响
1—混合料透气性；2—垂直烧结速度；3—生产率；4—成品率

此外，水的性质也可能改善混合料的润湿性。试验表明加入预先磁化处理的水制粒，可以改变水的表面张力及黏度，有利于混合料成球（见表3-8）。可以看出，加入预先磁化水制粒可使混合料的透气性提高10%。研究指出：当加入水的pH=7时，润湿性最差。故要求水的pH值尽可能向大或向小的方向改变。

当水分超过最适宜值时，堆密度又逐渐上升。根据计算料层空隙率可知，堆密度越大，孔隙率越小，其透气性越差。

表 3-8 磁化水对混合料成球效果的影响

| 润湿水性质 | 制粒料粒级含量/% | | 料层单位面积风量 $/m^3 \cdot (m^2 \cdot min)^{-1}$ |
| --- | --- | --- | --- |
| | +5mm | -1.6mm | |
| 未经处理的工业水 | 31.0 | 26.0 | 70.0 |
| | 26.4 | 28.0 | 69.0 |
| | 35.5 | 28.6 | 70.0 |
| 磁化工业水 | 49.8 | 28.7 | 70.0 |
| | 38.1 | 28.6 | 77.0 |
| | 40.0 | 28.0 | 78.0 |

#### 3.1.5.2 黏结剂的添加

为了强化制粒过程，改善混合料成球性能，通常在混合料中添加黏结剂，如膨润土、消石灰、生石灰及某些有机黏结剂。目前，烧结厂较为普遍地采用生石灰做黏结剂。

生石灰吸水消化后，呈粒度极细的消石灰 $Ca(OH)_2$ 胶体颗粒，由于广泛分散于混合料内的 $Ca(OH)_2$ 具有强的亲水性，故使矿石颗粒与消石灰颗粒靠近，并产生必要的毛细力，把矿石等物料颗粒联系起来形成小球。

生石灰消化后，其平均比表面积达 $30\times10^4cm^2/g$，比消化前的比表面积增大近 100 倍，它除了具有亲水胶体的作用外，还由于生石灰的消化是从表面向内部逐步进行的，在颗粒内部 CaO 的消化必须从新生成的胶体颗粒扩散层和水化膜“夺取”或吸出结合得最弱的水分，使胶体颗粒的扩散层压缩、颗粒间的水化膜减小、固体颗粒进一步靠近。在颗粒的边、棱角等活性最大的接触点上，可能靠近得足以生产较大的分子黏结力，排挤其中的水层而引起胶体颗粒的凝聚。由于这些胶体颗粒是均匀分布在混合料中，它们的凝聚，必然会引起整个系统的紧密，使料球强度和密度增大。生石灰的这一作用，不仅有利于物料成球，而且能提高料球强度。

由于消石灰胶体颗粒具有较大的比表面，含有 $Ca(OH)_2$ 的小球可以吸附和持有大量的水分而不失去物料的疏散性和透气性，即可增大混合料的最大湿容量。例如：鞍山细磨铁精矿加入 6%的消石灰，可使混合料的最大分子湿容量绝对值增大 4.5%左右，最大毛细湿容量增大 13%。因此，在烧结过程中料层内少量的冷凝水，将为这些胶体颗粒所吸附和持有，既不会引起料球破坏，亦不会堵塞料球间的气孔，使烧结料层保持良好透气性。

单纯铁精矿制成的料球完全靠毛细力维持，一旦失去水分就很容易碎散。含有消石灰胶体颗粒的料球，在受热干燥过程中收缩，由于胶体颗粒的作用，使其周围的固体颗粒进一步靠近，产生更大的分子吸引力，料球强度反而提高。

同时，由于胶体颗粒持有水分的能力强，受热时水分蒸发不如单纯的铁矿物料那样猛烈，热稳定性好，料球不易炸裂。

混合料中添加的生石灰，在混合料加水过程中被消化，放出大量的消化热，提高料层料温，使烧结过程中水汽冷凝大大减少，过湿层基本消失，从而提高了烧结料层透气性。

此外，在添加生石灰生产熔剂性烧结矿时，更易生成熔点低、流动性好、易凝结铁酸钙液相。它可以降低燃烧带的温度和厚度，以及液相对气流的阻力，从而提高了烧结速度。

应该指出，尽管添加生石灰对烧结过程是有利的，但必须适量。因为用量过多除不经济外，还会使物料过分疏松，混合料堆密度降低，料球强度反而变坏。另外，添加生石灰时，尽量做到在烧结点火前使生石灰充分消化。为此，要求其粒度上限不超过 5mm，最好小于 3mm。生产过程中应使生石灰颗粒在一次混合机内松散开，绝大部分得到完全消化。未消化、残留的生石灰颗粒不仅起不到制粒黏结剂作用，而且在烧结过程中吸水消化产生较大的体积膨胀，很容易使料球破坏，反而使料层透气性变差。

#### 3.1.5.3　制粒工艺及设备参数

烧结生产中，混合料制粒主要在二次混合机内进行。制粒设备主要有两种，即圆筒混合机和圆盘制粒机，两者制粒效果相差不大。生产实践表明，圆筒混合机工作更为可靠。在最好的制粒条件下，当烧结混合料的性质不变时，主要取决于圆筒倾角、充填率及转速。图 3-14 是圆筒混合机的制粒时间与混合料粒级含量的关系。可以看出制粒时间延长到 4min 时，混合料中 0~3mm 含量从 53%降低到 14%，3~10mm 部分从 49%增至 77%，而大于 10mm 者仅从 5%增加到 10%。此时烧结料透气性好，烧结速度快，产量亦高，从而表明制粒时间是影响制粒效果的重要条件。

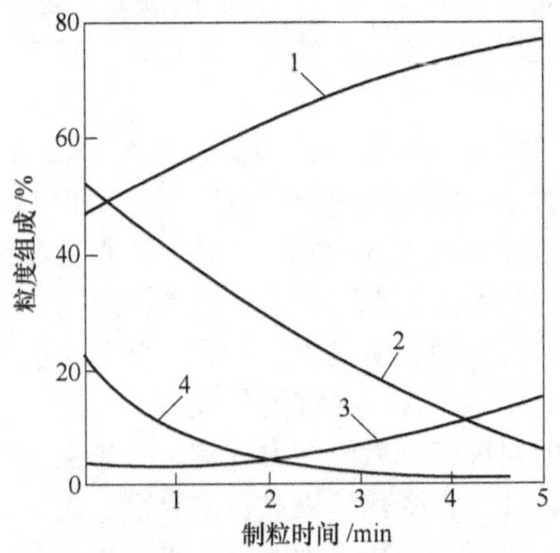


图 3-14　圆筒混合机制粒时间对粒度组成的影响

1—3~10mm；2—0~3mm；3—>10mm；4—0~1mm

应该指出的是，料层各处透气性的均匀性，对烧结生产也有很大的影响。不均匀的透气性会造成气流分布不均，导致各处不同的垂直烧结速度，而料层不同的垂直烧结速度反过来又会加重气流分布的不均匀性，这就必然产生烧不透的生料，降低烧结矿成品率和返矿质量，破坏正常的烧结过程。为造成一个透气性均匀的烧结料层，均匀布料和实现粒度合理偏析也是非常重要的。

### 3.1.6　强力混合机技术

随着铁矿资源采出量的日益增加，富矿资源急剧减少，粉矿及超细粉矿在烧结原料中的占比日益提高。由于烧结细粉的亲水性较差，采用传统的圆筒混合机很难使水分均匀分散，进而使得细粉制粒效果差，导致烧结生产恶化，产量下降，质量变差，环境恶化等不利影响。近二十年来，不断对传统的烧结料制备技术进行研究，强力混合机的使用就是一次划时代的革新。目前，在烧结上采用强力混合机工艺的主要有三种：即二段强化混合制粒、三段强化混合制粒、粗细筛分强化混合制粒工艺。

#### 3.1.6.1　二段强化混合制粒工艺

强化混匀制粒工艺如图 3-15 所示，即将传统二段混合制粒工艺中的第一段圆筒混合机由强力混合机取代，第二段仍采用圆筒混合机进行制粒。

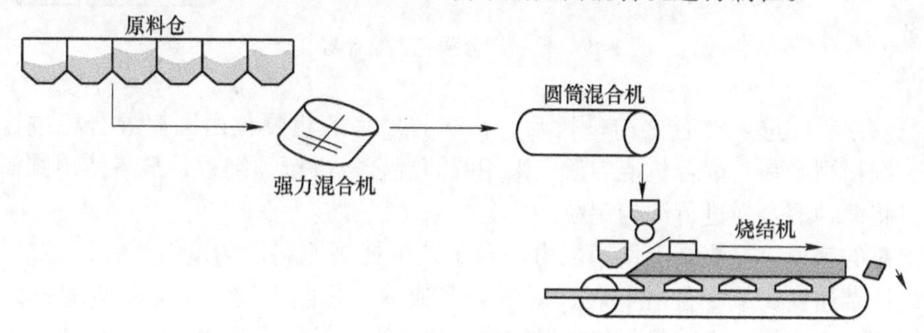


图 3-15　二段强化混匀制粒工艺

#### 3.1.6.2　三段强化混合制粒工艺

三段混合制粒工艺如图 3-16 所示，第一段采用强力混合机进行混合，使原料能够充分润湿和混匀，第二段和三段采用圆筒混合机进行强化制粒，保证混合料具有合适的粒度组合和透气性。本钢在 566m$^2$ 新建烧结系统上采用该工艺后，3mm 以上的粒度提高 20%，主抽风压降低 1000Pa，降低了烧结厂能耗，提高了烧结厂利润。

#### 3.1.6.3　粗细筛分强化混合制粒工艺

粗细筛分强化制粒工艺（见图 3-17）是由韩国浦项公司研发的强化制粒新

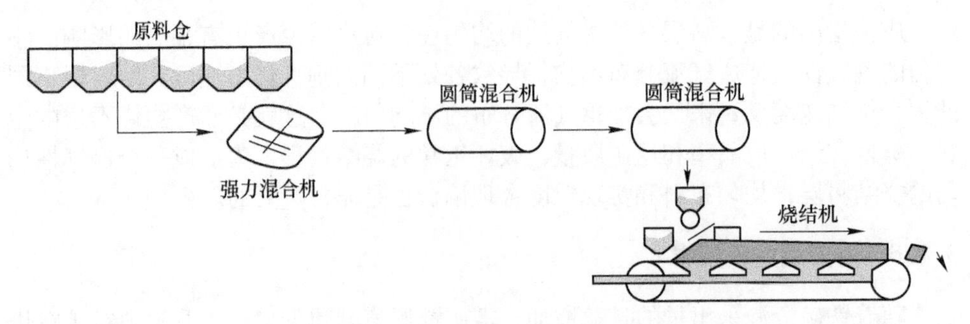


图 3-16　三段强化混合制粒工艺

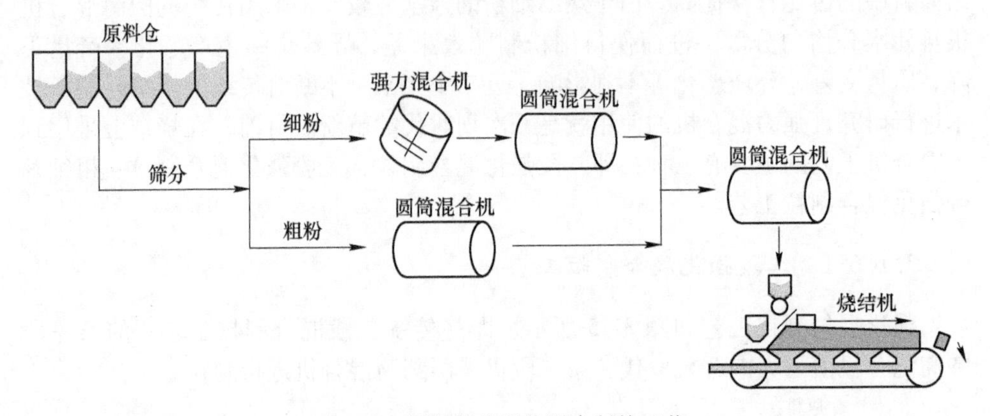


图 3-17　粗细筛分强化混合制粒工艺

工艺。原料在进入混合之前进行筛分，筛分出来的粗颗粒由圆筒混合机进行混匀，细粉则经强力混合机混匀后，采用圆筒混合机进行预制粒，最终使用圆筒混合机将两种混合料进行混匀制粒。

总的来说，在烧结上使用强力混合工艺可提高原料混匀度，增强制粒效果，提高烧结速度，减少能耗物耗，降低生产成本，是圆筒混合工艺的理想升级技术。可广泛应用于烧结机新建、老旧烧结机改造以及钢厂粉尘、污泥回收利用等领域。强力混合机分为立式（见图 3-18）和卧式（见图 3-19）两种。

图 3-18　本钢板材使用的立式强力混合机

图 3-19 宝钢使用的卧式强力混合机

### 3.1.7 烧结使用强力混合机实例

从全球范围内铁矿资源来看，细铁精矿和超细铁精矿消耗的比例呈现持续增加的趋势，而富块矿和粉矿的所占比例逐渐减少。迄今为止，现有烧结厂的设计并非用于有效地处理大量精细铁矿。以前粒度较细铁精矿原料通常不适用于烧结工艺，因为大量配加细精矿易导致烧结生产恶化、产量下降、质量变差、环境恶化等不利影响。同时，各种非传统的含铁原料，如低品位、难处理以及复杂共生矿、钢铁厂内的各种含铁废料、尘泥、化工厂或有色冶炼厂产生的含铁渣尘等采用现行的烧结或球团法无法有效得到利用。如今，采用强力混合与制粒新技术改进了极细铁矿精矿的均匀性，使烧结中应用大量细粒级铁精矿成为可能。

#### 3.1.7.1 韩国浦项开发的筛分强化制粒工艺

为了提高细矿粉配比，韩国浦项开发出了强化制粒新工艺，即采用强力混合机和制粒机作为强化制粒的手段，通过控制混合料的水分来改善制粒效果。制粒之前，首先要对含有大量细粉的配合矿进行筛分，将筛上粉运至一次混合机并加水混合，筛下细粉运至强力混合机并加水混合；再将经强力混合机混合后的细粉运至制粒机并加水单独制粒；最后将制粒后的细粉与粗粉一同加入到二次混合机，与无烟煤、焦粉和熔剂进行混合。浦项强化制粒需增加一台强力混合设备。

根据浦项推算，从新增设备投入方面考虑，如果低价细矿粉配比能够稳定在30%以上，从长远来看具有其经济优势，降低的原料成本抵消新增设备投入，故浦项的强化制粒新技术在工艺上和经济上都是可行的。

#### 3.1.7.2 米塔尔比利时根特烧结增加强力混合机工艺

米塔尔比利时根特烧结厂 220m$^2$ 烧结机原只用一台圆筒混合制粒机，改造时在此设备前面增加一台 R33 强力混合机用于混合和预制粒。混合机实际处理量为

1100t/h，混合料中烧结返矿占22%~27%。

根据强力混合机的要求，不超过50mm的原料适合进入混合机，在强混机上方增加了筛分机，筛分出来的大料通过溜管直接到达下层皮带机；同时顶部料仓设计旁路不通过混合机直接进入下层皮带机，保证生产线的正常运转。

#### 3.1.7.3 印度塔塔集团采用双强力混合机工艺

2014年，印度塔塔集团新496m² 烧结机，设计布置紧凑。一次混合选用强力混合机，布置在地面，其前部设置两个生石灰仓，根据工艺要求将未消化的生石灰定量添加入混合机内。二次混合机选用的也是立式强力混合机，布置在烧结主厂房混合料小矿槽上方的平台上。尽管强力混合机设备造价比传统的圆筒混合机高，但由于强力混合机混合效果好，烧结矿强度高、质量好，得到了国外业主的青睐，市场份额逐渐增加。

#### 3.1.7.4 中国台湾龙钢采用二段强混技术

中国台湾龙钢（Dragon Steel）1号248m² 烧结机，每天产能超过7440t。混合制粒系统包括一台强力混合机和一台圆筒制粒机，这套系统处理了百分之百的烧结原料，包括了钢厂回收的废料。由于这套系统处理过的烧结料具备极高的均匀度，所以在龙钢不需要对原料进行预混合，这就大大降低原料储存空间和作业面积。

龙钢2号387m² 烧结机于2013年8月建成投产，也采用了以上混合制粒系统。

#### 3.1.7.5 巴西Usiminas烧结采用除湿双强力混合机工艺

Usiminas矿山生产大量的超细铁矿粉（粒度小于0.1mm），为了实现高达25%超细精粉用于烧结，需要对烧结原料进行特殊处理，安装了两套强力混合机，处理能力每年700万吨。两套强力混合和制粒系统配有除湿装置、皮带输送机和气动输送系统、二次除尘装置。

#### 3.1.7.6 宝钢4号烧结机采用三段强力混合制粒工艺

宝钢4号600m² 烧结机为了强化混匀和制粒，改善混合料的透气性，满足超高料层烧结的需要，采用三段混合工艺。一段采用强力混合机，使混合料能够得到充分润湿和混合；二、三段仍采用传统圆筒混合机，以强化制粒，保证混合料具有合适的粒度组成和透气性，二、三段混合时间约为9min。

## 3.2 河北同业三段式逆流混合机衬板研发与应用

由于大多物料都有一定的黏结性，非常容易粘在混合机筒壁，影响制粒，严重情况下产生倒料，甚至停产清理，既影响运转率又增加劳动强度。所以圆筒混合机衬板的选择首先是耐磨，其次是不粘料。

### 3.2.1 衬板常用材质

（1）含油尼龙衬板。含油尼龙是一种新型工程塑料，属聚酰胺类高分子聚合材料，综合性能及使用量居五大工程塑料之首。具有耐磨性好，不粘料，冲击载荷小等特点，其耐磨度比用金属件提高二倍以上。在冶金行业常用于圆筒混合机衬板、料仓料槽衬板等。

（2）耐磨陶瓷衬板。耐磨陶瓷产品具有高强度、高硬度、耐磨损、耐腐蚀、耐高温等特点，广泛应用于火电、钢铁、机械、煤炭、矿山、化工、水泥等的企业易磨损的设备上。

陶瓷球面板将表面带半球面的小方块陶瓷硫化在特种橡胶内，使用高强度有机结合剂或螺栓将板固定在设备内，形成既耐磨损又抗冲击的坚固防磨层。该产品兼具了陶瓷的耐磨性和橡胶的抗冲击性能，可防磨损，可承受一定冲击，且不粘料不堵料。

### 3.2.2 河北同业含油尼龙衬板形式

改善混合料制粒效果是强化烧结过程的重要措施，多年来，国内外科技人员都一直在深入研究提高制粒的技术。河北同业冶金科技有限责任公司研发的高耐磨自润滑浇铸型含油尼龙衬板（见图 3-20）制粒效果显著，被广泛应用。具体形式如下：

（1）逆流分级制粒造球衬板。通过混合机内部结构的改变，实现混合料受力状态的改变，压缩混合料运动过程“螺距”，达到延长有效混合造球时间，增加物料有效滚动路程、提高造球效果的目的；采用机内分段分级技术，实现混合料粒度的自动分级，达到大颗粒物料向外走，小颗粒物料返回造球的目的；采用新型布衬技术，彻底解决混合机根部积料，实现混合过程死料再循环，提高造球效果和混合机有用功率。

（2）双筋混合机衬板。双筋衬板能够使料流形成合理的轨道，有效延长物料在筒体内的混匀时间提高混匀度，由于衬板有两条与筒体内轴线平行的凸起的筋，由于凸起筋的阻挡作用，物料会积存下来，形成料衬，料衬的形成不但能阻止物料与尼龙衬板的直接摩擦，也可有效地防止混合机内壁磨损的问题。

（3）平弧板加提升条衬板。由于提升条的加入，延长了造球流程。由于这种独特的强化造球设计，使得物料在衬板上滚落时，脱离角不断变化，由大变小，由小变大，沿着近似锯齿形曲线滚落。造成料球在强化造球板上比在平板上滚落的路程加长。增加了料球长大的时间，提高了造球率。提升条最显著的特点

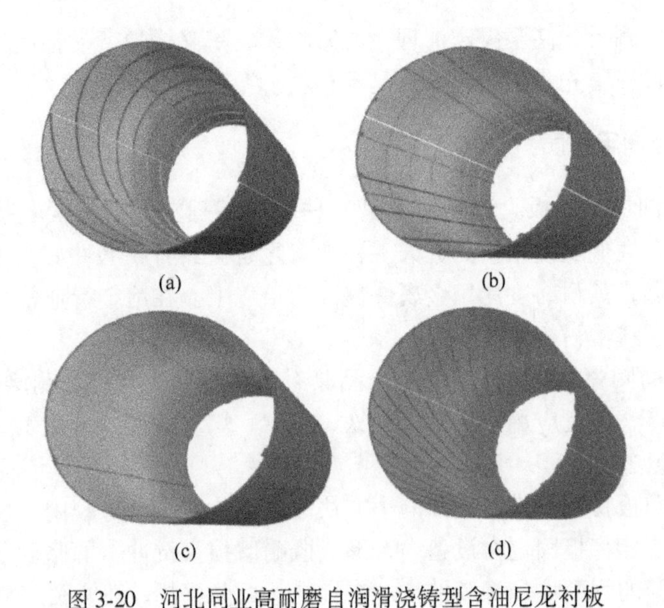


图 3-20　河北同业高耐磨自润滑浇铸型含油尼龙衬板

(a) 逆流分级制粒造球衬板；(b) 双筋混合衬板；(c) 平弧板压提升条衬板；(d) 四肋筋衬板

就是更换方便，节约维修费用。

(4) 四斜筋衬板。对于黏性不大的物料使用四斜筋衬板。这种结构形式能够使物料在衬板斜筋之间形成料衬，从而延长衬板的使用寿命。

### 3.2.3　河北同业新型耐磨衬板的开发及应用

衬板作为设备内衬，是保护设备的最后一道盾牌，其外形表现简单却作用重大。尤其是在一些重工业（如冶金、矿山、电力、水泥、化工、码头等）的物料输送系统和矿料研磨分离设备中，各种各样的料斗、料仓、溜槽、溜管、球磨机、水泥磨、立磨等部位，由于受到物料的直接冲击和研磨，如果没有高质量的衬板做保护，轻微的会引起漏料，严重的则会造成设备损坏和生产事故。

冶金行业中相继开发出了一系列不同材质的衬板，主要包括含油尼龙衬板、稀土含油尼龙衬板、耐磨复合橡胶衬板和耐磨陶瓷衬板等。其中，含油尼龙衬板的主要特点是防粘料性能较好，耐磨性能较好，但缺点是不能承受较大颗粒物料的冲刷；耐磨复合橡胶衬板的主要优点是防粘料性能较好，耐磨性能较好，耐冲击性能好，但会导致造球效果变差；而耐磨陶瓷衬板的优势在于防粘料性能好，耐磨性能较好，耐冲击性能好，但由于衬板表面光滑，会导致物料制粒和造球能力变差。

近年来，随着各种新材料新工艺的持续发展与改进，衬板的形式、材质与生产工艺也呈现出多样化。河北同业在新型耐磨衬板的研发和生产工艺方面一直走在行业的前面，以注重用户实际生产工况为基础的研发理念，生产出一系列的耐磨衬板。下面将以混合机衬板和料仓衬板为例，分别从存在的问题、新型耐磨衬板设计方案及应用等方面进行介绍。

#### 3.2.3.1 烧结混合机衬板存在的问题分析

通过对目前国内大部分钢铁公司混合与制粒机衬板的使用情况进行分析，发现基本都存在以下问题：

（1）圆筒内衬粘料严重。严重的粘料给工人造成巨大的清料劳动强度，粘料后增加了筒体空载负荷，造成电能浪费，以 $\phi$4m 混合机为例，粘料厚度达到300mm 以上时，每年约多耗电 100 万千瓦时以上。

（2）圆筒内衬不耐磨。物料不易粘，对衬板冲刷严重，其严重影响了衬板的使用寿命，增加了更换衬板的频次和资金投入。

（3）制粒机衬板造球能力较差。其成球率小于 55%，混合料透气性较差，对烧结矿的质量和产量造成不利影响，同时增加工序能耗。

基于以上这些问题，河北同业结合制粒物料的配比、成分要求以及新型材料衬板的特点，研究设计出了单螺旋、双螺旋或三螺旋对角逆流衬板。

#### 3.2.3.2 三段式逆流混合机衬板研究

根据混合料在筒体的旋转下利用倾角将物料制粒成球、送出的工作原理，并参照混合机衬板选型表，针对物料对筒体内不同位置的力学要求，对筒体内衬板选择了最优应用方案（如图 3-21 所示），具体方案如下：

（1）筒体进料端，即导料段采用耐磨复合橡胶衬板。由于耐磨复合橡胶衬板具有优良的耐冲击性能，可以有效防止进料口物料的落差惯性对衬板的冲击损坏。

（2）筒体中间部分采用三合一陶瓷衬板。由于三合一陶瓷衬板具有耐磨性能优、防粘料性能好等特点，可以较好地解决此段加水引起的衬板粘料问题，同时为上下游衬板之间物料的运行轨迹提供过渡作用。

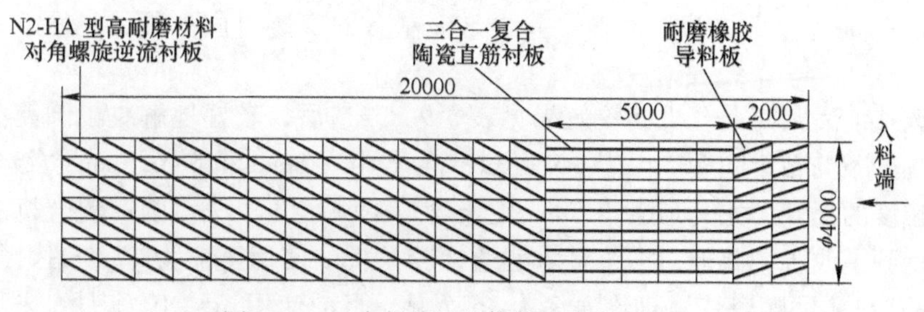


图 3-21 二次制粒机筒体衬板安装示意图

（3）筒体出料端采用“NZ-HA”型耐磨材料衬板。主要是基于“NZ-HA”型耐磨材料衬板防粘料性能优、耐磨性能好的特点，提高了造球能力。扬料板为对角螺旋逆流提升条，其独特的结构形式，延长了物料在筒体内的运转时间，既可解决粘料问题，又可把细粉料挂在两个提升条之间，使不小于 3mm 的球状颗粒自动滚动出去，未成球的粉状料返回二次造球。

#### 3.2.3.3　应用效果分析

（1）耗电量分析：以 $\phi$4.4m×18m 混合机为例，若圆筒混合机内衬粘料厚度达到 300mm，其设备增加负荷达 70t 以上，耗电量相对增加约 45%。

（2）衬板总重量分析：据测算，一套橡胶衬板重量约为 20.5t，一套尼龙衬板重量约为 12.5t，一套三合一结构衬板重量约为 19t。如若使用上述介绍的三段式复合衬板方案，则一套衬板的总体重量可降低至 17t。不仅提高成球率，而且衬板总体重量减轻 15%，设备负荷减少，能耗降低。

### 3.2.4　柳钢圆筒混合机使用复合衬板的效果

粘料是圆筒混合机的首要问题，其次是耐磨问题，它们不仅相互影响，还严重影响着生产及设备安全。有证据表明，由于圆筒内部粘料后造成的负荷不均匀，对其传动结构产生的不良冲击，会直接缩短其使用寿命；而生产实践表明，检修时所发生的安全事故，有约 1/3 与清理圆筒内部积料有关。同时由于圆筒内部粘料，会造成筒体内部有效容积下降，从而使混合时间减少，填充率降低。而根据研究表明，混合制粒效果取决于混合圆筒的填充率和混合时间。因此，解决圆筒混合机粘料与耐磨问题，提升其制粒效果对烧结厂节能提效具有一定作用。解决粘料问题，衬板、提升条的材质和参数、加水方式等都是关键。根据 2010~2015 年生产经验，通过与生产衬板厂家河北同业良好沟通，最终决定在橡胶材质的基础上黏合耐磨陶瓷片，保持提升条有效高度不变，将橡胶材质的提升条按照一定的角度（圆筒的不同部位采用不同的提升角）直接附着在橡胶衬板上成为一体，再将陶瓷预先黏合在橡胶衬板和提升条的面板上。这样充分利用了橡胶的弹性和陶瓷的耐磨性，从而有利于延长其使用寿命，而安装时只需将衬板用螺杆固定在筒壁上就可以了，节省了约 50%左右的安装时间。具体见图 3-22~图 3-24。

改造前后圆筒混合机制粒效果见表 3-9。改造后，较好地解决了圆筒混合机衬板提升条的粘料问题。由表 3-9 可知，混合料 3~5mm 和 5~6.3mm 粒级含量有较大幅度的提升，尤其是小于 3mm 粒级含量下降了 3.98%，圆筒混合机的制粒效果得到了改善。此外，据统计：普通橡胶衬板的使用寿命为 12 个月，复合衬板（橡胶+耐磨陶瓷片）理论寿命为 36 个月，目前使用了约 10 个月，未见磨损或脱落的情况。

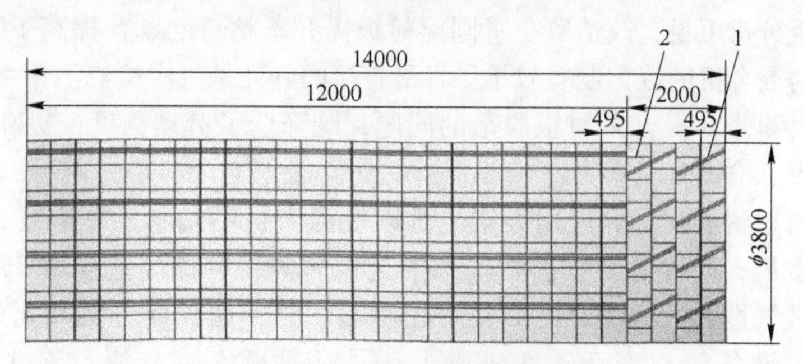


图 3-22 一混圆筒改造原理图

1—提升条；2—陶瓷衬板

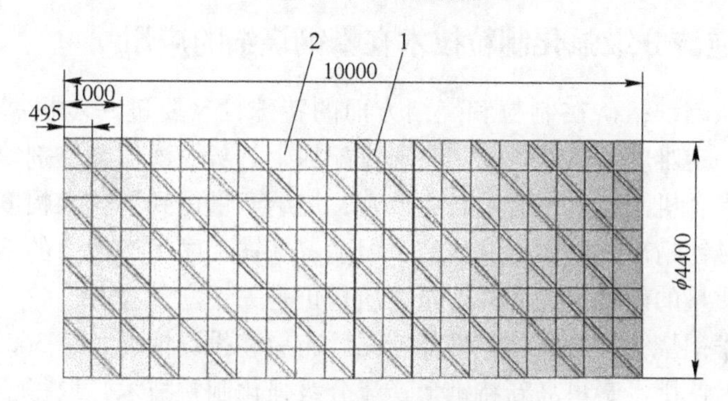


图 3-23 二混圆筒改造原理图

1—提升条；2—陶瓷衬板

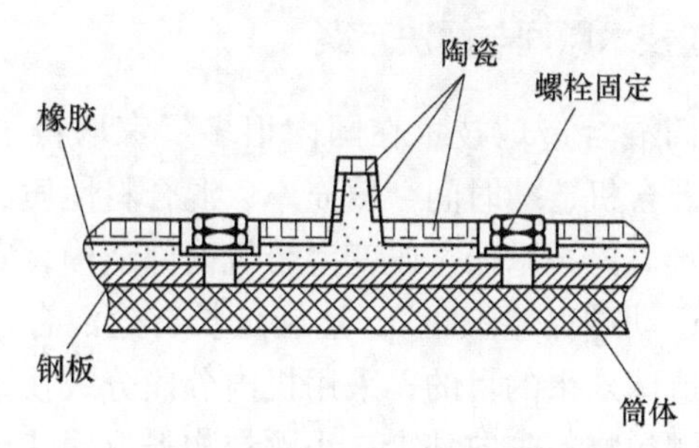


图 3-24 衬板与筒体固结形式

**表 3-9 柳钢改造前后圆筒混合机制粒效果比较** (%)

| 项　目 | <3mm | 3~5mm | 5~6.3mm |
|---|---|---|---|
| 改造前 | 43.20 | 40.23 | 16.57 |
| 改造后 | 39.22 | 41.57 | 19.21 |
| 比较值 | -3.98 | 1.34 | 2.64 |

由以上分析可见，改造解决了圆筒衬板提升条粘料问题，提高了其耐磨性，改善了圆筒混合机的混匀制粒效果。且最直接的好处是每次检修不用考虑清理圆筒内部粘料和修补提升条衬板脱落的问题，既降低了劳动强度，提高了安全系数，又节省了检修时间。

采用新型耐磨衬板和应用方案，可以使混合机不粘料、不需要人工清理，减少人工费用；同时延长物料在筒体的运作时间，可提高造球率5%~10%左右，改善透气性，大大提高了烧结矿产量和质量；延长混合机减速机、齿轮、齿圈等相关设备使用寿命1.5倍以上；同时衬板安装方便，节省检修维护时间。

## 3.3 锥形逆流分级强化制粒技术在攀钢烧结的应用

由于钒钛磁铁精矿在制粒和烧结方面的特殊性，要进一步提高烧结矿的产量、质量有一定难度，虽然近几年来通过配加生石灰、添加黏结剂等，优化混合机参数，使混合机制粒效果有了较大改善，烧结产量得到了较大幅度提高；同时开展了钒钛磁铁精矿预制粒烧结研究，但随着炼铁工序生产能力的不断提高，在保证烧结矿质量的前提下，提高产量、质量仍是关键。

为此，攀钢烧结针对其物料性能与工厂布局和投资情况，在360m$^2$烧结机的二次混合机上使用了秦皇岛新特锥形逆流分级强化制粒技术，取得了提高烧结矿产量、质量的效果。

### 3.3.1 锥形逆流制粒技术原理与解决方案

锥形逆流分级圆筒混合造球技术在国内很多厂家取得了成功应用，效果较好。研究实践表明，混合机造球时间、填充率、混合料性质、适宜的混合料水分是圆筒混合技术的关键。该技术通过改变混合机内部结构，实现混合料受力状态的改变，压缩混合料运动过程“螺距”，达到延长有效混合造球时间，增加物料有效滚动路程，提高造球效果的目的；采用机内分段分级技术，实现混合料粒度的自动分级，达到大颗粒物料先向外走，小颗粒物料返回造球的目的；采用新型布衬技术，彻底解决混合机根部积料，实现混合过程死料的再循环，提高造球效果和混合机有用功率。具体技术解决方案为：

(1) 改变混合机内部结构，在混合机内部筒壁上焊接与物料运行轨迹相反的混料导板及造球导板，在衬板上形成逆螺旋，以实现混合料受力状态的改变，压缩混合料运动过程“螺距”，达到延长有效混合造球时间，增加物料有效滚动路程，提高造球效果的目的。

(2) 采用的混料导板及造球导板的高度由入料端至出料端方向按一定的斜率变化，即逆螺旋的高度在此方向为梯形变化，实现混合料粒度的自动分级，达到大颗粒物料先向外走，小颗粒物料返回造球的目的。

（3）在入料端采用新型布衬技术，即在混合机内部入料端的筒壁上焊接与物料运行轨迹相同的螺旋导料板-入料导板，以改变混合料受力状态，彻底解决混合机根部积料，实现混合过程死料的再循环，提高造球效果和混合机有用功率。衬板采用特殊高分子结构，不会造成粘料情况。

（4）混合机锥型逆流造球技术是通过在传统的圆筒混合机的内部入料端加装入料导板以利于导料，加装混料导板及造球导板提高造球率及实现物料分级。衬板结构见图3-25和图3-26。攀钢新1号360m$^2$烧结机的二次混合机安装前后旧衬板与新衬板见图3-27。

图3-25 锥形逆流衬板结构示意图

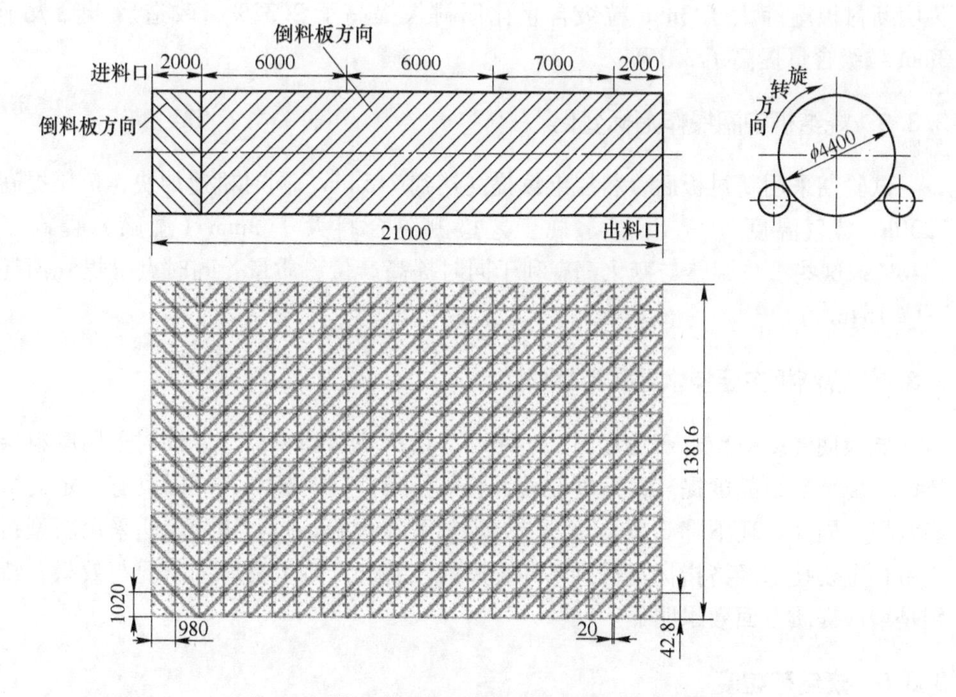


图3-26 锥形逆流衬板在混合机内部安装布置图

### 3.3.2 混合料指标的对比

经过2015年4月连续30天试验结果表明，新衬板比旧衬板的制粒效果好，

图 3-27　混合机内壁旧衬板与内壁新衬板实际效果对比

强化制粒作用明显。旧衬板二混后的湿筛大于 3mm 粒级含量比二混前提高了 7.84%，干筛大于 3mm 粒级提高了 9.46%；改造后新衬板二混后湿筛大于 3mm 粒级含量比二混前提高 10.16%，干筛大于 3mm 粒级提高 12.63%，同比条件下说明新衬板湿筛大于 3mm 粒级含量比旧衬板提高了 2.32%，改造后干筛大于 3mm 粒级含量提高了 3.17%。

### 3.3.3　烧结机中间操作指标变化

试验期采用新衬板后，料层继续提高达到 715mm，同时机速加快，负压提高 720Pa，废气温度提高 1℃，常规工艺检测混合料大于 3mm（湿筛）提高了 2.46%，这些参数调整与变化都有利于同时提高产量、质量，同时点火煤气消耗下降 $164m^3/h$。

### 3.3.4　烧结机主要技术经济指标对比

试验期烧结机台时产量提高 21.64t/h，增产率达到 4.14%，同时采用厚料层烧结，烧结矿结晶度提高，强度改善，转鼓指数提高 0.94%，同时具有一定的节能效果，固体燃耗下降 0.10kg/t，点火煤气下降 $0.41m^3/t$。由此说明采用新型衬板后，主要技术经济指标都得到不同程度的改善，产生了良好的状况与效果，特别是增产提质方面效果明显。

### 3.3.5　烧结矿粒度

试验期采用新衬板后，由于烧结矿强度提高，高炉烧结矿粒度也得到改善，5~20mm 粒级减少了 0.61%，烧结矿平均粒度增大 0.18mm，同时高炉槽下返矿大于 5mm 粒级减少 0.24%，说明采用新衬板后烧结矿高产而粒度并未受到负面影响，而取得了有益效果。

# 3.4　防止混合机倒料和粘料的技术改造

## 3.4.1　新余钢铁防止混合机倒料措施

### 3.4.1.1　倒料问题的分析

因烧结料的透气性决定了烧结生产的效率，而为了改善烧结混合料的透气性，需在烧结混合料中添加消石灰、生石灰等有黏性的物质。在圆筒混合机正常运行过程中，由于筒体转速过慢，混合时间较长，所以易在给料皮带的落料点（离进料口约1.5m处）粘料，见图3-28。当堆积到一定程度的时候便出现了倒料现象。物料由进料口流出，落在地面的混合料多时可达4~5t/h，部分混合料落到给料皮带头部，还会导致皮带跑偏。处理该情况必须要组织员工使用风镐等工具进入高温筒体内清料，处理时间长达3~4h，员工劳动强度大，甚至出现砸伤。当清理完积料后7~10天又会出现相同的情况，烧结机每月停产数十个小时，情况十分严重。

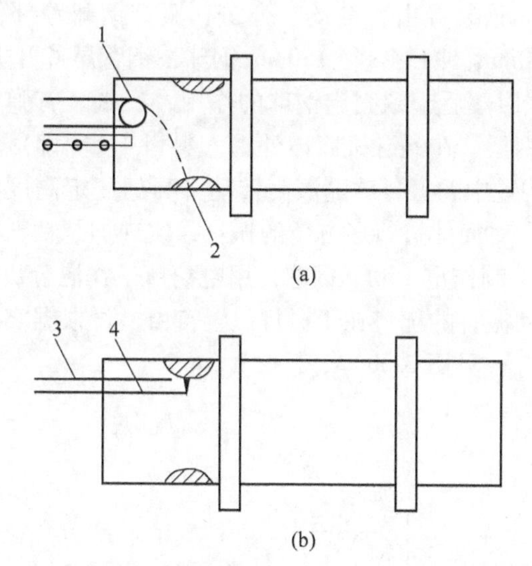


图3-28　混合机高压打水、压缩空气助吹装置
（a）改造前；（b）改造后
1—给料皮带；2—积料点；3—压缩空气管；4—加压热水管

### 3.4.1.2　改进措施

为了改变这一状况，针对混合机内部存在的弊端，新余钢烧结厂本着“创新、高效、节约”的原则，对混合机存在的缺陷加以改造。由于倒料的根本原因在积料，要防止倒料首先得消除积料问题。于是专门设计了一套高压打水、压缩

空气助吹装置（见图3-28）用于消除积料。消除积料所用的热水通过高压泵加压（0.4MPa）输送至混合机筒体内，管道终端装有3个喷头，对准积料圈进行喷射，因在高温热水作用下，混合料不会大量黏附，加之有压缩空气助吹，混合料结块现象消失，积料不再持续恶化，倒料问题在检修周期内也不再出现了。

### 3.4.2　宣钢混合机筒体防止粘料措施

物料进入混合机后在进料端落料点处冲击力较大，将底部物料部分压实黏结。造成料端约1.5m处内粘料严重。由于混合机筒体内壁上衬板压条具有一定高度，在物料提升抛洒造球过程中阻挡物料运动，部分物料黏结在压条周围，运转过程中反复受到冲击挤压，粘料情况越来越严重。

#### 3.4.2.1　在线清理装置

针对混合机入料口粘料严重的情况，采用外部振打装置对粘料进行振打和内部镶皮带等措施：

（1）自动振打。该装置由直筒体、弹簧、振打钢球等部件构成。直筒体内径为180mm，长800mm，内装直径150mm钢球，钢管尾部开100mm方孔（如图3-29所示），在钢球回落后起到固定钢球的作用，底端装有弹簧，防止钢球在回落过程中砸穿底部钢板。在混合机筒体外围入料口1.5m即落料点处，平均焊接6个该装置。振打装置中的振打球随滚筒转动升高到一定高度后，振打球在筒体内做自由落体运动，对筒体进行多方位的振打，实现抑制粘料的目的。

（2）手动振打。制作重150kg钢球，用电葫芦吊在混合机筒体一侧，对筒体进行手动振打，手动振打的优势在于振打位置自由，可根据实际粘料情况和需要对筒体进行临时振打（见图3-30）。

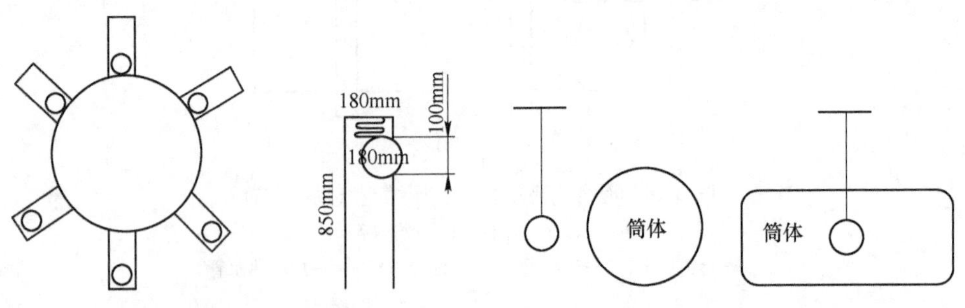


图3-29　自动振打装置示意图　　　　图3-30　手动振打装置示意图

（3）筒体内镶皮带。采取在一、二混滚筒内侧壁等间距增加两排800mm×800mm的皮带，固定其中一端，这样在滚筒转动的时候，混匀料落在皮带上，随皮带一起向上转动，在高处又随皮带翻转落下，大大减轻了滚筒粘料问题，如图3-31所示。利用检修期间，观察滚筒粘料情况，滚筒粘料厚度不足5cm，最薄处可见衬板，几乎不再需要安排进行人工清料。

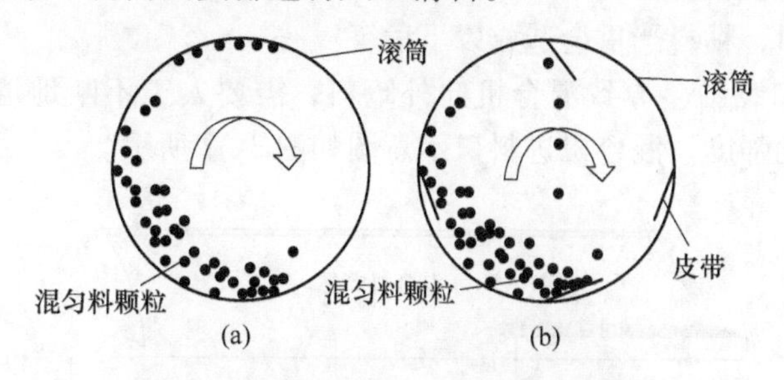


图 3-31　混合机内壁安装皮带示意图
（a）未安装皮带；（b）安装皮带

3.4.2.2　加水方式的改进

为防止混合机粘料，强化制粒效果，对混合机加水方式进行改进：

（1）通过对一混机加水点及物料抛起位置的研究，发现原加水位置低，扬程小，水柱无法全部落在混合料上，造成混合机内壁粘料严重且制粒效果不理想。经讨论，通过调整加水管位置和角度，将打水点调整至物料抛起堆积位置。且把出水口做成45°斜面状，增大扬程和水柱喷洒面积，使落水点与物料重合。改造后粘料情况和制粒效果明显好转。

（2）二混机加水量一般为全部水量的10%～20%，为提高造球效果，二混机采用雾化喷头。用不锈钢材质并提高加工精度，延长使用时间，改善雾化效果的同时制粒效果得到改善。

## 3.5　承钢混合机在线清料装置的研发与应用

承钢是以钒钛磁铁矿冶炼为主的钢铁企业，拥有2500m$^3$钒钛磁铁矿高炉，为保证铁水提钒工艺，要求铁水中五氧化二钒含量必须大于0.2%，对应360m$^2$烧结机长期以来形成了以“50%本地钒钛磁铁精粉+32%外矿粉+10%普粉+8%杂料为主要结构”的配料模式。但这种配料模型存在以下缺陷：钒钛磁铁精粉粒度细、不利于混匀造球、烧结性能差及钙钛矿含量较多；受钒钛磁铁矿高炉炉料结构特殊性和生产的需求，生产碱度大于2.1的烧结矿，熔剂配加量大，且熔剂厂家及质量不稳定；为了保证废旧杂料当期消耗，杂料（瓦斯矿、炼铁除尘灰、炼钢污泥、炼钢干法除尘灰、含钒尾渣、含钒钢渣、氧化铁皮等）配比较高，且杂料粒度及水分不稳定。配料模式的不足，引起混合料水分波动较大，进而导致混合机衬板粘料现象较为严重。

### 3.5.1　混合机衬板粘料造成的危害

在混合机内加水润湿并通入适量蒸汽，以提高制粒效果和混合料温度，但是由于钒钛磁铁精粉粒度细，熔剂粒度、杂料粒度及水分不稳定等原因，容易引起混合机衬板粘料，粘料严重会造成以下危害：

（1）进料口黏结会导致混合机向外呛料，需要人工不断地清理落地料，增加了工人的劳动强度。混合机进料口示意图如图 3-32 所示。

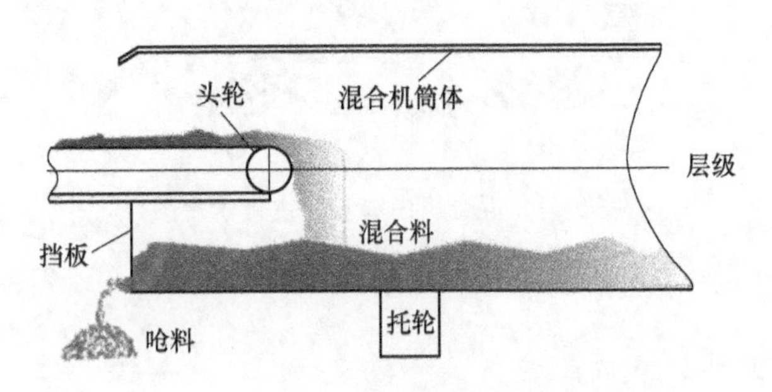


图 3-32　混合机进料口结构示意图

（2）混合机有效容积减小，制粒效果变差。尤其是二混后混合料中粒径减小，烧结料层的原始透气性恶化，烧结过程负压升高，终点后移，烧结矿产量下降，烧结机生产效率降低，不利于烧结矿的正常生产。

（3）烧结机频繁停机，影响烧结机的生产稳定，造成烧结矿供应紧缺，成品矿仓位降低，烧结机与高炉对应关系频繁变动。

为了避免因混合机粘料而产生的不利影响，从实际生产情况出发，对其粘料问题进行了研究，进而研发了一种有针对性的自动清料装置。

### 3.5.2　自动清料装置的研发

由于混合机粘料问题，利用定修或粘料严重时停机人工清理。为了防止人工清料存在的安全隐患及保证正常的生产，技术人员曾采取改造打水管与蒸汽管角度、稳定混匀料水分控制、安装狼牙棒清料装置等防止粘料的措施，但由于钒钛磁铁精粉黏度大、混合料易对清料装置造成黏结、狼牙棒吊环不易固定等问题，均未起到很好的效果。2014 年开始研究在圆筒混合机内部大梁上安装自动清料装置。在混合机转动的过程中，黏附在衬板上的混合料与清料装置产生撞击与清刮，使混合机衬板上的黏结料脱落，这样既可代替人工清料提高设备作业率又可提高混合机的混匀与制粒效果。具体研究如下。

#### 3.5.2.1　形式及材质的选取

分别选取刀面形和锯齿形两种刮刀，进行现场安装试验，最终确定清料装置的形式。考虑制作过程、黏结料与清料装置的作用力和清料效果，刮刀材质选取为耐磨不锈钢板（厚度 30mm），每 3 个月更换 1 次刮刀，较试验期的普通钢板使用周期延长了2个月。为保证清料效果和刮刀使用周期，避免混合机运行电流和液压马达油泵压差升高，形状选取为锯齿形刮刀，刮刀尺寸为500mm×800mm矩形板。刮刀形状及安装示意图如图3-33所示。

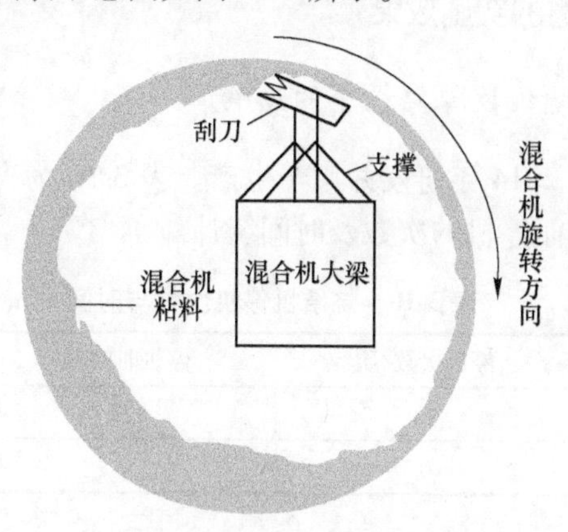


图3-33　刮刀形状及安装示意图

#### 3.5.2.2　安装位置及角度的确定

将清料装置焊接在混合机内部大梁上，并用U型钢固定，安装在混合机壁向下运动的方位上，现场试验确定清料装置与衬板的角度。考虑混合机旋转方向和混合料落下的位置，保持清料装置与混合机衬板切线方向平行，使粘料超过设定厚度后瞬间清理，以减少混合料对清料装置的磨损。

#### 3.5.2.3　安装间距及安装数量的确定

清料装置与衬板距离太近，粘料对清料装置冲击力增加，会降低清料装置的使用寿命，混合机运行电流和液压马达油泵压差有可能升高。距离太远，清料装置不能完全发挥作用，没有彻底解决混合机粘料问题。利用每次定修机会对清料装置与衬板之间的距离由远及近进行调整，随着混合机粘料缓解及相关技术经济指标的改善，最后确定出最合适的间距。经过多次试验，按目前承钢的原料条件、混合料水分控制、烧结过程相关参数及烧结矿指标控制要求，得到合适的清料装置与衬板距离为100mm，清料装置之间间距即刮刀与刮刀之间距离400mm。共计沿入料口方向安装18个刮刀。

#### 3.5.2.4　保证自动清料装置安全、稳定运行的措施

为了避免混合机运行电流和液压马达油泵压差的升高，混合机粘料应及时、少量地清理，避免黏结过硬、黏结量大。安装清料装置后将一次混合机电流和二次混合机液压马达油泵压差引入中控电脑画面，并增加相关报警机制，中控室随

时关注混合机电流及液压马达油泵压差变化，现场岗位工增加对混合机及清料装置的点检频率，防止清料装置工作异常，造成故障停机。

### 3.5.3 自动清料装置的实施效果

#### 3.5.3.1 对烧结机故障停机率的影响

自动清料装置于 2014 年研发并用于生产。表 3-10 为自动清料装置应用前后烧结机因混合机严重而停机的次数及时间统计。

表 3-10 烧结机停机次数与时间

| 时 间 | 停机次数/次 | 停机时间/h | 停机率/% |
|---|---|---|---|
| 2013 年 | 13 | 122 | 1.47 |
| 2014 年 | 0 | 0 | 0 |

由表 3-10 可以看出，安装在线清料装置后，烧结机故障停机率降低 1.47%，彻底解决了因混合机粘料而影响烧结机停机的问题。

#### 3.5.3.2 对烧结过程及烧结矿指标的影响

安装在线清料装置后，彻底解决了长期以来粘料问题，混合机有效容积提高约 10%，混匀与制粒效果得到了明显的改善。表 3-11 为原燃料条件不变的前提下，自动清料装置安装前后二混后混合料粒度对比表。

表 3-11 自动清料装置安装前后二混后混合料粒度对比表 (%)

| 时间 | >8mm | 8~5mm | 5~3mm | 3~1mm | <1mm | <3mm | 加权粒径/mm |
|---|---|---|---|---|---|---|---|
| 安装前 | 5.81 | 16.94 | 28.78 | 30.45 | 18.05 | 48.50 | 3.51 |
| 安装后 | 6.91 | 20.01 | 30.61 | 27.21 | 15.26 | 42.47 | 3.77 |
| 对比 | 1.10 | 3.07 | 1.83 | -3.24 | -2.79 | -6.03 | 0.26 |

由表 3-11 可以看出，安装在线清料装置后，混合料中加权粒径升高，小于 3mm 的比例明显减少，有利于改善烧结料层的原始透气性。透气性的改善必将引起烧结工艺及相关经济技术指标的变化。相关变化见表 3-12 与表 3-13。

表 3-12 烧结过程主要工艺参数

| 时间 | 烟道阻力/kPa | | 烟道温度/℃ | | 料层厚度/mm | 烧结时间/min | 垂直烧结速度/mm · $min^{-1}$ | 终点温度/℃ |
|---|---|---|---|---|---|---|---|---|
| | 南 | 北 | 南 | 北 | | | | |
| 安装前 | -15.65 | -15.57 | 123 | 125 | 720 | 42.15 | 17.08 | 326 |
| 安装后 | -15.11 | -15.02 | 128 | 130 | 720 | 40.42 | 17.81 | 342 |
| 对比 | 0.54 | 0.55 | 5 | 5 | 0 | -1.73 | 0.73 | 16 |

表 3-13 烧结矿主要经济技术指标

| 时间 | 利用系数 /t·(m²·h)⁻¹ | 综合合格率 /% | 转鼓指数 /% | 固体燃耗 /kg·t⁻¹ | 低温还原粉化率/% | 返矿率 /% |
|---|---|---|---|---|---|---|
| 安装前 | 1.21 | 97.35 | 77.38 | 50.01 | 32.05 | 11.15 |
| 安装后 | 1.23 | 98.21 | 77.54 | 48.35 | 31.25 | 10.12 |
| 对比 | 0.02 | 0.86 | 0.16 | -1.66 | -0.80 | -1.03 |

从表 3-12 与表 3-13 可以看出，混合机安装料装置后，烧结过程烟道负压、温度、垂直烧结速度等工艺参数改善明显，烧结矿主要技术经济指标得到了不同程度的提高，为烧结机进一步提产、降耗创造了条件。

### 3.5.4 结论

（1）混合机在线自动清料装置的研发与应用，解决了钒钛磁铁矿烧结混合机粘料所带来的不利影响，彻底杜绝了烧结机工序因混合机粘料而被迫停机的问题，降低烧结机故障停机率 1.47%；同时使烧结过程主要参数和烧结矿主要经济技术指标得到了明显的改善，二混后混合料中粒度小于 3mm 比例降低 6.03%，转鼓指数提高 0.16%，固体燃耗降低 1.66kg/t，返矿率降低 1.03%。

（2）自动清料装置实现了在线、及时清理粘料，避免因粘料较厚、过硬引起清料装置磨损和混合机负荷增加，具有清料效果好、节能、减少工人劳动强度等优点。

## 3.6 承钢防止混合料仓粘料技改措施

### 3.6.1 矿槽粘料原因分析

#### 3.6.1.1 碱性熔剂的影响

承钢 360m² 烧结机所使用熔剂为生石灰、轻烧白云石，而且烧结矿碱度较高（2.15 左右），由于碱性熔剂加入较多，增加了混合料的黏结性，尤其是生石灰消化后呈粒度极细的消石灰胶体颗粒，增加了物料的凝聚性，进而恶化粘料情况。

#### 3.6.1.2 矿槽设计缺陷影响

矿槽采用的是两段式，即东西两倾斜面设计为上下两部分，上部倾斜角大于下部倾斜角，倾角大的上部常常成为粘料严重的部位。通常在检修 3~4 天后矿槽的有效容积就会减小 30%左右，随着粘料情况的恶化，不但起不到增加矿槽储料量的作用，反而使矿槽的有效容积变小。原衬板是普通钢板，造成矿槽粘料严重。

### 3.6.2　矿槽改造措施

(1) 矿槽形状及衬板改造。针对仓型的缺陷，将矿槽改为相对不爱粘料的一段式，即将东西两斜面改为上下部倾斜角一致的单倾斜面，如图 3-34 中虚线所示。这样虽然矿槽的最大容积有所下降，但是由于降低了混合料下降所受的阻力，减小了摩擦力，混合料与矿槽壁的相对接触时间变短，减小了矿槽壁的粘料几率，因此矿槽的有效容积反而增加了。另外，对正常生产过程中矿槽的料位也做了严格的要求，要求矿槽料位严格控制在 1/3 以下。在长时间停机时，要求必须把混合料仓排空，减少原料在仓内的停留时间。

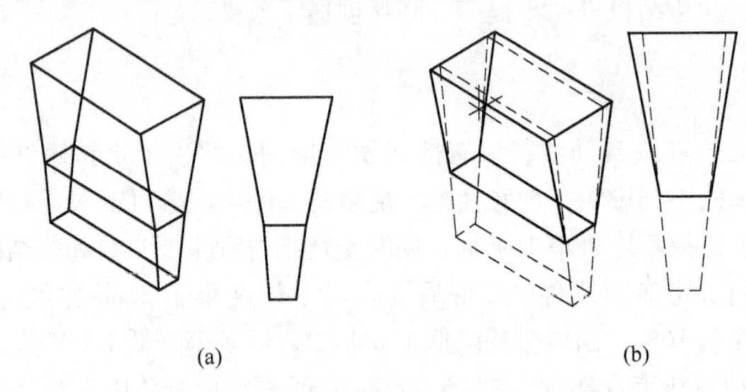


图 3-34　混合矿槽改造前后示意图

(a) 改造前；(b) 改造后

陶瓷衬板具有长寿命、不粘料、免维护的特点，因此针对原来衬板不足，经过多方比较，决定将衬板改为技术相对成熟、行业比较认可的碳化钨陶瓷衬板。

改造后东西两倾斜面粘料问题基本解决，生产过程中基本不会发生东西两面粘料造成被迫停产的情况，生产一个月后的矿槽，东西斜面粘料依然非常少。

(2) 增设空气炮。为了消除矿槽南北垂直面的粘料，在南北两面共布设四个空气炮，一面两个上下布置。由电脑程序控制空气响炮顺序及周期，空气炮每 30min 开始一次清料周期，每个空气炮相隔 15min（即一个清料周期为 45min）。空气炮安装后很好地解决了矿槽南北侧底部的粘料，但是受矿槽强度、现场条件以及空气炮作用面积的限制，矿槽北侧顶部粘料依然比较严重。

(3) 增设疏松器。疏松器由电气控制柜、液压站、液压缸、疏松拉杆等组成。该装置如图 3-35 所示。工作时由电气控制柜发出自动启动信号，液压站高压油泵启动，高压油经过电磁换向阀换向后进入液压缸，液压缸往复运动，带动疏松拉杆沿矿槽壁作上下运动。一个工作周期结束后，电气控制柜发出停机信号，液压站高压油泵停机，液压缸停止拉杆由于得不到压力油而自动停止，疏松器处于待命状态，等待下一个启动信号。

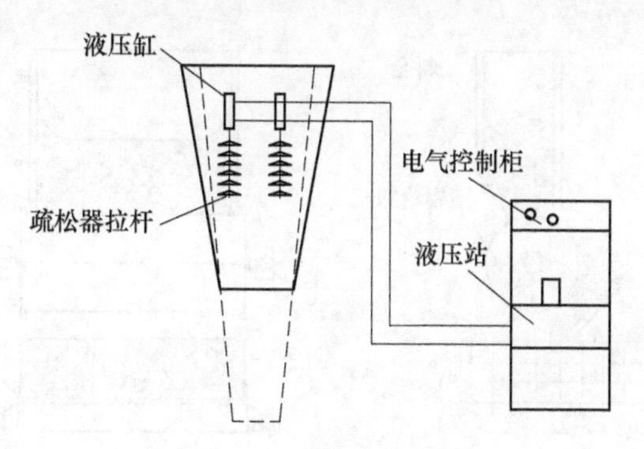


图 3-35 疏松器的构成

作为疏松器关键部件的拉杆，每个杆上有一排齿，每排各有 6 个齿。齿与杆之间夹角为 55°，可减小拉杆在上下运动过程中受到的物料阻力，防止齿被折断，同时又能起到自动清理的作用。

### 3.6.3 改造效果

经过改造后，混合料仓的粘料问题得到了有效地解决，矿槽料位控制更加稳定，混合料布料得到了很好的改善，现在混合料仓只需每月检修时清仓，而且清仓时只需用压缩空气在料仓上面喷吹，工人无需进入料仓，劳动强度减轻很多。改造后的料仓虽然最大容积变小，但因粘料发生率大大降低，所以总的来说有效容积反而增加，矿槽所起的物料缓冲作用加强，矿槽的烧结工艺停机时间大幅下降，生产连续稳定，烧结矿质量有明显的改善。

## 3.7 液压铲式疏通机在太钢、本钢混合料仓的应用

混合料进入料仓后，随着下方圆辊给料机的转动，料面整体平稳下降。当料仓出现粘料情况时，物料流动性就会受阻，料面出现四角不动、中间下陷现象，严重影响混合料在烧结机台车上的铺平、铺匀效果，出现烧结边缘效应，如图 3-36 所示。

### 3.7.1 用空气炮等办法解决矿槽粘料问题的弊端

空气炮是利用突然喷出的压缩气体的强气流，以超过 1 倍音速（340m/s）的速度直接冲入矿槽内物料堵塞区，这种突然释放的膨胀冲击波，克服了物料的静摩擦，使容器内的物料恢复流动。但强气流与物料一起流出矿槽，会将一部分细小物料吹向外部空间，不仅引起二次扬尘，污染环境，同时也损失物料，造成浪费。另外，距离压缩气体喷射点远近不同，清理效果也不一样。再者，空气炮是钢制压力容器，制造成本较高。

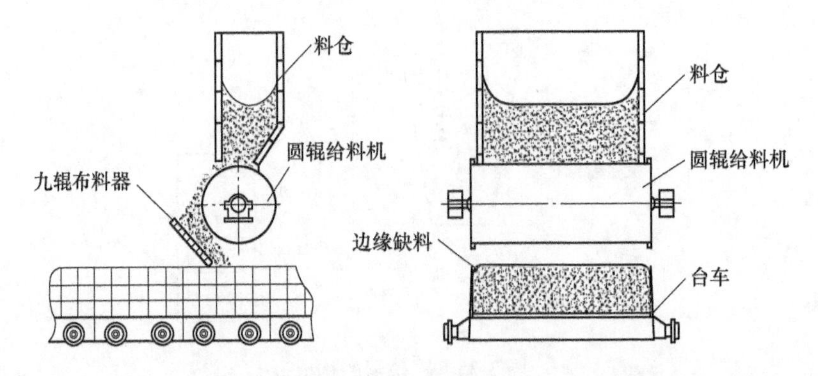


图 3-36　料仓混合料流动形态及边缘缺料示意图

仓壁振动器是依靠振动电机的高速转动，产生对矿槽壁的周期性高频振动，一方面使物料与仓壁脱离接触，消除物料与仓壁的摩擦；另一方面使物料受交变速度和加速度的影响，处于不稳定状态，从而有效地克服物料的内摩擦力和聚集力，以消除矿槽内物料间的相对稳定性，使物料从矿槽口顺利排出。振动时，激振力由振动器向四周扩散，并逐渐减弱。也就是说离振源越远，清理物料的效果越差，整个矿仓内清料效果不均衡。要想达到理想的清理效果，就得增加仓壁振动器的数量，或者增大仓壁振动器的激振力，这都需要增加投资。此外，仓壁振动器噪声还特别大。

人工清料一般采用矿槽外部敲打或进入矿槽内清料。人工外部敲打，激振力太小，效果甚微。人工进入矿槽内清料，需停机，影响正常生产，矿槽内物料塌方还容易伤人。所以，人工清料的办法是不科学的，同时也是不安全的。

矿槽内衬高分子材料与 16Mn 衬板相比，摩擦系数只减小了 0.05，对解决粘料问题没有明显效果，只是衬板重量减轻了 5/6，但高分子材料价格昂贵，是 16Mn 的 8 倍。从价格性能比来看，也是不合算的。

综上所述，用空气炮、仓壁振动器、人工清料、矿槽内衬高分子材料等办法解决矿槽粘料问题存在着一定的弊端，效果不理想。

通过研究，发现积料现象主要集中在料仓四角及左右两侧上，该积料处垂直下压力偏小、水平挤压力偏大，正是其容易积料的根源所在。只要保证该部分不积料，料仓内的物料流动就会达到整体平稳下降的理想状态。经多方探究，发现液压铲式疏通机的工作性能与现场所需相吻合，使用后，料仓积料清理由原来的 1 次/周，降低到 1 次/2 月。

### 3.7.2　液压铲式疏通机在料仓的应用效果

液压铲式疏通机的工作原理：通过液压缸驱动，带动铲式翅杆在料仓上往复运动，使附着在仓壁上的物料得以清理（见图3-37和图3-38）。该装置的规格及性能列于表3-14。

与传统的振动器和空气炮相比，液压铲式疏通机具有如下优点：

（1）采用液压方式驱动，结构简单，动作灵敏可靠，出力大小可调。

（2）可以实现定时循环自动控制和手动控制两种功能。

（3）液压铲在仓壁上往复运动，比人工清堵具有自动化程度高、效率高、安全风险小的特点。

（4）铲式翅片采用高强度，耐磨钢制作，大大提高了设备使用寿命。

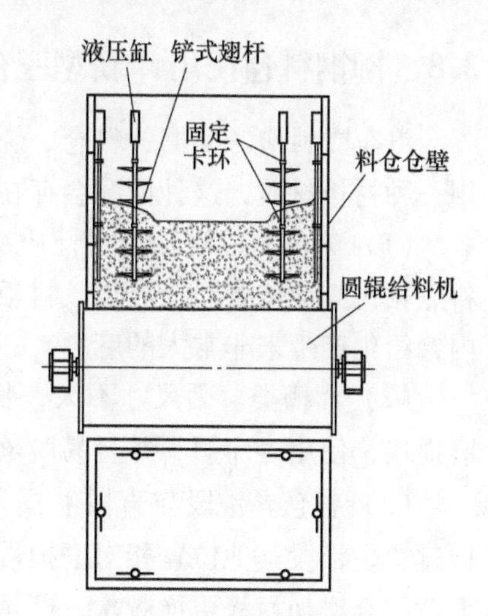

图3-37 太钢液压铲式疏通机布置简图

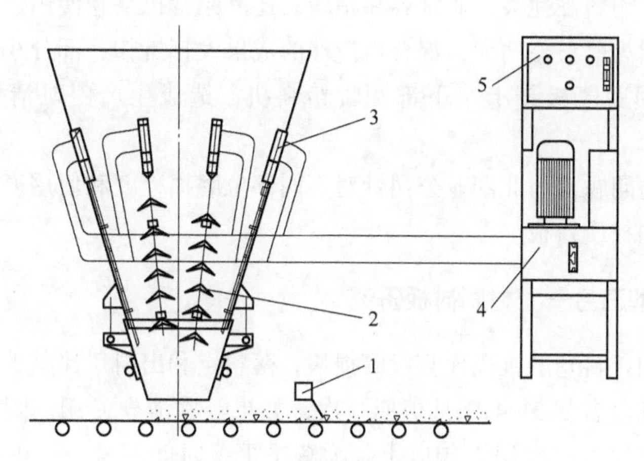

图3-38 本钢疏堵机的构成

1—信号器；2—疏松拉杆；3—液压缸；4—液压站；5—电气柜

表3-14 太钢液压铲式疏通装置的规格及功能

| 项　目 | 参　数 | 项　目 | 参　数 |
|---|---|---|---|
| 型号 | SSJ-7 | 电源 | 380V 三相四线 |
| 设计推力 | 8t | 电机功率 | 7.5kW |
| 工作压力 | 5MPa | 工作行程 | 500mm |
| 额定压力 | 16MPa | 抗磨液压油 | YB-N32 |
| 齿轮泵额定排量 | 40mL/r | | |

## 3.8　柳钢料仓使用“新型三合一”材质衬板

汽车受料槽、溜槽、料仓、烧结机头部小矿槽等部位的使用惯例是整个仓使用一种衬板材质，这种情况会存在以下问题：

（1）汽车受料槽。给料性质决定物料对落料点衬板冲击非常大，常出现落料点相比其他位置磨损严重，衬板脱落，脱落衬板卡堵仓口或者卡在圆盘给料机内，给生产带来非常大的麻烦。

（2）溜槽类。因尺寸不大，物料通过速度快，冲刷和冲击特别强烈，衬板磨损快，使用寿命短，并且易脱落，严重的容易划伤皮带，后果特别严重。

（3）料仓。锥段与直段磨损程度不同，使用寿命不一，落料点和出料口磨损过快，锥段其他位置相对磨损慢，直段更慢，整个仓只用一种衬板，锥段的短寿命就会增加衬板更换频次，严重影响正常生产。

（4）烧结机头部小矿槽。由于此处存在蒸汽预热，物料温度高，如生石灰未消化完全，物料黏性大，非常容易粘堵。还有经常拉空仓使用，落料点处磨损特别快。且因为落料差增大，混合机造球的成果大打折扣，部分小球摔碎；大块的衬板因磨损脱落极易卡堵下部圆辊给料机，造成生产停机清堵，严重影响生产。

基于以上问题，河北同业公司针对不同部位磨损程度和使用寿命不同，分别设计三种不同材质衬板。

### 3.8.1　“新型三合一”材质衬板研究

众所周知，料仓的锥段比直段磨损快，落料点和出料口比其他锥段部位磨损还快，所以锥段需要3~4个月更换一次，如果经常清仓使用，则更换周期会更短，而直段往往可以使用1年以上。为解决更换时间不统一、更换成本高等问题，具体方案如下：

（1）针对不同部位磨损程度和使用寿命不同，分别设计三种不同材质衬板。直段采用聚乙烯衬板（返矿仓采用含油尼龙衬板），落料点和出料口采用三合一陶瓷复合衬板，锥段其他部位采用含油尼龙衬板或者NZ-HA型衬板，使料仓整体使用寿命达到1年以上。

（2）节省衬板耗材。根据每个料仓尺寸进行独立设计，裁切制造，使得安装时没有损耗。

（3）减少安装和检修时间。因为都是加工完成的衬板，安装十分方便快捷，省去了现场裁切、开孔的时间，并且检修更换时非常方便快捷，减少了安装和检修时间。

### 3.8.2 应用效果分析

（1）投资成本分析。以上口直径 7200mm，下口直径 1900mm，直段高 6150mm，锥段高 9430mm 的料仓为例，则直段面积为 $140m^2$，锥段面积为 $140m^2$，料仓总面积为 $280m^2$。如某厂每年可使用 $10000m^2$ 衬板，使用单一材质和三合一组合材质对比，则每年可节约衬板投资成本 77 万元/年。

（2）更换成本分析。按锥段衬板平均一年换两次，直段和锥段同面积来计算，一年下来多更换约 $4000m^2$ 衬板，大约要多投入 320 万元成本，如果采用上述三段式料仓衬板，达到整体使用寿命 1 年，此部分即可节约 320 万元/年。

## 3.9 防止生石灰喷仓措施

烧结熔剂（生石灰、轻烧白云石粉）喷仓是所有企业均遇到的难题，严重时，一次能喷出 1~2t，严重影响了混合料制粒、水分和烧结矿碱度的稳定，对高炉的顺行产生了重大隐患。同时，对环境和工人的劳动强度、安全也产生了极大的负面影响，具体表现有：

（1）导致混合料水分波动大，烧结出红矿，存在烧损成品皮带风险，喷灰严重时发生压皮带、造成烧结全系统停机，危及高炉仓存。

（2）造成原料配比不稳定，影响烧结矿液相生成和烧结矿成分的稳定，进而导致烧结矿质量变差。

（3）造成生石灰单耗升高，原料成本增加。

（4）现场扬尘严重，喷出的灰需人工清理，岗位员工的劳动强度增加，作业环境变差。

（5）导致安全隐患，喷灰时存在人员被埋风险，清理过程易灼伤皮肤和眼睛。

### 3.9.1 青岛特钢防止生石灰喷仓技改措施

2013 年青特钢环保搬迁项目正式动工，经过两年多的建设，一期工程两台 $240m^2$ 烧结机以及配套后续两座 $1800m^2$ 高炉、炼钢、轧钢工程同步建成。烧结机正式投产以来，烧结熔剂喷仓一直困扰，随后通过三个方面的改造，最终使得熔剂喷仓问题得到了彻底解决，改造具体如下（如图 3-39 所示）。

（1）改变空气炮的布局。将之前对称布置在熔剂仓中下部的空气炮中的一个移到仓顶。顶部空气炮定期产生向下压力，预防熔剂在上部悬料的发生。

（2）增加电磁振打，并与星型给料机联锁。在熔剂仓中部增加电磁振打，并与星型给料机实现连锁开停，当星型给料机工作时，电磁振打自动运行，使熔剂能够顺利均匀下料，防止悬料。

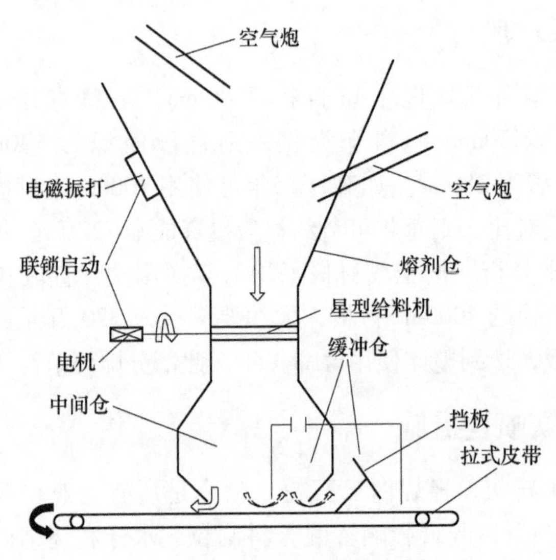


图 3-39 防止熔剂喷仓改造示意图

（3）增加缓冲辅仓。在中间仓内外分别增加一个缓冲仓，一旦发生小的喷仓后，可以起到一定的缓冲作用。同时，由于出口一定，下料量可保证不变，减小由于熔剂波动对生产造成的影响。

图 3-40 为改造前后烧结矿中 CaO 含量的变化波动情况。由图可以看出，通过以上三个方面的改造后，烧结矿中 CaO 含量的稳定性得到了明显改善，计算其标准偏差显示由 2016 年 2～3 月的 0.33%下降到了 9～10 月的 0.19%。

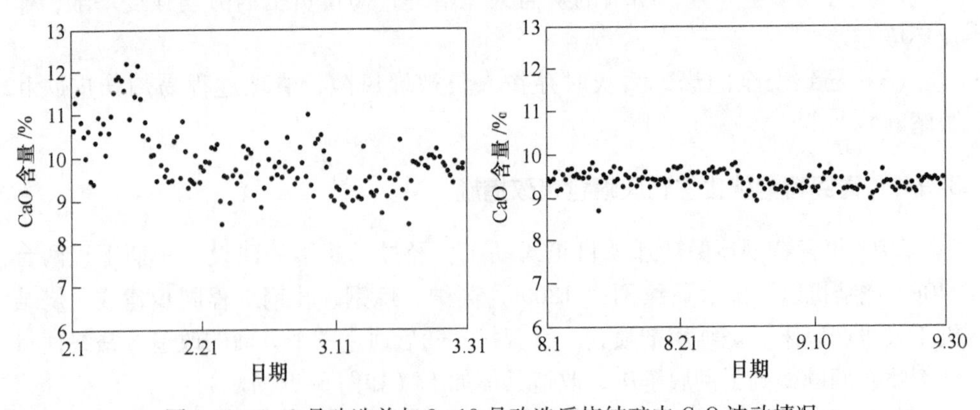


图 3-40 2～3 月改造前与 9～10 月改造后烧结矿中 CaO 波动情况

### 3.9.2 太钢减少生石灰喷灰、稳定烧结生产实践

太钢烧结生产所用原料中，生石灰是主要熔剂。烧结工艺要求生石灰粒度

≤3mm，但其中0.5mm以下粒级含量偏高时会导致生石灰喷灰。由于生石灰破碎过程无法控制0.5mm以下粒级含量，加之生石灰容易受到环境中水分的影响导致吸潮粉化，使生石灰流动性变强出现喷灰，-0.5mm粒级含量达到80%以上时喷灰现象尤为明显。

烧结所用的生石灰由太钢东山矿供应。为彻底解决生石灰喷灰造成的一系列问题，共同成立攻关团队，于2015年5月份起从生石灰的制备、运输、使用及管理方面进行了全流程系统的原因梳理及关键影响因素的确定，同时制定并实施了针对性的改进措施。

#### 3.9.2.1 攻关措施及实施情况

（1）筛分底板筛孔的调整。东山矿气力作业区将振动筛下层筛分底筛更换为6.0mm，以调整自然筛分形成生石灰粒径分布的比例，与未更换的筛分布对比可以看出3.0~5.0mm由原来的27.97%降到22.34%，5.0~10.0mm由原来的21.22%升到29.87%，两个粒级分布的变化比较明显。气力振动筛底层筛改为6mm后，四烧管道输送接收端粒级分布见表3-15。

**表3-15 四烧管道输送接收端粒级分布** （%）

| 日 期 | 0~0.5mm | 0.5~1.0mm | 1.0~3.0mm | >3mm |
|---|---|---|---|---|
| 7月22日 | 65.28 | 4.17 | 15.28 | 15.28 |
| 7月24日 | 66.86 | 7.92 | 18.48 | 6.74 |

更换振动筛底板后，生石灰0~5mm含量控制在67%以下，较喷灰严重时的80%以上显著降低，有力抑制了喷灰。

（2）调整气力管道灰与罐车输送灰比例。通过对比分析（见表3-16），采用生石灰罐车装运方式运送到烧结后0~0.5mm粒级的生石灰增加19.73%，大于3mm粒级的生石灰减少22.56%，其余两个粒级变化较小；采用管道输送方式输送到烧结后0~0.5mm粒级的生石灰增加35.90%，大于3mm粒级的生石灰减少23.31%，1~3mm粒级的生石灰减少11.77%。

**表3-16 生石灰接收端与发送端粒度分布对比** （%）

| 项 目 | | 0~0.5mm | 0.5~1.0mm | 1.0~3.0mm | >3mm |
|---|---|---|---|---|---|
| 罐车 | 接收端 | 48.32 | 6.42 | 25.45 | 19.81 |
| | 发送端 | 28.59 | 5.04 | 23.99 | 42.37 |
| | 差值 | 19.73 | 1.38 | 1.46 | -22.56 |
| 管道 | 接收端 | 72.75 | 3.76 | 12.14 | 11.35 |
| | 发送端 | 36.86 | 4.65 | 23.91 | 34.58 |
| | 差值 | 35.90 | -0.89 | -11.77 | -23.31 |

罐车装运与管道输送比较，管道输送方式较罐车装运方式多产生0~0.5mm粒级的生石灰16.17%。根据气力管道灰粒度小于罐车输送灰的情况，将罐车装运比例调整到60%以上。

（3）细粒级生石灰优化利用。破碎工序产生的0.5mm以下的细粉转用于制粉造粒，不再供应给烧结工序，减少供给烧结工序生石灰中0.5mm以下细颗粒生石灰的比例。

（4）除尘灰优化利用。破碎和气力输送过程中平均每天产生80t左右除尘灰，通过对现场物流进行改造，由汽车发送给供水厂，减少供给烧结生石灰中0.5mm以下细颗粒生石灰的比例。

（5）对烧结生石灰下料系统的改造。将原有流程即螺旋给料机→电子皮带秤→消化螺旋改造成星型卸灰阀→螺旋给料机→电子皮带秤→消化螺旋，利用星型卸灰阀的良好密封性减少喷灰。

在料仓下部安装星型卸灰阀，并加装变频器，将星型卸灰阀变频器的输出信号与螺旋电机的变频信号相连，实现了星型卸灰阀转速调整和螺旋给料机转速调整的一致性。利用星型卸灰阀的良好密封性减少喷灰。

（6）安装防喷灰装置。在烧结生石灰配料电子秤上安装防喷灰装置，该装置与电子秤、生石灰仓下部电动插板联锁，检测到喷灰信号电子秤停机、插板关闭，减少喷灰量。

配料电子秤上安装防喷灰活页板，在生石灰喷灰时将检测板向外推，撞击接近开关，检测到信号后，联锁停皮带和关上电动插板，实现减少喷灰的效果。

（7）调整流化器压力。夏季喷灰严重时，将烧结生石灰仓流化器压力由0.05MPa降低到0.04MPa，降低生石灰流动性，减少喷灰。

（8）降低料嘴出灰量。改变生石灰出料口用三备一的生产模式，四个出料口同时开启，降低每个出料口下料量，降低喷灰概率。

（9）配加石灰石。三烧在烧结配料室备用一仓石灰石，在生石灰喷灰时用石灰石替代部分生石灰，按3%配用石灰石，减少生石灰用量，降低喷灰带来的不利影响。

#### 3.9.2.2 实施效果

改造后生石灰喷灰次数显著降低，三烧月平均喷灰次数由7次降低到1次，四烧月平均喷灰次数由196次降低到10次，三烧烧结矿强度由77.74%提高到78.0%，四烧烧结矿强度由83.2%提高到83.56%。高炉产量增加1.95%，取得了较好的经济效益。同时，现场环境得到改善，现场人员作业强度降低，清灰作业风险降低。

## 3.10 混合机加水方法和自动化检测技术

### 3.10.1 混合机加水方式

混合料水分的添加主要是在一次混合机内完成，加水管贯穿整个筒体（见图3-41）。混合料的给水装置常用的有两种：一是在沿混合机圆筒长度方向配置加水管，管上钻孔，给水呈注流状加至混合料中，水管开孔一般为2mm左右；另一种是由一根安装在筒体内部的水管和若干不锈钢喷嘴组成的给水装置，喷嘴的间距要使在圆筒长度方向给水均匀。喷嘴安装倾角应在15°~30°之间，使水加在料面中心。

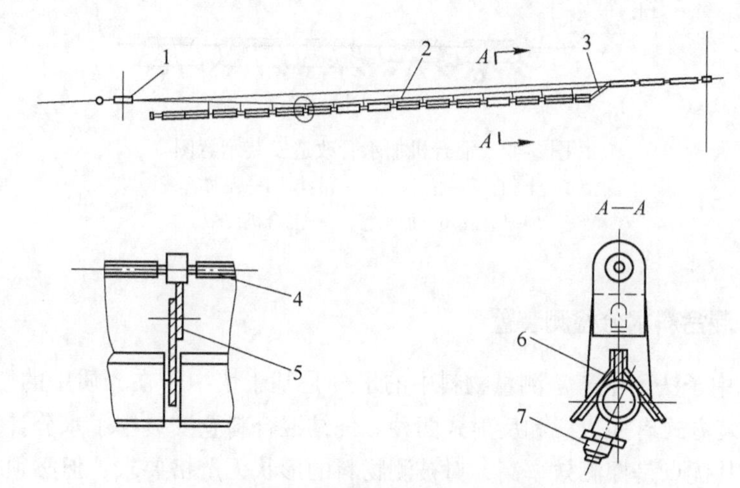


图3-41 一次混合机加水装置

1—支承套筒；2—钢丝绳；3—水管；4—保护胶管；5—吊柱板；6—防护橡胶板；7—喷嘴

二次混合机内只进行水分微调，加水装置比较简单。仅设在圆筒的给料端，为了方便调节，喷嘴可分别装在不同的水管上，由单独的阀门控制给水。

### 3.10.2 鞍钢三烧360m²烧结机混合机加水管改造

三烧混合机加水管原采用内径80mm钢管，钢绳吊挂，上部安有人字形挡料板，由于挂料多、冲击大、时间长导致钢绳及水管下沉、钢绳易断、加水管脱落，易造成生产及设备事故，且原结构方式使用周期仅为1个月左右。针对自身两段式混合制粒的工艺特点，创新设计了混合机加水管，将混合机内加水管换成内径50mm的钢管，吊挂改成带有保护套管形式，取消上面的人字挡料板，缩短加水管长度，加水管由原先眼状改成底部开矩形孔，且在其后下方加设与水管成35°角铁板，使加水成扇面型（见图3-42），使混匀加水效果显著改善，事故停机明显减少，加水管使用周期延长至 6 个月左右。

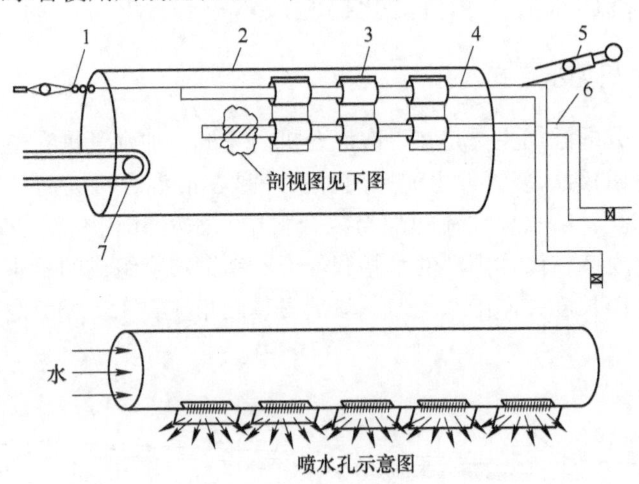


图 3-42　混合机加水管改造安装示意图

1—卡扣；2—混合机；3—吊挂；4—泥浆管；
5—丝杠；6—加水管；7—混合机皮带

### 3.10.3　混合料水分检测装置

（1）中子法。中子法测量物料中的水分是基于快中子在介质中的慢化效应。探头的安装方式有插入式和反射式两种。烧结混合料仓安装中子水分计，一般用插入法。其优点是探测效率高，对被测物料的形状无严格要求，但必须保持一定的料位。

（2）红外线法。基于水对红外线光谱的吸收特性，采用红外线法测量带式输送机上物料水分。红外线水分仪目前在国内外已广泛应用。此种仪器的测量精度易受蒸汽影响。

（3）微波法。以微波水分仪为测量核心，智能控制软件为控制核心的连续监测控制烧结混合料水分的智能控制系统。该系统具有实时报警和控制加减水功能，满足企业对于工作车间混合料水分的自动控制需求；对稳定混合料水分、提高烧结矿质量和产量发挥着重要的作用。

### 3.10.4　宇宏泰 MMC-21 红外水分测控系统

MMC-21 红外水分测控系统由测量、控制两大核心部分组成（见图 3-43），以 CM710e 红外水分仪为测量部分，保证水分测量的准确可靠，将可编程控制器等控制单元集成至控制柜中，与流量计、智能型电动调节阀和切断阀等各项外围检测、控制设备组合而成的一套水分测量控制装置。测控系统水分控制计算中除了水分的测量值和加水的水流量外，还引入了物料的瞬时流量、系统各环节的延时等参数，并加入皮带及混合机的启停信号作为判断生产与否的依据，分别根据上述参数的变化对加水量进行实时控制，有效地避免了水分添加量的剧烈波动，将混合料的水分值精确地控制在合理范围之内。

3.10.4.1 CM710e 红外线水分仪

CM710e 红外线水分仪基于水分对特定波长的红外线的选择性吸收特性（见图 3-44）。水分仪的光源发出红外光，经透镜、滤光盘和反射镜将平行光反射到被测物料上，其中一部分红外光被吸收，另一部分红外光散射后经凹面镜聚焦到光电转换元件上，受光元件将光信号转换成电信号。这个信号的大小与被测物料含水量有关，输出信号经放大、变换成统一标准信号用于显示、记录、控制或传送给计算机系统进行相关处理。

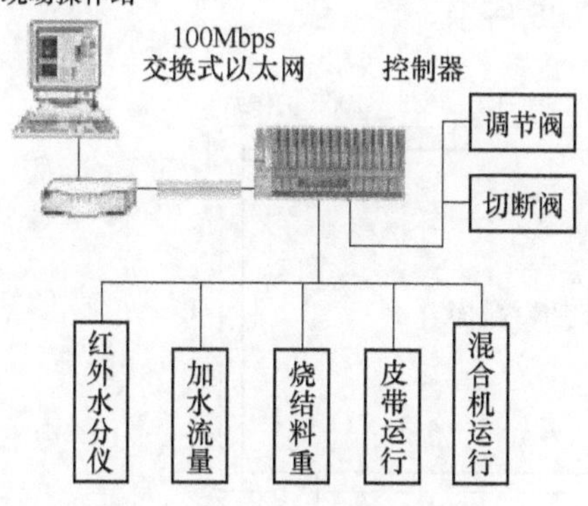


图 3-43 MMC-21 红外水分测控系统控制原理图

图 3-44 CM710e 红外线水分仪

3.10.4.2 CM710e 红外水分仪技术参数

（1）测量范围：0%~20%；（2）精确度：全范围的±0.3%；（3）重读性：全范围的±0.1%；（4）环境温度：0~50℃（加冷却装置可达到 80℃）；（5）水分仪/样品距离：150mm（±100mm）；（6）电源要求：115/230V AC，50/60Hz，功率 25W。

3.10.4.3 CM710e 红外水分仪特点

CM710e 红外水分仪是根据烧结球团混合料在线水分检测需求而开发的，具有其他类似产品不具备的优点：

（1）内置电气处理单元，智能化探头；（2）特有增强型滤光镜镀膜技术；

(3) 红外灯泡：经老化处理，寿命更长；经预调制，安装/更换时无须光路校准；功率更大，红外光强度更大；(4) 电机：直流无刷电机，转速高达6000~8000r/min，有效提高了检测速度，增加了综合抗干扰能力；(5) 波长数：最多可达10个波长，消除应用的环境影响；(6) 离轴光收集镜：更加充分利用红外光能，增强仪器的稳定性；(7) 增大了取样面积；由原40mm圆周块增加到60mm，扩大了取样率；(8) 内部快速诊断装置，降低维护成本；(9) 窗口污染检测装置：当窗口水蒸气和尘埃凝集在探头镜片上达一定程度时（对检测发生影响以前），该装置会自动提示，操作人员擦拭干净后无须再校正，减少了人为依赖性和风险（有空气清洁窗时，不会有凝结情况出现）；(10) 统一热度感应器，使探头免受过高温度影响，同时自动复位保险线丝防止意外损坏。

## 3.10.5　青岛科联微波水分智能控制技术

青岛科联烧结水分智能控制软件如图3-45所示。

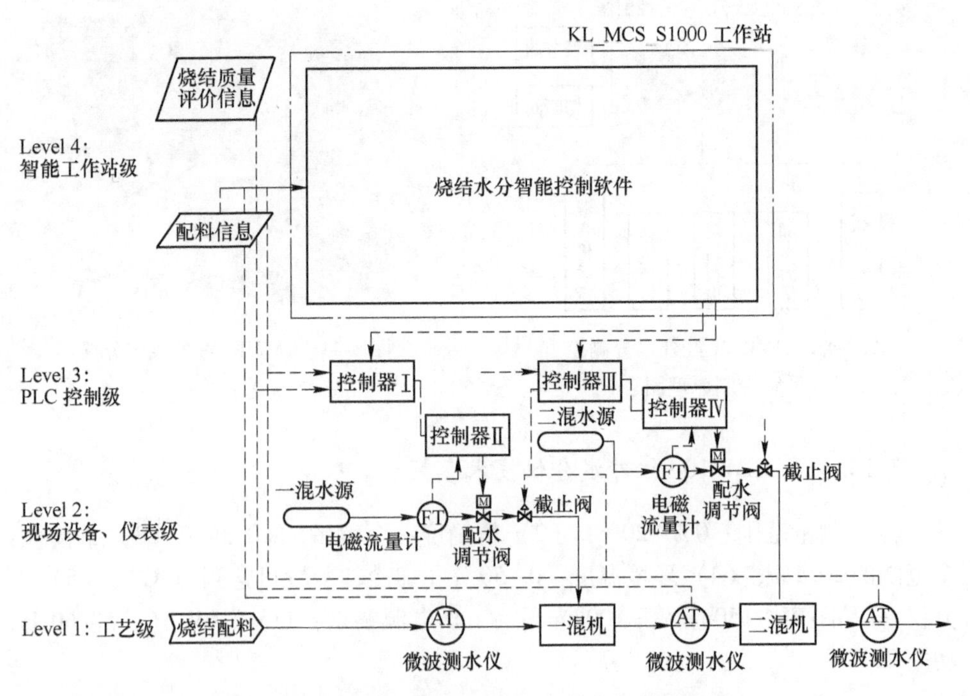


图3-45　青岛科联烧结水分智能控制软件示意图

系统优势如下：(1)“测”得“准”。采用微波水分在线分析仪，测量准确、快速、安全、可靠、零维护。(2)“调”得“快”。调节时间小于3min。(3)“控”得“准”。水分稳定在目标值，无稳态误差。(4)“控”得“稳”。控制精度不受工况变化影响，精度优于0.3%。（5）自学习自优化。采用模糊PID控制技术，系统具备自学习能力，持续优化。

系统功能如下：（1）混合料水分实时检测；（2）目标水分一键设定；（3）混合机自动加水；（4）安全联锁报警；（5）数据存储及打印；（6）操作记录存储；（7）累计加水流量存储。

### 3.10.6 宇宏泰EMC-21混合料成分在线测控系统在柳钢烧结生产中的应用

钢铁企业生产过程中，烧结矿是烧结工序的产品，同时也是高炉工序的最主要原料，是两工序相互衔接的纽带，烧结矿化学成分的稳定是高炉精料的主要内容。烧结矿碱度*R*的稳定，与烧结矿成品率、转鼓强度等指标存在密切关系；同时也与高炉炉渣的性质存在密切关系，不同碱度的炉渣具有不同的黏度、熔化性、稳定性和脱硫能力，直接关系到高炉的稳定顺行及技术经济指标的改善。

提高烧结矿碱度*R*稳定率是烧结工序生产的关键技术，对烧结工序、高炉工序降本具有重要作用。但烧结工序由于矿粉种类繁多、质量参差不齐，即使经过混匀料场处理后，混匀矿的化学成分依然波动较大；并且熔剂化学成分波动、下料量偏差等因素，也造成烧结混合料化学成分波动较大，这都直接影响了烧结矿碱度*R*的稳定。烧结工序从配料调整到烧结矿化学成分分析完毕，时间相差5~6h，配料调整的严重滞后长期困扰烧结矿的质量稳定。

为克服以上负面因素影响，及时、有效稳定烧结矿化学成分，柳钢3号360m$^2$烧结机引进了北京宇宏泰测控技术有限公司在线成分测控系统（图3-46），烧结混合料化学成分实现了实时检测，并形成了闭环自动配料，大幅提升了烧结矿质量，极大促进了烧结、高炉工序降本工作。

图3-46 北京宇宏泰EMC-21在线成分测控仪柳钢360m$^2$烧结机安装现场

#### 3.10.6.1　在线成分测控系统原理

EMC-21 在线成分测控系统利用中子活化 γ 射线分析技术，即 PGNAA (Prompt Gamma Neutron Activation Analysis)，对皮带上通过的散状物料，进行连续分析。由锎 Cf252（半衰期为 2.65 年，人工合成元素）中子源发出每秒上亿个中子，被皮带上物料元素的原子核所吸收，这些原子核从而被激发而发出 γ 射线，探头接收这些 γ 射线并转换成数字信号，最后进行分析得出数据。每种元素激发的 γ 射线，都有各自独特的频谱，以此计算出该物料的化学成分。对 PGNAA 技术响应较好的元素包括：钙、硅、铝、铁、镁、钾、钠、硫、氯、锰和钛等。

在线成分测控系统可以为炼铁生产提供实时、在线的化学成分分析数据。同时，全物料、全元素的分析解决了人工取样间隔长、样品物料代表性弱、延时滞后的困难，以“在线-实时-数字化”解决了荧光和化学分析方法“离线-滞后-人工化”的弊病。

就分析误差而言，单纯实验室分析仪的误差一般是在线成分测控系统的一半，但大量的误差发生在取样和制样环节。在线成分测控系统没有取样和制样误差，因此其总体测量精度比传统取样实验室分析精度要高得多。

#### 3.10.6.2　在线成分测控系统设备组成

(1) 钢质主体。钢质主体寿命较长、免维护设计，可以适应烧结产线工作环境，包含放射源、频谱分析仪和辐射防护。

(2) 频谱分析仪。频谱分析仪包括数个探头，位于皮带上方，由钢质主体保护。

(3) 电控柜。固定在钢质主体上，内部包括工业电脑、输入输出模块、网络/光纤和其他部件。电控柜防护等级为 IP66。

(4) 电脑终端。通常放置中控室内，该系统提供物料的化学成分和分析仪的状态信息。

#### 3.10.6.3　在线成分测控系统数据验证

投入试生产后，对测控系统在线预测值与化验室检测值进行验证，$SiO_2$ 在线预测值与化验室值误差小于 0.35 的比例为 89%，CaO 在线预测值与化验室值误差小于 0.45 的比例为 100%，说明测控系统在线预测值与实际值高度吻合，系统可以实现对成品烧结矿化学成分进行准确预测的功能，可以投入自动控制生产。

#### 3.10.6.4 应用效果分析

（1）高炉工序应用效果分析：参照国内炼铁经验，烧结矿碱度 $R$ 稳定率（±0.08）每提高 10%时，燃料比降低 1%，产量提高 1.5%。统计投入前后的生产数据可知，产线烧结矿碱度稳定率（$R$±0.08）提高了 9.65%，那么根据理论计算可知，高炉工序燃料比降低 0.965%，铁水产量增加 1.45%。

（2）烧结工序应用效果分析：投入在线成分分析仪及自动控制，烧结过程稳定性得到提高。柳钢烧结 3 号 360m² 实践生产表明，烧结矿碱度 $R$±0.08 稳定率提高 9.65%，烧结返矿率降低了 4.14%，吨矿固体燃耗降低了 1.4kg/t。

## 3.11 安钢 400m² 烧结机系统混合机改造

安钢 400m² 烧结机年设计能力为 411.84 万吨。自投产以来，一次、二次混合机（$\phi$4.4m×20m、$\phi$4.4m×24.5m）出现了一系列故障，影响烧结机作业率。

### 3.11.1 存在的问题及改造措施

#### 3.11.1.1 托辊座轴承固定的改造

一次、二次混合机各有四组托辊，用于支撑筒体和物料的重量。原采用止退垫片固定的方式，不能满足止退要求，使得很多托辊由于轴承松动而导致转动摩擦发热烧毁，严重影响了烧结系统的正常生产。经研究，采用凸字型小钢片固焊止退大螺母的方式来使止退力满足要求，以减少维修强度和频率。经此改造后，预计使用寿命可达 6 年以上（原平均使用寿命为 3 年）。

#### 3.11.1.2 一混喷水装置改造

一混滚筒的喷水装置采用的是固游式安装，一端固定在给料端皮带的支架上，另一端固定在排料口的平台上，为了便于观察物料混合情况，给水控制阀设在混合机的排料端。实际运行中，安装在混料滚筒中间偏左用于固定加水管道的链条经常出现晃动，以致最后被砸断。究其原因，主要是滚筒顺时针（从出料端向进料端看）转动时，筒内的物料被螺旋带向顶部，并在上升的过程中不断掉下，砸向滚筒中间偏左的链条（见图 3-47），使其受损。根据以往的经验，考虑到维修链条方便，进行了以下改造：

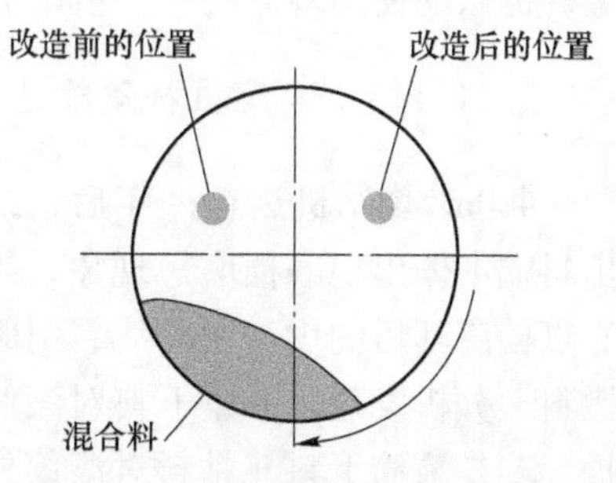

图 3-47 喷水管固定链条位置调整

(1) 把链条从中间偏左移向中间偏右，以减少物料下落对链条的损坏（见图 3-48）。

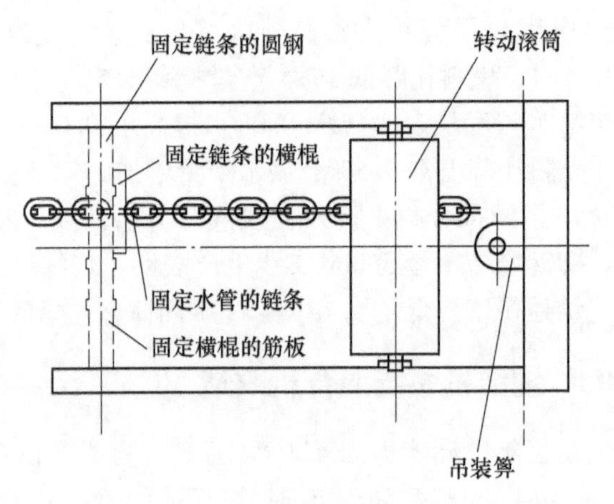


图 3-48 喷水装置改造后

(2) 进口平台下正好有一支撑横梁，综合考虑后，决定将支架从斜拉式改为长方体，便于固定。同时，拆除原来的弹簧防振、紧固装置。

(3) 利用现场空敞和吊车齐备的条件，同时利用链条的特点，把原来用倒链拉紧固定改为用吊车拉紧固定。在长方体内上侧加一横撑圆钢（60mm），同时在横撑圆钢上加焊两组（两块一组，共四块）钢板，用以固定两根链条；在长方体外上方加一滚筒转轮，便于吊车拉动链条使用（见图 3-48）。这样，当吊车将链条拉到位后，用 20mm 的钢筋穿过链条中空卡在钢板上，然后转圈用卡环固定，极为方便。

(4) 考虑到其他不可测因素，又在长方体外上方加设了一固定的吊装箅，以应对紧急状况和没有吊车时使用倒链处理。

改造后大大减少了链条损坏及维修工作量，链条的使用寿命延长一倍以上。

3.11.1.3 滚筒出料端改造

$400m^2$ 烧结机运行一年后，二次混合机出料端本体出现磨损磨短现象，导致下料中心点偏离其后的皮带中心线，引起皮带跑偏撒料。分析发现，一是下料对滚筒料口的磨损，二是滚筒下料斗粘料对滚筒外表面的摩擦（见图 3-49）所致。

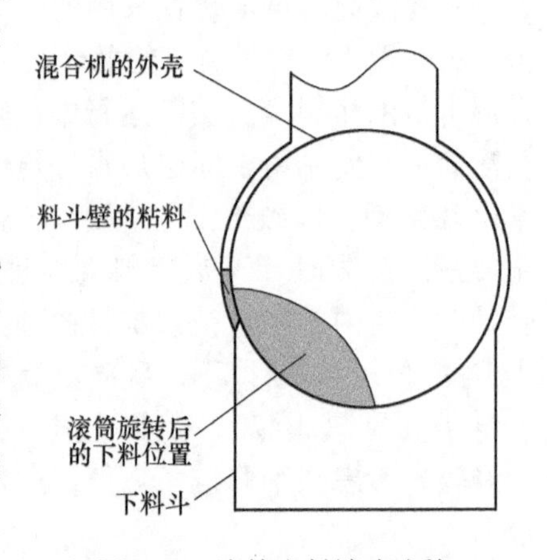


图 3-49 滚筒出料端改造前

借鉴以往烧结机的经验，采用加长并

加耐磨块的措施（见图 3-50），基本上解决了料仓壁粘料对滚筒外表面的磨损和滚筒磨短的问题。其正面高出部分的螺丝能形成料磨料，不会对新加的部分造成摩擦，同时也调节了下料中心线。经验教训是：（1）最好保证一次改造成功，否则不整齐的耐磨块会形成锯齿，造成更严重的粘料和密封处倒料，很难处理。（2）设计时应尽量扩大料斗及滚筒周围罩子的空间，避免粘死料。

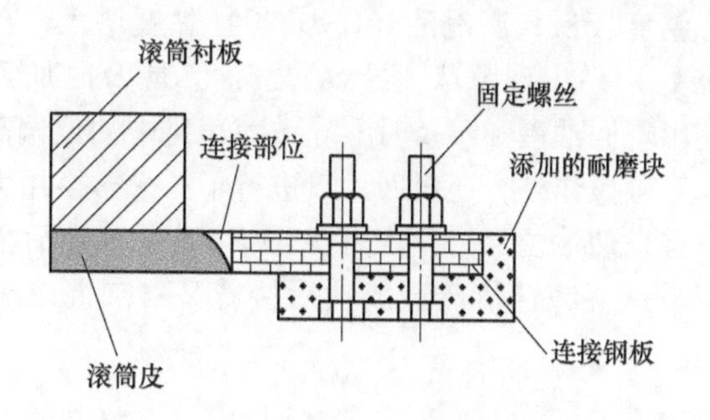


图 3-50　滚筒出料端改造后

### 3.11.1.4　滚筒进口端倒料的处理

设计采用进口段加挡板和导料板来减少倒料。但实际运行中，一者由于进口段粘料，二者因滚筒内加水点相隔太远，加水有压力，可冲刷粘料，间距大的话，中间没有冲刷处形成高岭，影响物料在筒内的滚动，导致出料不顺，出现倒料现象。综合分析后，除了需及时清除滚筒粘料和规范加水操作外，又在进料段加设了一段长 5m 左右的高压管道，采用多点喷水，对进口段粘料进行冲刷（见图 3-51）。通过合理操作，基本解决了倒料的问题。以每班倒料 14t 计算，一年下来可节省清理费 20.5 万元。缺点是操作不当可能引起混合料水分波动。

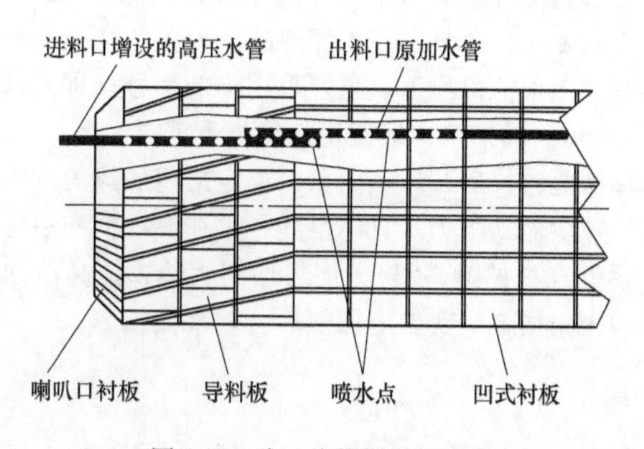


图 3-51　防止滚筒倒料的改造

#### 3.11.1.5　一混减速机回油管道改造

一次混合机配备的减速机型号为 SQASJ 1800-JL-Ⅱ，由于其大型重载和高速的特性，其润滑非常关键。在使用中我们发现，由于其回油口非常小，总是出现回油不畅，机内积油过多，导致油温较高，给齿轮的啮合和轴承的滚动带来隐患。尤其是冬季，温度较低，润滑油（CKD320）黏度增大，在停车启动时，油路（特别是过滤器处）易出现憋堵，导致润滑油不能及时加到减速机中，出现设备事故。而且还出现回油慢和不及时，导致减速机中油位偏高。为此，除要求开车前及时加热和正确操作外，还对回油口进行了扩大，换用大的回油管，同时将出油口中心线下移，使油位保持一定（见图 3-52）。改造后大大减少了开停车时减速机的故障率。一混减速机改造成功后接着又对二混减速机油路进行了改造，也取得了成功。

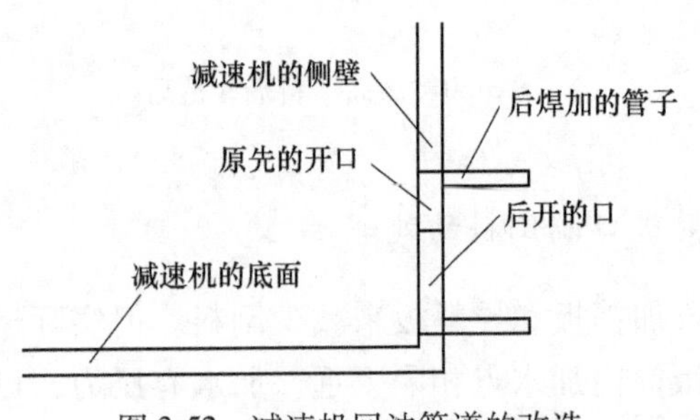


图 3-52　减速机回油管道的改造

#### 3.11.1.6　滚圈干油加油系统改造

在托轮和滚圈之间加干油润滑，可减少二者之间的硬摩擦，减少磨损和振动，延长滚筒的使用寿命，一般采用混料机专用润滑剂 GN55 和北京中冶华润生产的 ZPGR 2000 型智能集中干稀油润滑系统来进行智能喷油，但实际运行中，冬季气温下降至一定温度时，总是出现击穿保险压力膜的情况，致使润滑油不能及时喷出。在更换调试无果的情况下，只好采用降低牌号（即降低黏稠度，使用混料机专用润滑剂 GN46）的措施，但使用效果仍不理想。

综合考虑各种情况，最后和厂家商量，决定采用加热的方法来提高润滑剂温度，降低其稠度，减少流动阻力。具体措施是：在储油桶和油管上用保险加热丝缠绕，并加金属膜覆盖（见图 3-53），使之均匀受热，提高喷油时干油润滑剂的温度，降低管道的压力损耗。实施电加热后，效果极佳。

### 3.11.2　改造效果

经上述改造后，一次、二次混合机故障时间分别由原来的月平均 0.82h 和

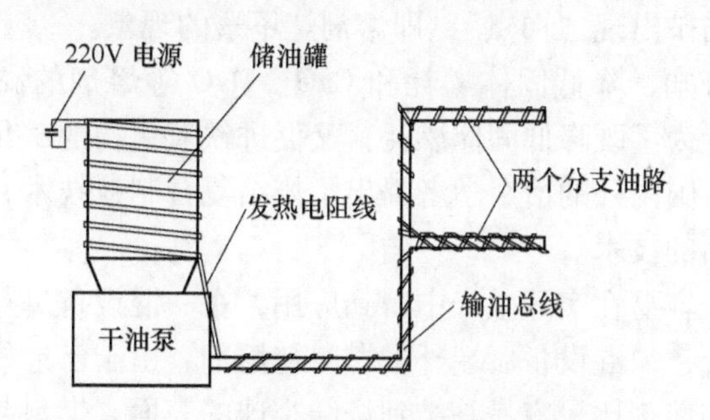


图 3-53　滚圈干油加油系统的改造

2.35h 降至 0.1h 和 0.25h，保证了整个烧结机系统的稳定运行，作业率由改造前的 96.14%提高到 97.48%。同时，有效降低了维修工作量和工人的劳动强度，提高了制粒效果，改善了烧结过程透气性，使烧结返矿率由改造前的 9.13%降至 8.54%，成品率提高，烧结矿质量得到改善。

## 3.12　燃料与熔剂外配的烧结制粒技术

炼铁生产所用的含铁原料包括烧结矿、球团矿和天然块矿等，在生铁制造成本中所占比例最大，最高可达 76.5%。由于各企业间资源条件差距较大，铁矿原料的费用可压缩性较强，降低潜力大。因此，从原料入手来降低能耗和炼铁成本，是目前的主要发展方向。

### 3.12.1　燃料与熔剂外配对烧结制粒的优点

我国目前烧结工序固体燃耗较国外先进水平高出 15kg/t 左右，国内各厂之间的差距也比较大。因此，我国烧结节能潜力巨大，尤其是降低固体燃耗，对降低钢铁生产的吨钢能耗，节约生产成本，降低 $CO_2$ 排放量，具有深远的意义。

烧结过程包括两类重要化学反应：（1）燃料燃烧，即 $2C + O_2 = 2CO$ 和 $C + O_2 = CO_2$，释放热量。（2）铁氧化物与 CaO、MgO 等熔剂的矿化过程，即物质的扩散、铁酸钙和铁酸镁等物相的形成，这个过程需要消耗热量。

传统的烧结工序中，铁矿粉、燃料、熔剂均匀制粒，这种制粒方法有以下两点不足：

（1）烧结小球外层的 C 容易与空气接触燃烧，但内部的 C 不易与空气接触，燃烧条件不好，甚至有些烧结矿中还有较多的残余 C 没有得到有效利用，导致燃料利用效率降低，固体燃耗增加。

（2）烧结小球内部的 CaO 和 MgO 等熔剂不易接收到燃料燃烧所释放的热量，降低铁氧化物与熔剂的矿化速度，从而导致熔剂使用效率降低，烧结矿强度下降，甚至有些烧结矿出现“白点”，即熔剂烧不透的现象。

由以上分析可知，降低固体燃耗和 CaO、MgO 等熔剂的高效利用是相辅相成、不可分割的。为了既降低固体燃耗，又促进铁氧化物的矿化速度，同时还能减少熔剂消耗量，国内外的冶金学者提出了烧结复合制粒技术，即燃料和熔剂外配在烧结小球表面的技术。

该工艺也比较容易在实际生产中得到应用，在一混设备进行含铁原料内配少量燃料与熔剂混合，二混设备后端外配燃料与熔剂，由于已造好的烧结小球表面湿润，这些燃料和熔剂比较容易黏结到烧结小球的表面。燃料与熔剂外配制粒技术的实施具有以下优点：

（1）燃料与空气接触条件好，促进 C 的燃烧效率和释放热量，减少燃料消耗。

（2）烧结小球表面的熔剂可以迅速接收到 C 燃烧释放的热量，促进铁氧化物与 CaO、MgO 等熔剂的矿化速度，增加烧结料层的液相量，提高矿石之间的黏结强度，从而提高烧结矿强度。

（3）烧结小球内部的强度靠铁氧化物自身的再结晶来维持，类似于球团矿的强度理论，而且这种烧结矿的还原性还比较好。

（4）对于烧结生产而言，若 CaO 熔剂能够得到高效利用，降低烧结矿碱度（当然在保证烧结矿冶金性能的前提下），可以增加高炉炉料结构中烧结矿的使用比例。由于烧结矿成本低于球团矿，因此可以降低炉料结构的综合成本，提高炼铁厂的经济效益。

### 3.12.2 工艺的理论分析

烧结矿最主要的黏结相是铁酸钙黏结相，其是由 $Fe_2O_3$ 和 CaO 通过矿化反应得到。图 3-54 所示为 $Fe_2O_3$-CaO 二元相图。由图可见：

（1）烧结矿碱度为 $R=2.0$ 时，$Fe_2O_3$ 含量为 82.6%，其液相线温度低于 1250℃，在现代烧结工艺的温度条件下比较容易生成液相，但当碱度降为 1.3 时，$Fe_2O_3$ 含量为 87.7%，其液相线温度较高，为 1350℃，烧结温度条件下生成的液相较少，不利于烧结矿固结。

（2）对于低碱度烧结矿，要想得到良好的强度和还原性，就要强化发展铁酸钙黏结相，在烧结小球的表面配加燃料与熔剂，促进小球表面的 $Fe_2O_3$ 与 CaO 形成铁酸钙，此时铁酸钙中的 $Fe_2O_3$ 含量为 74%。这些初始铁酸钙液相形成后，与周围的铁矿石发生同化作用，进而形成大量黏结相，以此来维持小球颗粒时，液相线温度较低，对液相流动性和表面张力影响不大。但当其含量高于 82.6% 时，液相线温度逐渐升高，对液相流动性和表面张力将产生不良影响。此时，需要增加小球表面的燃料和熔剂配加量，生成较多的初始铁酸钙液相，尽可能使得

同化过程中液相 $Fe_2O_3$ 含量增加较慢，不高于 82.6%。

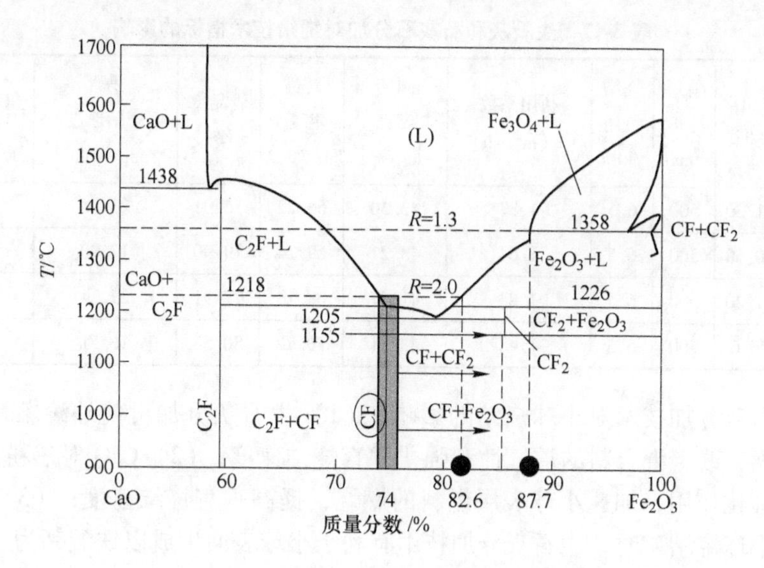


图 3-54 $Fe_2O_3$-CaO 二元相图

由以上分析可知，燃料与熔剂外配的烧结制粒技术实施之前，应针对不同企业的原燃料条件，确定如下参数：

（1）燃料与熔剂的内配与外配量。

（2）初始铁酸钙黏结相及其在同化过程中的强度、流动性、表面张力等性能变化。

（3）烧结小球内部的铁氧化物再结晶强度。

通过对以上技术指标的确定，可以加快该技术的烧结工业化应用。同时，可以与炉料结构、炉渣组成的研究内容进行技术整合，实现集成创新，从而最大限度的在低成本原燃料条件下，得到优良的高炉操作技术经济指标。

## 3.12.3 燃料和熔剂分加技术研究成果

日本钢管株式会社曾研究过燃料和生石灰分加技术对小球烧结指标的影响，具体做法是将混合料制粒后，在小球表面外滚 3.5%的焦粉和 0.5%~1.0%的生石灰（一般生石灰可内配 2%~4%，外配 2%），再将小球布到烧结机上，当生产 $R$=1.0~2.5 的小球烧结时，采用生石灰分加技术与生石灰全部内配相比，成品率由 69.1%提高到 77.9%，利用系数由 1.23t/($m^2$·h) 提高到 1.55t/($m^2$·h)；当生产低碱度（$R$=0.6）小球烧结矿时，生石灰分加后，利用系数由 1.48t/($m^2$·h) 提高到 1.64t/($m^2$·h)。由此可见，采用生石灰分加技术，增产效果是相当显著的，生石灰和石灰石分加对烧结技术指标的影响见表 3-17。

**表 3-17　生石灰和石灰石分加对烧结技术指标的影响**

| 项目 | $CaO/SiO_2$ | 料层厚度 /mm | 烧结负压 /kPa | 利用系数 $/t \cdot (m^2 \cdot h)^{-1}$ | 固体燃耗 $/kg \cdot t^{-1}$ | 转鼓指数 /% | 成品率 /% | 垂直烧结速度 $/mm \cdot min^{-1}$ | (FeO) 含量 /% |
|---|---|---|---|---|---|---|---|---|---|
| 生石灰分加 | 1.20 | 500 | 6.5 | 1.87 | 42.30 | 66.22 | 76.01 | 23.38 | 9.82 |
| | 0.60 | 500 | 6.5 | 1.64 | 43.21 | 69.24 | 79.90 | 17.90 | 11.31 |
| 石灰石分加 | 1.20 | 500 | 6.5 | 1.83 | 41.67 | 68.13 | 77.91 | 22.74 | 9.52 |
| | 0.6 | 500 | 6.5 | 1.48 | 43.51 | 70.72 | 80.58 | 16.51 | 12.70 |

生石灰分加技术对小球烧结的影响：（1）生石灰分加可使外滚燃料黏附在小球表面，改善混合料的透气性和强化垂直烧结速度；（2）CaO 对焦粉（煤粉）燃烧有催化作用，加速小球表层燃料的燃烧，提高垂直烧结速度；（3）在生产高碱度小球烧结矿时，生石灰分加技术有利于小球表面生成以铁酸钙为主要黏结相的矿物结构，有利于改善烧结矿的质量。

## 3.13　烧结高磷矿石分层制粒工艺研究

由于地理位置的原因，欧美各钢铁厂可以从南非以低价购买到高品位的铁矿石，而亚洲国家的钢铁厂主要是从澳大利亚、巴西等国进口铁矿石。但是随着开采的进行，铁矿石的质量逐渐降低，高品位的致密赤铁矿越来越少，而多孔褐铁矿、高磷铁矿的比例不断增加。传统的烧结工艺是建立在以致密赤铁矿为原料的基础上，不能很好地应对这种多孔铁矿石比例的增加。配入多孔铁矿石直接导致烧结料层透气性恶化、利用系数和烧结矿强度降低。因此，开发能有效应对这一原料变化趋势的烧结新工艺，生产出高强度和高还原性的优质烧结矿，具有重要意义。

控制烧结制粒的颗粒结构是应对上述原料变化并取得较高烧结利用系数的有效方法。Haga、Nobuyuki 及 Satoshi 等人最早提出了分层制粒的概念。

分层制粒工艺是将高磷矿石隔离在准粒子中心，主要采取外滚焦炭和石灰石，从而有效控制铁矿石和石灰石之间过度的熔融反应。其中，选择合适的涂层（密集赤铁矿包裹在多孔铁矿石外）厚度是重点，只有涂层厚度合适，才能防止熔体吸入铁矿石。实验结果表明，由于高磷矿石被隔离在准粒子中心，产生理想的融化和液相流动性，可提高烧结料层的热态透气性。在原料条件日益劣化、褐铁矿等多孔矿比例越来越高的情况下，采用该制粒工艺能明显提高烧结生产效率和烧结矿还原性能。

## 3.13.1　两种分层制粒工艺比较

### 3.13.1.1　外滚焦粉制粒工艺

外滚焦粉制粒工艺是将铁精矿、富矿粉、熔剂（石灰石或白云石）、返矿、石灰和少量的固体燃料加水混合，一次制粒；然后将一次制好的颗粒和固体燃料混合，二次制粒，最后将制好的颗粒布于烧结机点火烧结。

该工艺的优点是采用了烧结预制粒，使得原料的适应范围增宽，适应性增强；由于混合料平均粒径增大，且粒度均匀，烧结混合料层的透气性改善，提高了垂直烧结速度；产生的黏结相以针状、柱状的铁酸钙为主，$Fe_2O_3$ 再结晶形成晶桥固结，因此烧结矿的转鼓强度提高，低温还原粉化性改善，荷重软化温度升高，软熔区间变窄，使得高炉可以改善软熔带的透气性，降低焦比；低配碳，加上良好的透气性使料层的氧化性气氛加强，烧结产品中 FeO 含量降低，还原性增强。

但该工艺只是采取了将大部分燃料外加，并没有对石灰石和铁矿石进行隔离，因此无法控制石灰石与铁矿石之间的过度熔融反应，不利于原来赤铁矿的保留，使再生赤铁矿的数量增加，且液相流动性不能得到充分改善，从而影响了烧结矿质量的进一步提高。

### 3.13.1.2　外滚焦粉和石灰石制粒工艺

鉴于外滚焦粉制粒工艺存在石灰石与铁矿石之间过度熔融反应的缺陷，于是在该工艺的基础上又开发出了外滚焦粉和石灰石制粒工艺。

将铁矿石、焦粉、部分生石灰和其他熔剂在一次混合制粒机中加水混合制粒，然后在二次混合制粒机中外滚一定比例的焦粉和消化好的消石灰，最后布料、烧结。

图 3-55 是日本仓敷 2 号烧结厂外滚焦粉和石灰石制粒工艺流程。该工艺的

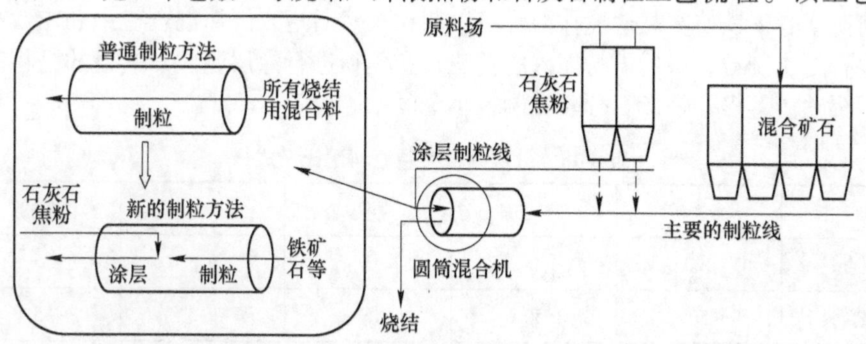


图 3-55　日本仓敷 2 号烧结厂外滚焦粉和石灰石制粒工艺流程

主要特点是将焦粉和石灰石包裹在铁矿石的表面。主要流程分为两步：第一步将铁矿石在主要制粒线上进行制粒；第二步将焦粉和石灰石用高速传送带注入圆筒混料机尾端和已初步制粒的铁矿石一起进行涂层制粒。研究发现，制粒时间是该工艺的关键。在圆筒混料机中，制粒和颗粒破坏两个过程同时进行，当制粒时间过长时，分布在颗粒表面的焦粉和石灰石就会被吸收进矿石中，所以有个适度的时间范围，刚达到分层制粒的时间点为制粒时间的下限，达到破坏颗粒结构的时间点为制粒时间的上限。

#### 3.13.1.3　两种制粒工艺比较

外滚焦粉和熔剂制粒工艺较单一外滚焦粉制粒工艺生产出来的烧结矿具有更好的质量，具体体现在：

(1) 由于石灰外加使得外加焦粉可以更好地黏附在颗粒表面，CaO 对焦粉的燃烧有催化作用，使燃料燃烧更充分，燃烧速度更快，垂直烧结速度也更快，利用系数提高，产量增加，固体燃耗进一步下降；同时烧结矿 FeO 含量明显降低，荷重软化开始温度较高，软熔区间变窄。

(2) 石灰分加使得分布于颗粒表面的石灰增多，颗粒表面的碱度比内部要高，烧结过程中可以产生更多的铁酸钙，因此烧结矿转鼓强度进一步提高，低温还原粉化性能得到改善。

(3) 由于制粒小球中石灰石和铁矿石是分层的，因此得到了适宜的液相流动性。

(4) 由于烧结矿的残留矿石中保留了较多的微孔隙，使得烧结矿具有良好的还原性。由于烧结矿强度和还原性能改善，高炉使用后利用系数进一步提高，焦比进一步降低。

### 3.13.2　分层制粒工艺的实验室研究

试验所用原料列于表 3-18。分层制粒方法如图 3-56 所示。主要流程是先将高磷矿或者褐铁矿在高速搅拌混合机中制粒，然后送入圆筒混合机中和赤铁矿一起混合二次制粒，最后再与配入的石灰石和焦粉进行涂层制粒。其目的是将高磷矿、褐铁矿等多孔铁矿石分隔在制粒小球的中心位置。

**表 3-18　分层制粒实验原料配比及成分**　　(%)

| 原　料 | 赤铁矿 | 高磷铁矿 | $SiO_2$ | CaO | 焦粉 |
|---|---|---|---|---|---|
| 混合料 1 | 100 | 0 | 5 | 9.5 | 5 |
| 混合料 2 | 50 | 50 | 5 | 9.5 | 5 |

经分层制粒工艺造出的小球结构如图 3-57 所示。多孔铁矿石分布在颗粒的

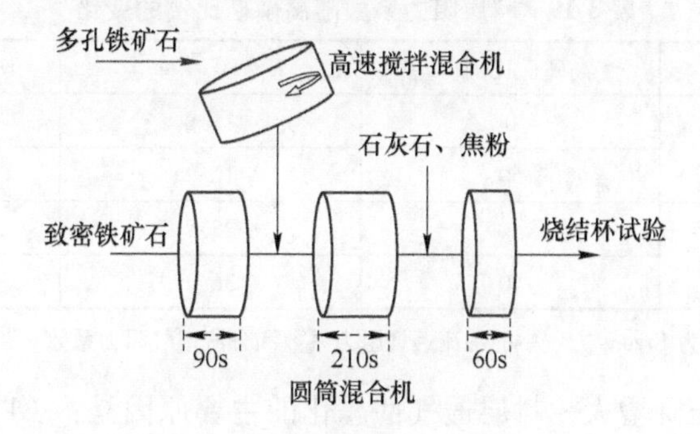


图 3-56 实验室分层制粒方法

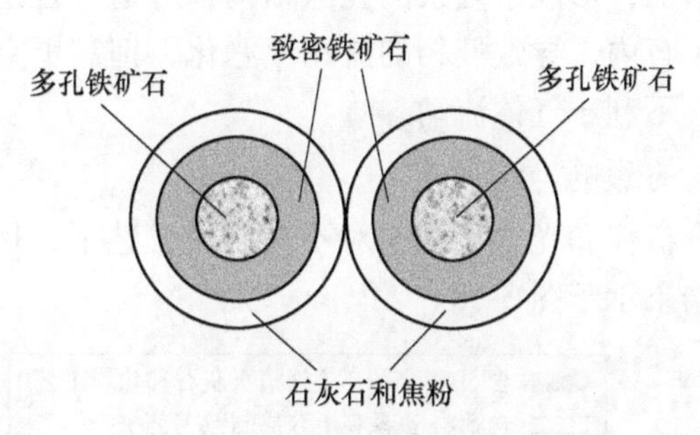


图 3-57 分层制粒颗粒结构示意图

中心位置，而致密铁矿石作为中间过渡层，将石灰石和多孔铁矿石隔离开。

高磷矿的分层试验工艺包括：混合机中对高磷铁矿石进行快速预制粒，接着再与其他铁矿石一起进行混合制粒，使粒度较细且多孔的高磷铁矿石隔离在颗粒中心；然后，用高速运输机将涂层用的石灰石和焦粉运到二次圆筒混料机，对已经分层制粒的高磷矿和其他铁矿石进行涂层制粒，在外层包裹上一层石灰石和焦粉。最后，送入烧结机进行烧结。

在生产操作过程中，混合的石灰石比例、混合料水分及台车上料层厚度保持不变。另外，为了避免烧结料层透气性恶化，焦粉中粒径小于 4mm 的质量比例应控制在 10%以下。通过控制石灰石和石英的量将 $SiO_2$ 和碱度分别控制在 5.0%和 1.9。

#### 3.13.2.1 分层制粒对烧结操作的影响

##### A 混入高磷铁矿石后对烧结操作的影响

使用高磷铁矿石进行分层制粒后，对烧结料层透气性进行研究，发现随多孔高磷铁矿石比例增加，过湿层的透气性并未发生明显变化，而燃烧层的透气性明显变差，而且整个料层的压降也有增加（见表 3-19）。提高燃烧层的透气性是改善整个烧结料层透气性和提高烧结利用系数的关键。

表 3-19　料层阻力系数随高磷矿比例的变化

| 料　层 | 高磷矿比例/% | $K_1 \times 10^{-8}/m^{-2}$ | $K_2 \times 10^{-8}/m^{-2}$ |
|---|---|---|---|
| 过湿层 | 0 | 11.8 | 15.9 |
| | 50 | 12.2 | 15.1 |
| 燃烧层 | 0 | 28.8 | 69.1 |
| | 50 | 36.2 | 112.1 |

注：$K_1$ 和 $K_2$ 分别为 Erguns 方程中的层流透气阻力系数和分流透气阻力系数。

造成燃烧区压降增大，料层透气性恶化的主要原因是：（1）配入多孔的高磷铁矿石后，由于大于 5mm 促进气体流动的孔隙数量减少，而小于 5mm 抑制气体流动的孔隙数量增加，形成了复杂的孔隙结构，对透气性造成不利影响。(2) 液相被吸收进了铁矿石内，导致液相的流动性恶化，抑制了空隙生长，使≥5mm 的粗孔隙数量减少，不利于气体流动。

B　对烧结产量的影响

用电子探针微分析仪和光学显微镜对不同制粒工艺下，1473K 时烧结液相的流动进行了测量，结果示于图 3-58。

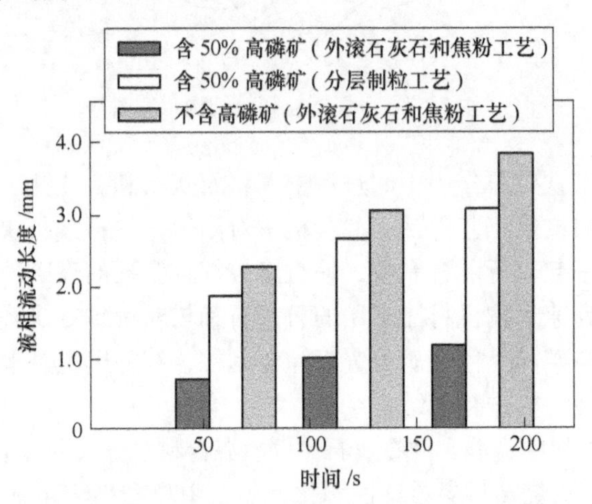

图 3-58　1473K 时不同制粒工艺对液相流动性的影响

从图中可以看出，将含 50%多孔高磷铁矿石的原料混匀后直接外滚石灰石和焦粉的方法，由于液相被吸收进铁矿石，导致液相流动长度较不含高磷铁矿石而采用同样制粒工艺时有较大幅度下降。而同样的原料条件采用分层制粒工艺后，液相流动性明显改善，液相流动长度几乎达到不含多孔高磷铁矿石的水平。

由于液相的流动性得到加强，促进了≥5mm 孔隙的生长，其数量大大增加，使燃烧层的透气性得到明显改善，几乎与不配多孔高磷铁矿石的水平相当。从而提高了烧结利用系数。

#### 3.13.2.2 对烧结矿质量和高炉操作的影响

试验发现，采用分层制粒工艺后烧结产品的冷强度明显提高，主要是应用分层制粒后，液相流动性明显提高，使0.5~5mm孔隙的数量减少的缘故。

另外，应用分层制粒工艺后烧结产品的低温还原粉化率略有增高，还原性则明显改善，有利于高炉顺行和降低焦比。

### 3.13.3 试验结论

（1）使用高磷矿等多孔铁矿石后，烧结过程中液相的流动性下降，粗孔隙（≥5mm）的生长受到抑制，导致压降上升，料层透气性恶化。

（2）应用分层制粒工艺后，由于抑制了铁矿石对液相的吸收，液相流动性增加，透气性得到改善，利用系数提高，烧结矿冷强度和还原性明显改善，有利于降低高炉焦比。

## 3.14 烧结返矿对生产的影响及措施

烧结配加一定数量的返矿，可有效改善烧结混合料制粒性能。此外，由于含有低熔点矿物，添加返矿能促进烧结液相生成，从而强化烧结效果。然而，当高炉冶炼指标不佳时，为了改善高炉透气性，需提高入炉烧结矿粒度，通常会采用加大烧结矿筛分的方法，将烧结筛网由5mm更换为6mm，由此造成返矿粒度过大，使得大于6mm返矿的比例显著提高。返矿粒度分布的不合理，会对烧结制粒、液相固结产生影响，并恶化烧结矿质量。北京科技大学联合首钢京唐公司通过实验，系统地研究了大于6mm返矿比例对烧结矿质量的影响，为完善返矿制度提供了理论依据，并为获得优良烧结生产指标创造了条件。

### 3.14.1 实验原料及方法

由实验所用返矿粒度组成测定（见表3-20）可知，大于6mm返矿比例达到31.23%，而小于1mm的比例为7.84%。对返矿化学成分分析可知，不同粒度返矿的化学成分存在差异性，随着返矿粒度的增大，呈现出TFe含量增加、$SiO_2$含量降低的变化趋势。此外，通过X射线衍射（XRD）结果表明，返矿中所含主要矿物为赤铁矿、磁铁矿以及铁酸钙；粒级大于3mm返矿，磁铁矿和铁酸钙衍射峰增强，所含矿物数量也有所提高。

**表3-20 返矿粒级组成** （%）

| >8mm | 8~6mm | 6~5mm | 5~3mm | 3~2mm | 2~1mm | <1mm |
|---|---|---|---|---|---|---|
| 6.73 | 24.50 | 15.62 | 28.16 | 7.72 | 9.43 | 7.84 |

烧结杯实验参数为：料层厚度为 800mm，点火温度 1050℃，点火时间 1.5min，点火负压 7000Pa，烧结负压 13000Pa。混匀矿品位 60.72%，$SiO_2$ 含量 4.57%，混匀矿和返矿比例分别为 57.2%和 28.0%。通过筛分来控制返矿粒度，使返矿中大于 6mm 比例由 10%逐步提高到 40%。

## 3.14.2 实验结果

### 3.14.2.1 不同粒度返矿熔化特征温度及黏附比

图 3-59 给出了不同粒度返矿熔化特征温度及黏附比实验结果。由图可知，在不配加熔剂时，不同粒度返矿熔化特征温度均超过 1320℃。并且随着粒度增大，熔化特征温度呈现出升高趋势。小粒级返矿因具有相对较大的比表面积，在快速升温条件下受热条件更充分，从而有利于其熔化并产生液相。此外，从制粒效果来看，随着返矿粒度的增加，制粒后黏附粉与返矿的质量比降低。烧结过程中，大粒度返矿熔化生成液相所需温度较高，并且被包裹黏附粉数量减少，会影响到大粒度返矿液相生成能力，会在一定程度上降低铁矿粉固结效果。

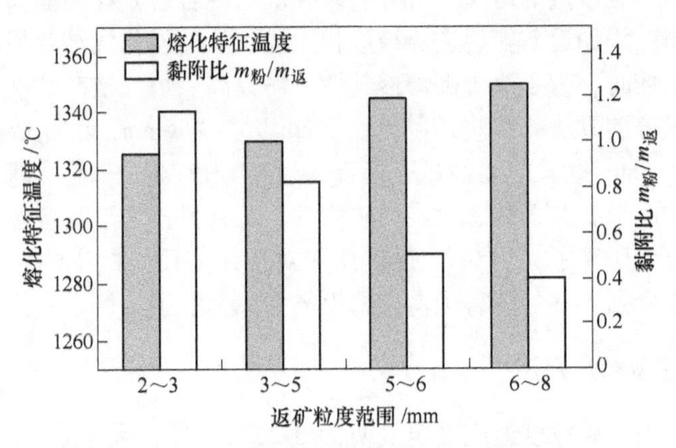


图 3-59 不同粒度返矿熔化特征温度及黏附比

### 3.14.2.2 大于 6mm 返矿比例对烧结混合料粒度组成的影响

大于 6mm 返矿比例对烧结混合料粒度分布的影响见表 3-21。由表可知，当大于 6mm 返矿比例超过 20%时，混合料粒级组成有降低趋势；大于 6mm 返矿由 20%提高至 40%时，混合料中大于 3mm 物料减少，而小于 1mm 比例有较大幅度增加。因此，当返矿大于 6mm 的比例超过 20%时，不利于强化烧结制粒效果。其主要原因是因为在混合料制粒过程中，粗颗粒核心在外力作用下被细粒物料所黏附。此外，当大粒度返矿未被黏附粉包裹时，在制粒滚动过程中易对混合料小球造成摩擦碰撞而弱化二混制粒效果，从而不利于烧结混合料粒级组成指标的改善。

表 3-21 大于 6mm 返矿比例对烧结混合料粒度分布影响 (%)

| >6mm 返矿比例 | 混合料粒度分布 | | | | | | | |
|---|---|---|---|---|---|---|---|---|
| | >10mm | 10~8mm | 8~6mm | 6~5mm | 5~3mm | 3~1mm | <1mm | >3mm 占比 |
| 10 | 6.23 | 13.67 | 29.68 | 12.79 | 26.37 | 8.74 | 2.52 | 88.74 |
| 20 | 7.67 | 14.04 | 29.31 | 14.68 | 25.62 | 4.21 | 4.47 | 91.32 |
| 30 | 8.18 | 14.28 | 23.76 | 15.32 | 21.62 | 9.76 | 7.08 | 83.16 |
| 40 | 9.86 | 15.36 | 19.27 | 15.75 | 17.69 | 12.02 | 10.05 | 77.93 |

#### 3.14.2.3 大于 6mm 返矿比例对烧结矿质量的影响

大于 6mm 返矿比例对烧结矿质量的影响见表 3-22。可见，大于 6mm 返矿比例在 10%~20%时，垂直烧结速度变化不大，且烧结各项指标处于较好水平；大于 6mm 返矿比例提高至 40%时，垂直烧结速度有所降低，这与大粒度返矿配加过多而降低混合料制粒性能有关。

与大于 6mm 返矿比例为 10%时烧结矿质量相比较，大于 6mm 返矿比例为 30%和 40%条件下所得到烧结矿的转鼓强度分别降低 1.66%和 3.0%，成品率指标相应降低 1.28%和 3.2%，并且烧结固体燃耗也有较大幅度升高。图 3-60 给出了不同返矿粒度条件下烧结矿矿物组成分析。由其结果可知，大于 6mm 返矿比例为 10%~20%时，烧结矿所含铁酸钙含量较高。随着返矿粒度增加，铁酸钙含量降低，而磁铁矿和硅酸盐等矿物数量升高。

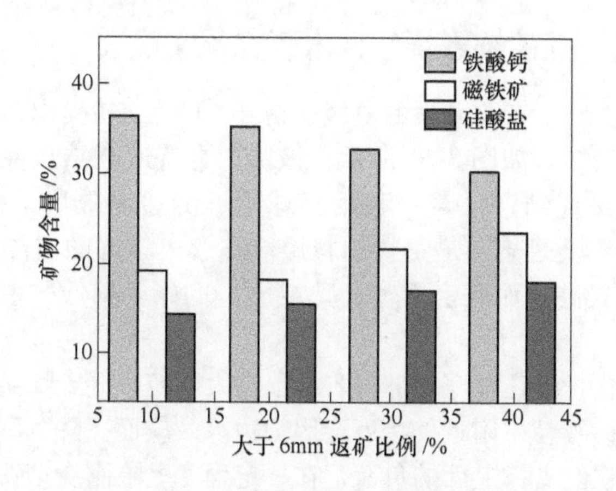


图 3-60 不同粒度返矿条件下烧结矿矿物含量

表 3-22　大于 6mm 返矿比例对烧结矿质量的影响

| 大于 6mm 返矿比例/% | 垂直烧结速度 /mm · min$^{-1}$ | 转鼓强度 /% | 成品率 /% | 5~10mm 比例 /% | 固体燃耗 /kg · t$^{-1}$ |
|---|---|---|---|---|---|
| 10 | 24. 94 | 67. 33 | 78. 76 | 21. 32 | 56. 32 |
| 20 | 25. 35 | 67. 67 | 77. 83 | 21. 76 | 57. 14 |
| 30 | 24. 72 | 65. 67 | 76. 48 | 23. 48 | 59. 38 |
| 40 | 23. 68 | 64. 33 | 75. 56 | 26. 34 | 62. 74 |

由以上分析结果可知，随着返矿粒度的增大，对烧结各项指标均产生了不同程度的影响。当大于 6mm 返矿比例达到 30%~40%时，烧结混合料制粒效果变差，混合料平均粒度降低，烧结料层透气性得到恶化，不利于铁酸钙黏结相的生成。此外，随着大于 6mm 返矿数量增多，其在升温过程中熔化生成液相所需温度更高。并且，随着返矿粒度的增加，其被黏附的细粒物料数量也相应减少。大粒度返矿较难与黏附粉接触，使得返矿液相生成能力降低，影响铁矿粉固结。返矿粒度增大还会造成烧结过程不均匀性提高，同样不利于烧结指标的改善。

### 3. 14. 3　改善大粒级返矿烧结效果的措施

鉴于返矿中大于 6mm 比例对烧结指标和烧结矿质量所产生的不利影响，需积极寻求解决上述问题的措施。从原料质量要与高炉炉容相匹配的角度来看，小容积高炉对炼铁原料适应能力较强。因此，可将大于 6mm 返矿进行分流，作为小高炉冶炼的含铁炉料使用或转炉炼钢的冷料，能够减轻烧结机使用大粒度返矿的压力。

首钢京唐公司开展的大粒度铁矿镶嵌烧结技术，为处理大粒级返矿烧结问题提供了新思路。

## 3. 15　大粒度矿/返矿镶嵌烧结技术研究及实践

嵌式烧结是由日本东北大学的葛西荣辉于 21 世纪初提出，目的是为了利用褐铁矿和马拉曼巴矿。如图 3-61 所示，该工艺在普通烧结条件下通过形成合适的空隙结构，确保烧结产质量。利用小球附近的边缘效应，提高料层的透气性，且小球自身不会过熔，最终烧结料层能够形成较好的空隙结构；诱导层提供热量，其碱度较高，而致密小球（熟成层）的碱度稍低，主要由马拉曼巴矿制成。

在此基础上，日本住友金属进一步提出将大颗粒矿置于烧结料层中烧结的方法，见图 3-62。大颗粒矿附近的密度会因为边缘效应而下降，则此处的透气性提高；同时，大颗粒能支撑上面的负荷，在一定程度上限制烧结饼的收缩，也对烧结过程透气性有利。

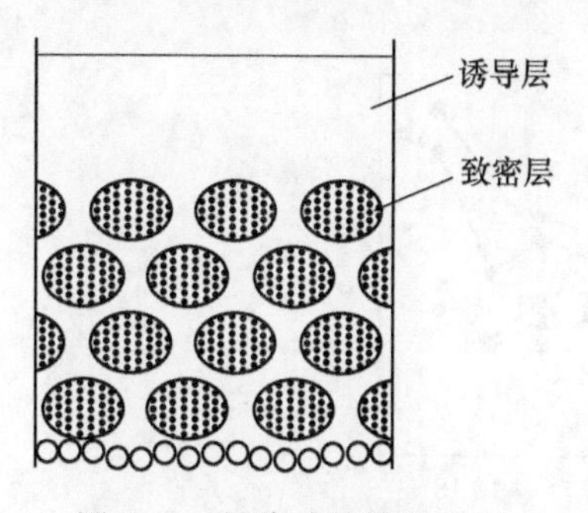


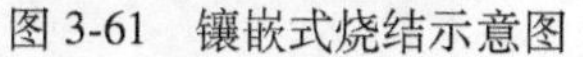
图 3-61 镶嵌式烧结示意图

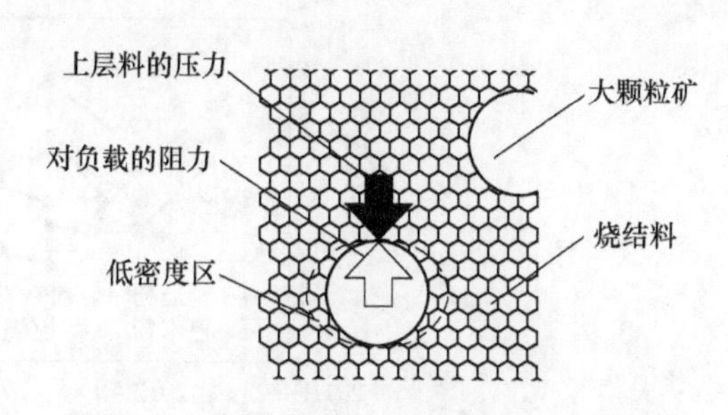


图 3-62 大颗粒矿置于料层中烧结示意图

近几年，住友金属进一步提出了返矿-镶嵌式烧结（见图 3-63）。通过该方法，可在制粒过程中减少返矿配比（不减少配水）而增强制粒、减少了小粒度混合料生成，同时由于摩擦力增大而降低了台车装入密度。该工艺在住友金属三个烧结厂应用，并取得了提高烧结机利用系数约 6%的效果。

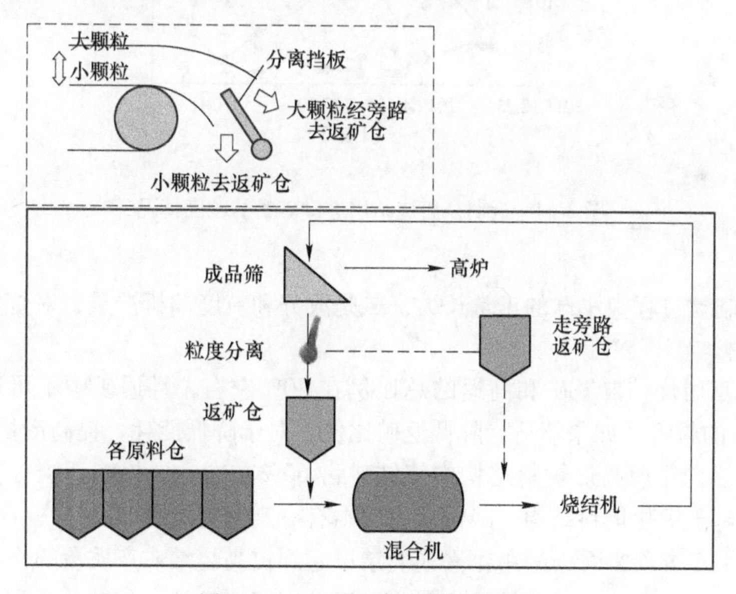


图 3-63 返矿-镶嵌式烧结示意图

### 3.15.1 首钢烧结应用返矿/大粒度矿镶嵌技术的可行性分析

目前，国内尚无厂家使用镶嵌式烧结；类似的有包钢-中南大学研究的复合造块法，主要是解决包钢复杂资源矿的使用问题。对于首钢京唐烧结当前存在如下制约问题：

（1）进口矿的粒度呈现升高趋势（见图 3-64），杨迪和巴卡等矿的平均粒度在 3mm 以上。京唐烧结料层厚度达 810mm，大粒度矿可能造成两种负面效果，

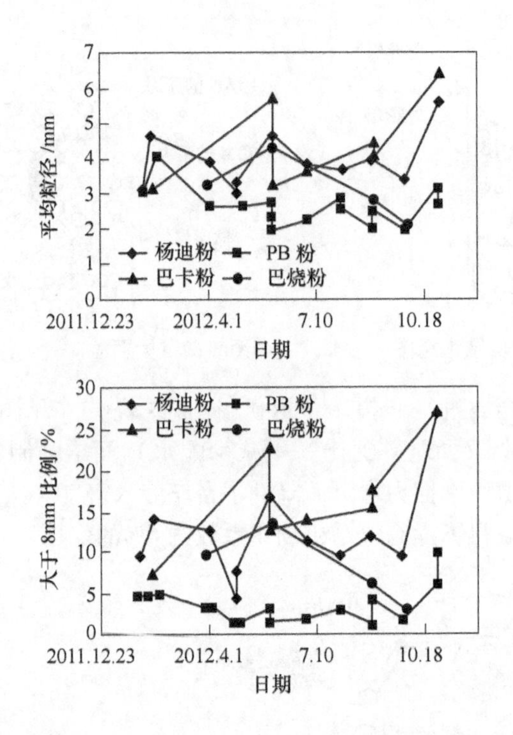


图3-64　近期京唐烧结用进口矿粉的粒度情况

一是破坏制粒过程中小球的正常长大，二是成分和粒度偏析严重，对烧结矿质量造成较大影响。

（2）京唐烧结自返矿和高返的总比例在40%左右，且返矿中不可避免含有大于5mm的粒级。如果能适当降低返矿比例，对于降低能耗、提高产量均有利。

（3）当前京唐高炉炉料结构中烧结矿占60%左右，如果能适当提高烧结矿入炉比，对于优化炉料结构、降低铁前成本有一定益处。

从以上三方面来看，采用镶嵌式烧结可起到提高烧结矿产质量的作用。

分析认为，随着进口矿粉粒度粗化，返矿充当造粒核心的功能有所弱化，其自身粒度大的缺点在一定程度上显现。大粒度矿粉和返矿中大于5mm部分不经过制粒，可不破坏细粒料成球，对于当前提高制粒效果有利；同时可发挥支撑作用，有助于改善料层透气性。

### 3.15.2　实验方法

采用首钢京唐当前使用的原料和配矿方案，各试验方案均采用同一配比，具体试验步骤列于表3-23。

表 3-23 镶嵌式烧结方案设计

| 原料名称 | 高返 | 烧返 | 混匀矿 | 燃料 | 石灰石 | 生石灰 | 焦化灰 | 除尘灰 | 总比例 |
|---|---|---|---|---|---|---|---|---|---|
| 比例/% | 10 | 38 | 70 | 3.8 | 3.25 | 5.5 | 0.8 | 1.2 | 132.55 |
| 基准 | 基准样、正常烧结，获得配水总量 | | | | | | | | |
| 方案 1 | （1）高返不参与混合、制粒，其他物料正常混合、制粒；（2）其他物料的配水总量与基准相同，高返不配水；（3）其他物料制粒完后，倒出与高返一起简单用铁锹混合，然后装入杯中点火烧结 | | | | | | | | |
| 方案 2 | 高返和一半重量的烧返均不参与混合、制粒；另一半的烧返参与正常混合、制粒。配水总量不变 | | | | | | | | |
| 方案 3 | 所有物料混合后在加水前，用筛子筛出大于 8mm 部分；筛下物进行混合、制粒，配水总量不变；筛上物参照之前的返矿镶嵌法 | | | | | | | | |

试验中需要注意的是：（1）各方案的总称重保证统一、总配水量相同；（2）未参加混合、制粒的高返、烧返和大粒度矿均为干料，不再配水。

### 3.15.3 试验分析

（1）从混合料平均粒度来看，返矿不参与制粒后，方案 1 和方案 2 的混合料粒度均较基准有所提高，尤其是方案 2，干料大于 3mm 比例提高近 5%，平均粒径提高约 1.8mm。这说明，返矿不参与制粒使得其他物料的制粒效果得到改善。

方案 3 的平均粒径和大于 3mm 比例均比基准低，这是因为已将大于 8mm 部分除去，故实际上其余物料的制粒效果已得到改善。

（2）从烧结技术指标可见，方案 1~方案 3 的垂直烧结速度较基准提高，尤其是方案 1 和方案 3，这与各方案物料制粒效果的改善有关。方案 2 混合料粒度的改善幅度最大，但垂直烧结速度较基准改善的幅度并非最大，这可能是由于大量返矿不参与制粒后，剩余物料缺乏制粒核心，对于后续高温反应有一定负面作用，影响了料层高温透气性。这也说明，完全没有返矿，对于烧结过程是不利的。

由于方案 1~方案 3 的垂直烧结速度较基准有所提高，使得烧结高温保持时间缩短，造成方案 1 和方案 2 的转鼓指数有一定下降，分别降低 4.5%和 4.2%；而方案 3 的转鼓则基本没降低。就成品率而言，方案 1 降低约 6%，而方案 2 和方案 3 较基准略有升高。

从利用系数来看，方案 1~方案 3 均比基准升高，尤其是方案 1 和方案 3。其中方案 3 不仅利用系数提高，而且各项指标均不弱于基准，说明大于 8mm 的物料不经制粒后，其余混合料制粒效果的改善程度较返矿镶嵌更佳。可见与全返矿（小于 5mm 粒度比例较多）相比，大于 8mm 粒度（含返矿和铁矿粉）对制粒的破坏性更大。

由表 3-24 可见，各方案烧结矿粒度组成较基准有一定变化，尽管平均粒度下降，但是均匀性方面有所改善，超大粒度（大于 40mm）含量减少。分析认为，烧结时间缩短、垂直烧结速度增快，是小于 10mm 比例增加的主要原因。在下一步工业试验中，应注意控制不经过制粒返矿的比例，以避免出现该问题。

**表 3-24 各方案烧结矿的粒度组成** (%)

| 粒度 | ≥40mm | 40~25mm | 25~16mm | 16~10mm | 10~5mm | 5~0mm |
|---|---|---|---|---|---|---|
| 基准 | 8.91 | 32.10 | 11.50 | 13.13 | 16.61 | 17.74 |
| 方案 1 | 5.05 | 16.75 | 18.52 | 18.42 | 19.35 | 21.91 |
| 方案 2 | 5.93 | 22.23 | 17.33 | 17.20 | 18.62 | 18.68 |
| 方案 3 | 7.40 | 26.13 | 13.66 | 15.27 | 19.66 | 17.88 |

对各方案烧结指标从整体上分析，认为方案 3 的效果最佳：即大于 8mm 大粒度矿粉镶嵌烧结的效果最好。

### 3.15.4 首钢京唐烧结应用镶嵌式烧结技术探讨

基于日本住友返矿镶嵌式技术，提出在首钢进行大粒度矿/返矿镶嵌烧结方案，示意图见图 3-65。

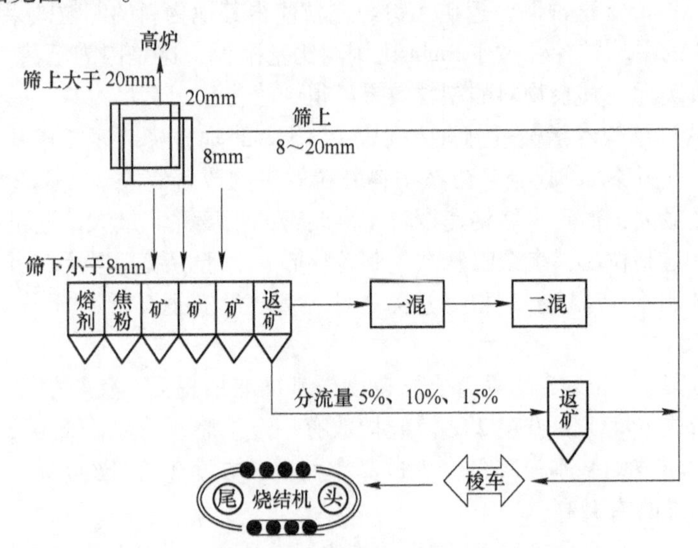


图 3-65 大粒度矿/返矿镶嵌式烧结工艺示意图

分析认为，大粒度矿/返矿镶嵌式烧结工艺具有显著改善制粒效果、提高料层透气性的优势，对于需要提高烧结矿产量和提高烧结矿入炉比的厂家尤其适用。建议推广该技术。下一步，将就大粒度矿/返矿镶嵌后造成烧结物料偏析进而如何影响烧结矿进行研究。

### 3.15.5 总结

（1）以京唐烧结配料比为基础，大于8mm粗粒矿镶嵌烧结较全高返镶嵌烧结效果更好，在保证烧结矿质量的基础上，较基准方案的烧结利用系数提高0.14t/(m²·h)，提高幅度达10%。保证烧结矿质量不下滑的适宜返矿镶嵌比例和形式还需进一步摸索。

（2）对于粗粒度的矿粉和返矿，使用大粒度矿粉/返矿镶嵌式烧结技术可以提高制粒效果和烧结透气性，进而提高烧结矿产量。

## 3.16 烧结返矿分流强化制粒技术研究

返矿是烧结过程中不可或缺的原料之一。目前，混匀矿中返矿的比率约为25%~50%，高比例的返矿添加量会对烧结过程和烧结矿质量产生重大影响。返矿的循环减少了新混合料的使用量，另一方面，因其改善了混合制粒和烧结过程，混合料中添加返矿还可以提高烧结过程的效率。但是，随着进口矿粉粒度粗化，返矿充当造粒核心的功能有所弱化。其自身粒度大，在一定程度上会破坏制粒过程中小球的正常长大，造成成分和粒度偏析严重，对烧结矿质量造成较大影响。中南大学范晓慧等学者在深入研究铁矿石制粒体系中颗粒-桥液间相互作用机制的基础上，分析混合料制粒行为，建立制粒小球结构模型。研究表明：制粒小球由成核粒子和黏附粉构成，黏附粉包裹成核粒子形成准颗粒，成核粒子和黏附粉粒子的粒度界限是0.5mm，其中小于0.5mm的黏附粉含量占比在40%~50%时最有利于制粒。铁矿烧结过程中，制粒小球的粒度组成以及透气性对烧结矿的产质量有巨大影响。通过返矿分流技术，粗粒返矿不参与制粒，而是在制粒后期加入，可不破坏细粒料成球，对于当前提高制粒效果有利，同时可发挥支撑作用。因此，研究返矿分流对混合料制粒和烧结的影响，找到返矿分流的最佳工艺条件，开发出有效的返矿分流控制技术，有助于厚料层烧结技术的实施。

### 3.16.1 返矿分流试验研究

烧结使用的有两种返矿，其一烧结返矿平均粒度为2.29mm，其粒度以-5mm为主；其二高炉返矿的平均粒度为5.36mm，其粒度以3~8mm为主，占比达96.45%。可见将粒度相对较粗的高炉返矿进行分流更为合适。

实验室条件下，对返矿分流制粒过程进行模拟（见图3-66）。首先采用人工混匀的方式将铁矿石、焦粉、熔剂和烧结返矿混匀，然后加水制粒4.5min，此时，均匀加入高炉返矿，使其与制粒小球均匀混合0.5min，然后进行烧结杯试验。

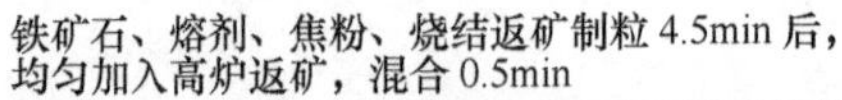


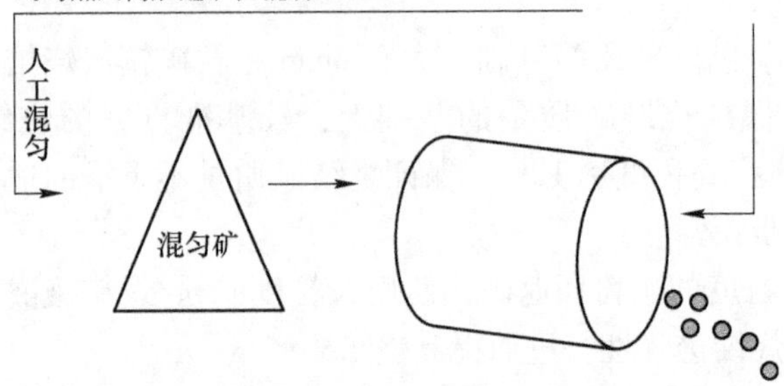


图 3-66　返矿分流制粒烧结流程简图

## 3.16.2　返矿分流对制粒的影响

返矿分流前后，混合料（未制粒）的粒度组成情况如表 3-25 所示，可知：返矿分流后，在未进行制粒时，混合料平均粒径由 2.35mm 降低至 2.14mm，黏附粉（-0.5mm）含量由 34.60%提升 38.04%，黏附粉（-0.5mm）/核颗粒（+0.5mm）由 0.53 提高到 0.61。

**表 3-25　返矿分流前后混合料（未制粒）的粒度组成**

| 制粒前混合料 | 混合料粒度组成/% | | | | | | | 平均粒度/mm |
|---|---|---|---|---|---|---|---|---|
| | +8mm | 8~5mm | 5~3mm | 3~1mm | 1~0.5mm | 0.5~0.25mm | ~0.25 | |
| 含高炉返矿 | 3.99 | 12.46 | 14.06 | 24.41 | 10.48 | 6.96 | 27.64 | 2.35 |
| 不含高炉返矿 | 4.30 | 9.06 | 11.99 | 26.76 | 11.55 | 7.67 | 30.37 | 2.14 |

在高炉返矿全部进行分流的条件下，不同水分对制粒效果的影响如表 3-26 所示，可知：

（1）制粒水分同为 7.75%时，返矿分流后，平均粒度由 4.27mm 提升至 4.58mm，透气性指数也随之改善，由 3.65 提升至 4.22。返矿分流后 3~8mm 明显增加，-3mm 大幅减少，这表明在同等水分下，返矿分流可以有效改善制粒效果。

（2）高炉返矿饱和吸水率为 1.77%，扣除高炉返矿制粒过程所需的水分，剩余水分占混合料的 7.58%，在此条件下制粒，和返矿不分流、水分为 7.75%的制粒相比。返矿分流后，平均粒度由 4.27mm 提升至 4.41mm，透气性指数（JPU）也随之改善，由 3.65 提升至 4.11。

（3）返矿分流，在制粒水分为 7.50%时获得的制粒效果，与返矿不分流、水分为 7.75%时的制粒效果相当，由此可以得出，达到相当的制粒效果，采用返矿分流技术可以适度降低制粒水分含量。

表 3-26 不同水分配比对制粒效果的影响

| 返矿是否分流 | 制粒水分/% | 粒度组成/% | | | | | | | 平均粒度/mm | 透气性指数 |
|---|---|---|---|---|---|---|---|---|---|---|
| | | +8mm | 8~5 mm | 5~3 mm | 3~1 mm | 1~0.5 mm | 0.5~0.25 mm | -0.25mm | | |
| 是 | 7.50 | 11.48 | 14.26 | 38.04 | 29.66 | 6.05 | 0.54 | 0.00 | 4.01 | 3.65 |
| 是 | 7.58 | 10.47 | 27.32 | 32.45 | 25.23 | 4.40 | 0.13 | 0.00 | 4.41 | 4.11 |
| 是 | 7.75 | 10.96 | 28.42 | 34.02 | 23.47 | 3.03 | 0.10 | 0.00 | 4.58 | 4.22 |
| 否 | 7.75 | 10.54 | 25.34 | 28.86 | 29.48 | 4.74 | 1.03 | 0.00 | 4.27 | 3.65 |

### 3.16.3 返矿分流对烧结的影响

焦粉配比 5.60%时，不同水分条件下，返矿分流对烧结指标的影响如表 3-27 所示，可知：

(1) 同等水分情况下，返矿分流可以提升烧结速度和利用系数，但成品率和转鼓强度有所降低。

(2) 返矿分流时，通过降低制粒水分，当水分从 7.75%降低到 7.50%时，其烧结速度与返矿未分流而水分为 7.75%的速度相当，其他指标也基本相当；表明返矿分流在低水条件下烧结可获得与返矿不分流在高水条件下烧结相当的指标。

表 3-27 不同水分配比对烧结指标的影响

| 返矿是否分流 | 制粒水分/% | 烧结速度/mm · min$^{-1}$ | 成品率/% | 转鼓强度/% | 利用系数/t · (m$^2$ · h)$^{-1}$ |
|---|---|---|---|---|---|
| 是 | 7.75 | 23.86 | 74.65 | 63.27 | 1.54 |
| 否 | 7.75 | 21.66 | 76.22 | 63.67 | 1.46 |
| 是 | 7.50 | 21.46 | 76.13 | 63.83 | 1.45 |
| 否 | 7.50 | 21.05 | 76.23 | 64.20 | 1.43 |

### 3.16.4 返矿分流预润湿比例对烧结的影响

在高炉返矿全部分流时，不同润湿比例对制粒效果以及烧结矿产质量的影响。已知高炉返矿饱和吸水率为 1.77%，因此对其进行预润湿时，只需根据高炉返矿所占比例，从总添加水中分出对应水分对其润湿即可，剩余水分即为制粒添加水分。返矿分流预润湿比例对制粒效果的影响如表 3-28 所示，可知：

(1) 返矿分流时，在相同制粒水分条件下，返矿润湿相比不润湿的混合料平均粒度和透气性指数相对更低。

(2) 相比返矿不分流，返矿分流不论润湿还是不润湿，其平均粒度和透气性指数均有提高。

表 3-28 不同预润湿比例对制粒效果的影响

| 返矿是否分流 | 润湿比例/% | 粒度组成/% | | | | | | | 平均粒度/mm | 透气性指数 |
|---|---|---|---|---|---|---|---|---|---|---|
| | | +8mm | 8~5mm | 5~3mm | 3~1mm | 1~0.5mm | 0.5~0.25mm | -0.25mm | | |
| 否 | — | 10.54 | 25.34 | 28.86 | 29.48 | 4.74 | 1.03 | 0.00 | 4.27 | 3.65 |
| 是 | 0 | 10.96 | 28.42 | 34.02 | 23.47 | 3.03 | 0.10 | 0.00 | 4.58 | 4.22 |
| 否 | 100 | 10.56 | 26.59 | 33.27 | 26.08 | 3.47 | 0.03 | 0.00 | 4.45 | 4.09 |

### 3.16.5 返矿分流对料层厚度的影响

将高炉返矿进行分流后由于制粒效果和料层透气性得以改善，为厚料层烧结的实施打下了基础，研究得出：抽风负压不增加的前提下，料层厚度由基准值700mm 提高至 780mm，在保证烧结速度、利用系数不变的同时，烧结矿成品率和转鼓强度显著提高（见表 3-29）。

表 3-29 返矿分流对料层厚度的影响

| 返矿是否分流 | 料层高度/mm | 烧结速度/mm · $min^{-1}$ | 成品率/% | 转鼓强度/% | 利用系数/t · ($m^2$ · h)$^{-1}$ |
|---|---|---|---|---|---|
| 否 | 700 | 21.66 | 76.22 | 63.67 | 1.46 |
| 是 | 700 | 23.86 | 74.65 | 63.27 | 1.54 |
| 是 | 740 | 22.57 | 77.74 | 63.53 | 1.51 |
| 是 | 780 | 21.54 | 77.35 | 64.60 | 1.47 |
| 是 | 820 | 19.75 | 78.19 | 64.27 | 1.34 |

### 3.16.6 返矿分流应用方案

返矿分流在工艺中的应用如图 3-67 所示，在二次圆筒混合机尾部增设高炉返矿分流矿仓，来自高炉槽下的高炉返矿通过一条可逆皮带，即可进入配料室原有的高炉返矿矿仓，也可进入新增的高炉返矿分流矿仓。分流的高炉返矿经皮带秤称量后由可移动式皮带自二次圆筒混合机尾部送入，运输皮带伸入混合机约3m，并保证一定的运行速度，使得分流的返矿以抛射的形式进入混合机，确保其落点距离圆筒混合机末端 4 ~ 5m，分流的返矿与其余物料的混合时间大于1min。在靠近二次圆筒混合机端的可移动式皮带下方设有钢结构的三角支撑梁，防止可移动式皮带的悬塌。另外在靠近二次圆筒混合机端的可移动式皮带上方设有挡料板，防止因旋转而被带至二次圆筒内顶端的物料下落时损坏可移动式皮带。

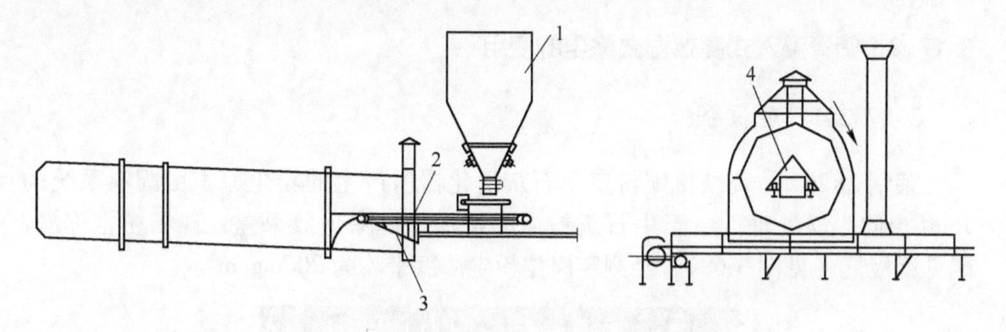


图 3-67　返矿分流工艺配置示意图
1—分流矿仓；2—移动皮带；3—支撑架；4—挡料板

### 3.16.7　小结

针对返矿分流技术，完成返矿分流分级点、预润湿等因素对混合料制粒和烧结指标的影响研究，查明了返矿分流的最佳工艺条件，研究结果表明：

（1）在同等制粒水分条件下，将高炉返矿分流制粒，相比未分流的制粒混合料，其平均粒度由 4.27mm 提升至 4.58mm，返矿分流改善了料层透气性。

（2）将高炉返矿分流制粒，在同等制粒水分条件下，垂直烧结速度由 21.66mm/min 升高到 23.86mm/min，利用系数由 1.46t/($m^2$·h) 提高到 1.54t/($m^2$·h)。

（3）将高炉返矿分流后，透气性的改善有利于使用厚料层烧结，料层厚度由 700mm 提高至 780mm。

## 3.17　莱钢烧结生石灰扬尘的治理

生石灰消化过程中，产生大量蒸汽和粉尘，现场环境恶劣。采用传统的布袋除尘或电除尘，由于粉尘中含有 CaO 成分以及水蒸气，会造成布袋除尘器糊堵，电除尘器极板易挂泥导致腐蚀严重，除尘效果较差，岗位环境恶劣。

### 3.17.1　生石灰消化粉尘污染特点

在烧结生产中，生石灰消化时间一般为 7min 左右，生石灰计量后在消化器内加水消化，但生石灰在消化器内停留时间仅 1min 左右，大部分消化过程是在后续的工艺皮带上及一次混合机内完成，沿线伴随着产生粉尘和蒸汽。当生石灰用量少、活性度低时，粉尘和蒸汽产生量少；而在生石灰用量大、活性度高时，粉尘和蒸汽产生得多，同时损失大量热能，影响岗位环境。另一方面，混合料逐渐失水而变得高温干燥，在转运翻倒或在一次混合机内混匀时受机械力作用，粉尘和蒸汽全部释放，以致岗位环境恶劣。

## 3.17.2　筛管浸入式高效湿式除尘的使用

### 3.17.2.1　现状分析

莱钢 2×265$m^2$ 烧结机配料室生石灰消化器所产生的粉尘原本由配料系统的 76$m^2$ 电除尘器处理，由于生石灰粉尘的特殊性，除尘效果差，现场粉尘弥漫，能见度极低（见图 3-68），经测定岗位粉尘浓度平均为 200mg/$m^3$。

图 3-68　改进前岗位环境

除尘设备本身运行也较为困难，如：电除尘管道内污水较多，经常发生除尘管道堵塞；极板挂泥、腐蚀严重，除尘器运行电压、电流达不到正常范围；灰斗板结积灰，放灰困难等等。因此，必须寻求有效的除尘方法来解决生石灰消化系统的扬尘。

### 3.17.2.2　确定适用的除尘技术

筛管浸入式高效湿式除尘是一种湿法除尘技术，它综合了各种低能湿式除尘器的成熟技术，克服了布袋除尘器只适用于收集干灰、电除尘器内吸入白灰易结块蓬仓的缺陷，能够处理湿度较大的气体粉尘，且除尘效率高达 99%以上，非常适合于生石灰消化过程产生的高湿粉尘的净化处理。

### 3.17.2.3　筛管浸入式高效湿式除尘工艺设计

筛管浸入式高效湿式除尘器采用风机使除尘水箱内部形成负压，然后把收来的含有粉尘的蒸汽吸入除尘器通道，经水喷淋后，水和含尘蒸汽同时经筛管进入水浴盒；水浴盒中的水在多孔筛管的作用下，通过引风机的引力使水沸腾起来，因此含尘气体与水达到完全混合，粉尘遇水沉淀，而水蒸气遇水变成水。水浴盒中的污水，在循环水的冲击作用下溢出，流入沉淀水池。空气在风机的引力下与水分离，再经脱水器脱水后达标排放。沉淀水池分为两个区域：沉淀区和清水区。从水浴盒溢出的除尘污水经沉淀后进入清水区域，清水经循环泵打入除尘器喷淋通道循环利用，根据清水区水质状况酌情更换新水；废水则排入车间主沉淀池再经潜水泵打回至生石灰消化器加水，从而实现污水全部循环利用。筛管浸入式高效湿式除尘器工作原理见图3-69。

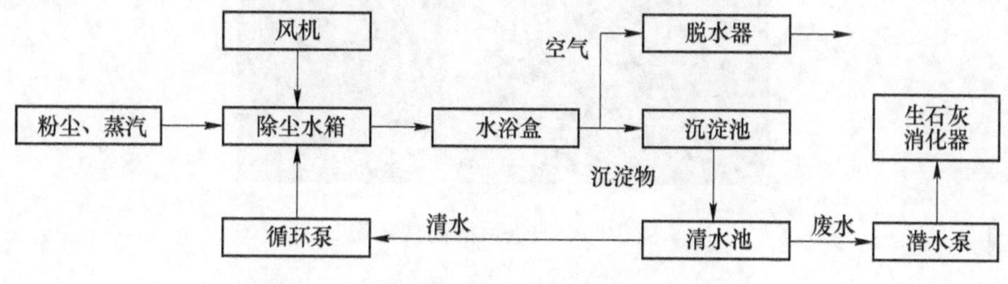


图3-69 筛管浸入式高效湿式除尘工艺简图

3.17.2.4 设备选型及技术参数

莱钢烧结机配料室生石灰消化量为1300～1500t/d，岗位粉尘浓度最高为1600mg/m$^3$。据此，选用ASGⅡ-2筛管浸入式湿式除尘器，其处理风量为20000m$^3$/h；除尘器风机型号Y4-73-9C，风量$Q$=15229～29216m$^3$/h，全压$p$=1511～1100Pa，$n$=1470r/min，配电机Y200L1-4，$N$=18.5kW；幕帘式水雾发生器喷出口孔径3mm，最大喷射角120°；水气比0.75。

3.17.2.5 集尘改进及维护措施

（1）集尘改进。由于现场粉尘和蒸汽较为分散，特别是一混4号皮带受料漏斗周围的可利用空间十分窄小，经论证，决定从主管道引出三个支管将一混3号皮带机头、一混4号皮带受料漏斗周围、一混入口上方主要产尘点的粉尘进行收集，较好地解决了粉尘的捕集问题。

（2）设备维护。收尘罩、收尘支管每周清理一次；除尘器筛管和喷淋管道每月冲洗、清理一次；风机每月加注一次润滑油，叶片每月检查、清理一次；根据除尘效果调节风机风门开度，防止风机喷水；循环水泵因故不能工作时严禁开风机，并要及时关闭进气管插板阀，防止进气管、水管、筛管堵塞；长时间停机时须将除尘器内的水排净，冬季要注意防止污水沉淀池冻结。

## 3.17.3 改进效果和结论

生石灰消化系统除尘设施的改造于2008年6月完成。改造后，粉尘和蒸汽造成岗位环境污染问题得到了有效治理，岗位粉尘浓度降到8.7mg/m$^3$，能见度大大提高（改进后环境情况见图3-70），一线职工的作业环境得到了极大改善，日常巡检效率大大提高，生产安全得到了根本保证。

图 3-70 改进后的岗位环境

## 3.18 宝钢烧结一次混合机烟气除尘方案探讨

近年来，随着宝钢烧结生产组织方式和配料结构发生变化，特别是生石灰使用量的增加，烧结工序混合制粒过程产生的含湿含尘废气流量显著增加，并具有颗粒物浓度较高、湿度较高、黏性较大（易黏附于排气筒和管道）等特点。从确保岗位粉尘浓度达标、改善劳动环境以及控制区域扬尘的角度出发，需增设混合机除尘设施，并兼顾除尘灰等产物的处理。

### 3.18.1 混合机扬尘现状与相关调研

#### 3.18.1.1 混合机扬尘产生的现状

2012 年对宝钢二烧结与三烧结的一次混合机排放烟气进行了检测，主要测试项目与数据详见表 3-30，烟气粉尘的理化特性列于表 3-31 和表 3-32。结合现场生产和物料组成情况分析可知，一次混合机烟气具有如下特点：（1）烟气量不稳定，波动较大，容易受到工艺操作和原料条件的影响。（2）颗粒物浓度超标且波动范围较大，超过 20mg/m$^3$ 的限值。（3）湿度较高，含湿量在 5%~10% 范围内波动；（4）黏附性较强，易黏附于排气筒内壁与管道等处。（5）烟气中颗粒物湿容量高于烧结混合料，粒度较细，主要来源于消石灰、煤粉、焦粉以及含铁原料中的含铁含碳粉尘。

表 3-30 一次混合机烟气检测情况

| 机组 | 排气筒截面积/m$^2$ | 温度/℃ | 含湿量/% | 流速/m·s$^{-1}$ | 热态烟气量/m$^3$·h$^{-1}$ | 干烟气量/m$^3$·h$^{-1}$ | 颗粒物浓度/mg·m$^{-3}$ |
|---|---|---|---|---|---|---|---|
| 二烧结 | 0.732 | 41 | 5.2 | 2.3 | 6149 | 5074 | 1110.3 |
| 三烧结 | 0.708 | 47 | 7.4 | 1.9 | 4842 | 3826 | 221.6 |

表 3-31 一次混合机烟气粉尘化学成分 (%)

| TFe | CaO | $SiO_2$ | Zn | S | $K_2O$ | $Na_2O$ | C |
|---|---|---|---|---|---|---|---|
| 4.48 | 55.99 | 3.01 | 0.048 | 0.302 | 0.064 | 0.025 | 12.74 |

表 3-32 一次混合机烟气粉尘水分与粒度 (%)

| 水分/% | 粉尘粒度 | | | | | | MS |
|---|---|---|---|---|---|---|---|
| | +1mm | 1~0.5mm | 0.5~0.25mm | 0.25~0.125mm | 0.125~0.063mm | -0.063mm | |
| 约10 | 0.5 | 5.3 | 12.2 | 29.9 | 26.6 | 25.5 | 0.18 |

目前，主要应对措施只是增加混合机排气筒高度，以降低废气排放浓度。2010年前后，三台烧结机的一次混合机排气筒高度经改造从5m（筒体中心至排气筒顶部）增加至约11m，但效果并不理想，区域环境和岗位工作环境未得到显著改善。环保检查数次对三台烧结机的一次混合机排气筒连续扬尘（见图3-71）情况进行了通报，并要求整改。

图 3-71 一次混合机扬尘照片

### 3.18.1.2 治理混合机除尘的相关技术

鉴于前述混合机产生废气的特性，重力除尘器、布袋除尘器和静电除尘器均无法满足其除尘要求。经调研，国内部分烧结厂采取了在一次混合机机旁增设湿式除尘器的措施。投运初期效果均较好，但是随着时间推移，水平方向或坡度较小的管道堵塞渐趋严重，除尘效果变差，目前仅有少数几家维持运转。分析认为，湿式除尘器的缺点在于：（1）产生的污泥返回主皮带参与配料，因水分大对配料混合产生负面影响；外排则产生二次污染，增加工作量。（2）需设置沉淀池处理污水，占地大，运行费用高。（3）除尘管路易堵塞。由于混合机内属于半潮湿和高于常温的环境，烧结料混合过程产生的废气中所含有的$Ca(OH)_2$

易吸收空气中的 $CO_2$ 生成碳酸钙，从而使物料在管道内壁黏附和硬化（即碳化作用）。久之，使除尘器进风管径变小，直至堵塞，导致除尘器本体无法工作。

在专利检索和相关技术交流中，也未发现国外烧结厂关于混合机烟气除尘技术的相关信息。分析认为，这与国外烧结机不用或者较少使用生石灰有关。

## 3.18.2　基于塑烧板除尘器的工业试验与方案制订

### 3.18.2.1　塑烧板除尘器工业试验

对于烧结混合机的扬尘治理，需要采取技术可靠、经济合理的除尘技术，既能使混合机含湿废气达到排放标准，同时又要统筹考虑除尘灰返回主工艺回收利用，改善烧结区域环境和岗位作业条件。为此，在不考虑湿式除尘器、重力除尘器、布袋除尘器和静电除尘器的前提下，鉴于塑烧板除尘器具有除尘效率高、使用寿命长、清灰效果好、疏水耐湿等特点，且在化工、制药、电力、汽车、采矿以及冶金轧机等生产领域有成功应用的经验，故 2012 年选取塑烧板除尘器进行了工业试验，以探索其应用于混合机除尘的可行性。

试验设备包括：塑烧板除尘器 1 台（处理风量 $530 \sim 4239 m^3/h$，配风机）；进风管道直径 $\phi 250mm$，其中横直管段长约 6m，竖直管段约为 1m；除尘器入口前设调节烟气流量的蝶阀。系统流程为：烧结混合机烟囱→风管→蝶阀→塑烧板除尘器→风机。在蝶阀前的竖直管段设有 1 个 *DN*100 检测孔，用于实时检测过滤风速和烟尘浓度。在塑烧板除尘器花板上下分别设有压力检测孔，可在线连续读出花板上下的压力差。

试验持续 10 天左右，结果表明：（1）塑烧板除尘器处理混合机烟气效果好，可达 $10 mg/m^3$ 以下；（2）存在横直管道堵塞问题，如不解决将导致除尘器失去作用。

### 3.18.2.2　制订塑烧板除尘系统技术方案

#### A　方案简介

基于试验结果，考虑混合机废气特性及除尘灰返回主工艺回收利用的要求，经数次讨论优化，形成了基于塑烧板除尘器的一次混合机除尘技术方案。

本方案以塑烧板除尘器为主体，将其安装于混合机排气口上方或其厂房屋面上，混合机排气口与除尘器进风口以较粗的直管段连接。混合机产生的含湿含尘废气经由排气口、进风管道以及除尘器进风口，进入塑烧板除尘器本体。除尘器进风口、进风管道以及混合机排气口同时兼作除尘器排灰通道，废气中的粉尘依次被除尘器内部的塑烧板阻留、反吹和脱落，经由排灰通道返回混合机参与混合制粒，而净化气流则从除尘器上部排气通道排出。

此方案在宝钢股份新建一台面积为600m$^2$ 的周转烧结机中应用。

B　工作原理

混合机所产生的含湿含尘废气从排气口经管道和进风口进入除尘器本体，管道设置一段软连接以减小除尘器对混合机荷载产生的影响，废气通过塑烧板滤芯时，粉尘被阻留在塑烧板表面的涂层上，净化后的气流透过塑烧板经内腔进入净气箱和排风管道，借助风机产生的负压经排风管道排出。

塑烧板表面附着的粉尘增加后，可按定阻、定时或自动脉冲控制方式，选择需要清理的塑烧板或除尘室，通过喷吹阀将压缩空气喷入塑烧板内腔中，反吹掉聚集在塑烧板外表面的粉尘。掉落的粉尘在压缩空气的气流与重力作用下经宽敞的灰斗落入混合机筒体内部，混入正在翻转混合的烧结原燃料中，从而再次参与混合制粒。塑烧板除尘器原设备结构与工作原理如图3-72所示。在本技术方案中，取消了横向含尘气流入口，将其与出灰口合并设置为竖直管道。含尘气流上行，除尘灰下落，考虑二者的密度，经调试选取合理的进风流速。

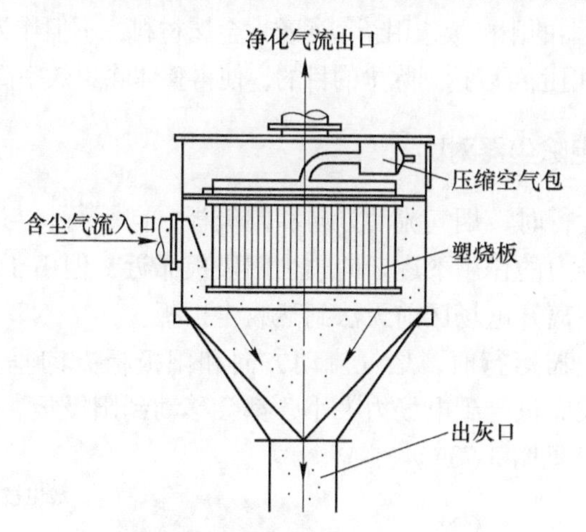


图3-72　塑烧板除尘器示意图

选用变频风机，控制除尘器内的负压，防止混合料中细粒物料被废气带出，同时还可根据工艺需要调节除尘风量。

### 3.18.2.3　除尘系统的特点

与湿式除尘器以及其他工作场合的塑烧板除尘器相比，本技术方案具有如下特点：

（1）设备运行可靠。这种以塑烧板为主要过滤部件的干法除尘系统布置在混合机上部，取消了水平段管道，合并进风与排灰管道且设置为竖直管道，消除了粉尘黏附故障源。故障时除尘器可直排，不影响主工艺系统生产。

（2）设备结构简洁。除尘器与混合机直接连接，无刮板机、卸灰阀、灰仓等粉尘输送设施，简化了工艺流程，节省了设备投资。

（3）除尘处理清洁。除尘后排放浓度不大于10mg/m$^3$，除尘灰可直接回到混合机参与混料，无需二次处理，不产生二次污染，预计每年可减少排放并实现资源回收利用数十吨。此外，由于未增加粉尘水分，回收后更容易保证物料混合后的均匀性。

（4）烟气处理高效。风机变频运行可稳定除尘器入口负压和混合机内部压力，控制除尘器吸入的细小颗粒物料量。进风口处设置导流板与隔板，有利于气流分布，提高烟气处理效率。

## 3.19　径流式电除尘器的应用

径流式电除尘器与传统电除尘对比，最大的不同是收尘阳极板垂直于气流方向布置，粉尘更易于在新型阳极板上完成捕集。

径流式电除尘器的阳极板选用新型通透性金属材料，不但作为静电收尘的收尘极板，高物理拦截作用也可以达到除尘的目的，使得整体除尘效率高于一般除尘器。

### 3.19.1　与传统电除尘器对比

传统电除尘运行时，烟气流动方向和阳极板方向平行，与电场方向垂直，带电粉尘颗粒在电场力的作用下逐渐向收尘阳极板靠近，但由于收尘设备尺寸的局限性，多数粉尘在离开电场区前无法到达收尘极板。

径流式电除尘器运行时，烟气流动方向和阳极板方向垂直，与电场方向平行，带电粉尘颗粒无论受到电场力大小，都会移动到阳极板，在静电力作用下附着在收尘极板上（见图3-73）。

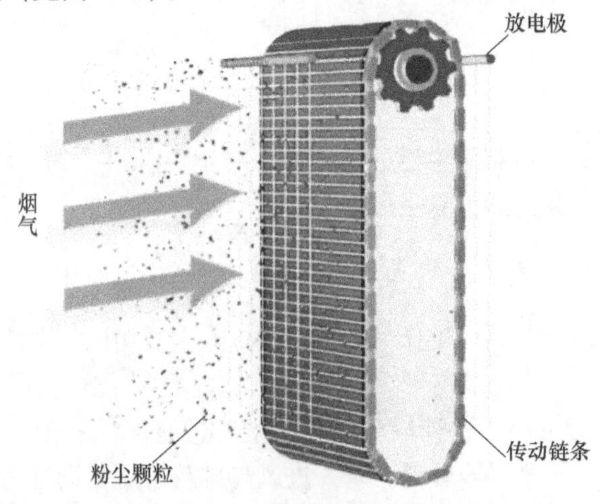


图3-73　径流式电除尘器工作原理

普通材料的阳极板其场强只分布在极板表面（见图 3-74），而新型径流式阳极板的多孔结构呈三维分布（见图 3-75），因此孔与孔之间可以形成立体方向的场强，使局部场强增加。

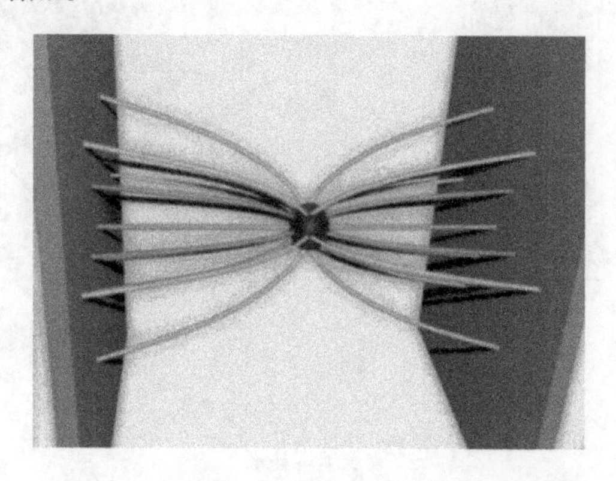

图 3-74 传统阳极板

图 3-75 新型阳极板

### 3.19.2 湿式径流式电除尘器技术优势

北京华能达电力技术应用有限责任公司自主研发的径流式电除尘器获得国家环境保护科技技术奖三等奖，应用于电力、化工、钢铁行业，在实现粉尘超净排放的道路上提前迈出了一步。径流式电除尘器分为湿式和干式两种，下面主要介绍径流湿式电除尘器的优势：

（1）条件适用性广。湿式径流式除尘器（见图 3-76）对三高（高温、高湿、高腐蚀）环境，有独特的适用性，2205 不锈钢丝网可以适应含水量较大环境。适用于钢铁、铝业、石灰窑企业，如钢铁企业的一次除尘、烧结混合机、钢渣处理烟气、火焰清理机、热轧及切割等环境除尘。

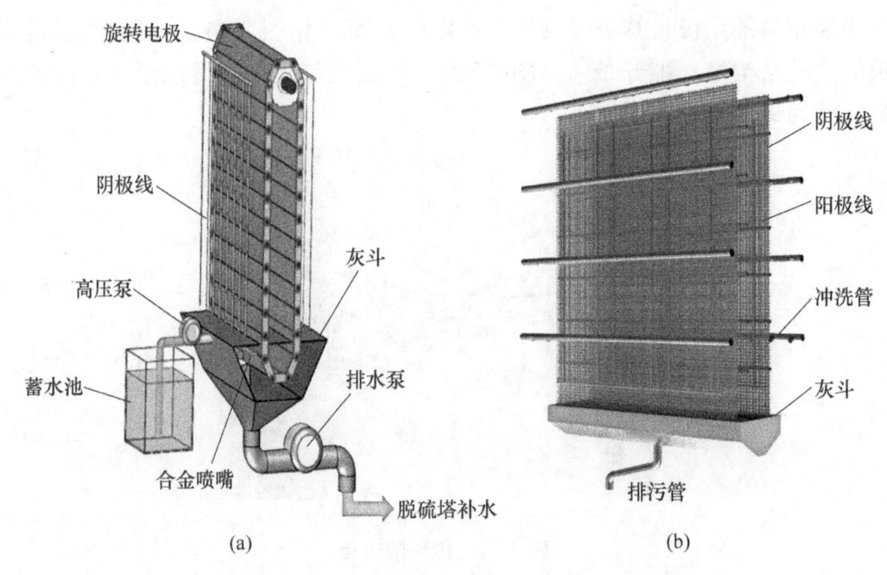


图 3-76　湿式径流式电除尘器分旋转式和固定式

（a）Ⅰ代旋转式；（b）Ⅱ代固定式

（2）除尘效率高。除尘效率可达 90%以上，新型的阳极板布置方式使除尘器对于 PM2.5 以下粉尘颗粒和小液滴及气溶胶有较好的去除效果，金属丝网的物理拦截作用也可以去除大部分直径较大的液滴和粉尘。

（3）使用寿命长，低维护。核心部件选用 2205 双相不锈钢（见图 3-77），性能远高于一般导电玻璃钢及玻璃鳞片防腐技术，在三高环境中长时间保持良好状态运行，使用寿命可达 30 年，且检修维护量较小。壳体内极线、极板、均布板 5 年免费维保。

图 3-77　湿式径流电除尘器阳极板（金属网）使用 3 年情况

（4）运行稳定，二次电压较高。极线与极板距离固定不变，设有喷淋水，场强稳定均匀，绝缘子绝缘处理可靠，二次电压长时间稳定在80kV。国内传统电除尘器运行电压仅为30~50kV，电压低，细微粉尘荷电不足，难以被补集，除尘效率低。

（5）运行成本低，节水节电。冲洗方式：间歇冲洗；冲洗压力：1.5MPa；冲洗频率：1~3天/次；冲洗水量：10~20t/次；平均水耗：0.28t/h；冲洗范围：阳极板、阴极线、气流均布板。运行设备电耗85kW。

（6）体积小，节约空间。以两级电场为例，径流式电除尘器占用长度3m（不含过渡段），比传统湿除设备小很多（见图3-78），为老厂区除尘改造提供了可行性。

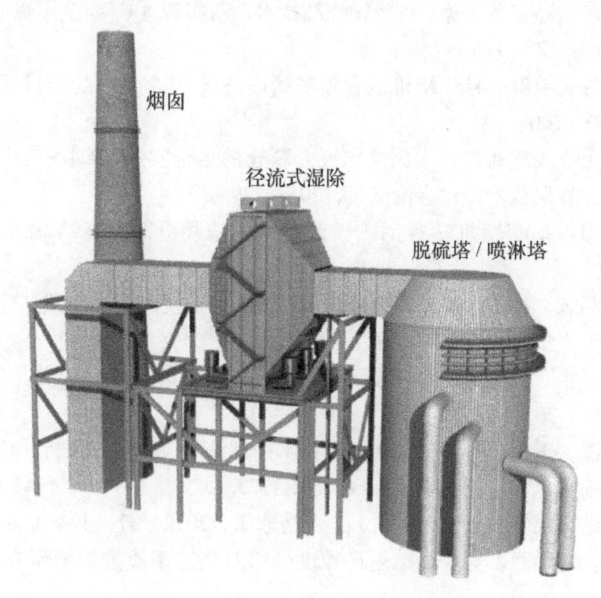


图3-78 湿式径流式电除尘器安装

## 参 考 文 献

[1] 张惠宁，等．烧结设计手册［M］．北京：冶金工业出版社，2008：82~90.
[2] 范晓慧．铁矿烧结优化配矿原理与技术［M］．北京：冶金工业出版社，2013：11~31.
[3] 刘文权，吴记全．烧结强力混合和强化制粒创新技术［C］//全国烧结球团技术交流会论文集，2017：155~158.
[4] 卢兴福，刘克俭，戴波．立式强力混合机及其在烧结工艺中的应用［C］//第十一届中国钢铁年会论文集，2017：232~237.
[5] 张雪峰，沙占涛．新型耐磨衬板的开发及应用方案［C］//第十四届全国烧结球团设备技

术交流会暨节能环保技术研讨会论文集，2016：4~6.
[6] 何木光，宋剑，蒋大均，等．锥形逆流分级强化制粒技术在攀钢烧结的应用 [C]//全国烧结球团技术交流会论文集，2017：117~121.
[7] 吴丹伟，刘武杨，刘华，等．烧结节能提效集成新技术在柳钢 2 号 $360m^2$ 烧结机上的应用 [J]. 烧结球团，2018，43 (2)：25~28.
[8] 刘硕存，陈友根，赵文海．圆筒混合机防倒料装置的设计与应用 [C]//第七届全国烧结球团设备技术研讨会论文集，2009：90~91.
[9] 袁平刚，王挽平，张晓冬，等．混合机在线清料装置的研发与应用 [J]. 烧结球团，2016，41 (1)：20~22.
[10] 王洪余．防止混合机粘料的技术创新与应用 [C]//第十五届全国烧结球团设备技术交流会暨节能环保技术研讨会，2017：62~64.
[11] 安秀伟，王东，孙宝芳，等．青特钢烧结技术创新实践 [C]//全国烧结球团技术交流会论文集，2017：125~128.
[12] 董志民，张月．承钢一号烧结机混合料矿槽改造 [C]//全国烧结球团技术交流会论文集，2013：98~100.
[13] 何运珍．液压铲式疏通机在太钢烧结混合料仓的运行实践 [C]//第十二届全国烧结球团设备及节能环保技术研讨会论文集，2014：29~30.
[14] 赫崇俊．实用新型疏堵机在本钢矿槽改造中的应用 [J]. 烧结球团，2010，35 (2)：41~43.
[15] 侯慧军，闫利娥，吴明，等．减少生石灰喷灰、稳定烧结生产实践 [C]//全国烧结球团技术交流会论文集，2017：56~58.
[16] 刘拴军，刘世雅，温诗博，等．安钢 $400m^2$ 烧结机系统一次、二次混合机改造 [J]. 烧结球团，2011，36 (4)：12~15.
[17] 姜鑫，郑海燕，王琳，等．三种烧结新技术的理论与应用前景分析 [C]. 全国炼铁生产技术会暨炼铁学术年会论文集，2014：321~323.
[18] 王英杰．烧结分层制粒工艺研究 [J]. 烧结球团，2012，37 (1)：17~20.
[19] 王喆，安钢，刘伯洋，等．烧结返矿粒度分布对烧结矿质量影响研究 [J]. 烧结球团，2017，42 (4)：6~9.
[20] 裴元东，吴胜利，熊军，等．大粒度矿/返矿镶嵌烧结技术研究及其在首钢应用的分析 [J]. 烧结球团，2014，39 (2)：1~4.
[21] 王兆才，周志安，何国强，等．基于返矿分流的烧结强化制粒技术研究 [J]. 烧结球团，2018，43 (4)：12~16.
[22] 李宁．鞍钢三烧 $360m^2$ 烧结机改造生产实践 [C]//全国烧结球团技术交流会论文集，2012：41~43.
[23] 赵红光，向天德，李兴义，等．莱钢烧结厂生石灰扬尘的治理 [J]. 烧结球团，2009，34 (6)：51~53.
[24] 周茂军，张代华，郭艺勇．宝钢烧结一次混合机烟气除尘方案探讨 [J]. 烧结球团，2013，38 (5)：41~44.
[25] 贾永新．径流式电除尘器-实现粉尘超净排放的利器 [C]//全国低成本炼铁生产技术交流会文集，2018：99~106.

# 4 提高混合料温技术

【本章提要】

本章介绍了生石灰加热水消化、混合机加热水及混合料矿槽通蒸汽等提高混合料温度的试验研究，鞍钢、重钢、本钢、方大特钢及新余钢铁提高混合料温度的生产实践。

烧结混合料温度是制约烧结生产的一个重要因素，如果料温达到露点（烧结过程一般为60~65℃）以上，可以显著减少料层中水蒸气冷凝形成的过湿现象，有效降低过湿层厚度和过湿层对气流的阻力，改善料层透气性，提高烧结矿的产量、质量并降低能耗。通过计算可知，混合料温每提高1℃，固体燃耗可降低0.145kg/t。

## 4.1 鞍钢提高混合料温的措施

### 4.1.1 提高混合料温的措施

影响混合料温度的主要因素包括：环境温度、内部自循环返矿温度、生石灰质量及消化放热、蒸汽预热装置的热效率以及混合制粒时添加水的温度等。为了提高混合料温度，主要采用以下几种措施：

（1）配加热返矿。由于热筛处高温多尘，维修极为困难，不利于稳定生产，劳动条件极差，已逐步淘汰热返矿工艺。

（2）配加生石灰。配加生石灰在各烧结厂均得到广泛的应用。

（3）加热水混合制粒。先用蒸汽将水加热至70℃以上，再添加到生石灰消化器、混合机和制粒机中，以提高料温和改善制粒效果，目前各烧结机均采用了此方法。

（4）利用蒸汽预热混合料。主要是将蒸汽直接通入混合制粒机和混合料矿槽内。从制粒机中心线侧偏右位置的进料端伸进去一根$\phi$50mm，长2.5m的蒸汽管，蒸汽管上开有8个$\phi$6mm的圆孔，通入蒸汽后混合料温可提高15℃左右，夏季能够达到60℃以上。

机头混合料槽内加入蒸汽方式采用两种形式，一种是在矿槽下部利用蒸汽围管和支管通入矿槽内，此种方法容易造成蓬矿槽，并且仅能对靠近矿槽壁的混合料进行预热，造成混合料温度不均；另一种是在矿槽顶端垂直布置蒸汽管到矿槽内，此方法下料阻力小，能够对矿槽内中间部位的混合料进行预热。上述两种方法结合使用后，混合料温度得到较大幅度的提升，混合料温度可提高 15~20℃。

鞍钢烧结系统通过各项措施的实施，使烧结混合料温度得到不断提高，全年平均可达到 47℃，夏季时最高可达到 65℃以上，冬季环境气温在-20℃左右时，混合料温度也可达到 35℃左右。

由于混合料温度的不断提高，为提高烧结料层厚度、优化各项生产参数提供了有利条件。烧结料层厚度可达到 710mm，烧结矿转鼓强度达到 80.66%，烧结固体燃耗达到 43kg/t，取得了较好的经济效益。

### 4.1.2　鞍钢三烧混合料矿槽蒸汽预热技术优化

鞍钢三烧 360$m^2$带式烧结机混料设备为一段混合机和二段圆盘造球机，由一混经 4 条皮带运输机到达二段混合，再经 2 条皮带运输机到达烧结机头混合料矿槽，皮带全长 1480m，皮带通廊已经封闭。

鞍钢三烧混合料 90%以上的水分是在一次混合机加入，所以提高一次混合加水温度可间接提高混合料温度。考虑到蒸汽与水为同一介质，热交换迅速，溶解性强，若采用蒸汽来加热混合料既提高热交换利用率，又能简化设备投资，还不易造成二次污染，且鞍钢炼铁总厂的高炉余热蒸汽资源丰富，所以利用高炉余热蒸汽来提高混合料温度。

#### 4.1.2.1　可行性计算（按料温提高 10℃计算）

鞍钢炼铁总厂高炉余热锅炉所产生的蒸汽的压力夏季为 0.8MPa，冬季为 0.6MPa，蒸汽温度为 187℃。在这种条件下，计算得出若要使混合料温提高 10℃，需要耗蒸汽量为 1186kg/h。按炼铁厂目前情况看，完全能够满足混合料温提高所需的用汽量，而且不会对其他用汽点造成影响。

#### 4.1.2.2　蒸汽预热装置的设计与制作

在混合料矿槽下部距泥辊上部 2m 处加设一周蒸汽管道，斜下 15°插入矿槽通蒸汽；混合料矿槽内部加 3 排 6 根 $\phi$89mm 钢管，管与管之间相连，管底部均匀开若干圆孔，向下垂直插入矿槽内，通蒸汽预热混合料。由于蒸汽含水大、压力不稳定，如直接把蒸汽通入混合料矿槽进行加热，势必造成混合料水分大幅波动和欠混（蒸汽压力小）的现象。所以结合现场实际情况，经过多次试验，自行设计出一套汽水分离蒸汽预热装置，很好地解决了此问题，见图 4-1 和图 4-2。

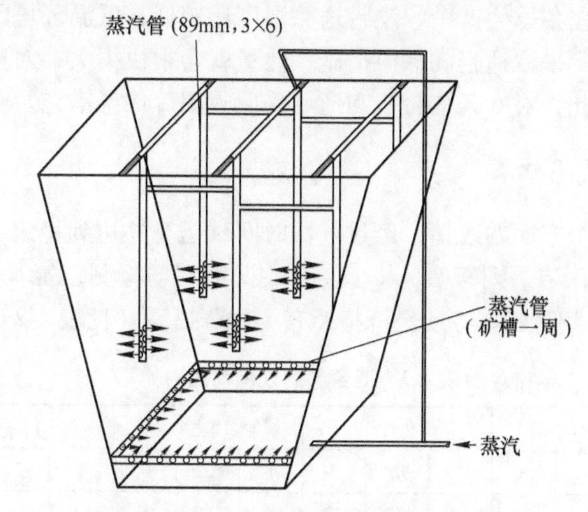


图 4-1 混合料矿槽蒸汽预热装置示意图

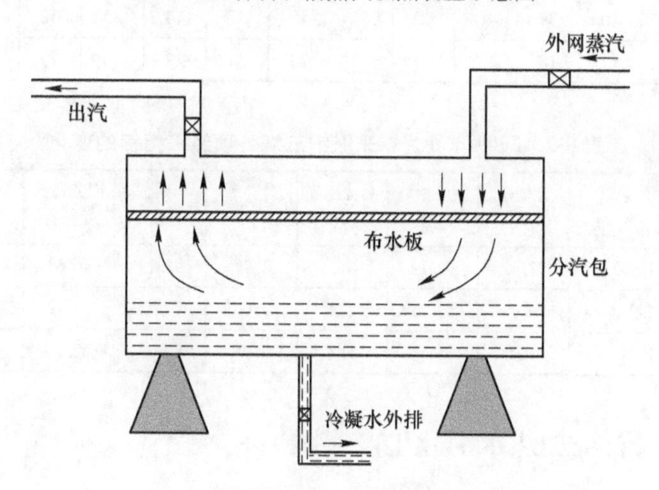


图 4-2 自制蒸汽分汽缸

汽水分离蒸汽预热装置采用 $\phi$159mm 管将外网蒸汽引到烧结机混合料矿槽。自制蒸汽分汽缸为卧式（规格 1.0m×1.5m），蒸汽由右侧上部进入分汽缸，从左侧上部排出，中上部设有布水板进行过滤，冷凝水从底部管道排入管网。这套装置制作的关键是分汽缸，从而保证预热温度和减少蒸汽含水量，避免混合料水分的波动。

#### 4.1.2.3 补充措施

由一混到二段混合再到混合料矿槽，要经过 6 条皮带机的运输，途中热量损失比较大。特别在冬季生产中，皮带通廊温度比较低，低温环境气体与混合料的热交换迅速，如不采取适当的保温措施，热量就会很快损失，对整体提高混合料温度不利，鉴于此，对6条皮带机和通廊采取封闭等保温措施。

#### 4.1.2.4 使用效果

通过上述几个方面的改造，经过一段时间试运行并达到稳定后，对混合料温进行了抽样检测，结果列于表4-1（表中数据由现场检测，工具为测温计）。从2010年初开始，鞍钢三烧各项经济指标有了显著提高（见表4-2）。

表4-1 混合料温改造前后对比 （℃）

| 项目 | 8月 | | | 9月 | | | 10月 | | | 11月 | | | 平均 |
|---|---|---|---|---|---|---|---|---|---|---|---|---|---|
| | 1 | 2 | 3 | 1 | 2 | 3 | 1 | 2 | 3 | 1 | 2 | 3 | |
| 不使用 | 22 | 23 | 21 | 23 | 21 | 22 | 22 | 23 | 22 | 15 | 13 | 12 | 19.92 |
| 使用后 | 38 | 40 | 39 | 40 | 40 | 44 | 45 | 47 | 44 | 45 | 42 | 41 | 42.08 |
| 升高 | 16 | 17 | 18 | 17 | 19 | 22 | 23 | 24 | 22 | 30 | 29 | 29 | 22 |

表4-2 2009年6月以来鞍钢三烧各项经济指标的变化

| 时间 | 利用系数 $/t\cdot(m^2\cdot h)^{-1}$ | 合格率 /% | 转鼓指数 /% | 筛分指数 /% | $CaO/SiO_2$ | 一级品率 /% | 固体燃耗 $/kg\cdot t^{-1}$ | 料层厚度 /mm | 作业率 /% |
|---|---|---|---|---|---|---|---|---|---|
| 2009.6~12 | 1.167 | 97.42 | 79.79 | 3.2 | 1.97 | 91.19 | 46.63 | 700 | 93.31 |
| 2010.1~12 | 1.268 | 99.63 | 80.25 | 2.2 | 2.06 | 94.75 | 44.19 | 740 | 95.85 |
| 2011.1~12 | 1.373 | 100 | 81.43 | 1.7 | 2.08 | 99.92 | 42.14 | 750 | 98.60 |

## 4.2 本钢生石灰加热水消化生产实践

生石灰如果未经过充分加水消化成浆，会影响造球效果，影响料层的透气性，对提高料层厚度不利。未消化的残余CaO就使烧结形成“白点”，而造成烧结矿产、质量下降及高炉波动。

### 4.2.1 生石灰加热水消化的试验与结果

水的温度对生石灰消化程度的影响原理是：用常温水消化生石灰，会生成$Ca(OH)_2$薄膜，包围未消化的CaO，使消化中断。待薄膜中的水蒸发或薄膜溶解后，消化才能得以继续。用高温水或沸水消化，就不会产生“薄膜”，消化可连续进行，消化程度有所提高。鞍钢烧结试验表明：（1）用热水消化生石灰，当水温由32℃提高到80~90℃，台时产量提高0.63%~1.36%。（2）热量利用较充分，矿物的熔融结晶条件改善。在96℃水温消化生石灰时，烧结矿转鼓指数提高0.42%。(3) 消化程度提高6.5%，相当于生石灰用量增加2kg/t，成品率提高，固体燃耗下降。

针对鞍钢烧结的试验结果，本钢在265m²烧结进行了以下试验和测定：

(1) 不同水温对消化时间影响的试验（结果见表4-3)，从表可见，消化水的温度越高，消化时间越短。

**表4-3 不同水温生石灰消化时间**

| 初始水温/℃ | 30 | 51 | 60 | 72 | 80 |
|---|---|---|---|---|---|
| 消化时间/min | 5.5 | 3.5 | 2.2 | 1.65 | 0.83 |

(2) 不同粒度生石灰对消化时间影响的试验。对不同粒度的生石灰，在相同水温下的消化时间也做了测定（结果见表4-4)。可见，生石灰的粒度越细，消化时间越短，对提高混合料温度不利，从试验结果和强化烧结作用看适宜的生石灰粒度为1~3mm。

**表4-4 不同粒度生石灰的消化时间**

| 生石灰粒度/mm | >5 | 5~3 | 3~1 | <1 |
|---|---|---|---|---|
| 消化时间/min | 6 | 3.6 | 1.75 | 1.05 |

## 4.2.2 生石灰热水消化工业试验结果

为了提高生石灰的消化，将原来的加冷水改为加热水，具体方法就是在加水处安装了一个水葫芦，如图4-3所示。对生石灰加水方式的改变，加热水进行消化改造后的效果见表4-5。

(1) 采用生石灰热水消化后，生石灰消化成了极细的胶体颗粒，具有很强的黏结性，有效地提高了混合料的成球性及小球强度，因此混合料大于3mm粒级由基准期的62%提高到67%，使生石灰的强化烧结作用得到充分发挥，烧结料层厚度提高到700mm。

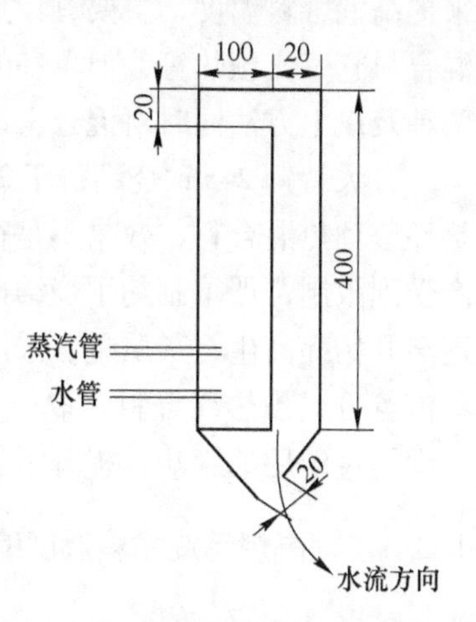


图4-3 自制加水葫芦

**表4-5 采用热水消化生石灰前后混合料粒度**

| 项 目 | 混合料温/℃ | 二混混合料粒度(>3mm)/% | 泥辊混合料粒度(>3mm)/% | 烧结负压/kPa |
|---|---|---|---|---|
| 改造前 | 42 | 62 | 58 | 13.7 |
| 改造后 | 47 | 75 | 67 | 13.4 |

（2）采用生石灰热水消化后，混合料温度提高，由基准期的42℃提高到47℃（以往冬季生产混合料温度在40～42℃）。从而烧结矿台时产量提高了5.74t/h，达到了预期的效果。

（3）生石灰在进入一次混合机前已经完全消化为消石灰颗粒，由于消石灰颗粒热稳定性好，使混合料的料球不易碎散。

（4）采用热水消化生石灰，烧结矿二元碱度稳定率提高了3.25%。

## 4.3　方大特钢245m²烧结机提高混合料温度生产实践

在烧结生产中，混合料的温度高低是影响烧结矿产、质量以及固体燃耗的重要因素。提高烧结混合料温度，使其达到露点温度以上，可以显著地减少料层中水汽冷凝而形成的过湿现象，从而减轻过湿层气流的阻力，改善料层透气性，增加通过料层的空气量，提高垂直烧结速度。同时可以减少燃烧带厚度，使得熔融物冷却速度加快，从而降低气流阻力。

提高混合料温度以减少烧结过程水蒸气的再冷凝及过湿带的形成是强化烧结生产的一个重要手段。从理论上来说，只有当混合料温度不低于60～65℃时，才不会出现水蒸气的再冷凝而形成过湿带。近年来，国内外研究并采用了多种方法来提高混合料温度，主要有：热返矿预热、生石灰消化预热、混料机蒸汽预热和混合料仓蒸汽预热等，但单一的预热方式往往达不到理想的效果，因此普遍采用两种及以上方法同时对混合料进行预热。

方大特钢245m²烧结机于2011年8月建成投产，投产初期仅有生石灰消化放热环节预热混合料，效果不是很理想，混合料温度偏低，料层透气性差，烧结生产受到限制，严重制约了烧结矿产量和质量的提高以及固体燃耗的降低。近年来逐渐开始提高生石灰质量、采用热水消化生石灰、混料机加热水以及混合料仓通蒸汽等方式预热混合料，取得了很好的效果，混合料温度达到60℃以上，有效减少了过湿层的影响，提升了烧结矿产量、质量。

### 4.3.1　提高烧结混合料温度的措施

#### 4.3.1.1　改善生石灰质量，引用热水消化生石灰

生石灰消化后能形成极细的消石灰胶凝体颗粒，这些颗粒与消石灰颗粒靠近产生毛细力，增加了混合料固结倾向，使混合料中初生小球的强度和密度增大。此外，生石灰消化后的胶体颗粒具有较大的比表面积，可以吸附和持有较大量的水分而不失去原有的疏松性和透气性，即可增大混合料允许的最大湿容量，使烧结料层内少数冷凝水可以被这些胶体颗粒所吸附和持有，不致引起料球的破坏。同时生石灰消化是放热反应，由于生石灰和混合料充分接触混匀，因此换热效率

较高。

方大特钢 245m²烧结机使用生石灰质量见表 4-6，由于各家生石灰质量不一，CaO 含量不同，造成消化水用量及消化时间也不同，需要经常调节加水量，给烧结生产带来波动。

**表 4-6 方大特钢 245m²烧结机使用的生石灰质量指标**

| 厂家 | $w(CaO)/\%$ | $w(MgO)/\%$ | $w(SiO_2)/\%$ | 生过烧率/% | 活性度/mL |
|---|---|---|---|---|---|
| A | 86.11 | 4.37 | 2.28 | 7~9 | 300~330 |
| B | 85.96 | 1.85 | 2.43 | 8~11 | 280~310 |
| C | 84.12 | 3.83 | 1.81 | 10~12 | 290~320 |

用常温水消化生石灰，会生成 $Ca(OH)_2$ 薄膜，包围未消化的 CaO，使消化中断，待薄膜中的水蒸发或薄膜溶解，消化才能得以继续。提高消化用水的温度，就不会产生薄膜，消化可连续进行，在一定时间内的消化程度因此提高。通过将混料水池的热水引进消化器，可缩短生石灰的消化时间。消化水温度与消化速率关系见图 4-4。

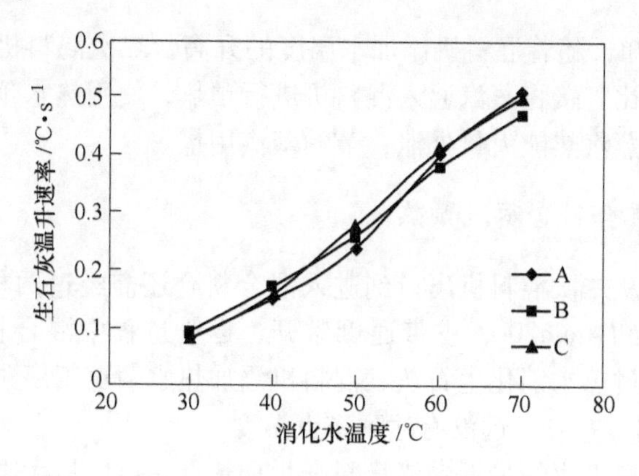


图 4-4 生石灰消化水温度与温升速率的关系

由图 4-4 可以看出，随着消化水温度的升高，3 种生石灰温升速率即表观消化速率均增大，并且温度越高，温升速率提高幅度越大。原因是消化水温度越高，使得各反应物离子之间传质加快，并且反应放出大量热量使反应物温度进一步升高，又促进了物相之间的传质，从而加快了消化反应的进行。

4.3.1.2 混料机添加热水

混合料在混匀过程中，需要在混料机内加水润湿，以增强混匀造球效果，改善烧结料层透气性。烧结生产过程中，90%以上的水来自混料添加水，水的温度对提高混合料温度有很大的影响。为了达到提高混合料温度的效果，对混料添加水进行加热。

为此，在二次混料机旁新建了一个蓄水池，将蒸汽管道引至蓄水池底部，通过蒸汽与水进行热交换来提高水的温度，此时蒸汽利用率极高。通过控制蒸汽阀门开度的大小，可以保证水温达到 70℃以上。通过测量二次混料机出口的混合料温度，得到不同水温与混合料温度关系，见图 4-5。

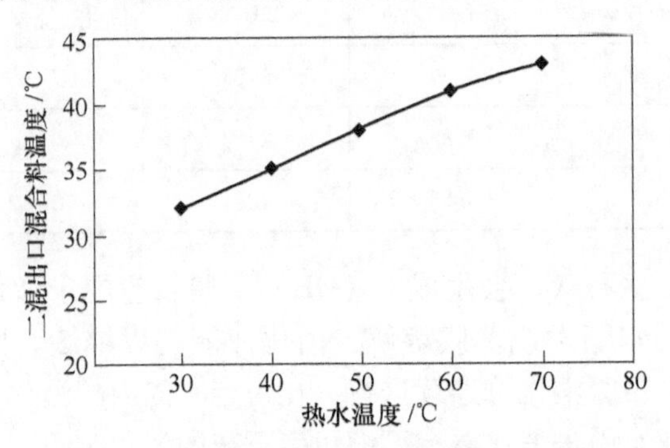


图 4-5　热水温度和混合料温度之间的关系

由图 4-5 可知，随着混料机添加水温度的升高，二次混料机出口混合料温度呈上升趋势。相比直接将蒸汽通入混料机进行预热，使用热水预热具有更高的热交换效率，避免蒸汽热能大量外泄，节约蒸汽用量。

#### 4.3.1.3　混合料仓蒸汽预热

由于混合料从二次混料机出口到进入混合料仓还需经过两根总长约 400m 的皮带，运输时间约 4min20s，皮带通廊敞开，运输过程中混合料温度下降较多。特别是冬季，经过热水消化生石灰、混料机添加热水两道工序预热，圆辊处混合料温度仍只有 38℃左右，远没有达到露点温度。

因此选择距离点火炉最近的混合料仓为加热点，可以最大限度地减少运输过程中的热量损失，提高热量利用率。将烧结余热锅炉产生的蒸汽引入混合料仓，在圆辊上方 1.5m 左右位置设一圈蒸汽管道，插入混合料仓内，蒸汽直接通入混合料内部预热。改造初期使用中压蒸汽，由于蒸汽压力不够，没有取得预期的预热效果。特别是混合料仓中部，蒸汽无法渗透，中部混合料温度比两边温度要低，造成烧结过程不均匀。经过改造后引入动力管网高压蒸汽，并在混合料仓中部增加一圈蒸汽管道，蒸汽与混合料接触更加充分，混合料温度得到很大的提高。同时，为了防止蒸汽中的冷凝水引起混合料水分波动，蒸汽进入混合料仓之前先通过一套汽水分离装置，可以有效地减少蒸汽含水量，稳定烧结过程。混合料仓使用蒸汽参数见表 4-7。

表 4-7 混合料仓预热蒸汽参数

| 蒸汽压力 /MPa | 蒸汽温度 /℃ | 蒸汽用量 /t · h⁻¹ | 脱水效率 /% | 混合料温度 /℃ |
|---|---|---|---|---|
| >0.4 | 200 | 2.0~2.5 | 99 | 60~70 |

## 4.3.2 提高混合料温度对生产的影响

### 4.3.2.1 提高混合料温度对烧结操作指标的影响

当混合料温度在 60℃以下时，烧结料层中存在过湿层，影响料层透气性，从而影响垂直烧结速度。当料温在 60~65℃时，此时料温在混合料的露点左右波动，烧结料层中的过湿层较薄，甚至消失，透气性有较大的波动。当料温在 65℃以上时，烧结料层中过湿层消失，料层透气性提高，垂直烧结速度加快，此时可以适当提高料层厚度并加快机速。不同混合料温度烧结生产操作及技术指标的对比见表 4-8。

表 4-8 不同混合料温度烧结生产操作及技术指标的对比

| 时间 | 混合料温度 /℃ | 料层厚度 /mm | 机速 /m · min⁻¹ | 垂直烧结速度 /mm · min⁻¹ | 利用系数 /t · (m² · h)⁻¹ | 固体燃耗 /kg · t⁻¹ | 转鼓指数 /% | 筛分指数 /% |
|---|---|---|---|---|---|---|---|---|
| 2014.12 | 35 | 670 | 1.8 | 16.75 | 1.22 | 47.42 | 74.12 | 7.42 |
| 2015.06 | 45 | 680 | 1.8 | 17.00 | 1.25 | 46.98 | 74.36 | 7.35 |
| 2015.12 | 55 | 685 | 1.9 | 18.08 | 1.33 | 46.73 | 75.21 | 6.55 |
| 2016.06 | 65 | 690 | 1.9 | 18.21 | 1.39 | 46.13 | 76.01 | 6.14 |
| 2016.12 | 70 | 690 | 1.95 | 18.69 | 1.41 | 45.71 | 76.24 | 5.98 |

由于混合料温度提高，烧结料层透气性得到较大的改善，料层厚度提高 20mm，机速提高 0.15m/min，垂直烧结速度提高 1.69mm/min。

### 4.3.2.2 提高混合料温度对利用系数的影响

从表 4-8 可以看出，随着混合料温度的升高，过湿层影响减小，料层透气性改善，垂直烧结速度加快，料层厚度增加。经过预热的混合料温度从 35℃升高到 70℃，烧结机利用系数提高 0.19t/(m² · h)。由此可见，提高混合料温度，生产参数得到优化，生产状况明显变好，烧结矿产量不断提高。

当混合料温度提高到 70℃以上，烧结过程的过湿层现象基本消失，继续提高混合料温度，对利用系数基本没有影响。料温对利用系数的影响见图 4-6。

#### 4.3.2.3　提高混合料温度对转鼓强度及筛分指数的影响

由于混合料温度升高，过湿层厚度降低以至于消失，料层透气性改善，烧结料层厚度增加，表层强度差的烧结矿层所占比例相对减少，同时中下部矿层中矿物之间的液相生成和结晶条件改善，因此烧结矿强度及筛分指数均有所改善。由表4-8可知，转鼓强度由74.12%提高到76.24%，筛分指数由7.42%下降到5.98%。

#### 4.3.2.4　提高混合料温度对固体燃耗的影响

使用热水消化生石灰、蒸汽预热混合料后，加强了混合料的制粒效果，有效减少了过湿层的影响，烧结料层透气性改善，料层厚度增加，自蓄热作用加强，混合料配碳量可适当降低，从而降低固体燃料消耗。混合料温度与固体燃耗关系见图4-7。

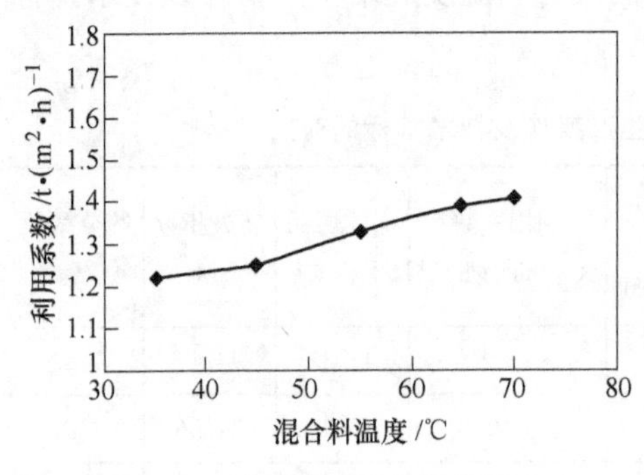


图4-6　料温对利用系数的影响

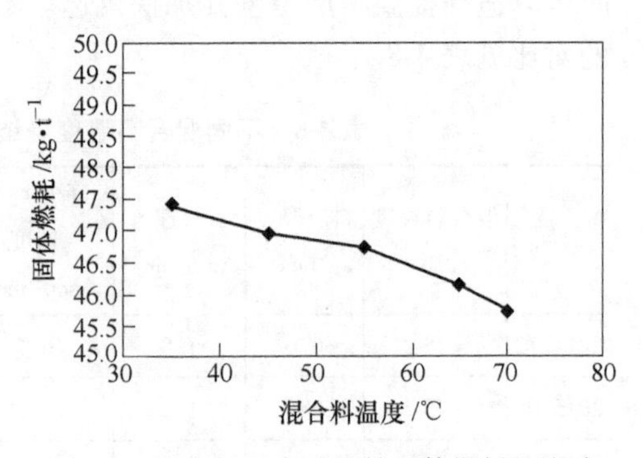


图4-7　混合料温度对烧结固体燃耗的影响

### 4.3.3　结论

（1）通过稳定并提高生石灰质量，使用热水消化，可加快生石灰消化速度，提高消化后温度，进而提高混合料温度，且制粒效果得到极大的改善。

（2）使用蒸汽加热混料筒添加水，可使二混混料筒出口混合料温度达到45℃。

（3）在混合料仓通入高压蒸汽预热，可将热量损失降到最低，混合料温度可达到60℃以上。

（4）将烧结混合料温度从35℃提高到70℃，可显著减少烧结过程中的过湿层，提高料层透气性，强化烧结过程。料层厚度提高20mm，机速提高0.15m/min，垂直烧结速度提高1.69mm/min，转鼓指数提高2.12%，筛分指数下降1.44%，固体燃耗下降1.71kg/t。

## 4.4 重钢加污泥消化生石灰实践

重钢生石灰的消化采用中水和炼钢厂、轧钢厂产生的污泥，由于污泥含铁较高，具有较高利用价值。所以，重钢先将炼钢厂污泥通过管道输送至烧结污泥池，用工业循环水进行搅拌形成污泥水，然后将污泥水分别用压力输送至配料室消化生石灰。用污泥水消化生石灰有以下好处：

（1）充分利用含铁原料，降低铁料消耗；

（2）节约工业水；

（3）提高烧结物料成球性，提高烧结透气性。

如何充分利用好污泥并对生石灰进行充分消化，对重钢烧结生产起着重要作用。为此，进行了重钢污泥水消化生石灰实验，主要内容是：不同污泥浓度、不同加入比例对提高烧结混合料成球性和提高混合料温度的影响。重钢烧结消化生石灰主要以提高烧结混合料成球性为主，选择在二混前消化完毕。根据实验结果以及物料输送的时间，确定生石灰外加污泥水比例为100%，浓度为不造成管道堵塞即可。同时，为提高生石灰消化效果，消化器以及加水管的位置进行了改进。

按照重钢新区工艺设计，来自炼钢轧钢系统的污泥进入烧结污泥池，经污泥泵加压输送至配料室用于生石灰预消化。由于污泥浓度不受控，携带含铁尘泥过多，使用过程中管网堵塞严重，极大地影响烧结混合料水分稳定，使得烧结作业不稳定。因此，有效解决管网堵塞问题，对保证生产稳定，降低燃耗有重要意义。

据分析，轧钢系统产生的污泥进入轧钢污泥旋流池进行渣铁分离，由于捞渣不及时，底部沉淀未能按照工艺设计路线正常分离，周而复始逐渐磨细被携带进入污泥浆，流入炼钢后亦未能进行正常固液分离及浓度调配，污泥浓度处于失控状态，最后流入烧结。由于携带含铁尘泥量大，一方面，在经污泥泵输送前，大量尘泥已在污泥池中沉淀，严重时，将污泥泵取水口全部掩埋；另一方面，被携带进浆液的尘泥在输送过程中由于压损及流速下降沿管道沉积现象突出，导致使用过程中管网堵塞频繁。为此，技术人员曾做过在配料室污泥管网末端增加压缩空气的改造，当配混系统停机时开启压缩空气对污泥输送管道进行反吹，该措施对管道清堵有一定效果，但由于污泥管网距离长、弯头多，压缩空气在管网中压损很大，对于污泥泵及取水口堵塞效果较差。从现场情况分析，解决污泥泵取水口堵塞成为解决污泥管网堵塞的关键。

围绕解决污泥泵取水口堵塞问题，技术人员经过现场调研，决定在取水口增加助吹系统，仍然以压缩空气为吹扫介质。在靠近取水口位置助吹管与取水管平行，且压空管口应略高于取水管管口。打开闸阀，压缩空气沿助吹管道喷射出，将取水口附近新沉积的含铁尘泥吹散从而保证取水口始终处于畅通状态（见图4-8），可以直接而有效地降低污泥管网频繁堵塞的难题，保证生石灰消化效果及烧结生产稳定。

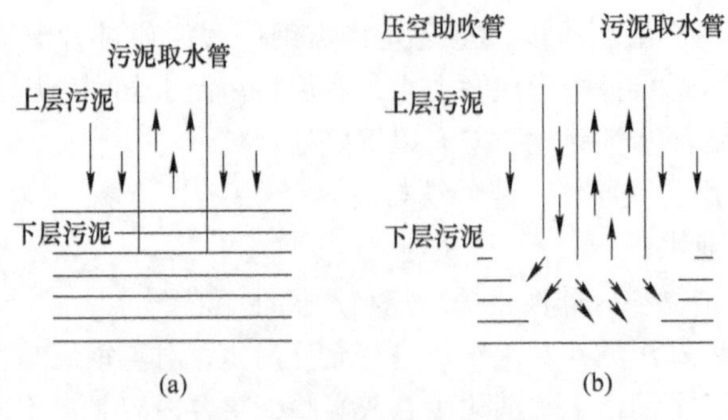


图 4-8　污泥池改造

(a) 项目实施前；(b) 项目实施后

经过对污泥泵取水口增加压缩空气助吹系统，污泥管取水口及输送管网发生堵塞频率由原来的5~10 次/d 降至 2 次/d 以内，甚至连续多日无堵管现象发生，污泥池清堵周期变长，烧结新水消耗大幅度降低，污泥使用量大幅度提升，含铁资源循环再利用率提高；混合料水分稳定率及混合料温度、料层透气性提高，烧结作业改善，烧结矿产、质量提高，经济效益显著；配料室及一混圆筒沿线扬尘得到有效抑制，环境效益进一步突显。

## 4.5　新余钢铁提高混合料温生产实践

新余钢铁烧结厂三烧车间 $2\times360m^2$ 烧结机提高混合料温的方法是在环冷机安装热水加热器，利用环冷三段 300℃左右的余热将要加入消化器、混合机的水温提升至 80℃左右。利用热水改善生石灰的消化效果，提高混合料温度，同时向混合料矿槽通入高温蒸汽，用提升料温的方法减轻混合料矿槽的结料现象。

### 4.5.1　热水加热器装置简介

#### 4.5.1.1　装置主要特点

(1) 热水加热器在环冷机上布置，无需增加额外场地。

(2) 给水直接采用工业用水，无需采用软化水，无水处理成本。

(3) 水温预热至 80℃，水温较高够满足烧结混合料给水温度要求，大大节省了烧结厂蒸汽用量。

(4) 热水加热器热废气依靠自身烟囱抽力，自然通风，无需增加引风机，无用电能耗。

(5) 如果厂区给水管网压力不小于 0.2MPa，可不设给水泵，依靠管网压力自然给水，无给水用电能耗。

（6）环冷机三段生产热水量正常18t/h，最高20t/h，回收热水量较大，效益极为明显。

#### 4.5.1.2 主要工艺流程

烟气管路：三段低温烟气→热水加热器→烟囱；

给水管路：厂区管网工业水→热水加热器→储水箱→混合；

主体设备：热水加热器、烟气阀、烟囱、设备支撑钢结构、储水箱、水路管网。

根据烧结厂使用的原产结构与实际生产数据可以得出，一混二混加热加湿拌料所需要的最大用水量占二混后原料比例的5%，计算360m²烧结机混料室所需要的水质量为19.76t/h，得出环冷取热数据（见表4-9）。

表4-9 热水加热器基本参数

| 名称 | 废气流量 /$m^3 \cdot h^{-1}$ | 废气进口温度 /℃ | 终排烟气温度 /℃ | 废气侧阻损 /Pa | 给水温度 /℃ | 预热后温度 /℃ | 额定给水量 /$t \cdot h^{-1}$ | 最大给水量 /$t \cdot h^{-1}$ | 给水水质 | 废气密度 /$kg \cdot m^{-3}$ | 废气粉尘含量 /$mg \cdot m^{-3}$ |
|---|---|---|---|---|---|---|---|---|---|---|---|
| 数值 | — | 300 | — | 21 | 10 | 85 | 17.5 | 20 | 自来水 | 1.29~1.31 | 300 |

按时给水量17.5t/h（其中2t拌料使用水分由高温蒸汽提供），水流速度2m/s，环冷机三段至一混管线路由长度220m计算，得出输送水管内径大小为70.08mm，采用外径80mm，壁厚4.5mm（考虑管道壁冲刷耗损增加0.5mm壁厚）无缝钢管运输。热水管外采用岩棉管单层保温结构。

据经验，一混混合机需要加热水温度需大于70℃，假设温降5℃，即要求热水到达一混混合机后温度为80℃，计算后，得出岩棉管外径79.34mm，取整80mm。

使用热水加热器利用环冷机第三段余热加热水提供给一混二混加湿、加热烧结原料后，更加有效地提高了余热资源的利用。

### 4.5.2 热水加热器的安装

通过改造现场水汽添加管路、增加环冷水加热器加热冷水、增设新型二级消化器使用热水消化、向混合机通热水进行混合制粒、混合料矿槽通入蒸汽提高混合料温达到55℃以上。

#### 4.5.2.1 环冷增加水加热器

2016年5月18日，在6号烧结机环冷三段（3号鼓风机处）安装加热器、钢结构、密封罩、风管、进出水管、蛇形管、流量计、压力表等热水加热器设备，加热器进水管加装闸阀，进出水安装排水管，蛇形管出水管旁安装挡风板，蝶阀变径管焊角钢及铁丝，槽钢加筋板及吊挂，上方雨棚安装吊挂，压力表更换并安装减震管。环冷三段烟气温度在300℃左右，在此处增加水加热器可以有效地利用高温烟气余热加热冷水，投资较少（只有设备费用），后期几乎不用维护。安装位置位于余热发电取风段后侧，安装方便。增加水加热器后，可以有效地将20℃左右的常温冷水加热到80℃。

热水加热器在使用过程中为保护水加热器防止造成干烧或者热水回流等现象，一般要求加水流量不得低于5t/h，加热水温靠加热器底部阀门控制，出水温度不得低于75℃、不得高于85℃。当出水温度过高时，电脑自动关闭加热器底部阀门保护设备。

#### 4.5.2.2 水、蒸汽管道改造

（1）增加了水加热器需要改变水管布置。

（2）已有的水管要做好防烫伤措施及保温措施。

（3）通入热水、蒸汽需要对一些老旧水管进行更换，确保管道有一定的耐压效果。

（4）方便烧结机根据生产要求灵活地调节热水、蒸汽来源及用量大小。

热水、蒸汽管道增加支路，打通两台烧结机与二烧车间两台烧结机、余热发电之间的联系，可以及时根据蒸汽的压力、温度与烧结过程情况灵活地选择使用相应单位的蒸汽，保证供气的充分，按需使用防止浪费，以提高蒸汽的加热效果，提高热转化率。

改变管路布设。做好热水、蒸汽管道的防护。增加水路与蒸汽管道的连接支管、闸阀，方便烧结机根据生产要求灵活的调节热水、蒸汽来源及用量大小。

根据生产实际情况，灵活地选择二烧车间两台烧结机余热发电作为供蒸汽来源，可以分别对两台烧结机或者单一烧结机供蒸汽，保证了蒸汽的温度、压力的可靠，防止蒸汽流量过大的外排浪费现象。同时改变了利用蒸汽加热冷水这种低热转化率的浪费现象。

#### 4.5.2.3 圆筒混合机添加热水

圆筒混合机通入温度达到80℃左右的热水进行混合制粒，改变加水位置，提高水压。混合机通过加水制粒，保证物料的水分满足生产需求且搅拌混匀最终达到制粒的效果，通过提高混合加水温度，在混匀、制粒的过程中可以有效均匀地提高混合料料温。当水温由20℃提高到80℃，在混合搅拌过程中能让物料充分吸收热量，提高料温，实测加热混合料温度可达到55℃。同时利用加入高压

水流冲洗筒体，可有效地防止混合圆筒结圈、倒料。

#### 4.5.2.4 消化器改造及热水消化

生石灰强化烧结的效果与其消化程度有密切关系。生石灰中CaO在混合料中被消化的数量越多，说明消化程度越高，强化烧结的效果也越明显。消化水的温度能有助于生石灰的消化，用常温水消化生石灰，会生成$Ca(OH)_2$薄膜，包围未消化的CaO，使消化中断。待薄膜中的水蒸发或薄膜溶解后，消化才能继续进行。用一定程度的高温水就不会产生“薄膜”现象。并且采用双级消化器后生石灰消化距离变长，消化时间增加。在生石灰质量一定时，提高消化水的温度，能提高生石灰的消化程度。

改原有消化器为中冶长天生产的双级消化器，优化设备设计，改进操作技术，延长消化时间，通过对消化器加水水路的一系列改进，将加热器出来的80℃热水继续升温到107℃的过热水状态，用此过热水进行消化，提高了消化器中通入热水的温度。通过提升加水温度，改变消化器进水方式，极大地提升了消化水的温度，达到107℃的过热水温，消除消化过程中的“薄膜”现象，保证消化过程的持续进行，提高消化效果。同时降低了消化器设备的故障率。

#### 4.5.2.5 混合料矿槽添加蒸汽预热

烧结混合料温度是制约烧结生产的重要因素之一。混合料温度若低于“露点”温度，烧结料层上部水分蒸发不能随废气排出而是在料层下部冷凝成水，形成过湿带。严重影响烧结料层的透气性，为保证烧结矿产量、质量，只有降低料层厚度来增强透气性以保证烧结机的台车速度，而料层厚度的降低又增大了煤气消耗。通过提高混合料温度不仅能有效地减少过湿带的影响，而且因为烧结料层也随混合料温度的提高而有所提高，热利用率随之改善，有利于燃耗的降低。

混合料由二次混合机到烧结机上距离较远，运输过程中热量蒸发损失一部分，到了混合料槽的混合料温度只有50℃左右，为使混合料温度达到“露点”之上，在混合料矿槽和管状松料器中通入蒸汽预热混合料，使布到烧结机台车上的混合料的温度达到55℃以上。而随着料温的提高，烧结料层也随之提高，热利用率随之改善，有利于燃耗的降低。

在混合料矿槽四周及底部通入高压蒸汽，疏松烧结料。利用高压蒸汽的压力，连续地吹扫、疏松混合料矿槽底部结料，确保物料的流动性，减少结料的可能。

### 4.5.3 环冷机热水加热器生产实践

2016年9月1日，6号环冷机新设计安装的加热器投入运行，该加热器生产的热水主要供到生产水池内，之后通过生产加压泵输送到 1~4 次混合机作添加水，后续还将通过改造生石灰消化器直接供除尘器、石灰绞笼。主要作用是提高混合料料温减少蒸汽用量。

#### 4.5.3.1　加热器操作注意事项

(1) 加热器正常开启操作为：首先确认生产水池进水闸阀打开，再打开加热器进水闸阀开始供水，待确认管道有水流量时方可逐步开启烟气电动蝶阀，蝶阀的开度应根据水温控制要求进行调整。

(2) 加热器正常关闭操作为：先关闭加热器烟气蝶阀，再关闭加热器进水闸阀。整个过程中加热器出水闸阀始终处于常开状态，保证加热器的正常排水和泄压，在停用过程中人员不得靠近加热器排水口以防热气灼伤。

(3) 在生产过程中车间可以根据热水使用量调节加热器的进水量和烟气蝶阀风门开度，最低进水量不得小于 2t/h，严禁出现加热器断水干烧。

(4) 出现干烧的应急处理：1) 关闭烟气蝶阀，必要时停止 3 号环冷鼓风机，启动 5 号鼓风机；2) 关闭进水阀，打开排污阀；3) 待加热器温度降至正常后，方可注水。

(5) 加热器热水最高温度规定控制在 80℃以下。

(6) 遇到雨季用水量偏小，在烟气蝶阀全关的情况下温度还高于 80℃时，主控通知相关人员打开配料水池的溢流阀进行降温。

(7) 加热器最大流量为 25t/h，在不造成溢流的情况下尽量加大进水量以提高加热器使用效率，不得以溢流水为借口调小加热器的进水量。

(8) 石灰绞笼、除尘器用水因操作不当将造成水池长时间溢流，操作工应加强巡检，避免出现事故。

(9) 遇到突发设备故障（1h 以上），停、开按（1）、（2）项操作要求执行。

(10) 加热器的设备、管线点检、维护工作纳入 6 号环冷机设备点巡检范围。

#### 4.5.3.2　加热器的生产管理

主控工负责加热器烟气蝶阀风门开度、热水温度监控和操作、水量大小的监控，环冷工负责进出本闸阀操作，混合组长负责生产水池闸阀操作，配料组长负责溢流水闸阀的操作。

### 4.5.4　效果对比

2016 年 9 月，6 号烧结机环冷机热水加热器投入运行，其使用前后数据进行对比（见表 4-10）。可见，混合料料温从 41.6℃增长到 55.2℃，提高了 13.6℃。烧结机作业率提高了 0.51%，烧结矿转鼓指数上升了 0.03%，烧结矿固耗下降

0.48kg/t，煤耗下降 0.24$m^3$/t。

表 4-10 热水加热器运行前后部分烧结指标对比

| 项　目 | 混合料温度/℃ | 作业率/% | 转鼓指数/% | 固体燃耗/$kg \cdot t^{-1}$ | 煤气消耗/$m^3 \cdot t^{-1}$ |
|---|---|---|---|---|---|
| 使用前 | 41.6 | 96.58 | 76.06 | 56.83 | 4.23 |
| 使用后 | 55.2 | 97.09 | 76.09 | 56.35 | 3.99 |
| 效果 | +13.6 | +0.51 | +0.03 | −0.48 | −0.24 |

混合料温的提高减少了烧结生产过程中的波动，有效地提高了作业率，降低了生产成本，改善了烧结矿的产质量。改善了环冷、消化器、混合岗位环境卫生，降低了混合料矿槽的结料现象，减轻了岗位员工的劳动强度。

## 4.6 中冶长天新型生石灰消化及除尘技术

生石灰在烧结生产中除了能调节烧结矿碱度外，还具有良好的节能降耗、提高烧结矿产质量的作用。研究表明，配加生石灰后，提高了料温，改善了制粒效果，烧结过程产量可提高 10%左右，节约焦粉 1.5kg/t。生石灰消化对提高烧结产质量和降低能耗等方面均有明显改善作用，目前生石灰已经是烧结厂的主要熔剂之一。

然而，烧结厂生石灰目前实际使用情况很不理想，主要体现在两方面，一方面是消化率低，未消化的生石灰在二混中继续消化，生石灰消化过程中体积膨胀 1~2 倍，破坏已经完成的制粒小球，导致料层透气性降低，影响烧结矿产质量；另一方面是除尘效果差，由于生石灰烟气的特殊性，一般的除尘器无法达到满意的除尘效果，且除尘器及除尘风管的板结堵塞问题一直影响着除尘器的稳定运行，导致生石灰配加区域环境恶劣，严重影响操作工人的身体健康。

新余钢铁 360$m^2$6 号烧结机生石灰配加系统原采用的是单级消化器及水雾除尘器，生石灰消化率低及除尘效果差。中冶长天针对原系统的问题，分析了其主要原因，研究设计了一套新型生石灰消化及除尘装置，并在该烧结机生石灰配加系统上进行了改造和应用。

### 4.6.1 原系统存在的问题及原因分析

#### 4.6.1.1 生石灰消化器

原生石灰配加系统中所用消化器是单级消化器，消化器由螺旋槽、螺旋、驱动装置等组成，结构简图见图 4-9 和图 4-10。这种消化器在使用中存在以下问题：

（1）消化时间短，消化率低。现场测试生石灰从进料口到出料口时间为

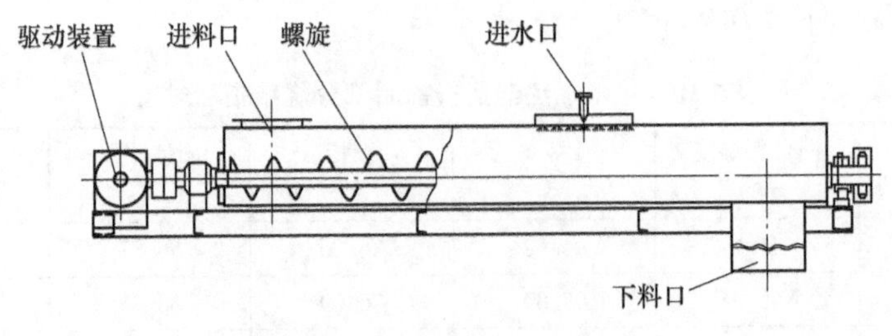


图 4-9　原生石灰消化器剖视图

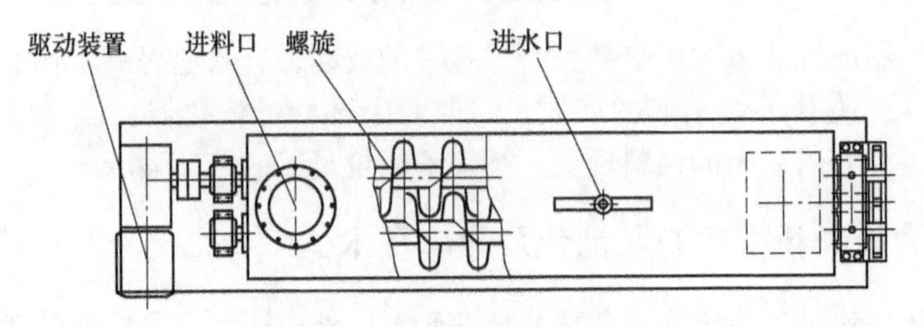


图 4-10　原生石灰消化器俯视图

20s，可以认为消化时间约为 20s，消化时间过短，消化不充分。原设计进水口在进料口前端，后因为堵料等原因，将进水口后移至消化器中后段，导致实际消化时间不到 10s，消化效果大打折扣。

（2）原消化器采用的是螺旋输送，实践表明，螺旋输送只适用于干式粉料的输送，不适用于像生石灰消化这种湿粉料的输送，其主要存在两方面影响：1）设备运转时，生石灰消化生成氢氧化钙，该产物与水搅拌形成的混合物容易黏附在螺旋与主轴的连接处，因机械挤压和水分变化，长时间后混合物逐渐形成碳酸钙垢块，随着附着物不断增厚且变硬，极难清除，不仅影响设备的正常运行，且降低消化器的处理能力；2）螺旋叶片只起到输送作用，没有起到搅拌作用，影响生石灰消化效果。

（3）生石灰加水消化过程中产生大量蒸汽，蒸汽携带大量粉尘，容易从进料口处反窜，不仅容易造成进料漏斗板结，且造成上游皮带秤板结，影响称量精度。

#### 4.6.1.2　除尘器

原生石灰配加系统中所用除尘器是水雾除尘器，如图 4-11 所示。除尘器置于消化器尾部，设两个除尘点，一个除尘点设于消化器尾部，另一除尘点设于消化器下料点前方，除尘器通过喷雾捕捉烟气中粉尘以实现除尘目的，除尘污水从除尘器底部流出，集中到水箱再循环利用。这种水雾除尘器在使用中存在以下问题：

（1）除尘效果差。依靠简单的喷雾来洗涤烟气这个方式除尘效率有限，现场观察排气烟囱可明显看到粉尘外冒，烟囱附近粉尘堆积严重。未完全处理干净的烟气中的粉尘黏附在风机叶轮上，长时间易产生板结，造成风机转动不平衡，振动大。随着近年来国家环保要求的提高，这种水雾除尘器的除尘效率及排放已经不能满足要求。

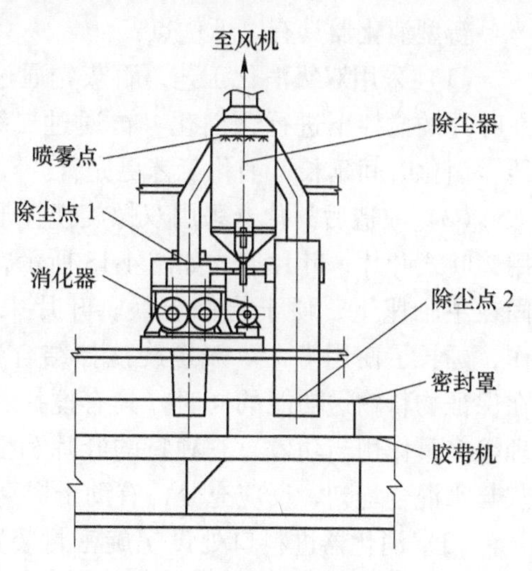

图 4-11 原水雾除尘器示意图

（2）除尘器及除尘风管没有设置清洗装置。由于生石灰烟气的板结特点，除尘器内部及风管容易产生板结，只依靠现场工人定期维护，但维护工作量巨大，且清理效果不尽如人意。除尘器和风管产生板结后，除尘风量降低，导致除尘风量不足，除尘点处烟气外冒，使得整个生石灰配加室烟气弥漫，环境相当恶劣。此外除尘器及风管的堵塞进一步影响了除尘效率，且影响着除尘器的稳定运行。

（3）除尘污水集中到水箱后，水箱发生板结，容积降低，无法充分发挥水箱的蓄水功能，导致部分除尘污水外排，污染环境。

### 4.6.2 新型生石灰消化系统及除尘装置的研究与应用

#### 4.6.2.1 新型生石灰消化器

针对原生石灰消化器存在的问题，中冶长天研究和设计了一种新型双级消化器，并对其叶片形式及密封结构进行优化，其结构简图如图 4-12 所示。

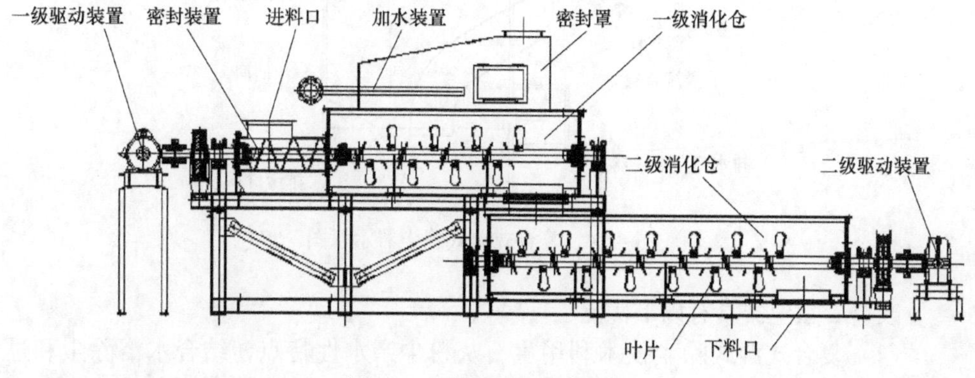

图 4-12 改造后双级消化器

新型消化器具有以下优点：

（1）采用双级消化工艺，石灰先通过一级消化仓，遇到从上面喷淋下的水，在叶片的搅拌下进行预消化，再通过二级消化仓进行充分消化，最后排出消化器，消化时间延长，消化工艺更完善。

（2）改造后消化器采用双螺旋搅拌形式，搅拌叶片采用桨叶式叶片，叶片形式如图 4-13 所示，叶片通过螺栓紧固在主轴座上，便于检修更换。叶片采用高耐磨材料制作，延长了使用寿命。双螺旋搅拌结合桨叶式叶片形式，在保证物料输送功能的同时，具有搅拌、粉碎结块和自清理等多重作用与功效，它独特的叶片和搅拌方式，使生石灰与水混合均匀、反应充分，有助于提高生石灰消化率。

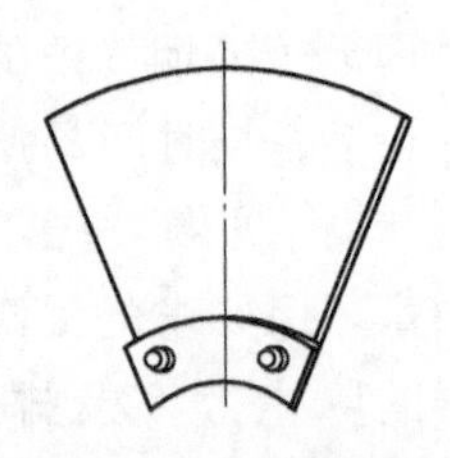

图 4-13　桨叶式叶片

（3）消化器进料口处设螺旋密封装置，密封输送段设有连续的输送螺旋叶片，密封输送段的内壁与连续的输送螺旋叶片之间形成螺旋密封输送，只允许生石灰向前推进进入消化段箱体，可有效防止蒸汽反窜外冒，同时保护了皮带秤。

#### 4.6.2.2　新型生石灰消化除尘装置

针对原生石灰消化除尘装置存在的问题，中冶长天研究并设计了一种新型复合式湿式除尘器。这种新型除尘装置设两个除尘点，一个设在消化器本体上方密封罩，另一个设在下料点前方。除尘器结构简图如图 4-14 所示。

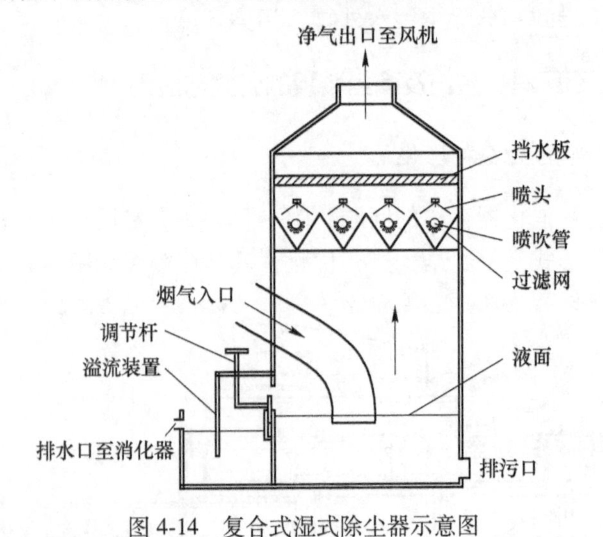


图 4-14　复合式湿式除尘器示意图

改造后除尘器具有以下优点：

（1）复合式湿式除尘技术利用生石灰粉尘亲水性特点，结合水浴除尘和过滤式除尘两种湿式除尘技术，从而实现烟气粉尘的分级处理。其具体除尘工艺如下：含尘烟气以一定速度在喷头处喷进液面，颗粒较粗的粉尘由于惯性作用冲进水中，进行第一级水浴除尘，此时大部分粗颗粒粉尘被除去，少部分细颗粒粉尘从水中逃逸后进入下一级除尘；在除尘器上方设有过滤网，过滤网上有一定规格网孔，过滤网上方设有喷头，水喷到过滤网上形成水膜，少部分细颗粒粉尘从水中逃逸后通过过滤网，被水膜捕捉，实现第二级过滤除尘，经过滤除尘后的净化气体从烟囱排出。通过烟气粉尘的分级处理技术，除尘效率大大提高，在降低粉尘排放浓度的同时，保护了风机的正常运行，避免其产生板结而引起振动。

(2) 除尘器设溢流装置，溢流装置中包括溢流口、水位调节杆和水封。除尘器开机时，除尘器内负压增大，水位突然上升，当超过一定高度时从溢流口流出，可有效避免因阻力突然变大而导致风机电机烧毁现象；同时在除尘器运行过程中，能通过调节杆调节水位高度，控制和稳定除尘效率。

(3) 除尘器过滤网上方设置压缩气体喷吹装置，以一定的频率对过滤网进行喷吹，防止石灰消化粉尘在除尘器过滤网处形成板结，使粉尘在板结前被喷吹至除尘器下方水池中。同时除尘器下方水池也设搅拌装置，避免水池中粉尘的沉淀和板结。

(4) 在除尘风管内布置特殊喷头，喷头的喷水覆盖面大于管径，防止除尘风管板结。风管设计为垂直或倾斜，避免水平设计，这样黏结在管壁上的粉尘被水冲洗后顺着风管排除出去，清洗污水最终流回消化器用于消化用水。除尘风管设计为方形管，加可拆卸盖板，便于维护。

(5) 设备正常运行时，工业净水从过滤网上方喷头喷出，除尘后的除尘污水通过溢流槽的排水口排出，送至消化器作为消化用水，从而实现除尘污水的全部利用。

### 4.6.3 生产应用效果

生石灰配加室消化及除尘系统改造于2016年11月开始施工，将旧消化器及旧除尘器拆除，改为新型双级消化器及复合式湿式除尘器，相关水系统及控制系统在原基础上作相应改造。2017年1月，改造后生石灰消化及除尘系统在新余钢铁6号烧结机正式投产使用。经过一段时间生产应用后，得出生石灰消化除尘系统改造前后效果对比，如表4-11所示。

**表4-11 生石灰消化及除尘系统改造前后效果对比**

| 时 间 | 利用系数/$t \cdot (m^2 \cdot h)^{-1}$ | 固体燃耗/$kg \cdot t^{-1}$ | 粉尘排放浓度/$mg \cdot m^{-3}$ |
|---|---|---|---|
| 改造前 | 1.285 | 63.12 | 210 |
| 改造后 | 1.303 | 62.93 | 25 |

从表4-11可知，新型生石灰消化及除尘装置应用后，烧结利用系数提高了0.018t/($m^2 \cdot h$)，固体燃耗降低了0.19kg/t，这是因为消化器改造后，延长了消

化时间，消化效果改善，避免了二次混合机中因生石灰消化体积膨胀破坏制粒小球现象，料层透气性改善，烧结利用系数提高。生石灰消化放热，烟气中含有部分热量，通过除尘后与除尘水发生热交换，除尘水循环利用后相当于将热量循环至物料中，提高物料温度，降低固体能耗。含尘烟气通过复合式除尘之后，除尘效率明显提高，粉尘排放浓度下降到 $25mg/m^3$，满足国家规定的排放要求（$30mg/m^3$），现场环境大大改善。

此外，生石灰消化及除尘系统改造后下料顺畅，设备运行稳定，设备故障率降低，设备操作简单，维护工作明显减轻。

### 4.6.4 小结

生石灰作为烧结原料熔剂之一，对烧结生产起到重要作用，生石灰消化及除尘问题一直是困扰着烧结厂的难题。针对新余钢铁 $360m^2$ 烧结机生石灰配加系统存在的问题，中冶长天研究设计了一套新型生石灰双级消化及复合式湿式除尘装置，并在该烧结机上进行了改造和应用。应用实践表明，生石灰配加系统改造后，烧结利用系数提高了 $0.018t/m^2 \cdot h$，固体燃耗降低了 0.19kg/t，粉尘排放浓度下降到 $25mg/m^3$，有效改善了生石灰配加室环境，提高了烧结矿利用系数，降低了烧结能耗，实现了经济和环保双赢的效果。

---

## 参 考 文 献


[1] 张铭洲．鞍钢烧结系统提高混合料温度的措施［C］//全国烧结球团技术交流会论文集，2012：74~76.

[2] 刘沛江，李宁，李政伟．鞍钢三烧烧结混合料蒸汽预热技术优化［C］//全国炼铁生产技术会议论文集，2010：268~270.

[3] 孙秀丽．本钢炼铁厂 $265m^2$ 烧结生石灰加热水消化生产实践［C］//全国烧结球团技术交流会论文集，2012：93~95.

[4] 吴杰群，林宇，宋奎阁．本钢 $265m^2$ 烧结机提高烧结料层厚度的生产实践［C］//全国烧结球团技术交流会论文集，2013：90~93.

[5] 吴小辉，王金生．方大特钢 $245m^2$ 烧结机提高混合料温度生产实践［C］//第十一届中国钢铁年会论文集，2017：1641~1644.

[6] 王天雄．降低烧结固体燃耗的实践［C］//全国烧结球团技术交流年会论文集，2014：80~83.

[7] 范文，丁振煌．新（余）钢 6#烧结机热水加热器提高混合料温生产实践［C］//全国烧结球团技术交流年会论文集，2018：78~81.

[8] 张思平，苏道．一种新型生石灰消化及除尘装置的研究与应用［J］．烧结球团，2017，42（5）：57~61.

# 5 烧结点火技术的进步

【本章提要】

本章介绍了烧结点火制度的优化、点火炉操作关键参数的选择，节能型双斜式点火保温炉及中冶长天双斜式点火炉特点，唐钢、淮钢、太钢、马钢、重钢烧结微负压点火优化实践。

烧结生产点火的目的是将已经布到台车上的烧结混合料加热到半熔状态，把台车表面混合料中的固体燃料点着，使其在抽风的作用下能自上而下地进行烧结。点火炉操作包括掌握合理的点火温度、适宜的点火负压和恰当的点火时间。

在常规情况下，点火温度应控制在1050~1150℃之间，低于1050℃温度不易使表层混合料烧到半熔状态，从而影响成品率，高于1200℃易于把表层混合料熔化结壳，增大表层的透气阻力，影响烧结往下引和烧结速度。正常点火时间为60s，不宜短于45s，否则会影响烧结带往下引；点火时间不宜长于90s，否则不仅会造成点火热耗增加，还会造成表层烧结矿的FeO过高，降低台车上层烧结矿的质量。点火负压一般为抽风负压的50%~60%，即6.0~8.0kPa。高负压点火（与烧结抽风负压同值）会夯实整个烧结混合料层，严重降低混合料的透气性，降低垂直烧结速度，增加烧结机漏风率，推迟烧结终点，产生严重的烧结不均匀现象；点火负压过低，会造成点着的混合料表层不易往下引，影响整个台车烧结的正常进行。

## 5.1 烧结点火制度的优化

点火工序是烧结工艺承上启下的重要环节，亦是高温烧结过程的起始点，点火效果对表层矿质量、料层透气性、返矿率等烧结过程和烧结矿质量指标都有影响；同时也直接影响着点火介质消耗以及烧结工序能耗。近年来，围绕烧结点火工序开展了大量的研究工作，涉及点火炉结构设计、点火介质选择、点火过程自动控制以及点火制度优化等方面。烧结点火制度主要包括煤气流量、空气流量、空燃比、点火温度和负压等参数的控制与选择。

### 5.1.1　烧结料面受热强度概念

为探索烧结点火制度的优化方向，首钢技术研究院与京唐公司根据烧结料面在点火炉内的热量接受状况，引入了烧结料面受热强度的概念，将其作为烧结点火效果的评价标准。

首先确定烧结料面高温和中高温区域温度基线，高于该温度基线的区域分别为点火炉内烧结料面的高温和中高温区域。在高温区域内，混合料中的固体燃料可实现完全燃烧；在中高温区域内，混合料中的固体燃料达到着火点开始燃烧反应。这两个区域越大说明点火效果越好，将这两个区域面积分别定义为烧结料面高温绝对受热强度和中高温绝对受热强度。

试验期间，京唐烧结机点火炉空燃比（流量）在 4.5~5.5 之间分步调整，调整稳定后测试料面温度，数据见表 5-1 和表 5-2。

**表 5-1　点火炉及烧结机参数**

| 空燃比 | 点火炉温度平均值/℃ | 空气流量 /$m^3 \cdot h^{-1}$ | 煤气流量 /$m^3 \cdot h^{-1}$ | 烧结机机速 /$m \cdot min^{-1}$ |
|---|---|---|---|---|
| 5.45 | 1233.75 | 13059.34 | 2405.04 | 2.30 |
| 5.30 | 1205.06 | 13565.96 | 2548.77 | 2.28 |
| 5.15 | 1221.83 | 13035.70 | 2529.87 | 2.31 |
| 4.30 | 1203.65 | 12913.33 | 3021.51 | 2.28 |

**表 5-2　料面受热强度参数**

| 空燃比 | 料面高温绝对受热强度 $AS_1$ /℃·s | 料面中高温绝对受热强度 $AS_2$ /℃·s | 料面高温综合受热强度 $CS_1$ /℃·m | 料面中高温综合受热强度 $CS_2$ /℃·m | 高温持续时间/s | 中高温持续时间 /s | 最高料面温度 /℃ |
|---|---|---|---|---|---|---|---|
| 5.45 | 12903.35 | 41654.32 | 494.74 | 1597.10 | 71.88 | 135.93 | 1294.51 |
| 5.30 | 11250.01 | 40020.00 | 428.51 | 1523.94 | 67.38 | 135.02 | 1265.85 |
| 5.15 | 8868.46 | 39122.96 | 341.29 | 1505.58 | 62.53 | 135.47 | 1237.21 |
| 4.30 | 11787.22 | 40172.30 | 447.11 | 1524.10 | 69.21 | 136.50 | 1287.38 |

### 5.1.2　空燃比对料面最高温度的影响

在煤气流量变化不大的情况下（空燃比 5.15、5.30 和 5.45 三挡），随着空燃比的提高，料面最高温度值呈上升趋势，尤其是当空燃比在 5.45 时，此时的煤气流量在所有方案中是最低的，却达到了料面最高温度值。在低空燃比条件下，只有通过大幅度提高煤气流量，才能保证料面最高温度值与高空燃比时相当。以空燃比 4. 30 为例，要确保其料面最高温度与空燃比 5. 30 时相当，需要将煤气流量由 2548. 77m$^3$/h 提高至 3021. 51m$^3$/h。

### 5. 1. 3 空燃比对高温持续时间的影响

在煤气流量变化不大的情况下，高温持续时间随空燃比上升呈线性增加趋势，说明提高空燃比有利于改善烧结点火炉炉膛内的温度均性，从而扩大了高温区域。同样，在低空燃比条件下，只有大幅度提高煤气流量，才能使烧结料面获得与高空燃比相当的高温保持时间。

### 5. 1. 4 空燃比对料面受热强度的影响

烧结料面在点火炉内的受热强度综合了料面温度、料面高温持续时间等因素，是烧结点火炉点火效果的综合反映。空燃比对料面高温综合受热强度以及中高温综合受热强度的影响趋势一致，即在煤气流量变化不大的情况下，随着空燃比的提高料面综合受热强度随之上升，点火效果改善。相比较而言，空燃比对高温综合受热强度的影响更加明显，对中高温综合受热强度的影响则相对较小。

在低空燃比条件下，通过大幅度提高煤气流量才能取得与高空燃比相当的料面高温受热强度。换言之，通过提高空燃比，可以适当降低煤气流量，达到改善点火效果、降低点火煤气消耗的目的。

### 5. 1. 5 点火炉热电偶测温与料面受热强度的关系

根据上述研究结果，料面高温综合受热强度以及中高温综合受热强度是反映烧结点火炉点火效果的两个重要指标，而中高温综合受热强度受点火制度影响不大，基本维持在一个固定水平，因此料面高温综合受热强度在一定程度上代表了点火炉的点火效果。

受到检测手段的限制，目前大多数钢铁企业衡量点火效果的评价参数是选择点火炉温度平均值，及采用点火炉内各温度测点测得的温度算术平均值。

为了考察两种评价指标的一致性，绘制了不同空燃比条件下，料面高温综合受热强度与点火炉温度平均值之间的变化曲线，如图 5-1 所示。通过对比可以看出，点火炉温度平均值在一定程度上可以反映点火炉的点火效果，例如空燃比在 5. 45 时，料面高温综合受热强度最大，而此时的点火炉温度平均值亦最高；但是点火炉温度平均值在某些情况下与实际点火效果之间也存在一定偏差，例如空燃比在 4. 30 至 5. 30 之间变化时，料面高温综合受热强度与点火炉温度平均值之间表现出了相反的变化趋势。因此，建议将料面高温综合受热强度作为评价点火炉点火效果的补充参数，与点火炉温度平均值相结合对点火制度进行优化调整，改善点火效果、降低煤气消耗。

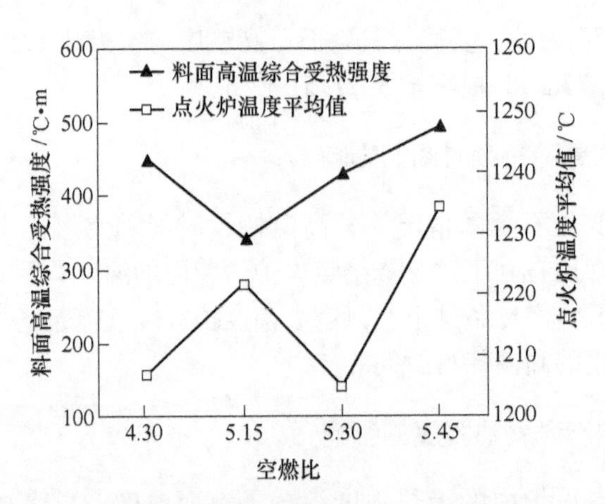


图 5-1　料面高温综合受热强度与点火炉温度平均值对应关系

## 5.2 烧结点火装置

烧结点火一般多采用气体燃料，常用的有焦炉煤气、高炉和焦炉混合煤气、转炉煤气、高炉煤气（高炉煤气因其热值较低，如不采取预热的方法，一般不单独使用），还有天然气，发生炉煤气等。各种燃料热耗见表 5-3。

表 5-3　各种常见气体燃料热耗

| 燃料名称 | 燃料热值/kJ · $m^{-3}$ | 吨矿消耗量/$m^3$ | 空气/煤气比例 | 点火温度/℃ |
|---|---|---|---|---|
| 焦炉煤气 | 17500 | 4 | (5~6) : 1 | 1150±50 |
| 高焦混合 | 8360 | 9 | 2.6 : 1 | 1150±50 |
| 转炉煤气 | 6200 | 20 | 1.5 : 1 | 1100±50 |
| 高炉煤气 | 3350 | 50 | 0.7 : 1 | 1100±50 |
| 发生炉煤气 | 8100 | 10 | 2.3 : 1 | 1150±50 |
| 天然气 | 33400 | 2 | 12.4 : 1 | 1150±50 |

### 5.2.1 点火炉形式

目前点火炉基本有三种形式：（1）点火段+保温段，点火段炉顶布置点火主烧嘴，保温段设烧嘴或不设烧嘴都存在（见图 5-2），该种形式占主导地位。（2）点火段+保温段，并在保温段中设预热器或者预热炉，点火段与预热炉互为一体（见图 5-3）。（3）预热段+点火段+保温段，增加预热段主要处理含高结晶水的烧结料（见图 5-4）。

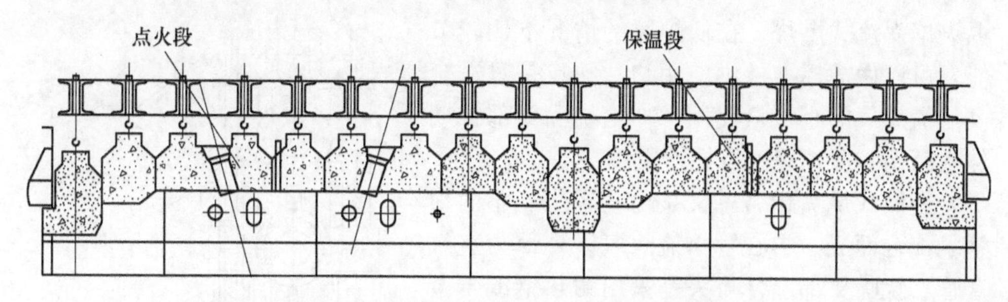


图 5-2 第一种点火炉形式（点火段+保温段）

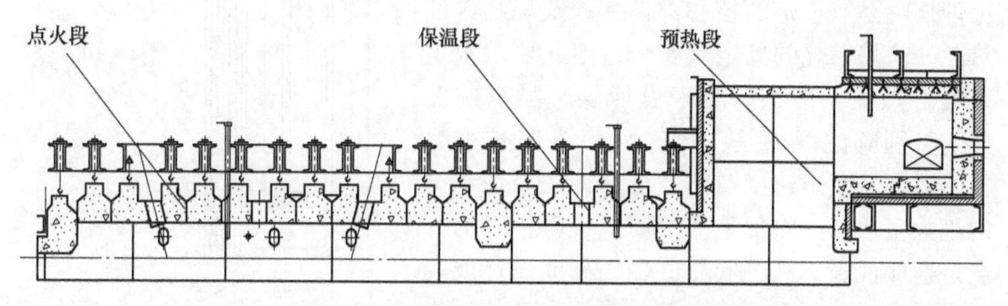


图 5-3 第二种点火炉形式（点火段+设预热器保温段）

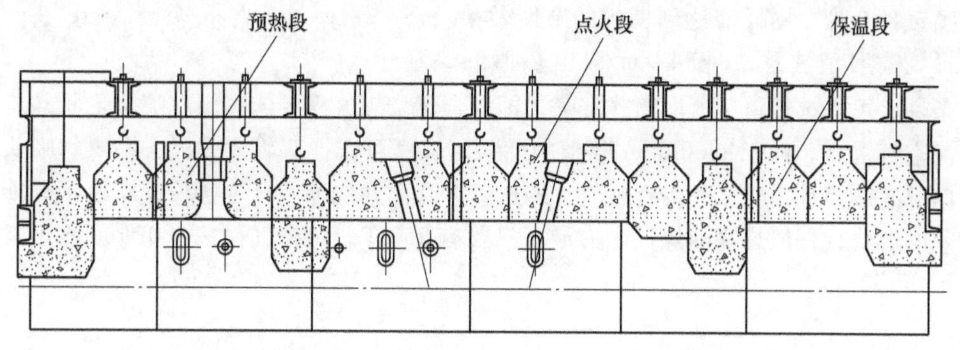


图 5-4 第三种点火炉形式（预热段+点火段+保温段）

## 5.2.2 烧嘴选择

目前在国内点火炉使用的烧嘴主要有：幕帘式（见图 5-5）和套筒式（见图 5-6）。

幕帘式烧嘴由 4 个小烧嘴组成，一个整体的块状形烧嘴，中心通道为煤气芯，外部套管为一次风管，二次风管。风管材质为 20 号无缝钢管，煤气芯管头部材质为 310S 不锈钢；烧嘴头部材质为 Cr25Ni20 耐热不锈钢，头部根据技术要求铸成长方形的水槽式，与空煤气管经过焊接精加工而成。该种烧嘴的优点是高温火焰涡流式燃烧，在低炉膛的情况下比较节能，可以做成标准件供应用户，缺点是只适合高热值煤气的小流量使用，加上烧嘴头部长期伸入高温炉膛，烧嘴烧损严重。

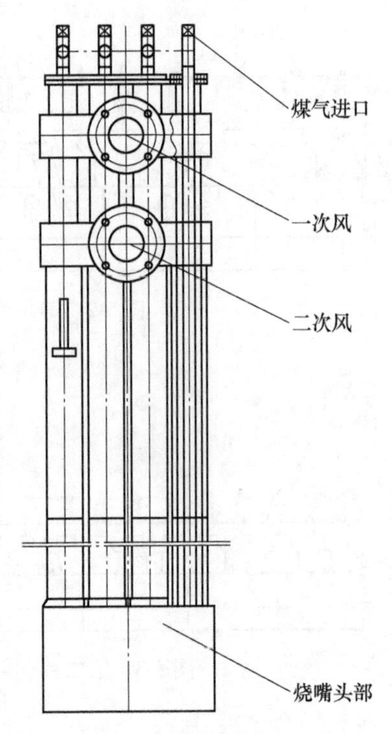

图 5-5　幕帘式烧嘴示意图

套筒式烧嘴顾名思义是由直径大、小两根管子配合而成，中心管里流煤气，外部为空气套管。烧嘴头部混合喷头是采用耐热钢或合金钢材质，煤气喷头材质一般为0Cr18Ni10Ti，点火炉烧嘴是点火炉的核心部件，涉及烧结矿的热耗，火焰燃烧的稳定、安全，因此要求根据煤气的热值、炉膛高度来设计煤气喷出的流速。特别应注意的是：煤气喷头头部必须变径，以保持喷出速度及防止低速回火。现在国内绝大多数点火炉都采用套筒式烧嘴，它的优点是适应性强，高、低热值煤气都能设计成套筒式的形式，制造检修方便，使用寿命长，烧嘴头部插入耐火材料之中，不易烧损。如果烧嘴设计合理，同样能达到良好的节能效果。选择烧嘴时请注意，8400kJ/m$^3$以上热值的燃料条件，可以选择单旋流套筒式烧嘴，即混合燃烧煤气需要依靠煤气喷头形状与旋流空气混合。低于8400kJ/m$^3$热值的燃料，烧嘴可选择双旋流方式，即煤气喷头内部有旋流片，空气套内有旋流片的形式。套筒式烧嘴适合于各种低压及预热能源的燃烧，一般烧嘴前煤气压力最高只要有2500Pa，空气压力2500Pa就能正常工作。

### 5.2.3　耐火材料

耐火材料是点火炉一个重要组成部分，它的好坏直接关系到点火炉的正常生产。相比现代化加热炉，点火炉一般规格尺寸较小，但受工况条件的影响，点火炉开、停频繁，急冷急热严重，因此许多点火炉的寿命都是因耐衬的损坏而更新。为了保持点火炉在4~5年内不需更新，在点火段采用了经过600℃烘烤的莫来石质钢纤维浇注料预制块以及复合（钢结构与耐火材料）材料进行现场快捷组装，砌体严密性好，散热少，烘炉时间短，最长24小时即可投入生产。

### 5.2.4　单预热点火炉技术

随着钢铁工业的大发展，许多钢厂点火炉采用常温高炉煤气、常温助燃空气

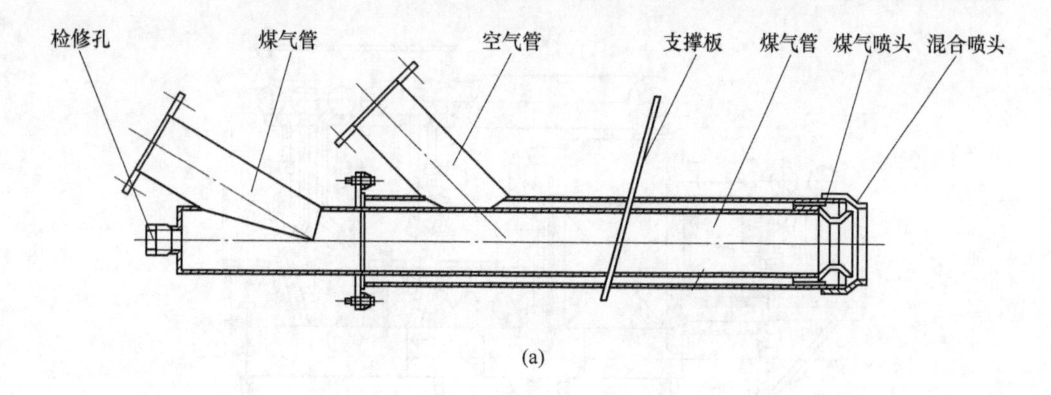


(a)

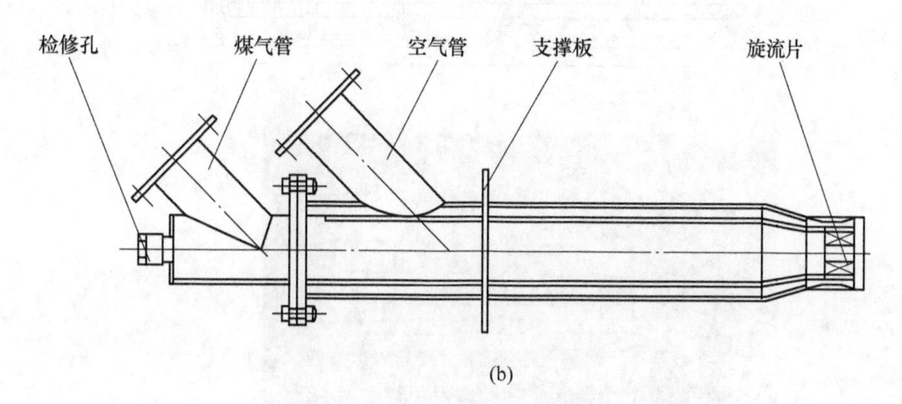


(b)

图 5-6 套筒式单旋流和双旋流烧嘴示意图

（a）套筒式单旋流烧嘴；（b）套筒式双旋流烧嘴

进行点火，因其热值低、热值不稳定，点火温度一直徘徊在 850～1000℃左右，难以达到烧结点火最低 1050℃温度的要求，造成烧结矿结饼强度差、返矿率高、生产效率下降的状况。

针对上述情况，常州市黑山烧结点火炉制造有限公司自主研发了高炉煤气单预热（空气）烧结点火保温炉（见图 5-7），做到了操作简单、安全可靠、节能显著、使用寿命长，深受广大用户的欢迎。2011 年 10 月，被中国钢铁工业协会认定为“钢铁行业重大冶金装备自主创新和国产化成果”。

采取预热空气的方法，使助燃空气预热到 300～400℃，带进物理热与低热值的高炉煤气混合燃烧，提高点火温度到 1050℃以上，改善了点火条件，能使烧结正常进行，提高了成品率，增加了产量，减少了固体燃耗。单预热点火炉由于是只预热空气，因此它的过程也十分安全，同时不易堵塞换热器，所以能保持长期平稳运行。

近十几年来，该技术在国内外广泛推广，已向钢铁、铁合金行业提供各种燃料的烧结点火炉达 200 多台，能耗及点火质量一次达标率 100%。

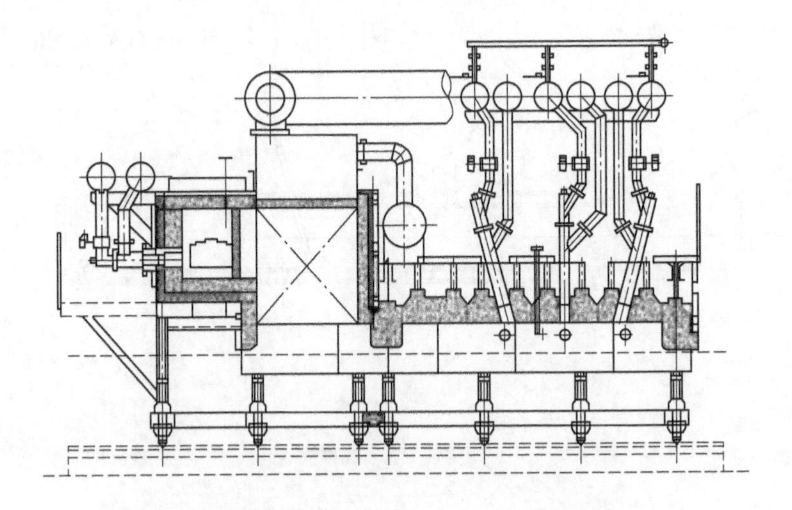

图 5-7　单预热点火炉设计图和现场实物

## 5.3　点火炉操作关键参数的选择

北京科技大学许满兴教授对镔鑫特钢、宣钢和建邦集团通才工贸公司等多家钢铁企业的烧结生产状况进行了调研，发现不少烧结机工忽视点火负压对烧结料层温度和负压的影响，往往点火负压等同烧结抽风负压。在日常操作中，不调节点火负压的 1 号、2 号、3 号风箱的闸门，久不使用以致闸门锈蚀再也无法调节。

调研中还发现，在烧结操作中由于点火负压过低（≤5kPa），点火后烧结层热量不往下引，烧结机台车表层走出点火炉 4~5m 还是呈现赤红色，以致机尾烧结终点还未到，红火层高达 400~500mm，造成成品率低，成品矿强度差。

以上情况和分析说明点火负压不能过高，也不能太低，应掌控一个合理值，既要保持原始料层的透气性，又要将固体燃料点着往下引，达到加快垂直烧结速度和均匀烧结的目的。

在烧结生产中，点火操作是烧结的最后一道工序，也是最关键的一道工序，总结烧结生产不同的点火状况，可将点火操作归纳为以下四种状态：

（1）低负压点火：1号~3号风箱负压为烧结抽风负压的50%~60%，形成正常的均匀烧结，提前到达烧结终点，机尾最后1号风箱的温度低于200℃，有利于降低烧结电耗，提高烧结产量、质量。

（2）高负压点火：1号~3号风箱负压与烧结抽风负压同值，夯实了烧结混合料层，造成透气阻力增大，整个烧结过程呈现高负压、不均匀烧结状态，不仅增加电耗，还严重影响烧结产量、质量。

（3）中负压点火：1号~3号风箱负压为烧结机抽风负压的80%左右，部分夯实了混合料层，造成机尾达不到烧结终点，也一定程度影响烧结产量、质量和增加电耗。

（4）过低负压点火：1号~3号风箱负压低于烧结抽风负压的40%，影响固体燃耗点火后往下引，烧结速度慢，造成机尾不能达到烧结终点，严重影响成品率和成品矿的强度。

分析烧结不同点火状态，还可判断混合料制粒及其透气性的优劣程度，在同样料层厚度条件下，抽风负压高的说明制粒和透气性不良，抽风负压低的，说明制粒和透气性良好。

由以上分析和讨论可得出如下结论性意见：

（1）点好火应掌控好点火温度、点火时间和点火负压操作，正常点火温度为1050~1150℃，点火时间为60s，点火负压为烧结抽风负压的50%~60%，点好火是确保烧结产质量的一项关键操作。

（2）点火温度过低，不利于点好火，不易将表层的固体燃料点着往下引，点火后表层成半熔状态。

（3）点火时间过短（不足45s），会造成表层固体燃料没有完全点着，造成表层燃烧带下引困难，影响由上往下烧结的正常进行。

（4）烧结点火负压可分为低负压、过低负压、中负压和高负压四种状态，低负压点火效果最佳，其余三种状态对烧结产量、质量和电耗均会产生不同程度的影响，高负压点火效果最差。

（5）点好火的标志是使烧结点火达到最佳状态，具体表现为：整个台车点火面积温度分布均匀，点火高温燃烧产物顺利进入料层，没有反射现象，台车料面离开点火器后，赤红的表面很快消退，表层料面既不欠熔也不过熔结壳，呈青色或青黑色。

（6）烧结生产可通过烧结抽风负压数值的高低判断混合料制粒和料层透气性的优劣程度，以管控制粒和布料工序操作的改进。

## 5.4 马钢二铁烧结点火技术的进步及应用

烧结点火炉是烧结工艺的在线设备，既是烧结工序重要的耗能设备，同时也是周期性更换（4~5 年）的大型设备。降低点火炉的煤气消耗，延长点火炉的更换周期，对烧结工序有重要的现实意义。

### 5.4.1 存在问题

烧结过程本身需要大量空气，点火炉安装后，在烧结机点火炉长度上形成一个半封闭区域，烧结点火风机提供的空气量一般只考虑煤气燃烧所需要的空气量，远远无法满足烧结工艺的需要，要由四周空隙补充空气。现有的烧结点火炉一般由点火段和保温段两部分组成，点火段和保温段之间由耐火砖墙进行隔离，耐火砖墙与烧结料面有 150mm 左右的距离。保温段本身所需要的空气除一部分由保温段尾部及台车边缘补充外，有相当一部分通过点火段与保温段之间的耐火砖隔离墙与料面的空隙来补充，造成点火段的高温烟气流失到保温段，从而造成煤气耗量增大。操作时在保温段补充一部分空气，煤气消耗会有所下降，但通过测试，仍有热烟气从点火段流向保温段。耐火砖隔离墙不能距离料面太近，以免碰到波动的料面而影响生产，点火段与保温段之间不可避免有热烟气对流，消耗更多的煤气。

另外，烧结点火炉的火嘴都比较小，一般使用焦炉煤气净化难以彻底，含萘等易结晶物质在冬天经常堵塞火嘴，既影响表面点火，浪费煤气，又影响炉子性能，造成寿命降低。此问题是长期存在的老大难问题。

### 5.4.2 节能技术应用

马钢 2 号机双斜式点火炉由于超期服役，存在内部烧损严重，能耗偏高等问题，经过技术讨论，利用 2011 年 2 月大修机会，对双斜式点火炉进行了换新，同时利用旧点火炉作延长保温炉的改造，使整个保温炉长度由原来的 6m 增加到 15m。另外完善了煤气监控和快速切断，提高了点火炉的安全系数。保温炉加长后，点火表层的烧结矿质量大幅度改善，成品率较前提高约 1%，煤气消耗由之前的 $3.9m^3/t$ 下降到 $3.6m^3/t$。

2 号烧结机点火炉保温加长改造取得了一定的效果，但两机的双斜式点火炉（见图 5-8）整体煤气消耗仍不低。经过前期充分技术讨论和调研，利用 1 号烧结机 2012 年 9 月大修的机会，将 1 号烧结机寿命已到期的双斜式点火炉（两排共 25 根火嘴）更换为幕帘式点火炉（两排共 72 根火嘴）。采用新型的幕帘式点火烧嘴瞬间直接冲击料面新技术，以扩散式二次燃烧方式，其火焰稳定，不回火、不脱火、高温火焰始终集中在烧结料面上，点火效率高。烧嘴喷出的火焰连续，呈幕帘状，没有火焰盲区，且供热强度均匀。通过应用创新技术，使得新幕帘式点火炉扬长避短，并解决其火嘴易堵的大问题，节能效果显著。

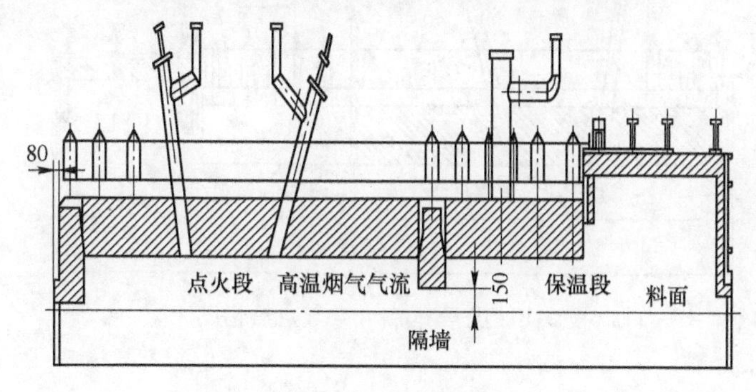


图 5-8 点火炉原设计

5.4.2.1 烧结点火炉内气体幕墙隔离技术

在点火段与保温段之间通过鼓风形成一道气体幕墙将点火段与保温段完全隔离开来，保温段缺少的空气只能更多地从尾部或台车两侧补充，避免了从点火段吸引高温烟气，确保点火段烟气不流失，从而达到节约煤气的目的。气体幕墙本身可以为烧结补充空气，而且与料面是柔性接触不会对布料造成影响（图 5-9）。

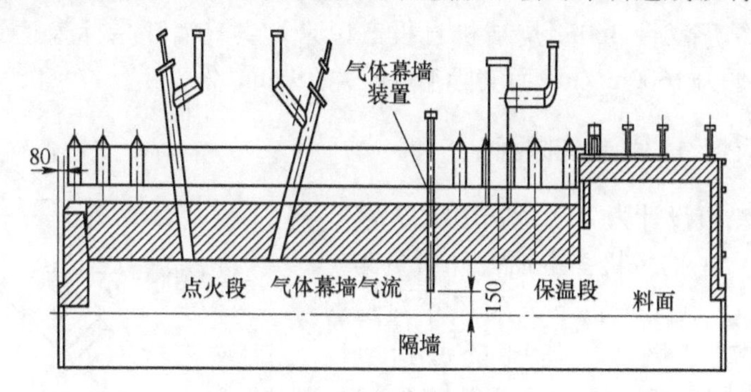


图 5-9 气体幕墙装置设计

5.4.2.2 烧结点火炉迷宫式点火空气预热箱

对原保温段进行了加长，并在保温段设置迷宫式点火空气预热箱（见图 5-10），由于点火后的料面热辐射作用，将烧嘴空气预热到 80~100℃，然后热空气预热烧嘴内煤气支管，从而使煤气中萘处于非结晶状态，彻底解决通常由于萘结晶堵塞烧嘴支管的问题。并且随着燃烧气体温度的提高起到节能降耗的作用，节约了煤气消耗。

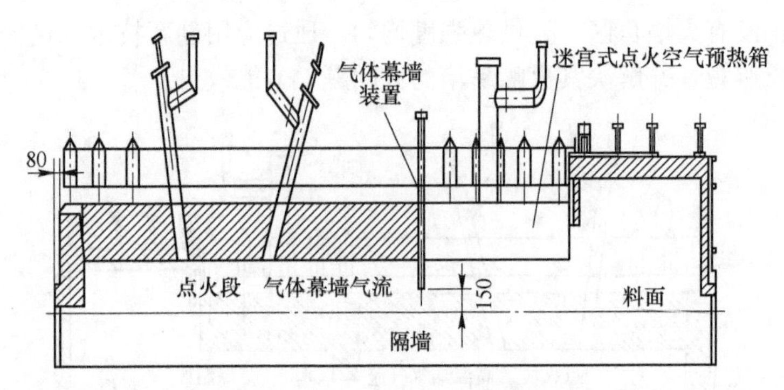


图 5-10　迷宫式点火空气余热箱设计

### 5.4.3　实施效果

在点火段与保温段之间通过鼓一道气体幕墙将点火段与保温段完全隔离开来的技术为国内外首创。该技术从 2012 年 8 月 1 号机点火炉改造开始实施，煤气流量由改造前 1900m$^3$/h 左右降低到 1100m$^3$/h 左右，同时很好地满足了料面点火要求，1 号机点火焦炉煤气消耗同比下降了 42%，节能效果非常好，值得推广。

## 5.5　重钢烧结微负压点火优化实践

重钢烧结厂三台 360m$^2$烧结机自投产以来，煤气消耗指标未达到预期的效果，设计水平为 1600m$^3$/h，而实际消耗平均 1900m$^3$/h。

### 5.5.1　点火煤气消耗高的原因

重钢烧结机设计为 20 个风箱串联，其终端连接两台主抽风机，主抽设计风量为 18000m$^3$/min。点火炉正下方的风箱对应为 1 号和 2 号风箱，其风量可达到 3600m$^3$/min，单侧风箱风量最大为 900m$^3$/min。但因传统的风箱结构设计在风量的灵活控制方面存在很大缺陷。如图 5-11 所示，传统的风箱结构中风箱与大烟道采用导气管相连，导气管的直径为 800mm，导气管与风箱连接处为天方地圆的喇叭口设计方式，同时还有 120°的夹角。为便于控制风量，在风箱的下部设置了翻板阀，翻板阀采用电动执行机构进行控制。在生产实践中主要存在以下两个方面的问题：（1）风箱下部堵塞严重，无法控制风量；（2）翻板阀本体腐蚀严重，运转

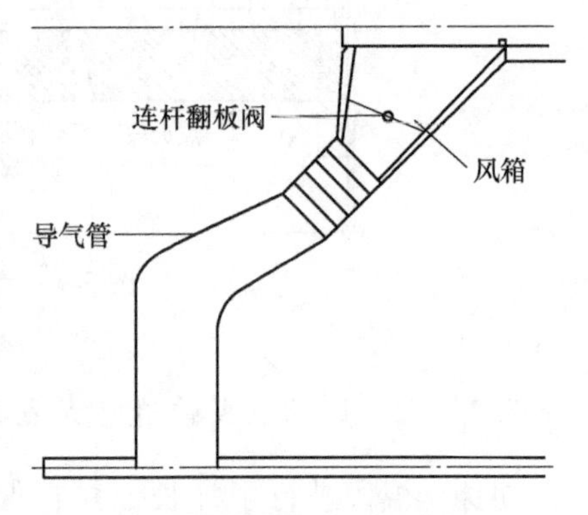


图 5-11　传统的风箱结构

不灵活。在风量无法控制的情况下，大风量形成炉膛高负压，平均高达-17Pa，对烧结过程存在很大的危害。

### 5.5.2 炉膛高负压对烧结过程带来的危害

炉膛高负压对烧结过程带来的危害主要有：

（1）点火煤气消耗高。当点火炉的烧嘴进行煤气点火时，部分煤气还未发生燃烧反应便被抽到大烟道进入机头电场，同时在强大的负压作用下煤气管道内煤气流速会加快，两者会造成煤气的浪费。

（2）加重烧结过湿层。料层厚度一般为700mm，物料水分为7.5%，在强大的抽力作用下，料层水分会快速沉降于料层下部而形成“过湿层”，不仅阻碍了燃烧的正常速度，而且形成强大的阻力，致使烧结料层负压增加，透气性恶化，降低了垂直烧结速度。

（3）造成风量的浪费。大量的风从1号、2号风箱抽走，在烧结主抽风机风量一定的情况下，从1号、2号风箱抽走的无效风越多，后面风箱中用于烧结补缺氧的有效风量就越少，造成烧结有效风量的浪费。

（4）影响烧结作业。炉膛抽力过大，火焰快速下降，红层持续时间短，混合料点火不透，氧化不足，生料较多，返矿高，产量低。

基于以上四个方面的危害，必须降低炉膛负压，实现微负压点火。

### 5.5.3 实现微负压点火需要改进的措施

传统风箱之所以存在上述问题，主要是因为没有实现物料和气流的分离，在生产过程中，物料与气流长期混为一体，既不能有效控制风量，也不能有效流通物料，所以解决问题的关键在于实现物料与气流分离。根据这一思路，设计出了如图5-12所示的微负压风箱结构。

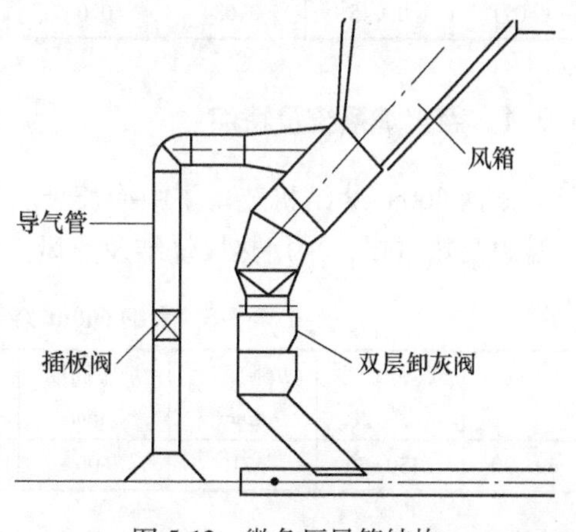

图5-12 微负压风箱结构

（1）将原来风箱下部的导气管改成一个单一散料下降管，用来收集散落的料。在散料下降管中段增加一个双层卸灰阀，用来控制散料通行。双层卸灰阀可实现自动和手动控制。正常生产期间，将控制箱上的转换开关置于自动位置，可实现与烧结机的运行联锁。自动控制的周期为：运转16s，双层卸灰阀运转一周，放灰一次，然后停转300s。需要清理风箱或更换电机以及维护该系统的其他零部件时，将控制箱上的转换开关置于手动位置，根据需要渐断开动双层卸灰阀。

（2）在原来风箱的侧面重新安装一个小型导气管，导气管直径为300mm，并在导气管上增加一个调节阀，用于气流通行。导气管最大通过风量为$300m^3/min$，比原设计风量$900m^3/min$减少了$600m^3/min$。风量只有原来的三分之一，正常生产期间，将炉膛点火压力控制在-3～-5Pa。

### 5.5.4　生产效果

改造前，三台烧结机的点火煤气消耗平均为$1900m^3/h$，改造后煤气小时消耗量下降了$500m^3/h$以上，按平均作业率93%计算，每台烧结机年可节省焦炉煤气 $500×24×365×90.4\% = 3.95×10^6m^3$。

## 5.6　太钢$660m^2$烧结机点火保温炉技改及效果

太钢$660m^2$烧结机于2010年3月投产，是目前国内烧结面积较大，装备比较先进的烧结机。运行几年来，各项经济技术指标已超设计水平。尤其是点火炉系统，点火强度高，点火均匀，经济技术指标先进，点火能耗仅为0.055GJ/t，达到国内先进水平（见表5-4），开创了特大型烧结点火炉成功应用的典范。

**表5-4　2012年国内烧结机点火能耗指标**　　(GJ/t)

| 宝钢 | 武钢 | 鞍钢 | 韶钢 | 湘钢 | 攀钢 | 本钢 | 邯钢 |
|---|---|---|---|---|---|---|---|
| 0.071 | 0.045 | 0.084 | 0.065 | 0.068 | 0.067 | 0.077 | 0.082 |

### 5.6.1　点火炉系统及特点

太钢$660m^2$烧结机装备了中冶长天国际工程有限责任公司设计的双斜式点火保温炉及热风罩，采用热风烧结及热风点火工艺。主要技术性能见表5-5。

**表5-5　太钢$660m^2$烧结机点火炉技术指标**

| 点火时间/s | 点火温度/℃ | 炉膛宽度/mm | 炉膛高度/mm | 煤气热值/$MJ·m^{-3}$ | 助燃风温度/℃ | 空燃比 | 点火能耗/$GJ·t^{-1}$ |
|---|---|---|---|---|---|---|---|
| 60～90 | 1150±50 | 5710 | 600 | 16.75(COG) | 250 | 8∶1 | 0.055 |

#### 5.6.1.1　炉型结构及特点

（1）优化的炉型。双斜式点火保温炉由点火炉和保温炉两段组成，两段可拆离。炉壳采用框架组装式结构，下部设行走轮机构，结构强度好，适应性广。炉膛采用阶梯形结构，合理分布炉膛内温度场，强化聚集点火。炉体耐火内衬采用理化性能优异的耐火材料制造，具有良好的耐急冷急热性能。

通过选取合理的炉膛结构参数来适应烧结风箱尺寸，不仅能满足低负压、大风量、厚料层烧结的点火要求，也可满足精矿配比高、透气性差时的微负压点火要求，确保点火时间和点火强度。

（2）独特的烧嘴配置。点火炉顶设双斜式点火烧嘴两排。采用预混套筒式烧嘴，配以恰当的倾斜角度、合理的间距、交叉错布，在料面形成均匀的高温火焰带和合理的温度场分布，有效保证点火强度、点火均匀性及较低的能耗指标。

通过设置边烧嘴，增强边部点火效果，缓解点火的“边缘效应”。

保温段烧嘴可以提供阶梯点火温度和热量，优化点火温度场分布，减缓表层烧结矿的降温速率，从而达到降低返矿、提高成品率的目的。

设置自动点火的引火烧嘴，保证煤气运行安全及强化边部点火，停机时还可对炉膛进行保温，以缓解急冷急热带来的耐材损坏。

（3）精细的局部设计。点火炉采用无水冷结构，设计有无水冷前端墙、无水遮热板等。遮热板可以充分保护机头位置的电仪、机械设备。点火炉炉侧设置有密封装置（见图5-13），生产过程中（炉膛压力正常为-5~-10Pa）可有效防止冷风吸入或高温炉气喷出，保证炉内温度场分布合理及边部料面点火充分。

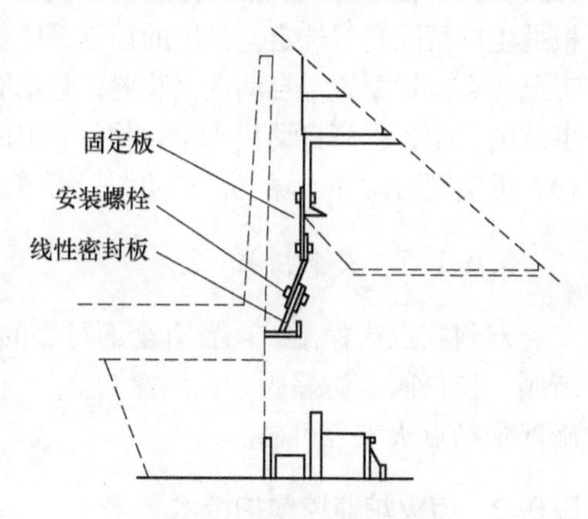


图5-13 侧部密封示意图

### 5.6.1.2 热风烧结技术

双斜式点火保温炉配有热风烧结工艺（见图5-14），充分利用烧结余热，进一步节能减排。热风烧结工艺可以将环冷机中温段排出的约300℃的热风抽回烧结机料面，对出点火炉的烧结矿保温5~6min，此举一方面可以强化烧结过程，降低混合料的内配碳比；同时可避免表层温度急剧下降造成的烧结矿“冷脆性”，提

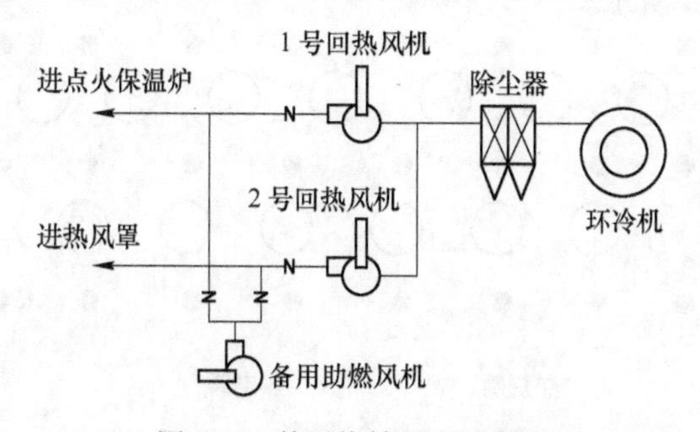


图5-14 热风烧结风流示意图

高烧结成品率，降低机尾除尘压力。从太钢450$m^2$烧结机（无热风烧结）和660$m^2$烧结机2012年的生产数据比较，660$m^2$烧结机的成品率要高0.3%。

#### 5.6.1.3 热风点火技术

热风点火是烧结点火炉节能降耗最简便有效的措施。热风点火可以提高焦炉煤气理论燃烧温度，保证点火强度，降低燃气消耗。据现有效果分析，采用环冷机热风直接助燃可降低燃气单耗9%~11%。

#### 5.6.1.4 专家控制系统

双斜式点火保温炉采用专家系统控制，系统分为：清扫方式、手动方式和自动方式。其中自动方式包括：温度控制模式、流量控制模式、点火强度控制模式，可根据生产情况自行选定。先进的控制系统保证了精确的炉温、空燃比及稳定的炉内工况。点火炉配置了自动点火装置，包括有火焰监测和自动点火，能有效避免熄火事故的发生，提高自动化水平，保证炉内工况稳定。煤气管道系统设置有自动清扫，可实现自动导入煤气，自动清扫管道，降低了岗位工人的劳动强度。

#### 5.6.1.5 安全措施

双斜式点火保温炉配置有全面可靠的安全措施，例如：管道上设置有快速切断阀、拉杆阀、防爆阀、火焰探测器、自动点火装置等，配合专家控制系统，能确保烧结点火安全可靠。

### 5.6.2 点火炉监控维护技术

（1）炉顶在线监测技术。烧结点火炉在正常运行过程中，无法对其炉衬进行实时监控，常规方法就是人工抽查监测炉顶温度，由于监测点与最薄弱点不匹配，人为因素影响较大，因而达不到有效监控和定期维护的目的。太钢660$m^2$烧结机点火炉采用了炉顶测温技术，具体来说，就是根据点火炉内临近烧嘴区域温度分布最高的特点，在点火炉顶部安装三排测温热电偶，分别交叉对称布置在烧嘴两侧，如图5-15所示。

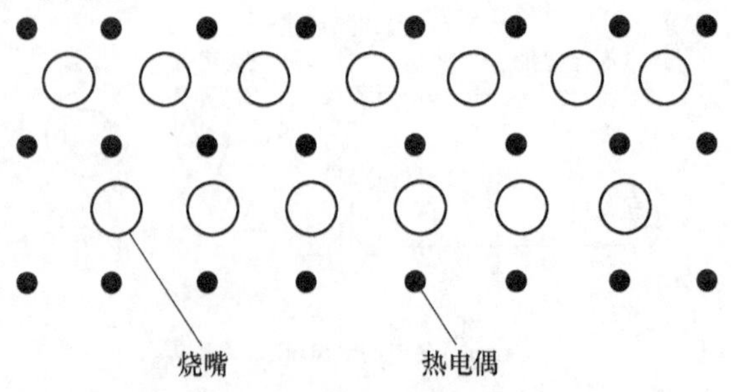


图5-15 炉顶测温热电偶安装示意图

热电偶测温头固定于炉顶保温棉和耐火材料之间，形成炉顶测温阵列。对每个热电偶编码，并对所有测温数据进行在线采集和传输，数据并入烧结控制主系统。系统每分钟收集一个检测数据，数据收集后过滤，计算曲线斜率，超过允许值时给出报警信号，从而实现对炉衬的在线监测。

（2）应用红外成像仪验证测量炉顶温度最高点。利用红外成像仪对炉顶温度进行验证测量，从而准确判断炉顶耐材的侵蚀剥落情况。在此基础上，确定炉顶耐材的修补计划，定检时实施修补，从而保证点火炉炉顶温度均衡，延长炉子的使用寿命。

### 5.6.3 使用效果及效益

太钢 $660m^2$烧结机自 2010 年 3 月投产以来，点火炉运行稳定，点火强度好，能耗低，作业率高。采用热风点火和热风烧结技术，效果明显。生产数据及监测分析表明，双斜式点火保温炉对燃气的适应性广，对布料要求低，能有效缓解烧结边缘效应，减轻机尾除尘压力，降低烧结工序能耗，提高烧结矿成品率和转鼓强度。

## 5.7 淮钢 $144m^2$烧结机点火系统的改造与实践

淮钢 $144m^2$烧结机采用的是高炉煤气点火，点火炉下对应的 1 号、2 号、3 号风箱使用的是双蝶板阀门，由电动执行器控制，用于调节点火炉内压力。三个风箱之间安装阻流器以控制各风箱之间窜风。投入使用以来，因 1 号、2 号风箱蝶板阀经常堵塞，阻流器窜风严重，造成煤气点火不集中，点火强度差，烧结矿产品质量差，煤气消耗高。

### 5.7.1 原因分析

点火系统主要由点火器、保温炉、回热风管、蝶板阀、阻流器、风箱装置等组成。造成烧结矿质量差、返矿多、煤气消耗高的原因主要有以下几方面：

（1）点火温度低。使用的是高炉煤气点火，点火强度差，点火温度为 850±100℃，台车料面颜色呈暗黄色，烧结料表层沙化严重，烧结矿结成率低。

（2）回热风利用不充分。环冷机低温段热风温度在 200℃左右，由回热风管道无动力输送到点火保温炉的前后两段，分别对混匀料进行预热、保温，因预热段和保温段仅有 1m 和 3m 长，预热、保温效果不好，进入点火器的混匀料温度达不到 65℃，容易结露，过湿带加厚恶化料层的透气性。

（3）风箱 1 号、2 号风门开度不易控制。为了实现点火炉内微负压，岗位工通常将双层蝶板阀开度打开很小，过小开度的翻板极易将粒度较大的烧结矿、台车脱落的炉箅条、杂物滞留并最终堵塞阀门，混匀料面点火深度不够，点火器内较高的正压造成煤气消耗大，点火效果差。

（4）阻流器窜风严重。安装在1号、2号、3号风箱之间的阻流器，主要作用是防止风箱之间窜风，配合蝶板阀实现微负压点火。实际生产中，由于台车长时间运行后，台车本体下挠现象严重，阻流器被下挠严重的台车刮擦磨损，影响点火效果。

## 5.7.2 改造方案

### 5.7.2.1 点火保温炉的改造

点火保温炉主要由预热段、点火段、保温段三部分组成（如图5-16所示），采用高炉煤气烧嘴点火，受煤气热值低的影响点火效果不理想。经过考察论证，选择了三元喷头混合式烧嘴，并结合环冷机低温段热源利用不充分的现状，适当扩大保温段长度（如图5-17所示）。新烧嘴与原烧嘴比较，新型烧嘴适用焦炉煤气和高炉煤气两种气源，其特殊的烧嘴结构使焦炉煤气和高炉煤气在烧嘴内旋流混合，并利用旋流风形成局部负压，安全不回火。该烧嘴具有对燃气热值波动影响少，便于灵活组织生产，烧结点火质量好，返矿率低，使用寿命长，适应能力强，操作维护简单等优点。可以根据煤气管网的压力和流量自由调节焦炉煤气和高炉煤气的比例，当焦炉煤气富余时，可多用，避免焦炉煤气放散损失；当焦炉煤气紧张时，可以少用，甚至不用，仅用高炉煤气来维持生产。这样可最大限度地利用焦炉煤气，节约能源，降低生产成本。与高炉煤气低温连续点火相比，三元点火返矿率低、能耗低。

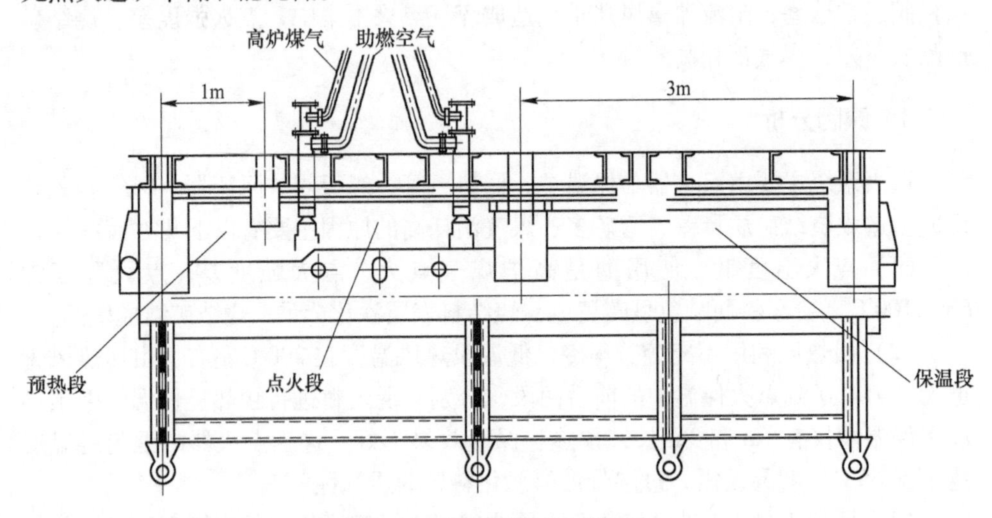


图5-16　改造前的点火保温炉

另外，由于该点火炉烧嘴位置前移，相当于增加烧结机有效面积3m$^2$。保温部分加长至9m，保温面积达27m$^2$。这些措施使烧结矿产能提高了5%～10%，煤

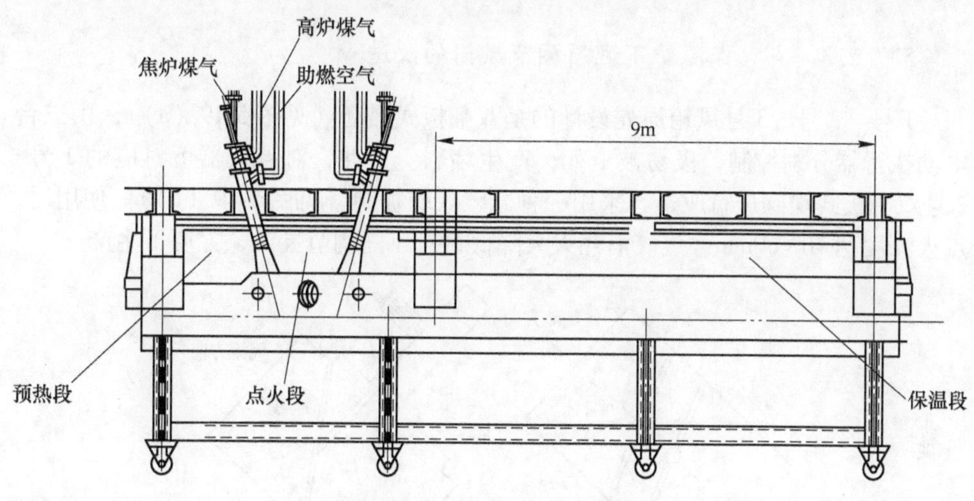


图 5-17 改造后的点火保温炉

气消耗大幅降低，达 0.12GJ/(t·s)。如果进一步提高焦炉煤气比例，烧结成品率会提高更多，煤气消耗会更低，达 0.08GJ/(t·s)。

### 5.7.2.2 风箱1号、2号间密封的改造

原先设计采用的是在1号、2号、3号风箱之间安装阻流器（见图5-18(a)），从使用情况看，达不到理想的阻流效果。为此，对其实施了改造，选用了新型的杠杆式浮动密封装置（见图5-18（b））。该装置实用可靠，较好地控制了台车与阻流器本体间的接触摩擦及台车与台车之间的窜风问题。

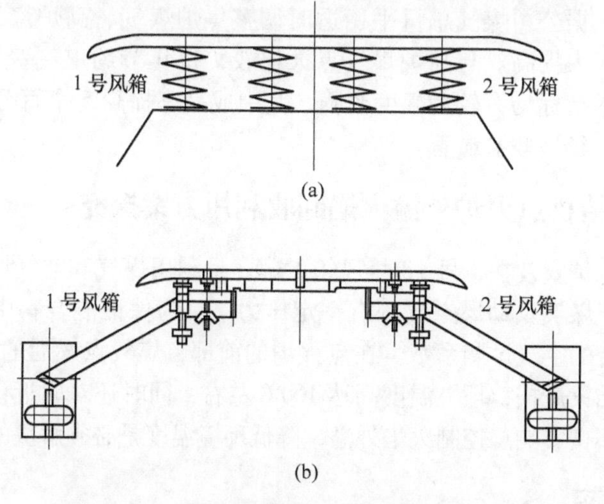


图 5-18 风箱间密封板改造前和改造后对比图

（a）改造前；（b）改造后

#### 5.7.2.3　点火保温炉下风箱调节风门的改造

1号、2号、3号风箱原先设计的是双翻板式蝶阀（见图5-19（a）），由三台电动执行器分别控制，极易被卡死，产生堵料。为此，对点火器下对应的1号、2号双翻板式蝶阀进行改造，采用一种悬臂式蝶板阀（见图5-19（b））。使用后，点火深度达40~60mm，煤气消耗大大降低，且风门调节灵活，方便了生产。

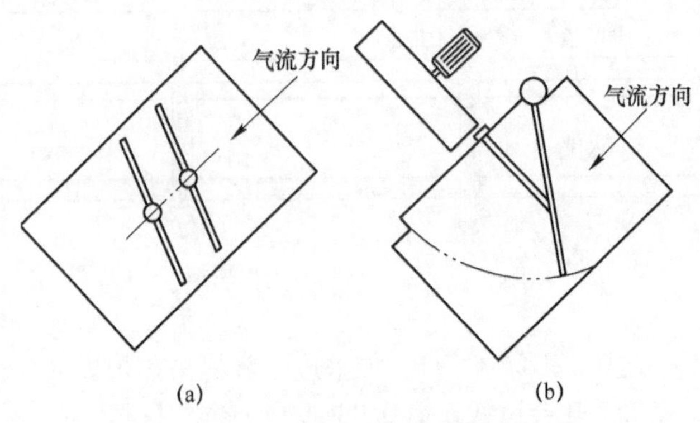


图5-19　风箱调节风门改造前和改造后

（a）改造前风箱调节门；（b）改造后风箱调节门

### 5.7.3　效果分析

淮钢烧结机点火系统于2010年8月实施改造以来，点火温度控制稳定，操作方便、简单、安全、可靠，对煤气压力波动、热值波动适应性强，组织生产非常灵活，可以根据公司煤气总量平衡适时调整焦炉煤气、高炉煤气的分配比例，烧嘴燃烧效率大大提高。与高炉煤气点火比较，每年节约煤气费用达526万元，烧结矿主要技术指标均有较大幅度改善，其中成品率提高5个百分点，返矿率降低5个百分点，经济效益显著。

## 5.8　唐钢烧结机点火炉外溢火焰回收利用方案探究

烧结机点火炉安装在1号~3号风箱上部，是利用煤气和空气燃烧将混合料的料面点燃。由于煤气及助燃空气都有一定压力，且为保证混合料中的燃料充分燃烧，需要有一定的空气过剩系数。在点火炉的前部，煤气点燃后的火焰喷射达1m以上，造成烧结梁烧损，环境温度高达100℃左右，同时还对附近设备的运转、操作和点检带来不良影响。控制火焰外溢，降低环境温度是必须解决的问题。

### 5.8.1　方案探究

通过分析研究，提出了以下四个可以控制点火炉火焰外溢方案，降低环境温度：

（1）点火炉前端加挡火板。在点火炉前端的基础横梁上安装一块挡火板，板与混合料料面相距20mm，喷射的火焰被挡火板挡住，可有效控制火焰前溢。但通过安装改造，20mm厚的钢板使用不足一个月，便被烧坏，保证不了一个检修周期（3个月），并且区域狭窄，钢板更换极其不便。

（2）改变点火炉烧嘴的喷射角度。点火炉烧嘴的喷射角度与台车运行方向基本垂直，如果将烧嘴角度向后倾斜，与台车运行方向大于90°安装，则可减少火焰的前溢，但这种方法由于顺向台车行驶方向对混合料的点火不利，容易影响烧结矿质量。且改变烧嘴角度需在点火炉一代炉龄结束后，在制作新点火炉时施工，平时无法改造。

（3）点火炉后移。将点火炉后移1m，则喷射的火焰能被1号风箱的负压吸入，降低环境温度。但点火炉后移1m，烧结机的有效烧结面积将减少，产量降低，得不偿失。

（4）在1号风箱前增加一个1m小风箱，使产生的负压吸收前溢的火焰，该方案可增加烧结机有效面积，增加产量。

以上四种方案，前三种在实施过程中都有局限性，只有第四种方案，既可以短期实施，又可提高产量，科学合理。

### 5.8.2 方案实施

（1）烧结机1号风箱前部是头部密封板的位置，在此位置增设一个风箱，需将头部密封板及其底座整体拆除前移1m。

（2）密封板拆除向前移1m后，两侧纵梁需向前延长1m，才能保证头部密封性良好。

（3）密封板前移和纵梁延长后，进入了2号灰箱的位置，该灰箱长3.5m，宽3m，在烧结系统中作用不大，可在长度方向上去掉1~1.2m，将密封板延长部分移到灰箱外部。

（4）新加的1m小风箱可选用600mm×500mm的风管与抽风烟道连接，由于两侧有水泥立柱，风箱风门及膨胀器躲开立柱，安装到16m平台上部。

（5）新加风箱由于宽度只有1m，内部支承管尺寸不应过大（其他风箱为$\phi$168mm无缝钢管）可选用$\phi$102mm厚壁无缝钢管或43kg/m的重轨代替，以保证吸风面积不受影响。

（6）小风箱制作角度及风管与烟道的连接均可参照其他风箱制作。

### 5.8.3 实施效果

对烧结机机头进行改造，增加了小风箱。投入使用后，取得以下明显效果：

（1）消除了点火炉火焰外溢的状况。增设1m小风箱之后，点火炉前面增加了负压区域，外溢火焰被抽入风箱，极大地降低了火焰外溢。

（2）改善了设备运转状况。现场环境温度下降了60℃以上，附近的九辊布料器及圆辊布料器的电机，减速机配备的两台降温用的轴流风机均停止使用。电机和轴承的温度均大幅降低，改善了设备运转状况，提高了设备稳定性。

（3）改善了岗位工人的劳动条件。圆辊布料器闸门卡料时，岗位可到现场操作，而不像原先那样用长管捅料，提高了布料的稳定性。

（4）改善了烧结工艺。混合料点燃前温度提高了25℃，相当于提高了混合料温度，减少烧结过程中的过湿层。

（5）提高了烧结矿产量。增设一个小风箱后，烧结机有效抽风面积增加，产量提高了。

## 5.9 低热值燃气烧结点火炉的应用

目前钢铁行业的生产形势严峻，经济效益降低，且国家节能减排的政策也越来越严格，如何有效利用低热值燃气，降低能耗指标，也是各大钢铁厂非常关注的问题。

发热值在4200kJ/m$^3$以上的燃气一般称之为高热值燃气，能直接满足烧结工艺的点火要求，而发热值在4200kJ/m$^3$以下的燃气一般称之为低热值燃气，需要对点火炉补充一定的热量才能满足烧结工艺的点火要求。

### 5.9.1 低热值燃气点火炉的类型

目前市场上的低热值燃气烧结点火炉采用的点火方式主要有如下几种：（1）对低热值燃气和助燃空气采用预热炉进行双预热；（2）对助燃空气进行单预热；（3）采用多排烧嘴点火。

#### 5.9.1.1 双预热点火保温炉

（1）炉型结构。低热值燃气双预热烧结点火保温炉由点火保温炉和设在烧结机主厂房±0.00平面或者烧结机平面点火保温炉后部的燃气预热炉、空气预热炉三部分组成。点火保温炉采用双斜式烧嘴，安装在点火炉顶部，进入主烧嘴的低热值燃气和助燃空气均经过预热，燃气预热温度200～250℃，空气预热温度230～300℃，可满足烧结工艺点火要求。低热值燃气和助燃空气的预热，采用独立预热工艺，分别设置燃气预热炉和空气预热炉。实际生产中，可对预热器参数独立调节控制，检修、维护、更换可分别进行，燃气和空气均设旁路，独立检修时不影响烧结生产。采用复合式换热器，由传热系数大、热效率高的辐射对流式换热器及多管换热器组成，这样既能保证有效的换热效率，也能有效延长换热器寿命。

（2）性能特点。采用该结构的点火保温炉，能满足国内所有大型高炉所产高炉燃气的烧结点火工艺要求，但是相对单预热模式而言，点火能耗偏高，占地面积大，投资增加。

#### 5.9.1.2 单预热点火保温炉

采用单预热方式的点火保温炉，一般都对助燃空气进行补热，目前国内普遍使用的有四种类型：

（1）预热炉加热助燃空气。在烧结机主厂房±0.00平面（机下单预热）或者烧结机点火炉尾部（机上单预热）设置一座空气预热炉，使用高炉燃气为燃料对助燃空气进行加热，空气预热温度230~300℃。采用机下式单预热模式其投资、占地面积小，但是对小型烧结机而言（180m$^2$以下），可在点火保温炉尾部增加一座小型预热炉，占地面积小，投资相对较省，助燃风温度受季节性影响小，可有效地改善点火料面的质量。

（2）环冷机回热风作为助燃空气进行热风点火。使用环冷三段的回热风作为助燃空气，进行热风点火，在回热风管路上加旋风除尘器，回热风温度200~250℃，但是由于现有的烧结环冷余热一般都会作为余热发电回收利用，同时其回热风含尘量大，对回热风机磨损较大，回热风管道在烧结车间内占据较大空间，增加投资及检修难度。特别是冬季时，回热风温度偏低，对点火效果有影响。

（3）大烟道余热加热助燃空气。采用大烟道内置模式，将翅片式换热器置于烧结机大烟道内部，利用大烟道烟气余热对点火炉助燃空气进行加热，助燃空气预热温度200~300℃。同样其回热风管道在烧结车间内占据较大的空间，增加投资及检修难度。冬季时，烟气温度降低，预热温度略有降低。

（4）自预热助燃空气。将点火保温炉的保温段改造为板式换热器，利用刚刚完成料面点火的料层表面显热对保温段中的助燃空气进行加热。助燃空气预热温度约80~100℃。当低热值偏高，但又达不到烧结工艺直接点火的要求时，采用该模式仅对点火保温炉内部结构进行微调即可；这种方式占用空间小，投资省，又可以改善料面点火效果，不过当低热值燃气热值波动较大时，点火效果不稳定。

#### 5.9.1.3 采用多排烧嘴的点火保温炉

这种点火炉在点火段一般布置有4~5排烧嘴，直接采用大量高炉燃气进行点火，优点是投资省，无需对高炉燃气和助燃空气进行预热，缺点也非常明显，由于高炉燃气热值较低，点火温度偏低，料面发黄，返矿多，同时炉膛正压较大，点火炉冒火现象严重，烟气量大，现场操作环境差。

### 5.9.2　罗源闽光钢铁点火保温炉的生产改造

罗源闽光钢铁有限责任公司一条 117m² 的步进式小型烧结工艺生产线，点火炉保温炉使用高炉燃气为点火燃料，其低热值为 3400kJ/m³。原有结构（见图 5-20）为采用 5 排烧嘴直接点火，点火料面仍然泛黄，连续四个月的生产数据见表 5-6。

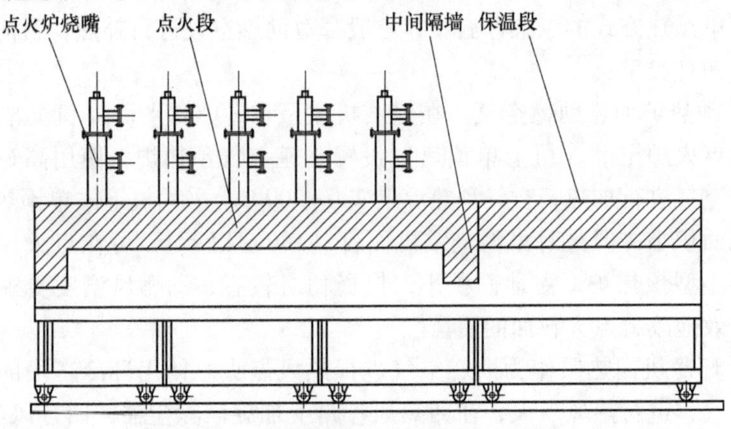


图 5-20　五排烧嘴高炉燃气点火炉简图

**表 5-6　改造前四个月（2015 年 9~12 月）的生产数据**

| 月　份 | 利用系数 /t·(m²·h)⁻¹ | 转鼓指数 /% | 筛分指数 /% | 作业率 /% | 高炉煤气单耗 /m³·t⁻¹ |
|---|---|---|---|---|---|
| 9 | 1.60 | 78.42 | 8.99 | 97.12 | 64.62 |
| 10 | 1.72 | 78.43 | 9.42 | 98.47 | 62.36 |
| 11 | 1.70 | 78.09 | 10.29 | 98.88 | 53.31 |
| 12 | 1.63 | 78.37 | 9.92 | 98.81 | 56.66 |

2016 年，中冶长天炉窑工程技术公司对其进行了技术分析后，采用机上单预热烧结点火保温炉对原有结构进行改造（见图 5-21），减少一排烧嘴，并将点火保温炉的保温段改造为助燃空气预热炉，采用高效率换热器组对助燃空气进行加热，使其升温至 230~300℃，改造后的点火料面黑亮，连续四个月的生产数据见表 5-7。

**表 5-7　改造完成后稳定运行四个月（2016 年 8~11 月）的生产数据**

| 月　份 | 利用系数 /t·(m²·h)⁻¹ | 转鼓指数 /% | 筛分指数 /% | 作业率 /% | 高炉煤气单耗 /m³·t⁻¹ |
|---|---|---|---|---|---|
| 8 | 1.73 | 78.38 | 10.21 | 96.01 | 46.92 |
| 9 | 1.68 | 77.38 | 9.79 | 97.93 | 47.16 |
| 10 | 1.61 | 78.37 | 9.56 | 98.33 | 47.63 |
| 11 | 1.62 | 78.39 | 9.79 | 98.01 | 46.53 |

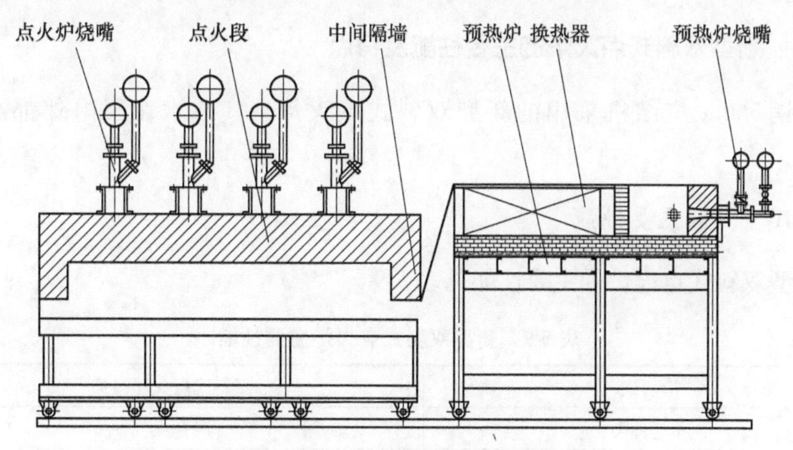


图 5-21 机上单预热点火保温炉简图

改造完毕后，从点火料面对比可以看出，点火质量有明显提升。对连续四个月稳定生产数据进行对比，点火炉改造前后烧结机的利用系数和作业率、烧结矿的转鼓指数和筛分指数无明显变化，但点火燃料即高炉燃气的单耗下降非常明显。表 5-8 为改造前后与点火炉相关的各项数据对比及其经济效益分析。

**表 5-8 五排烧嘴点火保温炉与单预热点火保温炉各项数据对比表**

| 项 目 | 空气预热温度/℃ | 点火温度/℃ | 日均产量/t | 日均煤气量/$m^3 \cdot t^{-1}$ | 高炉煤气单价/元 | 年煤气费用/万元 |
|---|---|---|---|---|---|---|
| 改造前 | 室温 | 1000 | 5122 | 58.17 | 0.1 | 1065 |
| 改造后 | 约 250 | 1150 | 5246 | 45.47 | 0.1 | 856 |

经过改造，点火保温炉使用预热炉对助燃空气进行补热，点火温度明显上升，从而无需依靠使用大量的高炉燃气来提升点火温度，点火燃气单耗大幅度降低，在提高料面点火质量的同时，避免了大量烟气从料层涌入，对烧结工艺的进程有所改善，产量略有提升，从表 5-8 可以明显对比出经过改造后，产量增加了 2.42%，点火单耗降低了 21.83%，因增产降耗带来年经济效益约 200 余万元，具有良好的经济及环保效益。

## 5.10 湘钢采用中冶长天设计的双斜式点火炉实践

湘钢炼铁厂 360$m^2$烧结机于 2006 年 9 月 15 日正式投产，采用中冶长天工程公司设计的双斜式点火炉，通过精心操作，使烧结机的点火能耗大大降低，现已降至 0.076GJ/t 以下，低于设计值，进入了国内先进行列。

## 5.10.1　新型双斜式点火炉的主要性能及特点

湘钢 360m² 烧结机采用的新型双斜式点火炉，其技术在国内外都属先进水平。

### 5.10.1.1　主要性能

新型双斜式点火炉的主要性能见表 5-9。

**表 5-9　新型双斜式点火炉主要性能**

| 形　式 | 双斜式点火保温炉 |
|---|---|
| 煤气种类 | 混合煤气 |
| 点火温度 | (1150 ±50)℃ |
| 点火时间 | 1~2min |
| 点火炉煤气消耗量 | 约 $4700m^3/h$ |
| 点火炉空气消耗量 | 约 $10285m^3/h$ |
| 点火煤气单耗 | 0.08GJ/t |

### 5.10.1.2　炉型结构及特点

（1）炉型结构：1）保温段设置保温烧嘴。2）点火保温炉侧墙上设置双侧引火烧嘴，每边各 3 个，总计 6 个。3）采用中冶长天公司专用点火保温炉耐火材料与保温制品，通过耐热锚固件结构组成整体的复合耐火内衬，无水冷装置。4）点火保温炉后面设有热风烧结保温罩，其长度约 10m。热风采用无动力方式送至保温罩（余热回收不采用循环方式）。5）点火保温炉及热风烧结保温罩均设有行走机构。

（2）结构特点：1）点火炉采用了双斜交叉烧嘴直接点火的先进技术，其高温火焰带宽度适中，温度均匀，高温点火时间可与机速良好匹配，采用的烧嘴流股混合良好，火焰短，燃烧完全，因此点火效率高，能耗低，点火质量好。与多缝式点火炉相比，具有燃烧效率高，点火质量好，维护工作量少，作业率高，适应性强，使用寿命长等特点。2）双斜式点火炉施工方便，安装周期短。3）砌体严密性好，散热少，使用寿命长。4）点火保温炉设有三种控制方式：清扫方式、手动方式、自动控制方式。在清扫方式下所有自动控制阀门均能在操作站上远方手动。自动控制方式又分为：点火温度控制、点火强度控制、定流量控制。5）在安全方面，点火炉设有煤气低压及空气低压报警，煤气低低压及空气低低压自动快速切断煤气，每排烧嘴空气集管末端均设有防爆阀。6）煤气管道采用双道阀加水封阀作为可靠的切断装置，水封前设有稳压阀。7）点火保温炉煤气、空气管道线路简捷，看火工操作方便，安全。

### 5.10.2 大型烧结机点火炉生产操作的改进措施

360m²烧结机采用新型双斜式点火炉，烘炉、开炉操作相当顺利，但由于湘钢煤气平衡的问题，外部供应的混合煤气热值和压力一直不稳定，波动大，加之岗位工人对大型点火炉的操作缺乏经验，造成投产后一段时间内点火能耗偏高，为此湘钢和中冶长天共同采取了以下改进措施：

（1）改善烧结用混合煤气供应条件。一段时间，受棒材车间加热炉煤气用量大幅增加的影响，湘钢焦炉煤气整体偏紧，造成混合煤气中焦炉煤气和高炉煤气的比值不稳定，从而使烧结用混合煤气的热值波动大，达不到新型双斜式点火炉的要求。为此，湘钢对全公司焦炉煤气和高炉煤气的平衡进行调整，把混合煤气中焦高比由原来的4∶6调为3.5∶6.5（煤气热值仍大于8000kJ/m³），尽管煤气热值整体略有下降，但基本保证了混合煤气热值的稳定。

另外，针对铁厂四台烧结机外部煤气管网不匹配的问题，调整了混合煤气管路的走向，使各台烧结机的相互影响降至最小，而且在360m²烧结机作业区主管上设置了减压装置，将主管上煤气压力最大稳定值由16000Pa降低至12000Pa，从而使360m²烧结机点火炉的煤气压力波动范围大大减小。

通过这两项措施，改善了烧结用混合煤气供应条件，基本杜绝了正常生产时煤气发热值及压力大幅波动的现象，小幅波动的次数也大为减少，有利于优化点火炉操作，为节能降耗创造了条件。

（2）实现点火炉空燃比的自动控制。刚投产时，由于外供煤气热值和压力波动较大，使得点火炉空燃比难以实现自动控制。点火炉烧嘴空气阀门主要是由人工控制，点火段空气和混合煤气的比例配置随意性很大，造成了能源的浪费。通过摸索中冶长天设计出新的程序，采取了点火温度-流量-空燃比串级控制模型，在计算机中实现自动优化控制，最大限度地发挥了双斜式点火炉的节能优势。

（3）改进超厚料层烧结条件下的点火+保温操作方式。360m²烧结机投产前期，料层厚度保持在630~650mm，为了适应同期投产的大型高炉的需要，不久就采取了超厚料层烧结生产的措施，以提高烧结矿强度。但由于操作上没有及时对新型双斜式点火炉的点火-保温方式进行调整，相当一段时间内出现了烧结料层表面过熔的状态，一方面造成烧结料层透气性很差，影响了烧结矿的产质量，另一方面造成了热量浪费较大。为此，对点火段采取了两方面的改进措施：一是适当降低点火温度，正常点火温度由1160℃降至1050℃左右，以料层表面不过熔为宜；二是通过调整对应单个烧嘴的点火强度，使得沿台车横向上点火均匀。另外，对保温段也采取了改进措施：生产正常时不开启保温段烧嘴，保温段仅仅只是提供烧结所需的有效风量，保温段温度由原来的800℃左右降至500℃以下。

从而有效降低了超厚料层烧结情况下的点火能耗。

（4）充分利用边烧嘴的作用。新型双斜式点火炉点火段后部两边各设置了一个点火烧嘴，目的是解决台车两边料层表面点火不均匀的问题。但实际生产中，由于台车两边料层透气性波动大，计算机自动控制难以实现煤气流量与温度的完全对应，有时仍存在两边料层表面点火效果差的现象。为此，生产中改进了烧结机的布料装置，使台车两边布料能比中间稍高，并可随原料性质不同进行调整，这样台车两边料层透气性波动相对变小，边烧嘴的作用得到了充分发挥，既改善了烧结矿质量，又降低了点火煤气的消耗。

（5）充分利用热风保温的作用。新型双斜式点火炉后部还设置了热风保温段，生产中利用“无动力风量配置”方式，将环冷机 380℃左右的热废气引至烧结机热风保温段，以代替烧结料层中的部分焦粉，达到节能降耗的目的。但实际生产中，因热废气温度会随生产过程的波动而波动，生产不好时，热废气温度降低较多，会使料层中热量供应不足，反过来影响烧结生产，造成一种恶性循环，而且时间比较长。在这种情况下，烧结矿产量下降，点火能耗相应升高。为了克服这种情况，采取用保温烧嘴补热的措施，当生产波动大时，要求岗位操作人员根据烧结机及环冷机的生产情况，及时开启保温烧嘴，实现联动操作，尽量避免和减轻恶性循环，使生产尽快恢复正常，从而达到既可充分利用热风保温实现节能，又能保证正常生产的目的。

### 5.10.3 生产实际效果

通过实施以上措施，烧结生产所用外部混合煤气的热值和压力得到稳定，在优化新型双斜式点火炉操作的同时，也取得了对大型烧结机点火炉操作的经验，节能效果十分明显。经过 9 个月的实践，至 2008 年 9 月，360m$^2$烧结机点火能耗已稳定在 0.076GJ/t 左右，超过了设计指标，并达到了国内先进水平。

## 5.11 宝钢节能型双斜式点火保温炉实践

### 5.11.1 点火工艺及要求

#### 5.11.1.1 点火作用和要求

布到台车上的混合料表面点火是否良好，对于成品率和烧结矿质量均有很大影响。点火温度过低，点火强度不足或点火时间不够，将使料层表面欠熔，降低表层烧结矿强度并产生大量返矿。而点火温度过高或点火时间过长又会造成料层表面过熔形成硬壳，烧结料层透气性变差。生产率降低，使烧结 FeO 升高和还原率降低。

烧结过程从混合料表层的燃料着火开始，为使烧结燃料正常燃烧并使表层烧结矿良好黏结，烧结料的点火应满足如下要求：

（1）混合料表层的点火温度和点火强度适宜；

（2）有足够高的点火温度和点火强度；

（3）有适宜的高温保持时间。

#### 5.11.1.2 空燃比

为了达到均匀燃烧，还必须保持一定的空燃比。用焦炉煤气作点火燃料时，空燃比在某一点有最大值。空燃比与所用燃料种类、烧嘴形式和点火炉结构有关。空气过剩系数一般为1.2~1.5。

### 5.11.2 节能型点火炉点火工艺

#### 5.11.2.1 节能型点火炉的发展

20世纪70年代以来，国内外烧结厂使用的点火炉广泛采用安装在炉顶的圆筒式喷头混合型烧嘴。通过降低烧嘴点火排数、控制炉压及加强密封等措施和烧结逐步加厚料层来降低COG单耗。但这种烧嘴存在如下明显不足：

（1）火焰长，炉膛高（1000~1200mm），炉容大，依靠炉内辐射热点大。

（2）台车宽度方向温差大，容易造成烧嘴正下方过熔，烧嘴欠熔。台车两侧因“边缘效应”，往往点火较差。

（3）调节不灵活，不能适应烧结条件变化。

进入80年代为进一步降低点火热耗，在国外相继研制出多种节能型烧嘴，川崎式多孔线型烧嘴和住友式多缝型烧嘴便是其中的主要代表（具体参数见表5-10），宝钢曾经试用过。这些节能型烧嘴的共同特点是：

（1）段焰直接点火，炉膛矮，点火炉炉容小型化。

（2）火焰集中，宽度方向温度均匀，温差约50℃。

（3）能适应不同烧结料层的点火、燃烧状况易改变，在一定范围内可灵活调整。

**表5-10 烧嘴性能对照表**

| 烧嘴形式 | 住友多缝型 | 川崎多孔型 |
|---|---|---|
| 燃烧原理 | 强旋二段燃烧型（外混式燃烧） | 煤气交叉混合（外混式燃烧） |
| 炉膛高度 | 300mm | (400±20)mm |
| 结构特点 | 烧嘴块组成多孔烧嘴，外加两侧烧嘴 | 双排密集喷孔组成线型烧嘴，两侧喷孔较大 |
| 火焰形状 | 带状 | 带状 |
| 调节手段 | 烧结高度可调，一次、二次同比例可调 | 烧嘴高度、角度可调 |
| 烧嘴寿命 | 约3~5年 | 喷孔约1年 |

热工测试结果和应用实践表明其存在明显的缺点。寿命短、点火时间短，表层点火效果差。

宝钢从20世纪90年代开始引入双斜带式点火炉，分别在3号烧结机和1号、2号烧结机的改造中应用。从点火效果来看，满足了大型烧结机的点火技术要求，起到了较好的效果。但点火煤气单耗与国外先进水平尚有差距。为此对不同烧结机进行了多次的热工测试，对生产调整和改进起到积极的作用，也为四烧结点火炉选型积累了丰富的经验。

#### 5.11.2.2 宝钢四烧结点火炉

采用节能型双斜式烧结点火保温炉，点火炉炉顶设三排烧嘴，保温炉设一排烧嘴。点火炉三排烧嘴在炉顶交叉斜排（见图5-22和图5-23），采用了双斜交叉烧嘴直接点火的先进技术，其高温火焰带宽度适中，温度均匀，高温点火时间可与机速良好匹配，特别是保温段设有烧嘴，可以提高料面质量。采用的烧嘴流股混合良好，火焰短，燃烧完全，因此点火效率高，能耗低，点火质量好，提高烧结矿产量。采用热风点火，点火温度、煤气与空气的比例以及用量均由计算机自动调节。

图5-22 点火炉主烧嘴

图5-23 点火炉拉杆阀

双斜式烧结点火炉结构特点是：炉膛高度适中，容积小，重量轻，施工方便，安装周期强型耐火烧注料与保温制品通过耐热锚固件结构组成整体的复合耐火内衬，砌体严密性好，散热少，使用寿命长。

（1）四烧点火炉主要技术参数。四烧结点火炉主要参数及结构特点见表5-11。

表5-11 四烧结点火炉主要参数及结构特点

| | |
|---|---|
| 烧嘴形式 | 点火炉主烧嘴 HX4-36 型 |
| 燃烧原理 | 强旋二段燃烧型（外混式燃烧） |
| 炉膛高度 | 点火炉：1200mm |

续表 5-11

| 烧嘴形式 | 点火炉主烧嘴 HX4-36 型 |
|---|---|
| 结构特点 | 下部开放箱型顶燃煤气烧嘴式<br>烧嘴块组成多孔烧嘴，外加两侧烧嘴 |
| 火焰形状 | 带状 |
| 烧嘴寿命 | 约 8 年 |
| 点火炉及保温段长 | 约 19m |
| 炉膛宽 | 约 5.8m |
| 点火温度 | (1150±50)℃ |
| 点火时间 | 1.0~1.5min |
| 炉顶结构 | 双层 |
| 点火煤气单耗 | ≤0.07GJ/t |
| 点火保温炉整体使用寿命 | 8 年 |

（2）四烧点火燃烧控制。点火炉燃烧控制分为两种方式：点火炉温度控制及点火强度控制。1）点火炉温度控制。将点火炉温度作为控制对象，根据点火炉温度来调节点火炉煤气流量，点火炉空气流量则根据煤气流量按一定比值自动调节，从而实现点火温度、煤-空比值串级调节。2）点火强度控制。将点火强度作为设定值来自动调节点火煤气流量，点火炉空气流量则根据煤气流量按比值进行自动调节，从而实现点火强度、煤-空比值调节。

（3）采用微负压点火技术。烧结点火用焦炉煤气，采用微负压点火工艺，点火温度（1100±50)℃，炉膛压力为微负压，点火时间 1~1.5min。

点火炉下部配有微负压调节装置，可实行微负压操作，节省点火煤气。微负压控制可以节约点火煤气 10%~15%。

### 5.11.3 生产效果

经采用改善燃料粒度、强混混合制粒工艺、预热烧结混合料、优化布料等措施，通过热平衡分析，确定了综合的降低能耗方案。在确保足够的烧结矿质量、产量的前提，实施了厚料层烧结。基准期为 2014 年的 1~6 月，改善期为 2014 年 7~12 月。从表 5-12 的对比数据来看，料层增加了 19mm，点火温度由原来的 (1140±50)℃降低到（1100±50)℃。整个烧结的成品率提高了 4.2%，焦炉煤气（COG）单耗小于 0.04GJ/t，达到世界先进水平。工序能耗达到 42.84kgce/t，达到清洁生产一级小于 47kgce/t 标准要求。

表 5-12 四烧结节能改善前后对比

| 项 目 | 单位 | 2015 年 1~6 月 | 2015 年 7~12 月 |
|---|---|---|---|
| 固体燃耗 | kg/t | 50.42 | 46.83 |
| COG 单耗 | GJ/t | 0.054 | 0.039 |
| 工序能耗 | kgce/t | 47.45 | 42.84 |
| 料层厚度 | mm | 846 | 865 |
| 点火温度 | ℃ | 1138 | 1101 |
| 点火强度 | $m^3/m^2$ | 2.2 | 1.7 |
| 成品率 | % | 75.6 | 79.8 |

宝钢烧结在 COG 单耗方面一直与国际先进水平有差距，通过 4 号烧结机项目点火炉的选型、节能技术的综合应用，通过一年多生产实践取得了明显的效果，COG 单耗控制在 0.04GJ/t 以内，达到世界先进水平。同时全年工序能耗也达到国内大型烧结机的先进水平。

## 5.12 提高边部点火、改善烧结质量的措施及效果

点火炉是烧结生产的核心设备之一，其点火效果优劣对生产操作和烧结矿质量至关重要。目前，国内各烧结厂所采用的点火炉，大多存在台车两侧烧结矿质量较差的现象（即常说的边部黄料带）。有的厂黄料带宽度甚至达到 100m 以上，严重影响成品率和烧结矿产量，并导致能耗升高。如何加强边部点火，提高边部烧结矿质量，关系到钢铁企业的节能降耗，因此该课题已成为烧结工作者当前研究的重要课题之一。

### 5.12.1 原因分析

影响边部烧结质量的因素有多种，其中最主要的有：烧结边缘效应、过湿层效应、点火炉边部漏风以及烧嘴安装不合理等几个方面。

#### 5.12.1.1 边缘效应

从图 5-24 可知，由于料层两侧与台车拦板接触处存在细微间隙，使得料层两侧进风的阻力比中间部分小，从而造成料层两侧吸风速度比中间部分快，即所谓的边缘效应。料层越厚，烧结主抽负压越大，料层两侧吸风速度与中部的差异越大，产生的边缘效应就越明显。由于边部风速过快（见图 5-25），

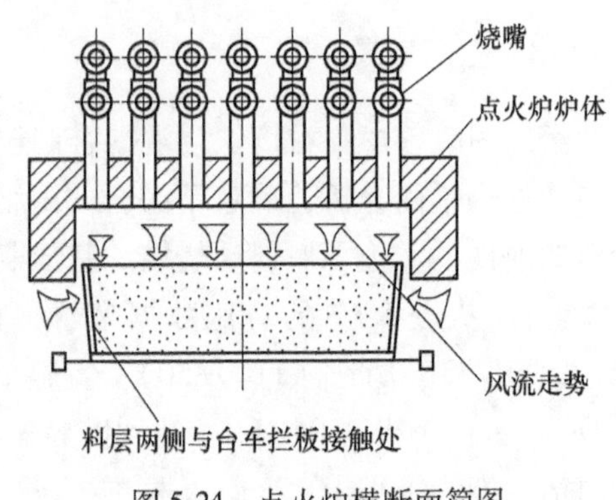

图 5-24 点火炉横断面简图

一方面导致两侧部分料层表面的炭难以点着，另一方面，完成点火后两侧料层的烧结速度远快于中部，导致两侧烧结终点比中间部分提前。料层越厚，两侧烧结终点提前越多。由于边缘效应的影响，使得沿台车断面方向，越靠近台车拦板处的料层成品率越低，烧结矿质量越差。同时，随着料层厚度增高，边缘效应的影响越大，如图5-26所示。这样当台车移动经过烧嘴燃烧带时，就可能出现两种情况：当中部的料面供热满足正常点火需要时，台车两侧部分的料面会出现供热不足，使其表层中的炭点火不完全，甚至点不着火，从而造成两侧烧结矿质量差；而当台车两侧料面供热量满足正常点火需求时，中部则出现供热过剩，使得中部料面产生过熔、板结，降低料面透气性，也会影响烧结质量。

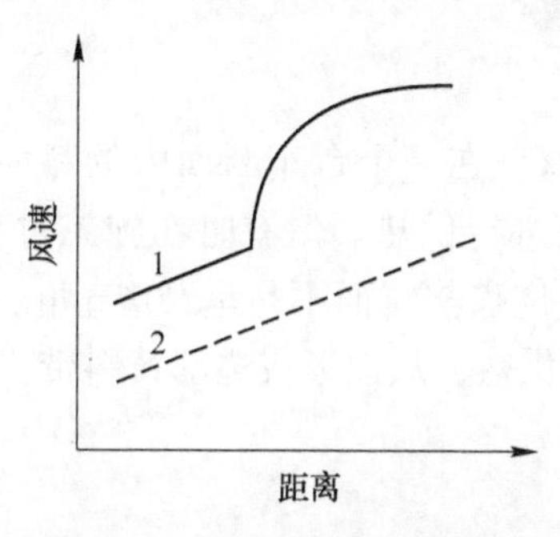


图5-25 点火料层风速趋势图

1—台车拦板处风速随行进距离的变化；
2—台车中心部风速随行进距离的变化

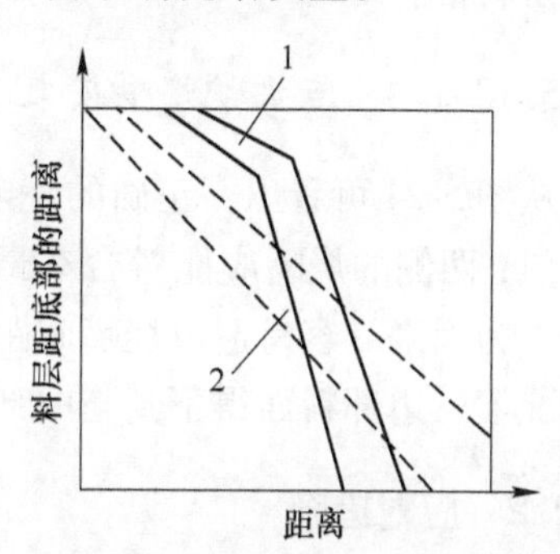


图5-26 料层内燃烧层厚度趋势图

1—台车两侧料层的高温区；
2—台车中部料层的高温区

### 5.12.1.2 过湿层效应

烧结混合料随台车移动经过点火炉烧嘴燃烧带时，表层的料面因突然受热且受到主抽风机的抽风影响，水分会迅速变成水蒸气转移至下一层烧结料，而此时下层烧结料还未受到火焰影响，其温度较低，由上一层转移过来的水蒸气降温后冷凝成水，使得此层烧结料水分增加，即形成过湿层。当烧结混合料水分较高时，过湿层尤易出现。直线排列式烧嘴会使过湿层在同一个水平面产生，形成一个连续性过湿层面（见图5-27），这样会严重影响料层透气性，导致烧结机生产

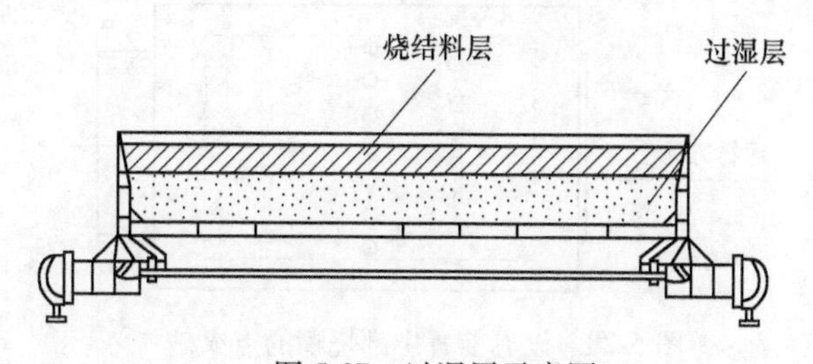


图5-27 过湿层示意图

能力降低。同时，过湿层内的物料含水率高，易产生变形，从而导致烧结矿粉化率提高，烧结矿质量降低，边部烧结矿的烧结质量及成品率也从而随之下降。

#### 5.12.1.3　边部漏风

从图5-24可看出，在点火炉炉膛两侧，台车拦板边缘与炉膛内侧之间留有一定空隙（通常为80~100mm），这是为了保证正常生产时台车能顺利通过点火炉。但这样更易造成点火炉生产时外部冷气流从台车两侧进入料层，从而对烧结质量造成负面影响。越靠近台车两侧边缘，这种负面影响越大，严重时即可形成边部黄料带。

#### 5.12.1.4　点火炉烧嘴安装不合理

从图5-24可看出，正确的烧嘴分布应能保证在一个台车断面内的料面能均匀受热，两侧的烧嘴应能对台车最边缘的料面进行供热。但有时在施工过程中，由于人为因素，容易造成烧嘴间距分布不均或烧嘴与料面不是呈90°直角。在此类情况下，边部料面得不到与中部料面同样的供热，从而形成边部黄料带。

### 5.12.2　应对措施

（1）增设前置中部烧嘴。如图5-28所示，在现有点火炉烧嘴前部增设中部烧嘴。该前置中部烧嘴只对台车中部的料面进行加热，从而起到使台车中部混合料点火时间提前，推迟台车边缘处点火时间的作用。当台车通过点火炉点火段时，位于台车中部的烧结料将先收到前置中部烧嘴的火焰喷射而点火，开始烧结

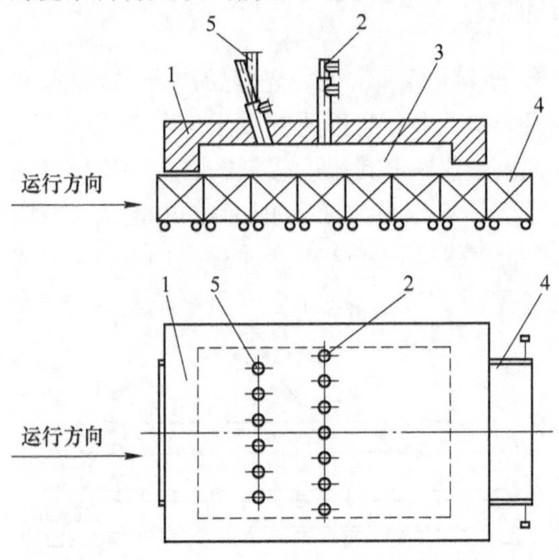


图5-28　设有前置中部烧嘴的点火炉

1—点火炉体；2—后排烧嘴；3—点火段燃烧室；4—台车；5—前置中部烧嘴

过程。而位于台车两侧的烧结混合料在过了一定时间后才被后排烧嘴点燃。这样可以推迟边缘点火时间，减少甚至消除两侧烧结终点比中间部分提前的时间差，从而有效减轻厚料层烧结时边缘效应对烧结质量的影响，减少边部黄料带，提高烧结机料层整体的成品率。在消除边缘效应的同时，由于台车中部的点火时间比边缘要早，在这样的结构设计下，即使烧结过程中形成过湿层，也会因为台车中部和两侧的过湿层形成的速度不一样而减少了对台车上整体烧结料层透气性的影响。这就避免了台车两侧与中部的过湿物料形成一个整体，影响烧结料层的透气性，从而减轻了过湿层对烧结矿产量与质量的负面影响。

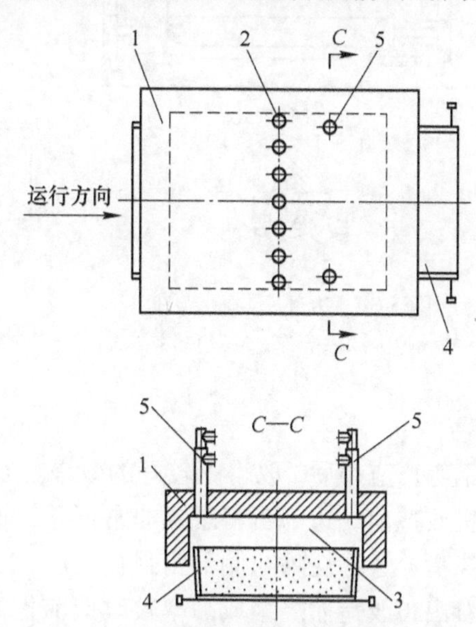


图 5-29 设有边缘烧嘴的点火炉简图

1—点火炉炉体；2—原有烧嘴；3—点火段燃烧室；4—台车；5—边缘烧嘴

（2）增设边缘烧嘴。如图 5-29 所示，在点火炉两侧上方增设边缘烧嘴，对烧结机台车两侧进行局部供热，满足台车两侧受边缘效应影响的料面正常点火。通过这种改变烧嘴布置方式，增强边部供热强度的方法，来加强台车边部料面的烧结效果，改善边部料面的烧结质量。

（3）增设边部密封板。为了有效减少边部漏风对烧结矿质量造成的负面影响，同时又能保证台车在生产时能顺利通过点火炉，可采取增设边部密封板的方法，同时在台车两侧底部增设密封板行走槽，详见图 5-30。烧结机生产时，密封板在行走槽内滑动，不但能保证台车顺利通过点火炉，且能有效防止炉外冷风进入台车两侧的料面，对于提高边部烧结质量有很大帮助。

（4）增设烧嘴安装板。为了有效避免因烧嘴安装位置或角度不合适引起的边部烧结质量差，在原有烧嘴结构基础上增设了烧嘴安装板，如图 5-31 所示。安装板与烧嘴焊接为一体，并与点火炉炉体以螺栓形式连接。此结构的优点是能依靠安装板上螺栓孔的定位距离来限制烧嘴安装的定位误差，同时安装板与烧嘴呈 90°，只需将安装板水平安装于点火炉炉体上，即可确保烧嘴与台车料面亦呈 90° 直角，消除了烧嘴安装误差引起的边部烧结效果不好。

### 5.12.3 应用效果

以上列举的四种应对措施，均可有效加强边部点火，在新（余）钢、湘钢、

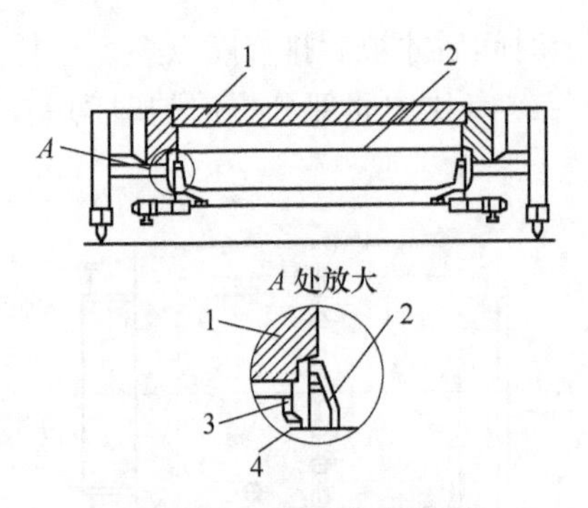


图 5-30 边部密封板简图

1—点火炉体；2—台车；3—边部密封板；
4—密封板行走槽

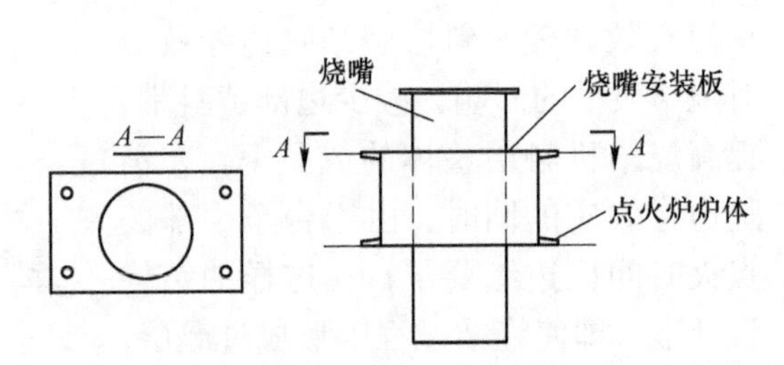


图 5-31 烧嘴安装板简图

莱钢等厂应用后，取得了较好的效果。以新余钢铁 6 号烧结机（360m$^2$）为例，6 号机改造前，边部黄料现象非常严重，两侧黄料带宽约 80mm。在增设了前置中部烧嘴、边缘烧嘴与侧部密封板之后，边部黄料现象明显好转（见表 5-13）。不难看出，改造后烧结成品率较改造前提高了 5%，由此每年可多产成品烧结矿约 20 万吨，获利 1200 万元左右，效益非常显著。另外，混合煤气消耗由原来的 7.4m$^3$/t 左右降到 7.0m$^3$/t，节省了 5.7%。

**表 5-13 改造前后生产指标比较**

| 时间 | 料层厚度 /mm | 台车速度 /m·min$^{-1}$ | 垂直烧结速度 /mm·min$^{-1}$ | 煤气流量 /m$^3$·h$^{-1}$ | 空气流量 /m$^3$·h$^{-1}$ | 烧结矿产量 /t | 成品矿产量 /t | 成品率 /% |
|---|---|---|---|---|---|---|---|---|
| 2010.3 | 670 | 2.45 | 17.6 | 3150.4 | 6100.2 | 336960 | 306634 | 91 |
| 2010.7 | 670 | 2.42 | 17.9 | 3167.2 | 6120.5 | 336924 | 323447 | 96 |

## 5.12.4 小结

综上所述，限制边缘效应、过湿层效应、减少边部漏风及严格控制烧嘴安装间距与角度等措施，能有效减少台车两侧边部黄料现象，提高边部烧结矿质量，从而提高整台烧结机的成品率，降低点火煤气单耗。这些措施在新钢、湘钢、莱钢等厂应用后，取得了较好的经济效益与社会效益。

## 参考文献

[1] 潘文，石江山，裴元东，等．烧结点火制度优化研究［C］//第十五届全国炼铁原料学术

会议论文集，2017：165~172.
[2] 许满兴．“点好火”是确保烧结产质量的关键操作［J］．烧结球团，2015，40（1）：1~4.
[3] 刘益勇，周江虹，于敬．马钢二铁烧结点火技术的进步及应用［C］//第十五届全国烧结球团设备技术交流会论文集，2017：21~23.
[4] 胡钢．重钢烧结微负压点火优化实践［C］//2016年全国烧结球团技术交流会论文集，2016：48~50.
[5] 李强，宋新义，李文辉，等．太钢660m² 烧结机点火保温炉及其生产效果［J］．烧结球团，2013，38（4）：27~30.
[6] 刘海洋，翁玉明．淮钢144m² 烧结机点火系统的改造与实践［C］//第九届全国烧结球团设备技术研讨会论文集，2011：82~84.
[7] 牛晋昌，刘剑华．烧结机点火炉外溢火焰回收利用方案探究［C］//第九届全国烧结球团设备技术研讨会论文集，2011：17~18.
[8] 高国顺，何森棋，丁智清，等．国内低热值燃气烧结点火炉的应用［J］．烧结球团，2018，43（3）：28~31.
[9] 隆飞亮，张俊涛．大型烧结机点火炉操作实践［J］．烧结球团，2009，34（2）：41~43.
[10] 马洛文．宝钢4号烧结机降低COG单耗实践［C］//2015年全国烧结球团技术交流会论文集，2015：17~20.
[11] 周浩宇，丁智清，朱飞．提高边部点火、烧结质量的措施及效果［J］．烧结球团，2011，36（5）：19~21.

# 6 烧结漏风治理技术

【本章提要】

本章介绍了烧结机漏风现状、漏风区域及漏风率影响因素的分析、漏风率含义及其测定方法、漏风率对产量及经济效益影响的基本分析、机头、机尾密封和两侧密封结构及优缺点，以及鞍钢、济钢、包钢、新日铁、宝钢湛江等降低烧结机漏风的措施。

烧结过程中系统的负压必将导致料面缝隙及台车侧壁间发生一定程度上的漏风，使空气由密封性较差的位置进入烧结系统，同时降低了烧结系统的工作负压及烧结台车单位面积的有效风量，从而降低烧结矿产量、质量。

风机所消耗的电量占烧结过程总电量的70%以上，较高的漏风率将大幅度降低风机的有效功率，大量漏风不仅影响电耗，还影响烧结过程能量的有效利用，并降低了生产效率，最终增加了烧结生产能耗及烧结矿的生产成本。每平方米烧结机漏风率降低 1%，其每年直接经济效益在 4000~5000 元左右，国外一些烧结厂的实践证明：漏风率每减少 10%，可增产 6%，烧结矿可减少电耗 2kWh/t，减少固体燃耗 1. 0kg/t，成品率提高 1. 5%~2. 0%。

因此，降低漏风率是烧结生产过程增产降耗，增加经济效益的最直接、最有效的途径之一。目前，如何有效降低烧结生产过程漏风率已成为钢铁企业的工作重心之一，准确判断烧结机漏风率较高区域，及时采取措施对漏风区域进行修复，能够在增加烧结产量的同时提高烧结矿质量，也是我国钢铁企业绿色生产的发展方向。

## 6.1 烧结机漏风现状

烧结机漏风对烧结生产过程各项经济技术指标影响巨大，因此，国内外钢铁企业在烧结机大修期间均把降低漏风率作为烧结设备设计、改造和装配的重点工作。我国烧结机有效面积大小差异巨大，最大有效烧结面积为 660$m^2$，而国内最小的仅为 27. 68$m^2$，烧结机装备的差异对烧结过程系统漏风率有一定影响。当前国际先进的烧结系统可将漏风率控制在 30%以下，宝钢 3 号烧结机漏风率在 35%

左右，而国内大多钢铁企业烧结机漏风率仍在45%以上。部分钢铁企业烧结机漏风率指标如表6-1所示。

**表6-1　部分钢铁企业烧结机漏风率**

| 企业名称 | 有效面积/$m^2$ | 漏风率/% |
|---|---|---|
| 唐　钢 | 210 | 41.57 |
| 宝　钢 | 495 | 45.37 |
| | 600 | 35.25 |
| 鞍　钢 | 360 | 46.50 |
| 南　钢 | 360 | 53.40 |
| 莱　钢 | 265 | 45.80 |
| 攀　钢 | 260 | 46.67 |

## 6.2　烧结机漏风区域及漏风率影响因素的分析

### 6.2.1　烧结机漏风区域

烧结系统漏风区域一般可以分为烧结机的机头机尾、烧结料面裂缝、台车侧壁、台车滑道、风箱支管、大烟道系统、电除尘系统，大型烧结机还包括二重阀系统。其中台车至风箱支管、机头机尾、台车侧壁与滑道、烧结料面裂缝部位的漏风可以统称为烧结机本体漏风。宝钢原3号烧结机（450$m^2$）抽风系统各漏风段的漏风比率见图6-1。

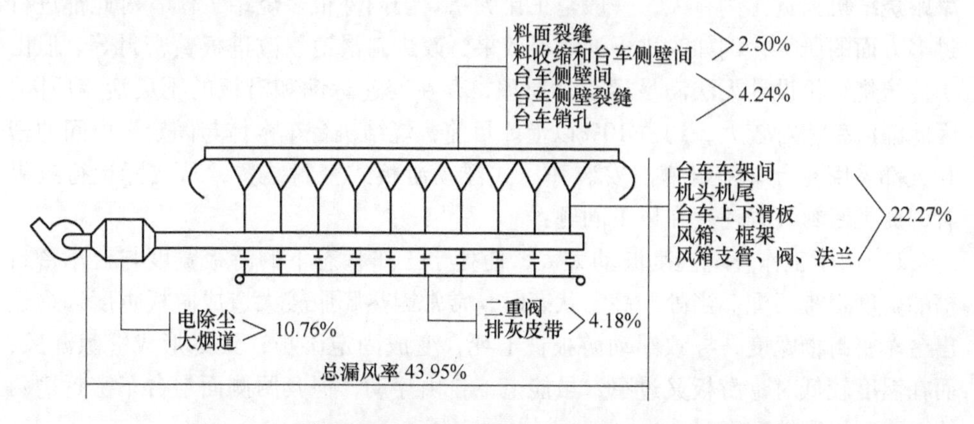


图6-1　宝钢原3号烧结机抽风系统各漏风段的漏风比率

从图6-1可知，烧结本体部分漏风占烧结系统漏风的60%以上，因此烧结机本体部位是烧结生产过程中产生漏风的重点部位，针对该部位实施监控并采取治理措施可以有效降低烧结系统的总漏风率。

### 6.2.2　影响漏风率的因素分析

通过对烧结抽风系统研究、分析，认为整个烧结系统漏风基本集中在以下几个部位：

（1）风机与烧结风箱之间的漏风。风箱与大烟道内壁受到高负压气流的冲刷和酸性烟气腐蚀损坏较快，易产生孔洞，同时法兰连接处的密封垫在高负压、高温及有大量高速运动的粉尘磨损下易损坏，从而使漏风率升高。其他静点漏风对整个烧结机系统而言也不容忽视，其漏风的主要部位是人孔、检修门、风箱调节阀、电除尘等部位。其漏风率因厂而异，但基本都在5%~10%左右。

（2）机头机尾密封装置与台车底面之间的漏风。目前对于机头、机尾密封，烧结厂普遍采用的是弹性支撑或配重式密封装置。弹性活动密封板由于频繁受冲击力作用，又长期受高温废气的热冲击，导致弹性下降、台车梁变形而影响密封效果，这部分漏风约占烧结机总风量的10%左右。

（3）台车本体漏风。这是烧结系统漏风的最关键部位。主要有由于台车拦板变形致使拦板与台车体之间、上下拦板之间形成缝隙造成漏风；为提高箅条安装与拆卸的便捷性，设计的箅条销孔尺寸通常比箅条销子略大，从而箅条销子与台车拦板间隙配合不严造成漏风；因设计时台车体与拦板两端各留有1mm的间隙，而造成漏风；由于拦板结构、材质不合理出现的拦板裂缝造成漏风；这些漏风影响很大，处理也极其困难，约占总风量的30%左右。

（4）台车与风箱滑道之间的漏风。这是烧结系统重点漏风部位，实际漏风率跟烧结机长宽比例有关，一般呈正比关系。国内外很多烧结工作者对此都进行过多方面的研究，例如改进干油润滑效果、改进斜滑道、改进板簧密封等。但由于传统烧结机设计无法满足运动学原理，存在变速运动和滑板的不灵活等原因，因此漏风率相对较大，约占10%以上。目前，烧结机台车本体与固定滑道间的密封大都采用在台车密封槽内安装弹压式浮动游板式密封装置，从实际运行效果看，此类密封装置还存在以下问题：

1）由于工作环境温度波动太大，使处于工作状态下的游板宽度与台车密封槽的宽度很难匹配。当处于高温状态时，常常因热膨胀较大造成游板宽度远远超出台车密封槽宽度，导致浮动游板被卡死，变成固定游板，最终形成缝隙漏风；而在温度较低时，游板又过窄，虽能上下自由浮动，但其两侧面与台车密封槽两侧壁之间出现缝隙窜风。

2）台车经过长期的运行，其本体将由于磨损而逐渐变短，设置在密封槽内的浮动游板的长度和安装在台车本体上的拦板长度却保持不变。这样一来，在正常的工作条件下，是以相邻两个台车间的拦板和游板进行接触，导致台车本体间产生缝隙漏风。

3）机尾卸矿时，无论是采用星轮式或弯道式，都会使相邻台车下端相互撞击，长期互相撞击的结果，在相邻台车体下端部都出现了三角形孔洞，这一孔洞的底部宽度通常为10~30mm，高度为30~40mm，漏风相对很多。

## 6.3　烧结漏风率含义及其测定方法

烧结厂的主要设备是烧结机和抽风机。烧结机承担烧结料的烧结，抽风机除向这一烧结过程提供所需空气的全部动力外，还要提供很大一部分因抽漏风白白消耗的动力，这种无功消耗有时占去了抽风机能力的一半及以上，而风机的耗电量又约占全厂耗电量的50%~70%。于是，漏风率的大小成了烧结厂技术经济分析的硬指标。降低漏风率所采取的措施越来越多，测量漏风率的方法却各不相同，所表达的漏风率概念也不尽一样。为了对漏风率作出客观评价，对降低漏风率的措施进行科学鉴定，有必要对漏风率下严格的定义，并以此规定统一的测定方法。测定方法必须是明确具体，合理可行的，才能被人们所接受和推广。

### 6.3.1　漏风率含义

烧结风机抽入的烟气可细分为：（1）用于烧结的理论空气量；（2）过剩空气量；（3）边缘空气量；（4）点火烟气量；（5）混合料中由于燃料燃烧、水分蒸发，碳酸盐分解及其他氧化还原过程而形成的烟气增量和漏入风量等。其中边缘空气量也可看作漏风，属于有害风量。漏风量的多少用漏风率的大小度量。漏风率是漏入风量与通过风量比值的百分数。它可细分为烧结机漏风率和抽风系统漏风率，前后两部分漏风量之和与总风量之比，称为烧结系统总漏风率。通常，烧结机漏风部位指由台车箅条至风箱闸门后的风箱之间，而抽风系统漏风部位指由风箱闸门立管到风机入口之间，其中包括总管、排灰装置及除尘器等。之所以定风机前为终点，是基于风机风量以抽入风量为准来考虑的。风机之后，烟道内呈正压，不再有风漏入。

#### 6.3.1.1　烧结机漏风率

$$K_{机} = \frac{Q_L}{\sum Q_i} \times 100\% \tag{6-1}$$

式中　$K_{机}$——从台车箅条缝隙到各立管之间的漏风率，%；

$Q_L$——烧结机的漏风，$m^3/min$；

$\sum Q_i$——每个风箱立管风量之和，$m^3/min$。

烧结机的漏风包括机头机尾的漏风、台车滑道的漏风、台车交接不严处的漏风、台车拦板裂缝漏风和烧结饼与拦板之间的漏风等，即指未被烧结料利用且不是通过烧结料层的一切风量。烧结机漏风率通常占整个烧结系统漏风率的60%以上。

测漏风率时，测点要有代表性，就在于能否区分已通过料面和没通过料面的两部分风量。

6.3.1.2 抽风系统漏风率

$$K_{网} = \frac{Q_{后} - Q_{前}}{Q_{后}} \times 100\% \tag{6-2}$$

式中 $K_{网}$——管网漏风率，可以是一段，也可以是整个系统，%；

$Q_{前}$——所测管段起点风量，$m^3/min$；

$Q_{后}$——所测管段终点风量，$m^3/min$。

烧结系统各段的漏风率都是以式（6-1）和式（6-2）为依据，通过测流量法、氧平衡法、碳平衡法、热平衡法等办法直接或间接求出的。如此求出的漏风率称为绝对漏风率，其表达式为：

$$绝对漏风率 = \frac{某段漏入风量}{该段通过风量} \times 100\% \tag{6-3}$$

它代表该段漏风率的绝对大小，是该段密封性能好坏的直接度量。有时，为了评判烧结机及抽风系统各部位漏风率的大小，可借于相对漏风率的概念。其表达式为：

$$相对漏风率 = \frac{某段漏入风量}{系统通过总风量} \times 100\% \tag{6-4}$$

值得指出，烧结机漏风率要用绝对漏风率表示，它可作为考核烧结机技术性能的指标之一。而烧结机的相对漏风率只在系统内部进行互相比较时才有效。同理，对其他设备的漏风率大小的评价也要注意上述问题。

### 6.3.2 漏风率测定的方法

烧结系统漏风率的测定，早在20世纪60年代初我国鞍钢和武钢烧结厂就使用过两种方法，即废气成分换算法和密封法。到了70年代，国外有报道用风速仪直接测定烧结机料面风速和直接测定烧结台车与风箱间有害漏风的装置，称之为“料面风速法”和“局部漏风法”。远在50年代初，德国和美国曾用经验公式对漏风量进行估算。

这些方法按测漏风的概念来归纳可分为两类：（1）直接测定法，即直接测定漏风量或漏风部位前后风量，如密封法，料面风速法、边缘漏风法等；（2）间接测定法，如废气成分换算法，它可以换算出漏风率，为了计算漏风量，仍需测定漏风部位前或后任一处通过的风量。下面就各种测定方法简单述评如下。

#### 6.3.2.1 经验公式估算法

这是最早使用的一种方法，德国鲁奇公司曾使用过。考虑到漏风量的大小与系统中的密封程度、烧结机大小和负压有关，因而导出下列经验公式：

$$Q_{漏} = K(L + B)p^{0.42} \tag{6-5}$$

式中 $Q_{漏}$——烧结机漏风量，$m^3/h$；

$L$——烧结机长度，m；

$B$——烧结机宽度，m；

$p$——负压，Pa；

$K$——烧结机漏风系数，%。

$p$ 值根据生产通常取 $p=7.5\sim9.8$Pa；$K$ 值与烧结机各个漏风部位的密封结构、磨损程度有关，老型号烧结机要比新烧结机的 $K$ 值取大些，$K$ 值取值为30%~75%。

显然，经验公式估算法只能提供理论参考意义的漏风量指标。不过，值得注意的是，由于漏风量与负压有指数函数的关系，测漏风时应注意和记录测点负压的高低。在比较漏风率的大小时，应在相同负压条件下进行。

#### 6.3.2.2 密封法

采用密封材料（例如塑料布）将整个烧结机台车箅条间隙盖住，启动主抽风机调节各风箱闸板达到生产时的负压，风机所抽风量就作为漏风量 $Q_{漏}$，与正常生产总抽风量 $Q_{总}$ 之比即为漏风率 $\eta$。密封法没有考虑烧结台车之间的间缝、料面裂缝等的漏风。只能提供参考意义的漏风量指标。

密封法可用于新建烧结机试车或者重新开机时采集数据。2004 年安阳钢铁 $360m^2$ 烧结机联动试车时，曾用此方法测得烧结机系统漏风率 $\eta=38\%$。

密封法需要测量的项目较多，而且要分两次进行，计算也极为繁琐。用铺塑料布测量时，台车是静止不动的，显然与正在运行时的漏风量有一定的误差，故这种方法现在已很少使用。

#### 6.3.2.3 料面风速法

在正常生产情况下，采用热球式风速仪测量料面各点风速，计算出通过料面的风量，作为有效风量 $Q_{有效}$。伴随烧结过程的进行，生成烟气，烟气量可通过固定碳燃烧、混合料中水分、原料碳酸盐中 $CO_2$ 的含量、S 含量等进行计算得出 $Q_{烟气}$，并和生产时主抽风机风量 $Q_{抽风}$ 结合进行校核，计算漏风量 $Q_{漏}$。但这种方法受测量点的分布影响很大，在点火保温炉内由于温度高不利于测量，带有热风罩的热风烧结难于测量的地方更多。料面风速法只能测量全系统漏风率，并受相关条件的约束。

用料面风速法测定的料面风量，没有考虑烧结废气的增量。苏联 C. B. 巴吉维奇认为料层内烧结废气总增量随原料结构不同各异，例如使用典型烧结料产生的废气量为 18%～30%，使用褐铁矿烧结料产生的废气量为 51%～52%。显然，用料面风速换算成的风量来代表通过料层的风量，误差是非常大的。此外，目前所使用的热球风速仪还无法测得点火部位料面的风速。

#### 6.3.2.4　边缘漏风法

边缘漏风法主要测定烧结台车和风箱之间间隙的有害漏风，主要设备为风速表，装置如图 6-2 所示。烧结台车和沿平面滑道之间的间隙漏风量用带漏斗的弯管和装在漏斗里的风速表组成的专门装置测定。在弯管另一端，测量装置与接触表面形成的缝隙的接触位置用橡皮垫圈进行密封。测量装置用弹簧紧压在缝隙上，再用铰链固定在台车上。

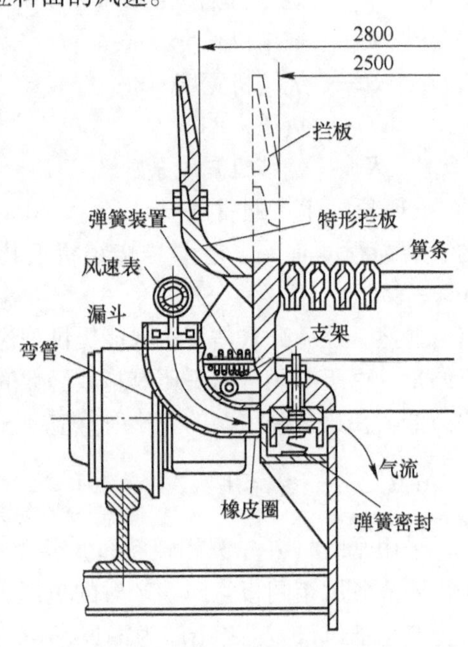


图 6-2　测定烧结台车与风箱之间间隙有害漏风的装置

边缘漏风法仅能够测定台车与滑道间的局部漏风，如料面裂缝、台车间隙、台车拦板裂缝等漏风，而无法测定机头、机尾的端部漏，所以，无法确定烧结机的漏风率。这种方法适用于烧结过程气体动力学的研究。

#### 6.3.2.5　烟气分析法

烟气分析法是取所测部位前后测点烟气成分分析结果，按物质平衡定律进行漏风率计算时，根据烟气中不同成分浓度的变化列出平衡方程，找出前后风量的比值和成分浓度变化之间的关系，从而间接计算出漏风率。

前几种方法由于受到各自测定方法的局限未能得到普遍采用，而烟气分析法由于测定结果比较准确、可靠，在实践中得到了广泛的应用。

##### A　气体分析法的测定过程

当烧结机处在正常生产状态，料面平整，操作稳定时，在布料之前把取样管放在台车箅条上面、箅条下面或固定在每一个风箱的最上部，随台车移动。当测定整个烧结机抽风系统的漏风率时，台车上的烟气样应按风箱位置从机头连续地取到机尾。当取样管相继经过各个风箱时，同时从台车上、风箱立管里和除尘器的前后用真空泵和球胆抽出烟气试样（见图 6-3），并用皮托管、压差计和温度计测出各个风箱和除尘器前后的动压、静压和烟气温度，再用气体分析仪分析烟气试样中的 $O_2$、$CO_2$、CO 的百分含量，以便进行漏风率的计算。

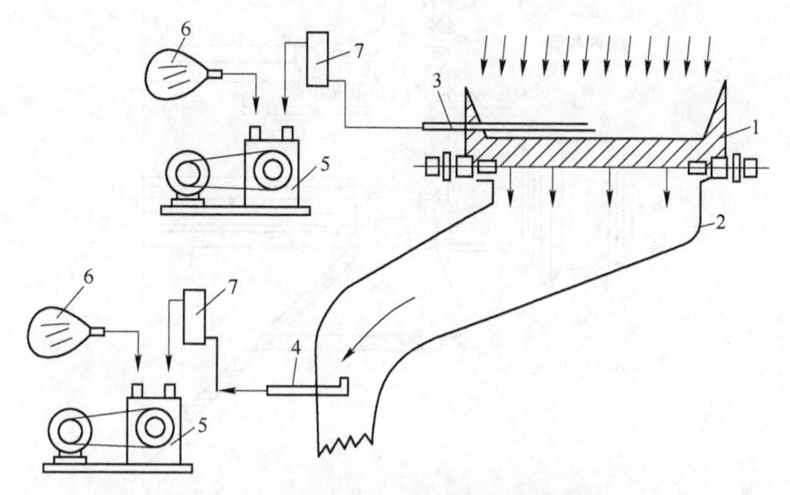


图 6-3 烟气分析法测定漏风率的装置

1—台车；2—风箱；3—炉箅处烟气取样管；4—风箱弯管处烟气取样管；5—真空泵；6—装气球胎；7—干式除尘装置

烧结机抽风系统漏风的测定一般是分为两段进行的。第一段是从烧结机台车至各风箱闸门后的风箱立管之间，第二段是从降尘管至主抽风机入口之间。因此，漏风率的计算也可按以上两段分段进行。

B 取样管位置分析

气体取样管安装位置有三种：（1）将取样管放在台车的箅条上（见图 6-3）。这种方法简单，只要将箅条的销钉拔去即可安放取样管。但是，取样管距离料层太近（无铺底料时，实际上是置于料层之中），气流容易短路，易使废气样无代表性，易产生“废样”，需要重取，此外，取样管容易烧坏。（2）将取样管放在台车箅条下（见图 6-4）。废气完全通过料层并穿过箅条，废气样的代表性和可比性较高。但测定前需在台车一侧钻孔。建议新设计或新增台车，应留有测量孔。（3）取样管固定在风箱上并向上弯至箅条之下。这种方法需要在每个风箱上都固定一根取样管，适于现场长期监测和点火器下的台车上难于取样时采用。为了使漏风率的测定方法规范化，建议采用第二种方法，即图 6-4 所示取样管置于箅条之下的方法，台车钻孔问题可在新设计台车和大修新换台车时解决。至于有些厂的点火器改造以后，台车经过点火器时，在台车上取样较困难的情况下，可用第三种方法补充。

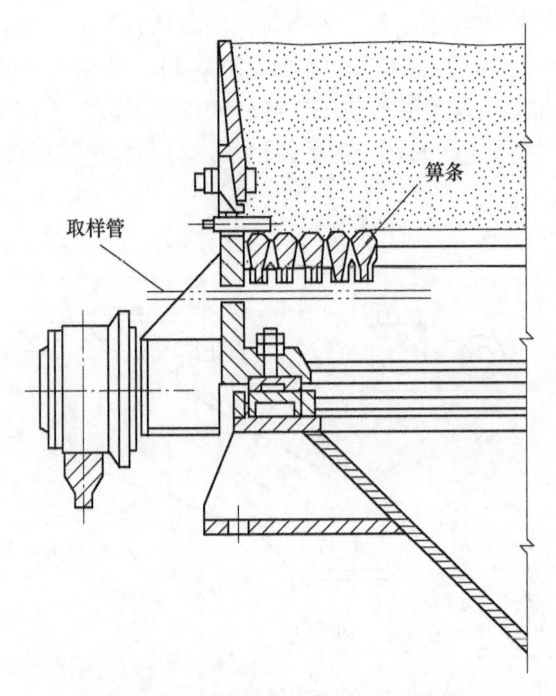


图 6-4　取样管置于箅条下示意图

为了用加权平均法计算台车到风箱部位的总漏风率，需要测定各风箱导气管的流量；为了计算各段漏风量或相对漏风率，也需要测定各部位的气流量。

C　氧平衡计算公式

烟气分析法是对选定系统中气流所含的 $O_2$ 进行分析，根据物质不灭定律，烟气中含氧量与烟气量之间应保持其总氧量不变的关系，烟气氧浓度的增加只是吸入了空气后的结果。氧平衡方程式如下：

$$K_{O_2} = \frac{\varphi_{O_{2后}} - \varphi_{O_{2前}}}{\varphi_{O_{2大气}} - \varphi_{O_{2前}}} \times 100\% \tag{6-6}$$

式中　$K_{O_2}$——用测点前、后氧含量变化求得的漏风率，%；

$\varphi_{O_{2前}}$——所测部位前测点的氧含量的体积分数，%；

$\varphi_{O_{2后}}$——所测部位后测点的氧含量的体积分数，%；

$\varphi_{O_{2大气}}$——大气中的氧含量的体积分数，%。

氧平衡计算式是目前用得最多的计算式。因为氧是烟气中的主要成分，在烧结过程中各风箱烟气的氧含量呈规律性变化，所取烟气试样中的氧含量比较稳定，可以放置较长时间再分析成分。但是，由于烧结烟气温度较高，特别是在最后几个风箱的箅条上取样时，取样管易氧化，影响气体分析结果。应注意的是，当抽取的烟气中氧含量浓度接近大气氧含量浓度时，气体分析中只要有百分之零点一的误差，就可能导致分析结果较大的误差，这是用氧平衡计算式计算漏风率的不足之处。

D 碳平衡计算公式

将收集的气体进行分析，测得的$CO_2$、CO代入碳平衡公式：

$$K_C = \frac{\left(\frac{3}{11} \times \varphi_{CO_2前} + \frac{3}{7}\varphi_{CO前}\right) - \left(\frac{3}{11} \times \varphi_{CO_2后} + \frac{3}{7}\varphi_{CO后}\right)}{\frac{3}{11} \times \varphi_{CO_2前} + \frac{3}{7} \times \varphi_{CO前}} \times 100\% \tag{6-7}$$

式中 $K_C$——以测点前和测点后碳含量变化求得的漏风率,%；

$\varphi_{CO_2前}$，$\varphi_{CO前}$——所测部位前测点烟气中$CO_2$和CO的体积分数,%；

$\varphi_{CO_2后}$，$\varphi_{CO后}$——所测部位后测点烟气中$CO_2$和CO的体积分数,%。

将所测部位前后测点烟气所含$CO_2$和CO的体积百分数代入式（6-7）碳平衡方程式计算得出的结果与用式（6-6）氧平衡计算式计算的结果很接近。

单独使用以上任一计算式计算漏风率，都有其不足之处，而用以上两式的平均值，可互相弥补不足。

$$K_i = \frac{K_{O_2} + K_C}{2} \times 100\% \tag{6-8}$$

式中 $K_i$——烧结机各风箱所测部位的漏风率,%。

E 烧结机漏风率计算

各风箱所测部位的漏风率以立管中流量大小进行加权平均可得烧结机的漏风率：

$$K_机 = \frac{\sum_{i=1}^{n}(Q_i K_i)}{\sum_{i=1}^{n} Q_i} \tag{6-9}$$

$$Q_i = 60Ak_p\sqrt{\frac{2gp_d}{\gamma} \times \frac{273p}{760(273 + t_c)}} \tag{6-10}$$

式中 $K_机$——烧结机的漏风率,%；

$K_i$——烧结机各风箱所测部位的漏风率,%；

$n$——风箱编号；

$Q_i$——第$i$个风箱立管中烟气的流量，$m^3/min$；

$A$——烟气管道截面积，$m^2$；

$k_p$——皮托管修正系数；

$g$——重力加速度，$9.81m/s^2$；

$p$——管道内烟气绝对压力，Pa；

$t_c$——管道内烟气干球温度,℃；

$p_d$——管道内烟气动压平均值，Pa；

$\gamma$——烟气在标态下的重度，约为 1.28kg/m$^3$。

$\gamma$ 也可按下式计算：

$$\gamma = 1.77w(CO_2) + 0.804w(H_2O) + 1.251w(N_2) + 1.429w(O_2) + 1.25w(CO) \tag{6-11}$$

式中各成分在进行气体成分分析时为湿基百分含量，$CO_2$、$N_2$、$O_2$和 CO 为分析值，水蒸气为实测值，各成分之和为 100%。

在以上漏风率的分段计算中，第一段是以风箱弯管中的烟气流量为 100%计算的，第二段是以主抽风机入口处的烟气流量为 100%计算的，如果要计算烧结机抽风系统的总漏风率，则要把第一段计算的漏风率折算成以主抽风机入口处烟气流量为 100%的漏风率，再加上第二段的漏风率，即为总漏风率。

#### 6.3.2.6 流量法

这种方法利用文丘里节流装置或皮托管、均速流量计进行各点流量测定。流量计算中要用到温度、动压、静压等参数，所有参数应同时测取，工作量大，要求高，测试结果波动大，对于整个系统较难实现。

#### 6.3.2.7 量热法（热平衡法）

根据（量热法）热力学第一定律，设有 1 个系统，则进入该系统的热量为离开该系统的热量加上系统热损失和蓄热量的变化。在正常稳定的操作条件下，蓄热量的变化为零，热损失不变，可以建立热平衡图（见图 6-5），用公式表示如下：

$$V_O c_O T_O + V_A c_A T_A = V_m C_m T_m + Q_{损} \tag{6-12}$$

式中 $V$——进入或离开系统的气体量，m$^3$；

$c$——进入或离开系统的气体的比热容，J；

$T$——进入或离开系统的气体的温度,℃；

$Q_{损}$——热损失，J。

下标 O、A、m 分别为进入气体、漏入气体及离开系统气体。

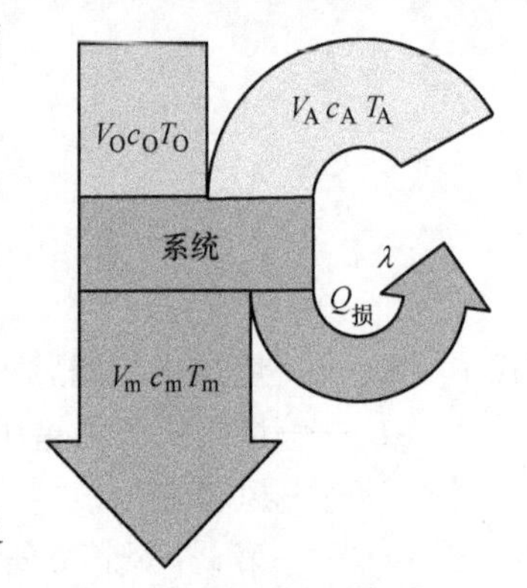


图 6-5 系统热平衡图

量热法应用在物理化学领域中的测定已经很久，根据量热法，假定该系统为烧结机本体，则确定式（6-13）~式（6-16），联立以上4式可得式（6-17）：

$$V_O + V_A = V_m \tag{6-13}$$

$$c_m = \frac{V_A c_A}{V_m} + \frac{V_O c_O}{V_m} \tag{6-14}$$

$$Q_{损} = \lambda V_O c_O T_O \tag{6-15}$$

$$K = \frac{V_A}{V_O + V_A} \tag{6-16}$$

$$K = \frac{c_O[(1-\lambda)T_O - T_m]}{c_O[(1-\lambda)T_O - T_m] + C_A(T_m - T_A)} \tag{6-17}$$

式中，$K$为漏风率；$\lambda$为热损失率，为经验值；$T$为温度，$T_O$、$T_A$、$T_m$可以用热电偶测出；$c$为气体比热容，$c_O$通过已知气体成分计算，在烧结生产处于稳定时，固定风箱的$c_O$值较稳定。但不同的区段，不同的温度和气体成分，$c_O$值是变化的。因此，漏风率可以通过测温度来求得（见式6-17），式（6-17）表明，漏风率与温差（$\Delta T = T_m - T_A$）成反比。用热电偶测量系统漏风前后的温度，然后转化成数字信号可以实现自动检测，此方法可用于烧结机风箱处漏风的测量。

### 6.3.3 系统漏风的测定方法选择

通过工程设计和生产实践，我们可以确定烧结机的主要漏风部位（见图6-6）有：台车及滑道密封、头尾密封、风箱及风箱支管、双层卸灰阀、大烟道、电除尘器。根据不同漏风部位的特点可以按表6-2选用测量方法。

**表6-2 漏风率测定方法**

| 漏风部位 | 测量项目 | 测量方法 |
|---|---|---|
| 台车 | 进入料面风速 | 边缘漏风法 |
| | 料面裂缝风速 | |
| | 台车侧壁漏风风速 | |
| 风箱及其支管 | 风箱、阀门处烟气成分或温度 | 烟气分析法、量热法 |
| | 风箱连接法兰处烟气成分或温度 | |
| | 台车滑道处烟气成分或温度 | |
| | 机头、机尾处烟气成分或温度 | |
| 双层卸灰阀 | 双层卸灰阀风速 | 边缘漏风法 |
| 大烟道 | 大烟道烟气成分 | 烟气分析法 |
| 电除尘器 | 电除尘器烟气成分 | |

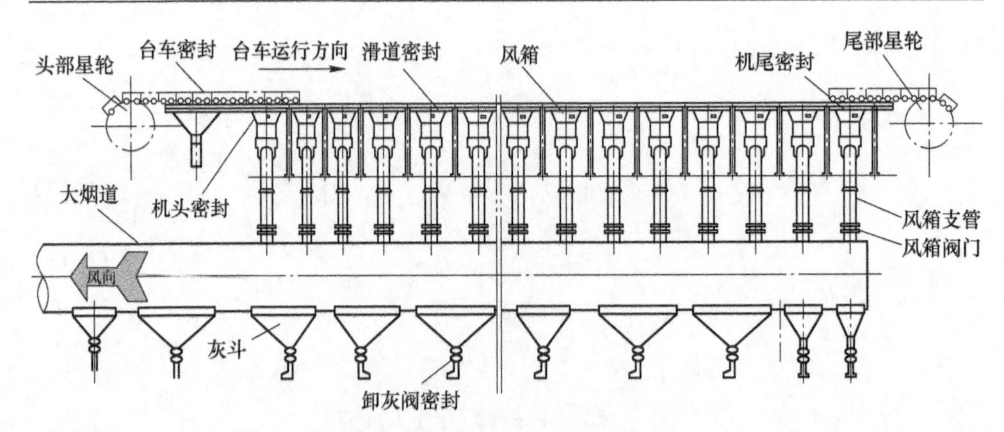


图 6-6　烧结机主要漏风部位示意图

#### 6.3.3.1　台车漏风率测定方法

烧结台车侧壁拦板漏风（见图 6-7）几乎不通过混合料层，必须对这部分风进行测定。测试过程首先测量台车两侧间隙长度和宽度、裂缝数、裂缝长度和宽度，以及正常生产时料面的裂纹数及裂纹长度和宽度。根据实际测得的数据，经过加权平均后，算得每节台车平均裂缝的面积。

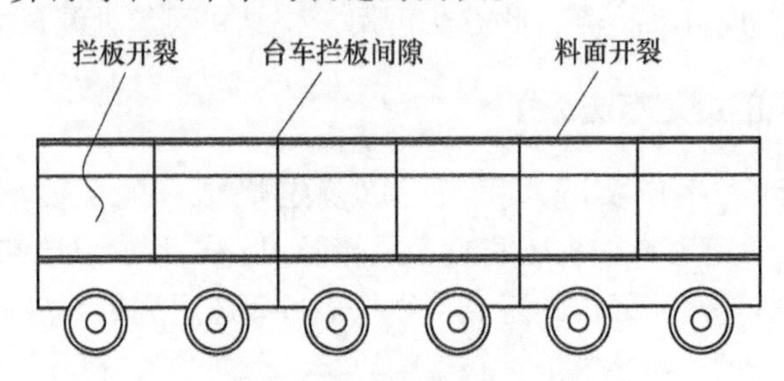


图 6-7　台车主要漏风部位示意图

测定漏风速度采用带导流管的热球式电风速仪，漏风量 = 漏风速度×导流管断面积×裂缝面积。根据现场条件，测定台车侧壁漏风速度，计算平均值后折算到所有台车上。可以测得此部分漏风量。

#### 6.3.3.2　烧结料面至风箱支管间漏风率的测定方法

烧结料面至风箱支管间漏风量（烧结机本体漏风）占整个抽风系统漏风量的 60%以上，这是堵漏的重要区域。包括机头机尾密封处、台车滑道、风箱及阀门、连接法兰等。这些区域的测量是整个区域测量的关键。

利用热量法进行测量。在风箱上沿和风箱支管下端分别安装热电偶测量温度。根据量热法式（6-17）可以计算出漏风率。热损失率 $\lambda$，通过理论计算在烧结低温区取 3.5%~4.5%、高温区取 4.5%~5.5%。

此测定部位同样可以采取气体分析法，采用氧化锆氧气分析仪，但是仪器价格较高，寿命较短。

6.3.3.3 双层卸灰阀漏风量测定

采用热球式电风速仪，利用 $\phi$50mm×100mm 导流管及密封头，逐个进行分析，测量漏风率。

6.3.3.4 大烟道和电除尘器漏风率的测定

大烟道和电除尘器漏风率可以使用烟气分析法，通过 $O_2$的气体分析测量并计算。

6.3.3.5 漏风监控

通过对整个烧结系统的漏风部位分析及选用适当的测定技术，基本可以掌握各个部位的漏风情况。结合计算机控制及定时人工测量可以监测到整个烧结机系统漏风率的变化（见图 6-8），及时采取措施，检修或者更换设备。

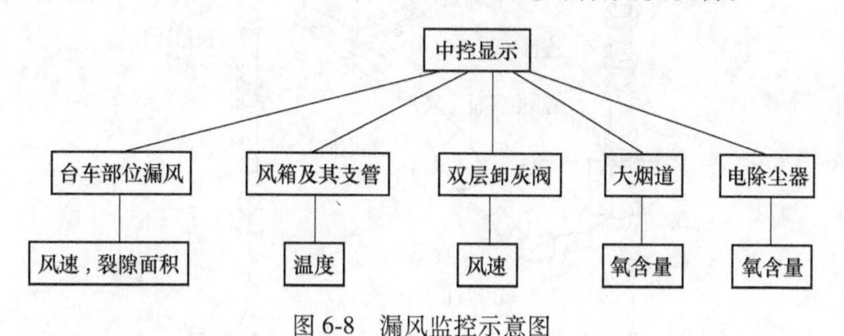


图 6-8 漏风监控示意图

通过测定烧结系统各区段的漏风率，可以有效监测该区域的漏风变化状况，适时采取有效措施进行维修、更换设备。例如：机头、机尾密封装置维修、台车侧板螺栓紧固、端面密封板紧固、双层卸灰阀修理、风箱方法兰密封处理、风箱阀密封垫更换、风箱维修、风箱支管更换等。有效改善由于设备运行老化造成的烧结漏风率的增高，节能降耗。

### 6.3.4 辽宁科技大学量热法在线监测漏风率技术

烧结系统本体部位漏风率的测试有多种传统测试方法，如烟气分析法、流量法等。由于烧结过程中局部波动现象较强，因此用流量法难以实现漏风率在线监测。而烟气分析法由于测试原件易受到烧结废气中的酸性气体腐蚀，需要经常更换，更换成本高昂，因此利用烟气分析法也难以实现烧结本体部位漏风率在线监测。烧结过程中非同步测量的测试数据重显性很差，难以表征烧结本体系统漏风率的真实情况。而采用量热法测试烧结过程漏风率可以避免上述在线测试方法的局限性，从而实现烧结系统本体部位漏风率的在线监测。

量热法测定漏风率为辽宁科技大学经过大量现场实践后开发的最新测量漏风率方法。

根据相似原理采用几何相似准数和弗鲁德（*Fr*）准数两个决定性准数建立如图6-9所示的实验模型装置。建立的模型可以用式（6-17）计算漏风率 $K$。公式中 $T_A$ 和 $T_m$ 通过测温仪读取，气体流量 $Q_0$ 及 $Q_m$ 可以通过流量计读出，流量法的漏风率定义为式（6-18）。通过量热法和流量法测得的漏风率进行对照可以考查量热法中（$T_m - T_A$）与 $K$ 的关系。

$$C_m = \frac{Q_m - Q_0}{Q_m} \times 100\% \tag{6-18}$$

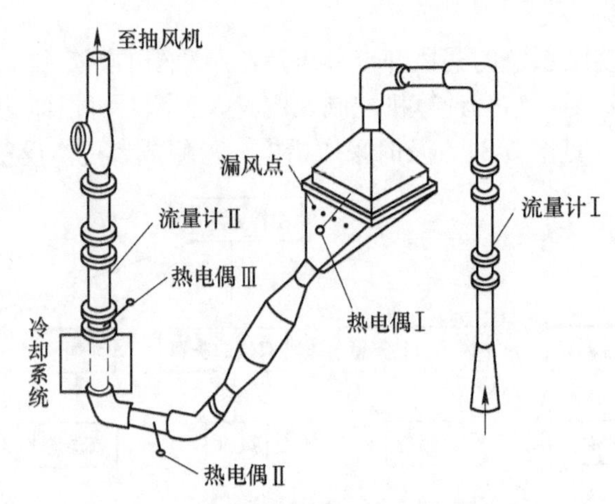


图6-9　烧结本体系统漏风率测定实验模型

#### 6.3.4.1　烧结机本体漏风率的稳定性分析

量热法主要是测定温度，它能连续大量地测量，经过计算机处理能够瞬时、周期性的显示本体系统漏风率。图6-10为量热法测定漏风率可靠性的实验室在线监测验证过程，图6-11为利用量热法与流量法测得的系统漏风率比较结果。

两种方法得到的漏风率差值小于2%，相对误差小于4.5%，说明利用量热法可以稳定的测试烧结本体系统漏风率，能够满足现场在线测试的基本要求。

#### 6.3.4.2　烧结机本体漏风率在线监测系统

以量热法为基础，集合数据采集技术、数据传输技术、数据处理技术、计算技术、编程和数据输出与控制技术等方面的内容，采用C/S架构，结合高性能的

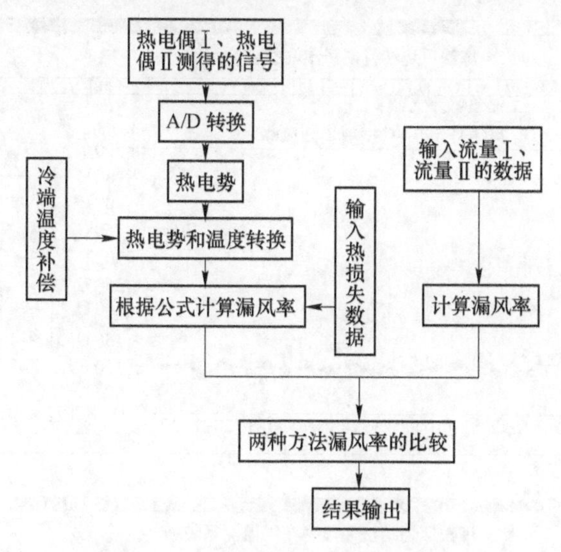


图 6-10 实验室在线测量程序图

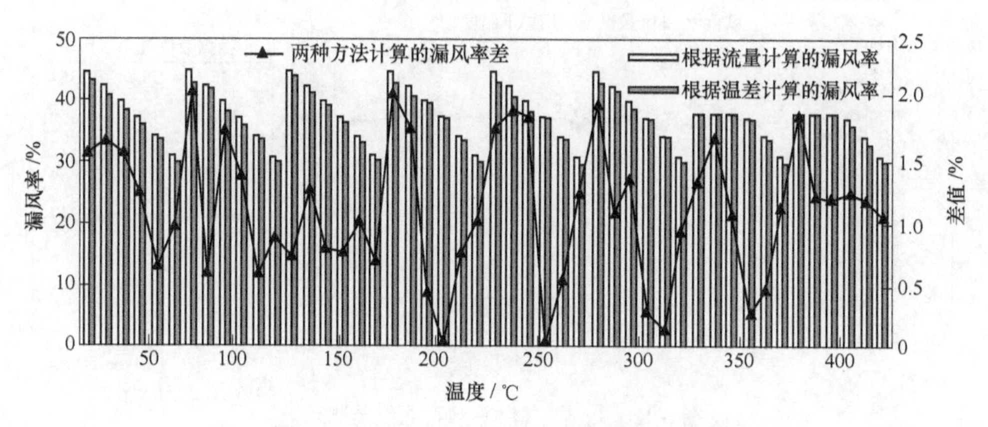


图 6-11 流量法与量热法测得的漏风率对比

网络数据库 SQL SERVER2008，开发烧结机本体系统漏风率在线监测系统，该系统具有直观性强、部署方便和交互性好的特点。烧结现场测试漏风率趋势画面如图 6-12 所示。

利用烧结机在线监测系统，在烧结现场通过漏风率趋势的实时变化可掌握烧结机本体漏风情况，有利于现场操作人员有针对性地开展漏风治理工作。

### 6.3.5 北京科技大学烧结机漏风精准测试技术

烧结机漏风对烧结生产的各项经济技术指标影响很大，如降低抽风系统的工作负压，减少单位面积的有效风量，使烧结生产率下降，风机电耗增加，现场噪声大等。此外，大量空气从缝隙处漏入，运转部分的设备磨损加剧，降低了使用

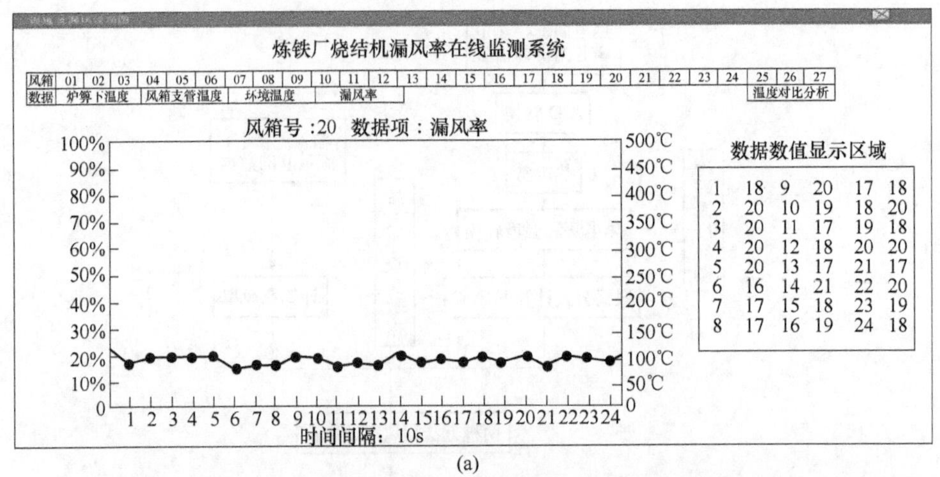


(a)

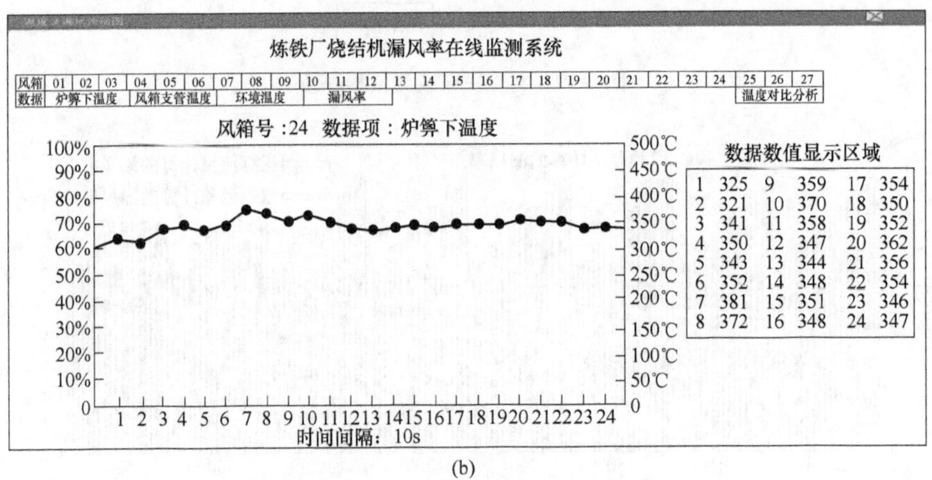


(b)

图 6-12　烧结机本体漏风率在线监测系统

（a）漏风率分布图；（b）实时监控图

寿命。烧结工序能耗，主抽风机占总 70%～80%，治理漏风会大大降低工序电耗，同时提高烧结矿质量、提高产量。降低烧结机漏风率也会对烧结烟气治理有益，废气量减少，废气温度提高、废气余热回收水平提高。在烧结限产的情况下，厚料层烧结更应该加强有效风量的利用。目前治理烧结机漏风是烧结厂见效快，且效果明显的技术之一。因此，精准堵漏技术，是烧结机生产日常维护重要一环。

目前国内烧结机主体漏风率较好的低于 40%，差的可达 80%左右。新建或大修烧结机漏风率一般在 35%左右。

鞍钢三烧将漏风率从约 50%降至 40%左右以后，电耗由 21.9kWh/t 降至 20.2kWh/t，即降低 10%的漏风率，电耗降低 1.7kWh/t。梅山烧结厂将漏风率由 70%降低至 45%后，电耗降低了 4.325kWh/t，相当于每降低 10%的漏风率，电耗降低 1.73kWh/t。如果降低漏风 10%，电耗降低按 1.7kWh/t 左右，则年电耗节省：

$$W = M \times 1.7 \times \eta$$

式中　$M$——年产烧结矿量，t；

　　$\eta$——电费，元/kWh。

鉴于烧结机漏风的测量和治理具有如此大的经济效益，北京科技大学冯根生、祁成林团队研发了烧结机漏风精准测试技术，通过测取烧结台车烟气相关数据、烧结风箱烟气相关数据、大烟道烟气相关数据和除尘器前后相关数据（测点如图 6-13 所示，结果如图 6-14 和图 6-15 所示）。测试要求生产正常稳定，料面不得存在异常。

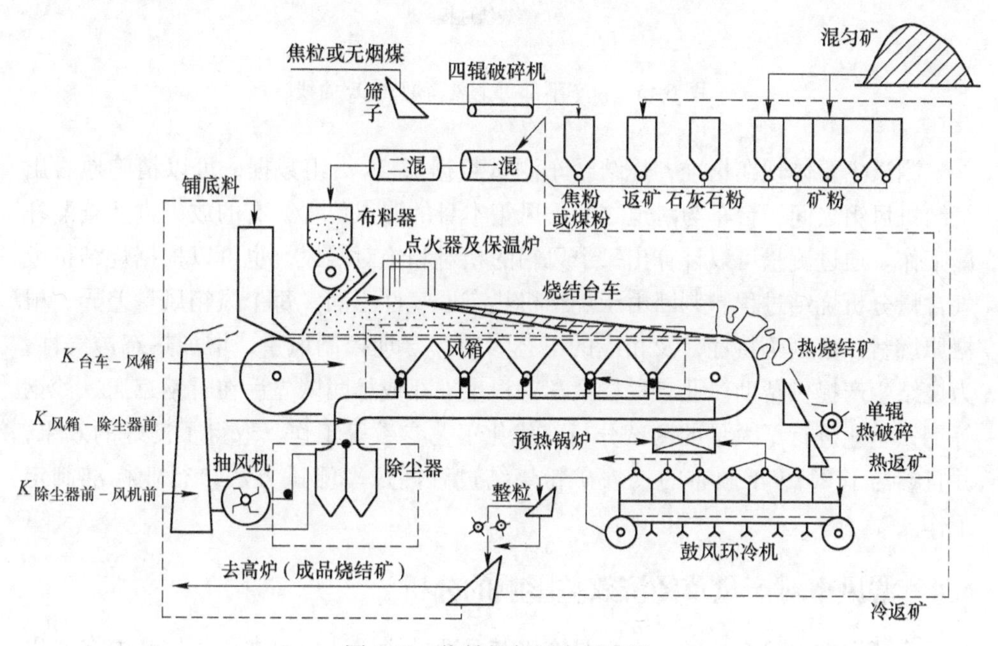


图 6-13　烧结烟气测点示意图

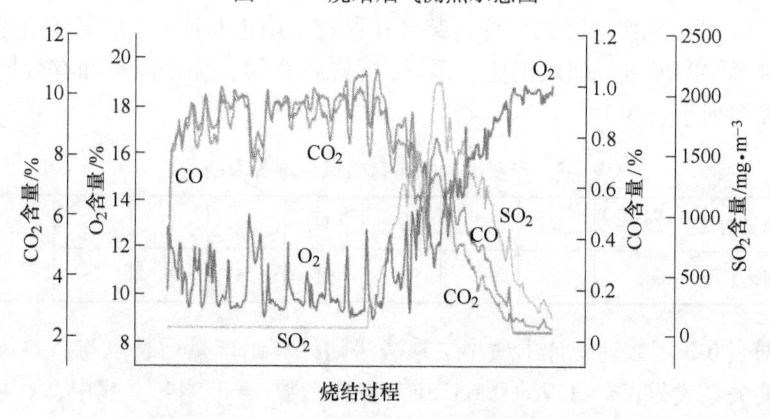


图 6-14　某 360m$^2$ 烧结机台车下部烟气曲线

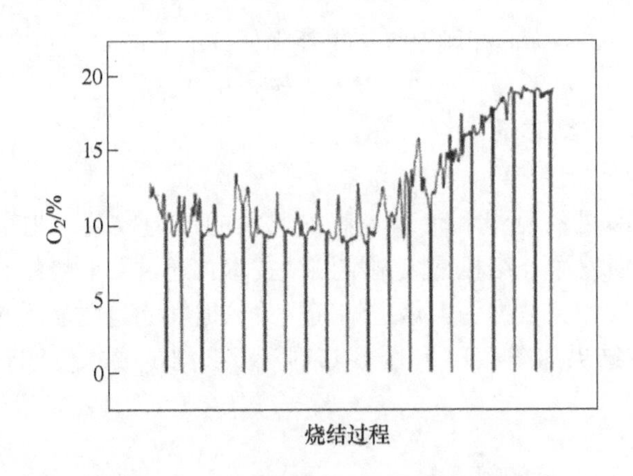


图 6-15 台车下部每个风箱烟气 $O_2$ 曲线

测试主要体现在精准，烧结台车测试数据每 5s 一组数据，可以精确地看出烧结机风箱之间，台车与滑道之间，风箱本身的漏点位置，有的放矢进行查漏补漏工作。通过测量可以计算出每个风箱的相对和绝对漏风，也可以根据烧结机废气含量分析烧结过程，判断由于烧结机热态透气性不同，每个风箱风量差异，根据原燃料、熔剂等特性，及相应的工艺参数，合理控制风量，增加热态透气性，为烧结生产提供帮助。北京科技大学冯根生、祁成林团队先后在首钢京唐、沙钢等钢铁企业进行了大量的测试分析、优化工艺参数等工作，取得了良好的效果，并且参与了 2019 年颁布的《铁矿粉烧结过程漏风率测试方法》行业标准制定工作。

## 6.4 漏风率对产量及经济效益影响的分析

众所周知，风在烧结生产中具有极其重要的意义，以致在操作方针中有“以风为纲”或“以风保产”的字样，甚至在科教书中也写明：“垂直烧结速度和产量与通过料层的风量近似成正比关系”。据资料介绍，烧结产量和有效风量的有关统计数据列于表 6-3。

表 6-3 产量增长率与有效风量增长率的关系

| 有效风量增长率 $x$/% | 0 | 7 | 12 | 24 | 36 | 43 | 46 | 50 | 56 |
|---|---|---|---|---|---|---|---|---|---|
| 产量增长率 $y$/% | 0 | 3 | 12 | 21 | 25 | 28 | 25 | 39 | 37 |

根据表 6-3 用数理统计中最小二乘法法则计算出产量增长率与有效风量增长率的相关关系式得：$y=1.76+0.6356x$，相关系数 $r=0.9446$。式中，$x$ 为有效风量增长率，%；$y$ 为产量增长率，%。

$$\chi = \frac{漏风率_1 - 漏风率_2}{1 - 漏风率_1} \times 100\% \tag{6-19}$$

依式（6-19）计算，漏风率的降低与相应的产量增长率值如表6-4所示。

**表6-4 漏风率变化后的产量增长率** （%）

| 产量增长率 | | 改后漏风率 | | | | | | | |
|---|---|---|---|---|---|---|---|---|---|
| | | 60 | 55 | 50 | 45 | 40 | 35 | 30 | 25 |
| 改前漏风率 | 65 | 10.8 | 19.9 | 29.0 | 38.1 | 47.2 | 56.3 | 65.4 | 74.3 |
| | 60 | | 9.7 | 17.6 | 25.5 | 33.4 | 41.3 | 49.2 | 57.1 |
| | 55 | | | 8.8 | 15.9 | 23.0 | 30.1 | 37.2 | 44.3 |
| | 50 | | | | 8.1 | 14.5 | 20.9 | 25.3 | 31.7 |
| | 45 | | | | | 7.5 | 13.3 | 19.1 | 24.9 |
| | 40 | | | | | | 7.1 | 12.4 | 17.7 |
| | 35 | | | | | | | 6.6 | 11.5 |
| | 30 | | | | | | | | 6.3 |

由表6-4看出，在相同的漏风率降低幅度的情况下，由于原来的漏风率不同，其增产幅度也不相同。为计算增产所带来的经济效益，以某年我国11家重点烧结厂的统计数据为例，见表6-5。

**表6-5 我国重点烧结厂生产情况统计**

| 企业名称 | 年产量/万吨 | 制造费用/元·$t^{-1}$ | | |
|---|---|---|---|---|
| | | 电耗 | 固定费用 | 合计 |
| 鞍钢 | 1500 | 16.60 | 48.69 | 65.29 |
| 武钢 | 750 | 19.00 | 43.70 | 62.70 |
| 首钢 | 1150 | 14.81 | 28.06 | 42.87 |
| 本钢 | 700 | 10.61 | 35.95 | 46.56 |
| 马钢 | 600 | 14.38 | 42.27 | 56.65 |
| 唐钢 | 450 | 17.24 | 39.91 | 57.15 |
| 宝钢 | 1400 | 21.12 | 36.75 | 57.87 |
| 酒钢 | 360 | 8.44 | 12.20 | 20.64 |
| 太钢 | 360 | 9.65 | 27.34 | 36.99 |
| 梅钢 | 310 | 10.85 | 13.51 | 24.36 |
| 天铁 | 360 | 16.60 | 19.90 | 36.50 |
| 合计/平均 | 7940 | 14.48 | 31.66 | 46.14 |

考虑到产量增加可能导致某些单耗的增加，故表6-5统计的总费用46.14元/t

中近似扣除 6.14 元/t，则可视为每增产 1t 烧结矿，可节省电费和固定费用总共为 40.0 元/t。假设 $1m^2$烧结机原年产 9500t，由于漏风率降低 20%后，其每年增产所创经济效益值在 10 万元左右，详见表 6-6 推算。因此，降低漏风率是烧结生产增加产量，降低成本，增加效益的最直接、有效的途径。

**表 6-6　漏风率变化后的单位平米烧结机年增效推算**　　（万元/$m^2$）

| 所创经济效益值 | | 改后漏风率 | | | | | | | |
|---|---|---|---|---|---|---|---|---|---|
| | | 60% | 55% | 50% | 45% | 40% | 35% | 30% | 25% |
| 改前漏风率 | 65% | 4.1 | 7.6 | 11.0 | 14.5 | 18.0 | 21.5 | 24.0 | 27.5 |
| | 60% | | 3.7 | 6.7 | 9.7 | 12.7 | 15.7 | 18.7 | 21.7 |
| | 55% | | | 3.3 | 6.0 | 8.7 | 11.4 | 14.1 | 16.8 |
| | 50% | | | | 3.1 | 5.5 | 7.9 | 10.3 | 12.7 |
| | 45% | | | | | 2.9 | 5.1 | 7.3 | 9.5 |
| | 40% | | | | | | 2.7 | 4.7 | 6.7 |
| | 35% | | | | | | | 2.5 | 4.4 |
| | 30% | | | | | | | | 2.4 |

## 6.5　机头、机尾密封结构及优缺点

烧结系统漏风区段包括：烧结机系统、双重阀系统、管网系统和除尘系统四个部分。其中烧结机系统（即烧结料面至风箱支管一段）的漏风占整个抽风系统漏风量的 65%~70%，这是堵漏的重要区域，其主要漏风点包括：机头机尾、台车游板及滑道、台车侧壁、风箱、阀门、风箱连接法兰等处，而烧结机头机尾端部的漏风又占总漏风率的 15%以上，是一个重要的漏风部位。

### 6.5.1　弹簧压板密封

弹簧压板式密封（见图 6-16）是早期烧结机头尾密封装置的一种，主要靠

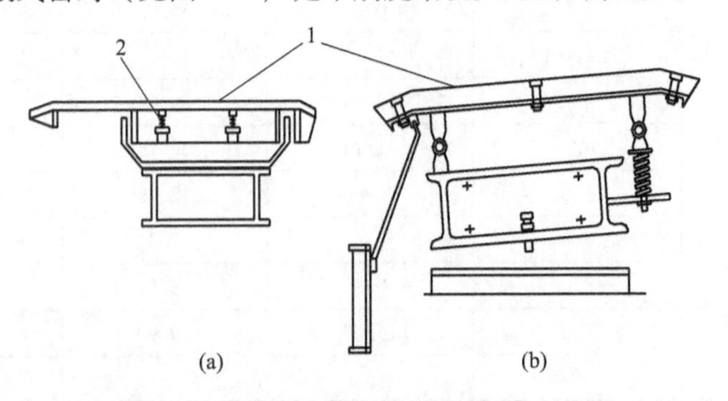


图 6-16　烧结机头尾弹簧压板式密封示意图

1—密封压板；2—弹簧

弹簧力将密封板支撑起来上下活动，与台车工作面紧密接触，达到密封效果。但因弹簧反复受冲击作用和高温影响，容易失去弹力和频繁工作断裂，造成密封板下沉，使密封效果变差，现在基本被淘汰。

### 6.5.2 四连杆重锤式密封

铰接四连杆密封（见图6-17）是为宝钢一期引进的结构，主要通过杠杆力的作用，与双杠杆密封原理基本相同，不同之处在于内部结构不同。四连杆重锤式密封主要特点为：

（1）密封盖板与烧结机滑道之间存在8mm的间隙，形成开路漏风。

（2）密封盖板与烧结机风箱采用柔性石棉板连接，石棉板与滑道两侧的漏风量非常大，石棉板容易破损，使用寿命短，并且破损后不易被发现，维修量大、密封效果差。

（3）密封盖板不能够形成任意方向和角度的倾斜，当台车底梁发生塌腰变形时，漏风量巨大。

（4）连杆机构在高温多尘的环境下运行时容易被卡住，使密封盖板变成固定盖板，与台车底梁形成间隙，造成大量漏风。

（5）四连杆的最大弊端，有拐点的存在，配重磨损后，工作面下移，使四连杆进入拐点以下；另一种现象是，台车在运行过程中，通过烧结矿颗粒与密封板的作用力大于配重的重量，造成密封板工作面下移，使密封板工作面进入四连杆拐点以下，从而形成严重漏风。根据这一情况加大配重似乎可以解决存在的问

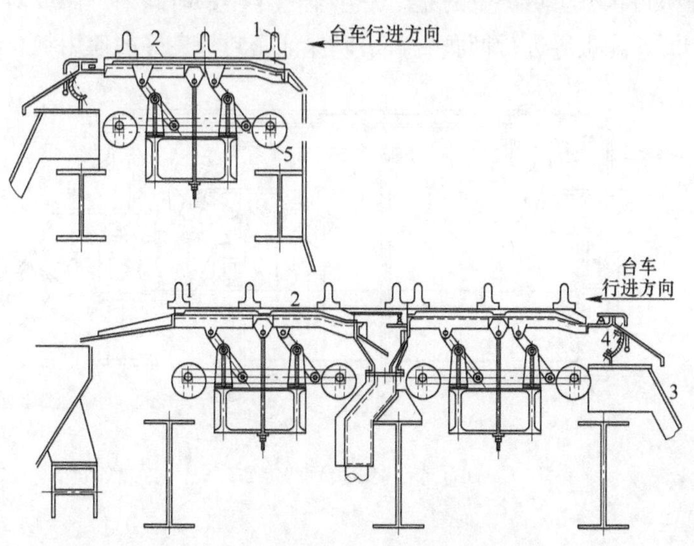


图6-17 重锤连杆式机头机尾密封装置

1—台车；2—密封板；3—风箱；4—挠性石棉密封板；5—重锤

题，但一方面增加烧结机运行阻力，另一方面磨损台车主体横梁。

### 6.5.3　双杠杆式密封

德国鲁奇双杠杆密封技术具有灵敏度高、调整方便等优点，技术核心是杠杆原理，通过配重调整密封板工作面，使密封板上下活动与台车工作面紧密接触，达到密封效果（见图6-18）。德国鲁奇双杠杆式密封的主要特点是：

(1) 密封板工作面与两个支撑点（三角支撑点）、与密封槽体是刚性接触，安装有一定的间隙，在高负压状态下运行，受烧结颗粒及粉尘的冲刷，这一间隙逐渐增大，从现场实际情况看，3~6个月后，两条支撑点磨损成锯齿状，随着设备运行时间的增加，两条支撑点的磨损情况加剧，同时产生严重的漏风。

(2) 配重的磨损难以克服，因配重是“密封”在箱体内，与高负压的风箱相连接，烧结颗粒及粉尘在高负压的作用下产生旋流区，这一旋流区的产生，严重影响配重的使用寿命，安装2~3个月后，因配重的磨损，配重的重量逐渐降低，当配重的重量降低到一定时，密封板的重量大于配重的重量，密封板工作面产生下移，同时产生严重漏风，此时的密封板实际上处于非密封的状态，必须依靠停机时进行处理和调整，以达到较好的状态。

(3) 从鞍钢360m$^2$烧结机运行情况看，每逢季度计划检修，调整烧结机头、尾密封板是一项不可缺少的工作内容，而且重点调整配重。也就是说三个月调整一次，半年要更新一次两条支撑点，如不调整，这时的烧结机密封板漏风严重，基本处于非密封状态。更严重的是，一年至一年半的时间内，需要对密封板核心部位、工作面、配重等进行彻底更新，以保证密封板良好的使用状态。

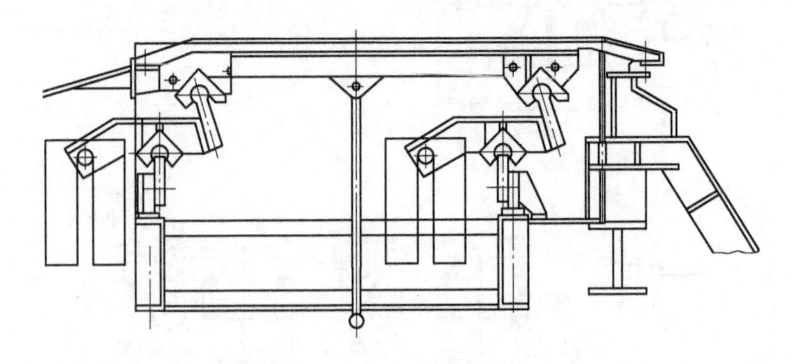

图6-18　双杠杆式（德国鲁奇）烧结机密封示意图

### 6.5.4　全金属柔磁性密封

新特全金属柔磁性密封密封本体由本体底座、侧面C或S型密封板簧、内部弹性支撑系统，水冷却系统、密封上面板等五部分组成（见图6-19），其主要特点是：

（1）本体底座用来支撑弹性侧面C或S型密封板簧、内部弹性支撑系统，水冷却系统，密封上面板。

（2）侧面C或S型密封板簧起到支撑及防止中间部分漏风的作用。内部弹性支撑系统支撑密封上面板，使面板和台车紧密接触及仿型作用。耐高温压缩弹性系统的作用，使浮动盖板能够跟踪台车的底板，保持浮动盖板和台车底板保持永久性接触，防止漏风。

（3）水冷却系统主要用来循环冷却水，及时将密封腔体内热量带走，确保磁性物质的磁性，并延长密封各部分的使用寿命。

（4）密封上面板。凸起和凹下面板间隔布置。凸起部分属硬性密封，和台车底紧密接触。凹下部分下部有高能磁性物质，吸附矿粉等，形成柔性密封。硬性密封和柔性密封相结合，形成多级迷宫密封，效果更佳。

（5）侧下面和风箱侧板焊接确保整体不漏风。

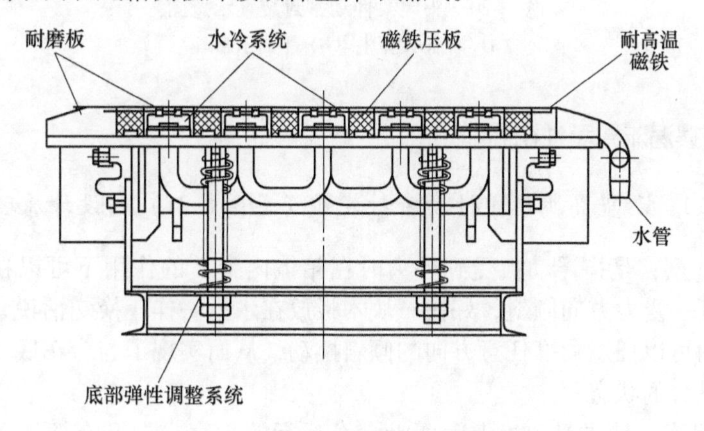


图6-19 全金属柔磁性密封原理图

### 6.5.5 橡胶柔性动态密封

鞍山蓬达烧结机端部柔性动密封装置的设计（见图6-20），吸收了国内外烧结机端部密封装置的精华，克服了结构庞大、松散等不利因素，采取短小精悍、刚柔兼顾的设计思路，采用耐高温、弹性模量适中的动密封装置，即刚中有柔，柔中带刚的设计思想，同时在烧结机运行方向（纵向）、横向、垂直方向作了周密的安排，杜绝了烧结机断部三维空间的漏风。纵向主要采取迷宫式密封板与板之间工作间隙产生的漏风。

横向板与板之间活动自如，并留有吸收膨胀的间隙，最大限度吸收台车主梁下挠产生的间隙，这就叫做上迷宫；垂直方向也采取迷宫式密封的方式，但垂直方向的技术核心是，在迷宫之间加入柔性动橡胶密封，这就叫做下迷宫之间加柔性动密封。这样使烧结机端部柔性动密封装置在同行业独树一帜。经过实际应用，完全适应各类带式烧结机的运行要求。

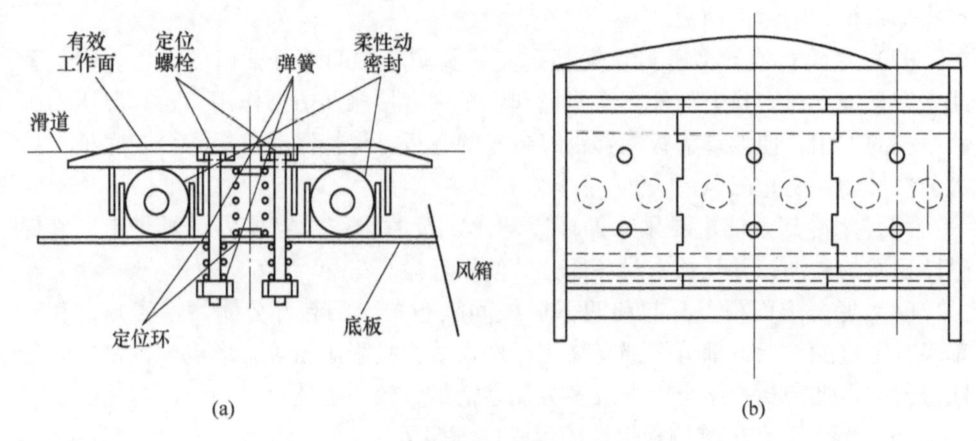


图 6-20　头尾柔性动密封装置示意图
（a）断面示意图；（b）平面示意图

### 6.5.6　摇摆涡流式柔性密封

#### 6.5.6.1　秦皇岛鸿泰柔性动密封装置（见图 6-21）的设计原理

（1）摇摆：是指浮动板受到外力时在箱体内弹簧的作用下可以在一定范围内能够向任一受力方向倾斜，好比一块木板放在水里一样。换句话说，浮动板在一定范围内可以任意角度任意方向的倾斜摆动，从而实现了与台车底梁之间始终保持紧密贴合的状态。

（2）涡流：是在浮动板上表面沿台车运行的垂直方向开有两道阻尼槽，可以降低当台车底梁有沟槽或局部出现变形漏风时，风会吹到槽的对面形成涡流，可以降低风的通过量。

（3）柔性：是指当台车底梁出现挠度（塌腰）变形时，浮动板可以随着台车底梁的挠度（塌腰）变形而形成相同挠度的形变，从而确保了与台车底梁之间的紧密接触。原理是箱体内两侧弹簧的支撑力大于浮动板本身材料所需要的弹性变形的力。

#### 6.5.6.2　主要结构特点

（1）密封装置的上盖板采用合金材料制成，使用寿命是铸钢的数倍，并且上表面不易被划出沟槽。

（2）在密封盖板上表面设有涡流阻风系统，用以降低因台车底梁被划出沟

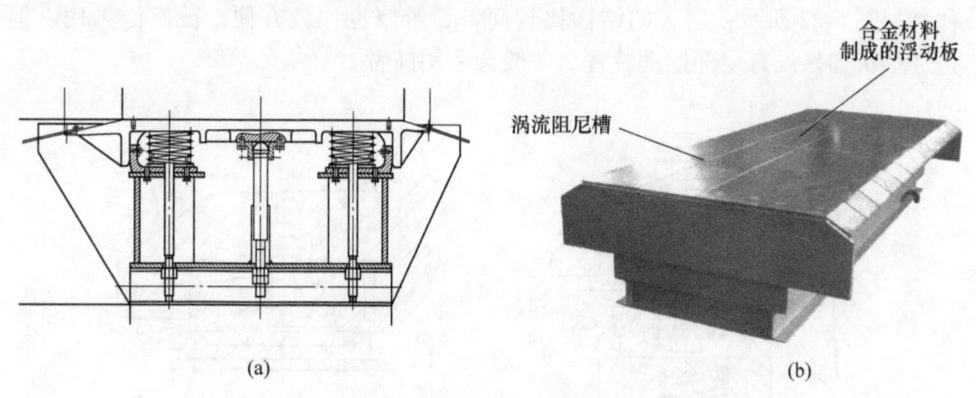


图 6-21　摇摆涡流式柔性密封装置原理图和实物图
（a）原理图；（b）实物图

槽或局部变形而形成的漏风。

（3）摇摆跟踪系统使密封盖板上表面能够形成任意方向的摆动，保证密封装置的上表面与台车底梁密切接触。

（4）合理的结构设计，确保浮动密封板与台车滑道之间严密接触，没有漏风。装置与风箱之间严密接处无漏风。

（5）该密封装置设有冷却系统，既保证了弹簧能够在高温下不失效，又能使密封装置降低温度，提高耐磨性，从而使该装置安全、平稳、高效、长寿命地运行，具有其他密封装置不可比拟的绝对优势。

（6）结构紧凑、体积小，安装方便省时，还可以增加烧结机有效面积。

（7）设备整机两年免维护。

该装置设有挠度调整系统。当台车底梁出现挠度（塌腰）变形时，可以自动适应台车底梁的变形而变形（随弯就弯），换句话说，它可以形成与台车底梁同挠度的变形，始终保持与台车底梁全面接触。

## 6.6　台车两侧密封结构及优缺点

烧结机的台车和风箱滑道之间的漏风是烧结机漏风的主要部位之一，漏风率在 10%以上，而且漏风率会随着烧结机长宽比例的增大而增大。传统密封中，台车与风箱滑道的密封多以采用弹簧密封装置和润滑脂密封装置。这些密封装置在投产初期一般都会取得较好的密封效果。但时间一长，就会由于各种不同原因的磨损、热变形或者弹簧弹性失效致使密封性能下降。

### 6.6.1　弹簧密封

按照安装方式的不同，可以分为弹簧安装于风箱上和弹簧安装于台车上两种，如图 6-22 所示，后者的结构比较简单，维修也比较方便，被广泛采用。但是烧结机如果没有尾部摆动装置，一般会采用前者。

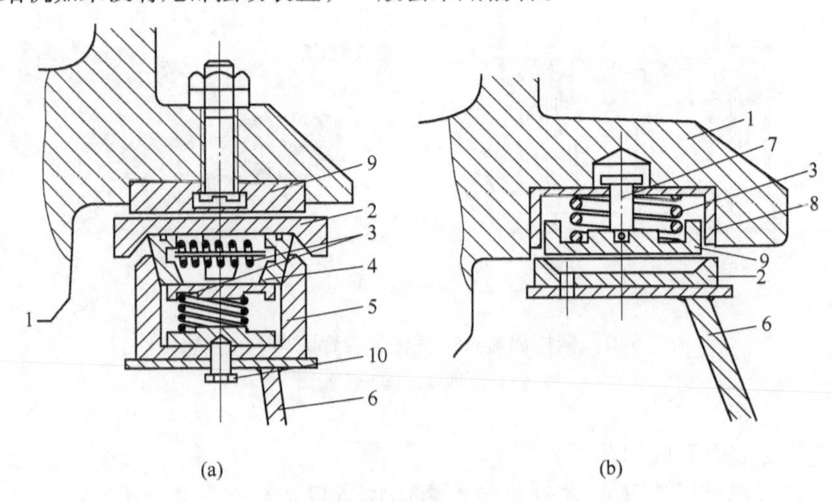


图 6-22　弹簧密封

（a）弹簧安装在风箱上；（b）弹簧安装在台车上

1—台车；2—密封板；3—弹簧；4—游动板；5—滑槽；6—风箱；7—销轴；8—Π 型匣体；9—滑板；10—调节螺钉

弹簧密封是依靠弹簧的弹性作用来实现的。自动润滑站会向台车上的密封板注入润滑脂，既可以减少摩擦，又可以增强密封性能。一般所选择的弹簧压力为台车重量的 2%~5%，通常保持在 0.05~1.0kg/cm$^2$左右，合适的弹簧压力通常保持在 0.1~0.2kg/cm$^2$，如果选择了低压、合适的密封板及滑板的材质，则可以不必使用润滑脂作为减摩剂，一般密封板采用石墨和钢制的滑板。

图 6-22（a）为弹簧安装在了风箱上，这是弹簧密封装置的一种形式。铸钢制作的滑槽被安装在风箱的边缘上。铸铁游动板在垂直弹簧和水平弹簧的弹力作用下，使密封板紧密地贴合到滑板上。密封板和滑板都是由锻钢制造。为了获得较好的密封效果，可以在垂直方向调整密封板，必须精密加工处理滑槽和游动板的接触面，保证其接触保持严密。这种密封装置的使用寿命最高可以达到两年以上，一般会每隔半年检修一次，检修更换损坏的密封板、游动板和弹簧等部件，对密封装置内的油污和灰尘进行清除。

图 6-22（b）为弹簧安装在台车上的弹簧密封装置。滑板安装到台车两侧的 Π 型匣体内，由安装在里面的弹簧施加密封压力。销轴是为了防止纵向或者横向的移动。销轴一般使用两个，分别安装在位于前后两侧的弹簧中。销轴在台车下侧的孔中保证合适的间隙，这样保证了滑板可以紧紧地贴合到密封板上。弹簧安装在滑板的凹处，并沿着滑板的长度均匀分布，最好安装 3~5 个弹簧甚至更多，例如 90m$^2$烧结机采用长度为 1m 的台车，台车上采用了 5 个弹簧。Π 型匣依靠螺

栓安装在台车下侧的槽上，这样既可以方便取出进行更换，也方便了检查密封装置。

### 6.6.2 双板簧密封

台车弹性滑道里面的弹性元件一般使用钢丝螺旋弹簧或单片板弹簧。滑道游板与滑道盖之间有 1mm 左右的间隙，形成漏风通道。

北京钢铁研究总院与北京京都机械厂合作开发的烧结机台车双板簧密封滑道成功地消除了滑道游板与滑道盖之间的漏风，其断面结构见图 6-23。双板弹簧密封滑道由于在滑道上盖与滑动游板之间通常安装两条板弹簧，并且两条板弹簧与滑动游板、滑动上盖用铆钉铆接，消除了滑动游板与滑道上盖之间的漏风。同时由于两根板簧同时向下压滑板，滑板受力均匀，保证了滑动游板与固定滑道贴得严，提高了烧结机台车滑道与固定滑道之间的密封效果。

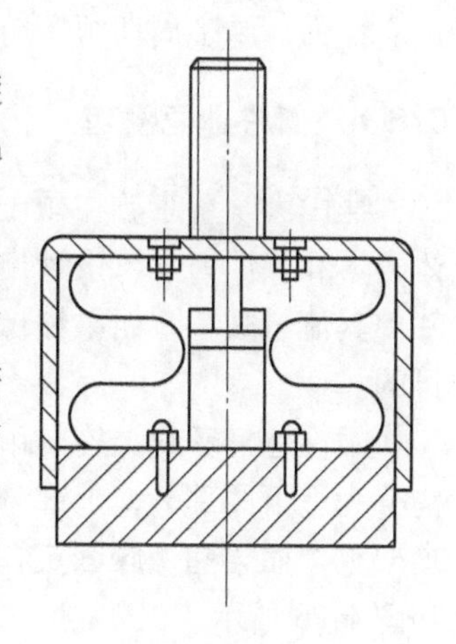

图 6-23 双板簧台车滑道断面示意图

### 6.6.3 柔性橡胶动密封

鞍山蓬达烧结机台车滑道柔性动密封装置的设计（见图 6-24），主要采取在原台车弹簧密封的 Π 型匣中加装耐高温橡胶板，实现了烧结机滑道柔性动密封。采用多点的线密封变面密封，取代刚性密封；最大范围的弹性模量，取代弹性模量小的钢板密封；点、线、面的最佳组合，促使活动游板与固定滑道 100%的接

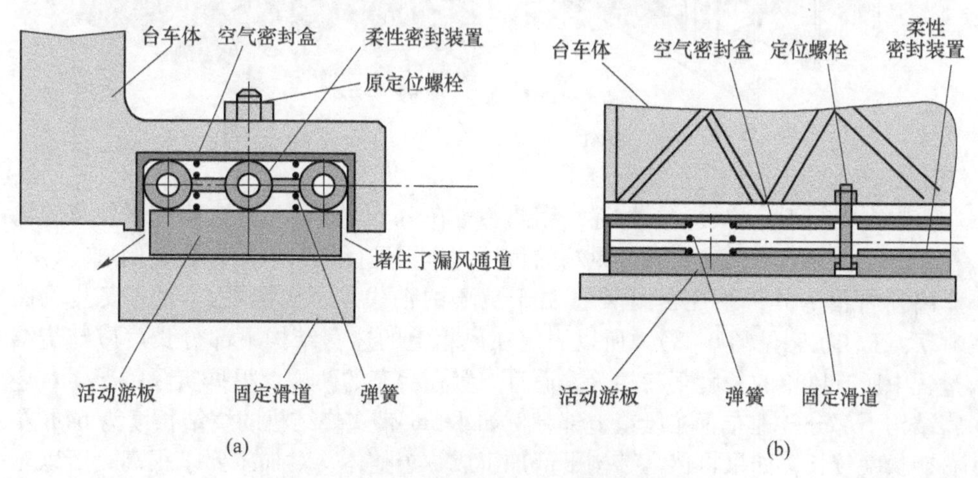


图 6-24 台车滑道柔性动密封装置示意图

（a）断面示意图；（b）纵向剖面示意图

触，完全切断活动游板与空气密封盒之间的漏风通道，在不损坏原有密封盒一颗螺丝、不取消一个弹簧的情况下，杜绝加工、安装、工作时接垢、活动游板卡死的实际情况，同时增强原弹簧的工作性能。这种装置具有安装方便、互换性强、适应性强、施工周期短等特点。

### 6.6.4　柔性迷宫密封

燕山大学董京波在硕士学位论文中针对烧结机漏风情况的具体特点，根据流体力学和弹性力学，设计出新型的柔性迷宫密封装置。迷宫结构对流体产生阻力并使其流量减小，而柔性橡胶在负压作用下紧密贴合密封装置以达到完全密封的目的。

柔性迷宫密封结构是由迷宫密封结构和柔性橡胶结构组合而成。迷宫密封结构分为上下两部分，上部分固定在台车下部的凹槽内，下部分固定在风箱上部的支架上，而柔性橡胶固定在迷宫结构的上部分。迷宫密封结构上下部如图 6-25 和图 6-26 所示。

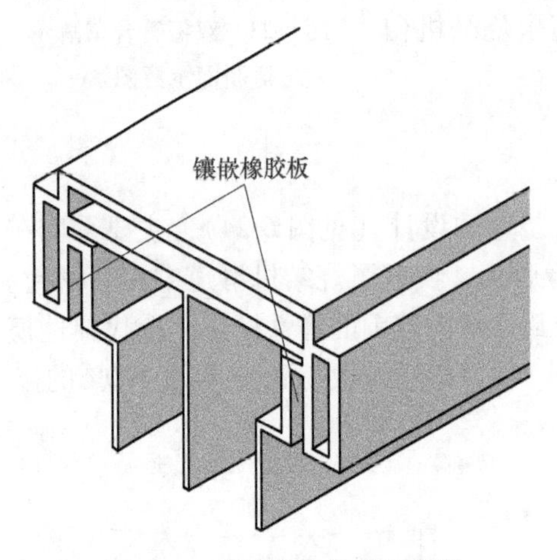


图 6-25　密封结构上部示意图

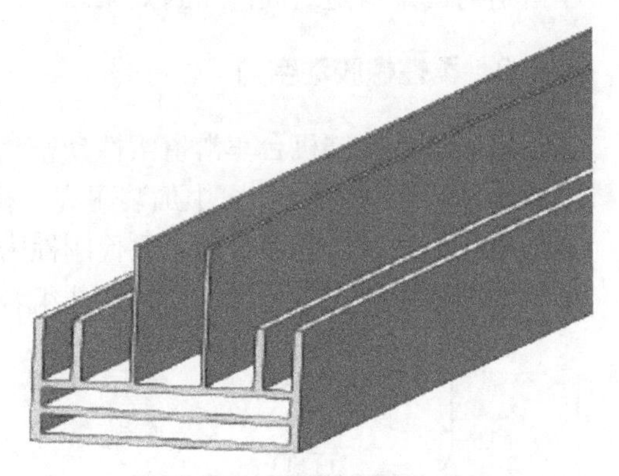

图 6-26　密封结构下部示意图

根据烧结工艺流程，柔性迷宫密封装置在台车由头部弯道进入水平轨道的风箱部分时，柔性密封装置通过风箱的负压的作用进行密封，随着烧结的进行，台车离开风箱部分，柔性密封装置由于负压的消失，密封作用结束（安装见图 6-27、工作状态见图 6-28）。所以固定在风箱上的迷宫结构下部分长度应与烧结过程中所有风箱的长度之和相等，而且布置在台车的两侧。根据实际情况，对迷宫结构下部分合理布置在风箱上部，例如 430m$^2$带式烧结机的烧结长度为 64m 左右，长度较长，如果将迷宫结构下部加工成一个整体，对加工要求很高，所以对迷宫结构下部分为几部分，然后将其并列安装到风箱上部。

根据结构设计的内容可知，迷宫密封结构上部和柔性橡胶的长度已经确定为

1.5m（单体台车长度）。而迷宫密封结构的下部根据烧结机机架之间的距离进行确定，一般情况下，4m长的风箱为标准风箱，在每个机架间需要布置两个风箱，因此烧结机一般的骨架间柱距为8m，所以将迷宫密封结构的下部分为8m一段，再根据烧结机的烧结长度确定迷宫密封结构下部的分段数目。

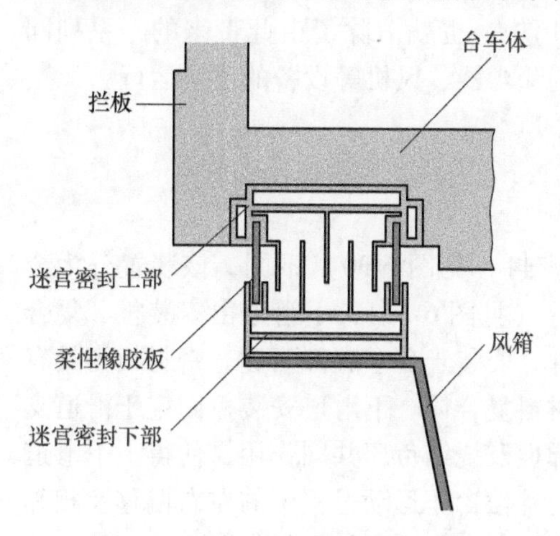


图6-27 柔性迷宫密封安装示意图

图6-28 柔性密封工作状态示意图

### 6.6.5 柔性差压侧密封

宝鸡晋旺达柔性差压侧密封装置是由安装在台车底部U型槽内的柔性密封板和风箱挡板外侧及U型槽正下方横梁上的水冷滑道构成（见图6-29）。通过系统的负压吸合，使柔性密封板紧贴在水冷滑道上来达到密封的效果。该技术打破了原有滑道硬密封的思维模式，改刚性密封为刚柔相济的密封方式，其核心技术是其自主研发的耐火、耐温、耐磨和高弹性四位一体的纳米稀土高分子聚合体柔性

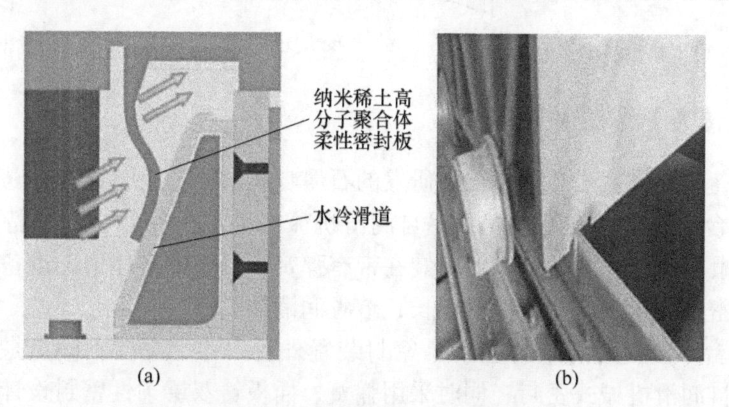


图6-29 压差柔性侧密封装置

（a）柔性侧密封原理及结构；（b）实物照片

密封板。该技术的主要特点如下：

（1）实现了台车和风箱之间的密封，且密封效果稳定。

（2）柔性材料在负压吸合下所产生的阻尼作用，可防止台车因自由惯性滑动，从而大幅减小台车之间的密合缝隙，有利于减少漏风。

（3）告别了润滑油润滑密封滑道的历史，也就消除了由此带来的一系列问题，既可节省润滑开支，还有利于后续的除尘器、风机等设备的正常运行。

（4）维护检修方便，检修不需停产。

### 6.6.6　非刚性无油润滑密封

非刚性无油润滑密封与原弹簧滑道密封（见图 6-30）不同，该装置分为金属上滑道密封和非金属下滑道密封两部分（见图 6-31），下滑道由安装板、复合密封板组成；上滑道为不锈钢异形结构件，安装于台车底部两侧。密封板为具有耐磨、耐高温性能的非金属复合高分子材料复合体，下滑道安装板固定于滑道支撑梁。台车工作时，靠柔性非金属自身弹性及烧结负压共同作用，使得上下滑道紧密贴合，而特殊的异形结构可以更好地补偿台车运动过程中的左右偏移及相邻台车底梁高度不同，使得上、下滑道时刻紧贴，起到良好密封作用。

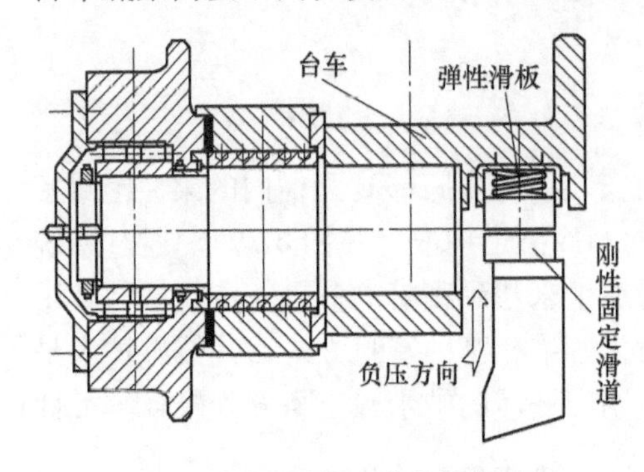


图 6-30　原弹簧滑道密封装置

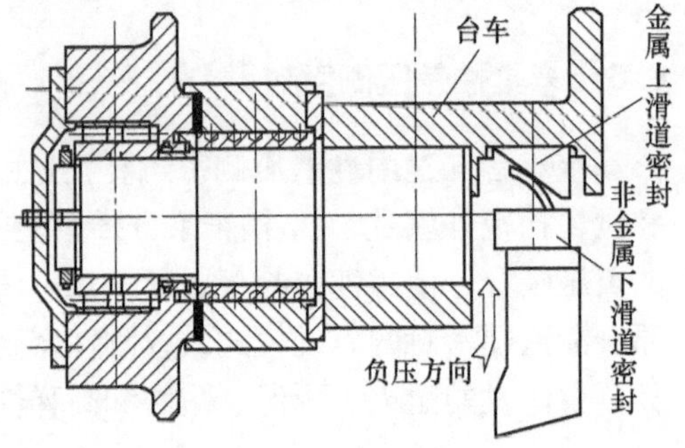


图 6-31　烧结机的非刚性无油润滑密封装置

### 6.6.7　石墨自润滑侧密封

秦皇岛兰荣机械设备有限公司研发的石墨自润滑侧密封装置具有以下特点：

（1）台车侧密封装置采用石墨自润滑机械式为主的密封，主要特点是台车密封的上滑板和滑道的下滑板均安装在带有弹簧、板簧的盒体中，设备运行时相互补偿，密封效果良好，使用寿命长，节省润滑油。

（2）台车侧密封同原 Π 型弹簧密封装置外形一样，主要不同点是：上滑板采用石墨自润滑机械式密封，同时采用弹簧、插板簧双层柔性密封设计，内部弹性系统采用耐高温 650℃进口弹簧，能够长期保持相对稳定的工作状态，柔性效果提高数倍。

(3) 风箱侧密封下滑板采用耐热钢调质处理并镶嵌自润滑石墨，安装在J型特制耐磨钢盒体中（见图6-32），相邻的滑板采用子母口对接形式，要求下滑板安装后，上表面在同一平面上，接口平滑无台阶，杜绝卡死推掉下滑板现象发生。

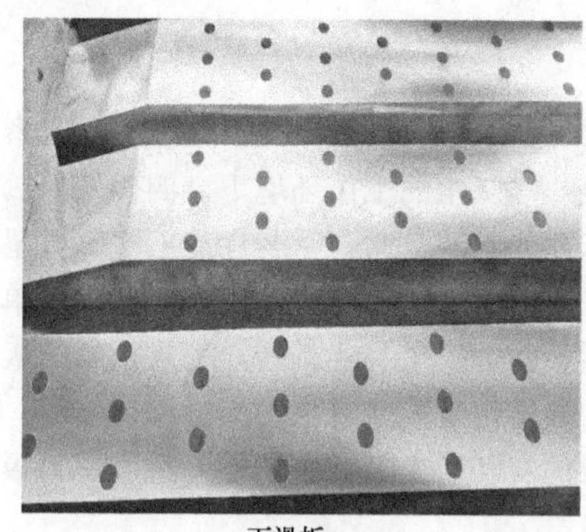

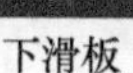

下滑板　密封盒形式

图6-32　兰荣石墨自润滑机械式下密封

(4) 下滑道控制系统，过硬安装且补偿量大，弹性系统采用进口耐高温弹簧，且可更换；石墨面板高度可调。

(5) 整体侧密封装置，具有结构先进简单、便于维护、使用寿命长等特点，适应复杂工况条件。

石墨自润滑侧密封装置自2015年投放市场以来，现已安装在吉林建龙360m²、河北普阳300m²、河北裕华300m²、鞍钢360m²等150多台烧结机。河北新钢2台烧结机安装此密封后（图6-33）、与原密封相比节约润滑油脂三分之一，增产13.8%，漏风率下降19.2%。

图6-33　河北新钢现场安装效果图

## 6.7　鞍钢降低烧结系统漏风率的实践

鞍钢共有6台烧结机，265m²、328m²、360m²各2台，随着设备的磨损，漏风率总体呈上升趋势，最高达到54%，严重影响到烧结矿的产量和质量。因此，对抽风系统进行排查，分析漏风原因，并制定措施加以整改，取得了很好的效果。

### 6.7.1　烧结机漏风原因分析

影响烧结漏风的因素是多方面的，根据总厂各作业区的烧结机漏风情况不同，影响烧结机漏风较严重的因素分析如下。

#### 6.7.1.1　烧结机本体磨损和老化

（1）机头机尾密封盖板漏风。密封采用四连杆重锤结构，机尾为两道密封板并列使用，机头为一道密封。但在高温、多灰尘的工作环境下，四连杆的铰链处很快就不能自如转动，从而使密封板卡死而不能平动，密封性能下降，机尾两块密封板中只有和台车间隙小的那一块在起密封作用，双密封形式实际变成单密封形式，密封效果变差。原机尾两块密封板间为一个灰斗，两块密封板间的灰尘通过此灰斗排除，但在实际运行中，灰斗通常出现放空现象，造成漏风，后一块密封板失效；或出现灰斗堵死现象，大量的粒状灰尘被抽进风箱，造成密封板的表面磨损，形成沟状，漏风进一步加剧。

（2）烧结机台车变形下挠磨损严重。265$m^2$烧结机由于运行多年，台车变形磨损严重，台车梁体变形下挠，断面形成“锅底”形状，造成台车底梁和密封板之间的间隙比较大，并很难调整。间隙最多达 30mm，形成了一个面积为 2500mm×30mm 的矩形漏风孔洞。台车和台车间经过多年的运行，与机尾弯道台车端部互相冲击，台车端部磨损严重，台车拦板更换以后，台车出现拉缝，在烧结机平台上能清楚看到台车缝隙和听到由于漏风产生的哨声，这部分漏风比较严重。

（3）烧结机台车游板和滑道间的漏风。几台烧结机滑道和台车间的密封方式有螺旋弹簧式密封装置、板簧式密封装置、橡胶弹性补偿式密封装置三种，各有优缺点。

影响漏风率主要有：1）密封板和密封槽两内侧之间存在间隙，造成侧向漏风严重；2）弹簧长期在高低温交变的工况下容易退火失效而失去弹性，导致密封失去作用而大量漏风。3）高浓度的粉尘进入板簧有限的运动空间，阻碍密封板上下运动，被卡住。

橡胶弹性补偿式密封装置是在传统螺旋弹簧式的基础上，在密封板和密封槽之间增设了高温橡胶弹性体。具有抗高温老化、有良好的弹性和密封补偿功能。使用初期时，漏风率为 20%，使用寿命 2 年以上，但价格比较贵，后来没有使用。

（4）台车拦板断裂、箅条销子安装的空隙大。紧固台车箅条的销子细，安装间隙过大，引起的漏风。台车拦板容易发生断裂、严重外延，引起烧结机布料两侧漏风。

#### 6.7.1.2 烧结机风箱至主抽出口各结合处引起的漏风

（1）烟道和风箱立管的结合处，风箱的伸缩节及风箱立管引起的漏风。风箱内由于耐磨材料的自然磨损或脱落，造成进入风箱的物料直接冲刷风箱本体，使风箱上出现大面积空洞。风箱伸缩节处开裂、磨穿，造成严重漏风，使烧结系统漏风部位增加。风箱的膨胀节有的是帆布内加弹簧，很容易就损坏，引起漏风，风箱立管在长时间运行的情况下也经常出现磨损，引起漏风。

（2）烟道下双层卸灰阀引起的漏网。双层卸灰阀筒体内径（$\phi$300mm）较小，耐磨材料薄，受物料磨损后会出现孔洞，并且孔洞会在短时间内迅速劣化，孔洞迅速增大，漏风逐渐严重。高负压生产时，双层阀放不下料，造成烟道大量积料，烟道内径变小，风速加快对烟道的内衬磨损严重，很快把烟道和风箱连接处磨漏。一旦双层阀打开，大量积料由双层阀集中流出，阀门关不上，关不严很快把双层阀磨坏，造成大量的漏风。另外，双层卸灰阀插板由于换台车时大块烧结矿进入、箅条掉入容易卡住，经常磨漏，在放灰时形成较严重的漏风，而且在烧结机生产时这部分漏风的封堵还有很大的困难。

（3）除尘器本体及除尘器入口引起的漏风。由于除尘器长期在高硫低温露点下运行，烟气结露形成酸对电场内部板线、壳体、出入口喇叭口等所有部位的腐蚀相当严重，使除尘器大量漏风。而漏风造成烟气温度下降，造成酸对除尘器的腐蚀，恶性循环，有时被迫停机检修除尘器而影响生产，但除尘器还是经常被腐蚀漏风。

#### 6.7.1.3 烧结机操作引起的漏风

除了设备系统各种原因外，生产操作也是漏风的一个重要因素。

（1）铺料不平和不均。由于水分等各种因素烧结机铺料不平，台车拉钩的现象时有存在，造成烧结机台车两侧烧结速度过快，中间欠烧，两侧漏风，料不平，造成料薄的部分漏风，台车断面方向垂直烧结速度不均，引起烧结波动。

（2）烧结泥辊卡杂物引起料面拉钩。冬季由于冻块和来料杂物、矿槽箅条损坏，大块的尺寸超过烧结机泥辊开口度的尺寸，卡在泥辊处，造成烧结机拉沟。引起烧结机料面的漏风。

（3）烧结机掉箅条。由于箅条的周期、紧固箅条的销子老化断裂、台车隔热垫的磨损、台车大梁的磨损等容易造成烧结机台车箅条的掉落，引起烧结机漏风。

#### 6.7.1.4 管理方面的原因

（1）检修的管理。基层实际生产中有很多不重视漏风的情况，或只注重烧结机的运转率，而没有重视烧结机漏风完好率，检修质量不合格，或者为抢检修时间，而压缩堵漏风的时间，这些现象时有发生。

（2）生产的管理。生产中也同样存在很多漏风管理的漏洞，烧结机的漏风不能及时发现，没有严格的考核制度，箅条紧固不合格，生产、设备、除尘不能很好地衔接，除尘系统不归总厂管理，由生产协力管理，烧结机润滑归设备协力来管理，所以总厂在协调上容易出现问题，除尘系统和生产脱节，使漏风问题越来越严重，没有把堵漏风作为一项长期的工作，有时候间断，没有实现连续、稳定的漏风管理。

### 6.7.2　采取的对策及措施

（1）机头机尾密封改造。取消四连杆密封盖板方式，改为中间单支点的多自由度密封方式，新密封板的特点可以适应变形下挠比较大的台车，在台车变形下挠的情况下，密封板依然保持和台车底梁紧密接触。

将机尾密封盖的位置及原放灰漏斗处经过重新设计改造成 29 号风箱。但该处风箱如果采取直上直下的方式，下面烟道的长度不够。为减少工程量，因地制宜，新增风箱抽风管道与 28 号风箱用变径管相连通并满焊，延长抽风烧结的长度，改造前后的结构如图 6-34 所示。在不进行其他投资和保证其他设备功能不变的情况下，降低烧结机漏风率，增加有效烧结面积，达到降耗增产的目的。

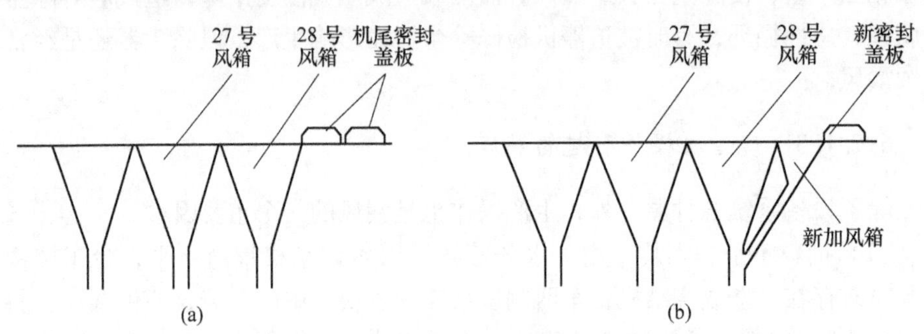


图 6-34　密封板和风箱改造前后示意图

（a）改造前；（b）改造后

（2）台车部分换新。从成本角度考虑我们更换了一台 265m² 烧结机的全部台车，然后对剩下的两台原烧结机台车重新组合，测量台车下挠的幅度，淘汰掉变形严重的台车，根据台车的磨损情况，重新测量编组，装在另一台烧结机上，重新调整机头机尾盖板间隙，保证台车下梁和密封板尽可能小的接触尺寸。使台车情况有很大程度的改变。

（3）重新测量设计制作烧结机台车磨耗板。将烧结机台车尺寸重新测量，对台车磨耗板的尺寸重新设计、更换。

原磨耗板尺寸为（20±2）mm，由于烧结机台车多年的运行，前后相邻两块台车拦板的磨损也很严重（如图6-35所示），所以台车端部磨耗板换新后，相邻两块台车烧结机拦板出现拉缝的现象，有1~2mm的漏风间隙，形成漏风。而台车拦板的尺寸是固定的。针对此情况，将烧结机台车尺寸重新测量，磨耗板新设计、更换。

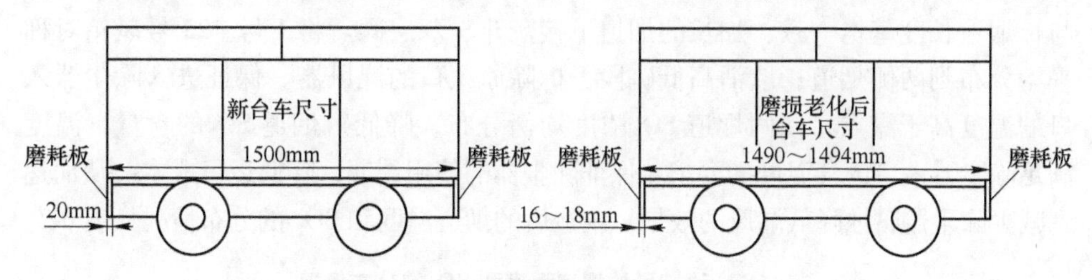


图6-35 新台车和磨损老化的台车尺寸对比

新换台车拦板用20~22mm磨耗板，磨损严重的拦板根据情况用16~20mm厚的磨耗板，所以在满足烧结机台车端部磨损的补偿以后，前后两块烧结机拦板能很好的接触，从而使烧结机的漏风率降低。

（4）台车拦板和台车箅条销子改型。对由于设计原因引起断裂的台车拦板进行了改型，另外对台车拦板起强度紧固作用的肋筋结构方式进行调整，重新制作更换，解决台车拦板断裂的问题。

对台车箅条销子重新设计加粗改型，在销子两侧和台车拦板间加密封垫，减少和台车拦板间的空隙，减少烧结机漏风。

（5）烧结机台车滑道。滑道和台车的密封方式进行改变，改原先台车弹簧密封为板簧密封，主要减少和延长弹簧失效的周期，提高密封的效果。补偿式橡胶密封由于价格的问题我们还没有推广使用。

（6）风箱膨胀节。原先弹簧外加帆布的结构全部改为刚性膨胀节，在正常年修的周期内，基本不坏，解决了此处漏风的问题。例如利用检修机会将西区风箱“非金属式软连接”拆除，用两段弧板代替上下焊接，上细下粗形成插口式伸缩缝，插口内焊一圈挡，伸缩缝用石棉绳封堵。此后再也没有出现上述情况。

（7）在风箱、立管及烟道等易磨损的部位进行喷涂。在风箱灰斗、大烟道及除尘管道部位采用防腐耐磨的耐火保温材料进行喷涂，为防止喷涂层的脱落，增强工作面与衬里材料的结合强度，采用金属网做骨架材料使之形成整体。延长了风箱及其连接处、烟道部位的磨损周期。

（8）双层阀的改造。将原筒体内径300mm的双层阀改为筒体内径为500mm的双层阀，并在筒体内壁增加耐磨层。筒体内壁的耐磨层对筒体起到了保护作用，增加了其耐磨性，延长了双层阀使用寿命，避免了双层阀漏风。其次，将双层阀插板与阀体由原先的整体式改为分体式。整体式双层阀如需要更换阀体，则主抽风机必须停机，这样会导致烧结停机。改整体为分体式后，只要将插板关闭就可随时对双层阀进行更换，大大提高了日常检修的灵活性。同时也减小了烧结机漏风率。

（9）提高电除尘入口烟气温度，解决除尘器腐蚀的问题。对除尘器腐蚀严重的西区 A、B 系列烧结机烟道（原采用高低硫段设计）进行改造，短烟道加长与长烟道长度基本一致，加长的烟道下接灰斗、双层阀。将 1 号~22 号风箱对称平均分布到两侧烟道，取消高低硫段，拆除原入口的混风器。保证进入除尘器入口的温度高于露点，使两烟道 $SO_2$浓度均衡分布，降低短烟道 $SO_2$的含量，温度满足除尘器入口废气温度的要求。保证除尘器的使用周期，降低运行成本。从而达到减少除尘器腐蚀降低漏风的效果。改造后的烟道温度和 $SO_2$ 的分布情况见表 6-7。

**表 6-7　改造后的烟道温度和 $SO_2$的分布情况**

| 烧结机 | 烟道号 | 除尘器入口烟气温度/℃ | 偏差/% | $SO_2$浓度/$mg \cdot m^{-3}$ | 偏差/% |
|---|---|---|---|---|---|
| 西烧A 系列 | 1 | 115 | 3.5 | 658 | 8.9 |
| | 2 | 110 | | 723 | |
| 西烧B 系列 | 1 | 121 | 3.3 | 875 | 2.8 |
| | 2 | 117 | | 850 | |

（10）加强漏风的管理、抓好生产操作。具体包括：

1）建立漏风部位点检台账，提高检修的质量。烧结点检、设备点检每天都要对设备的漏风情况和部位进行点检签字，一旦出现问题要及时发现、防止漏风扩大化并以此为责任追溯的依据。另外下班人员通过台账很容易了解上班的漏风变化情况，对烧结操作做出调整。

2）建立漏风检修验收生产和设备检修、设备点检三方面签字制度。经过三方签字制度的建立，减少了检修质量带来的漏风，漏风检修不达到标准不许生产。并制定严格的考核措施，来保证这项制度的实现。

3）抓好烧结机操作。具体包括：

① 铺料要严格按照规定，在保证料面铺平的基础上，烧结机台车两侧厚度略高于中间，减少边缘效应，降低有害漏风。

② 严控烧结终点，避免因过烧造成台车箅条的损耗，从而避免因掉箅条产生的漏风。

③ 烧结机矿槽岗位要加强巡检，及时发现泥辊矿槽卡杂物、料面拉沟。保证矿槽箅子的完好。

④ 抓好台车箅条、隔热垫、销子等生产和台车的备品管理。

⑤ 生产、设备、除尘统一管理，现在除尘和润滑系统都划归总厂管理，解决了系统漏风和生产不衔接的问题。

⑥ 开展全年的烧结机降低漏风率的攻关竞赛，把漏风率和电耗指标捆绑在一起考核，调动了大家的积极性，提高非生产人员对漏风改造的重视，取得了很好的效果。

⑦ 采取烧结机生产情况下带风堵漏风制度。

### 6.7.3 堵漏风取得的效果

通过努力，烧结机的漏风率有了很大的降低。单机漏风率降低幅度最大的是西区，由 2011 年 12 月份的 55.68%降到 2013 年 7 月份的 49.34%，单机降低幅度为 6.34%。

## 6.8 济钢 320m²烧结机漏风管理的措施

济钢 320m²烧结机自 2005 年 9 月投产，能耗一直居高不下。主要体现在主抽风机运行频率长期处于满负荷工频状态，烟道负压仅仅维持在 11~12kPa，产能难以提升，烧结矿综合成本远远高于其他同类烧结机。2016 年初，烧结厂将提升主抽风机运行效率，提高烟道负压作为重要课题进行攻关，强化烧结机漏风管理治理是实现目标的重要手段。

### 6.8.1 卸灰阀放料方式的改变

通过现场观察分析，由于散料收集系统存在漏风点，其中的烧结矿颗粒在主抽风的作用下，不断旋转、击打、冲刷积灰斗和卸灰阀，从而造成大量的漏风点。随着漏点逐渐增多扩大，漏风越严重，击打、冲刷力就越大，进而造成更大面积的磨漏，周而复始，形成恶性循环。

而传统以提高工艺装备水平为手段的被动防御思路虽然能够延缓各设备使用寿命，但效果不佳，磨漏只是时间问题。解决思路是因地制宜，以料堵漏，将所有磨漏点用烧结矿颗粒进行覆盖，防止漏风，进而杜绝磨漏。卸灰阀以料堵漏原理如图 6-36 所示。

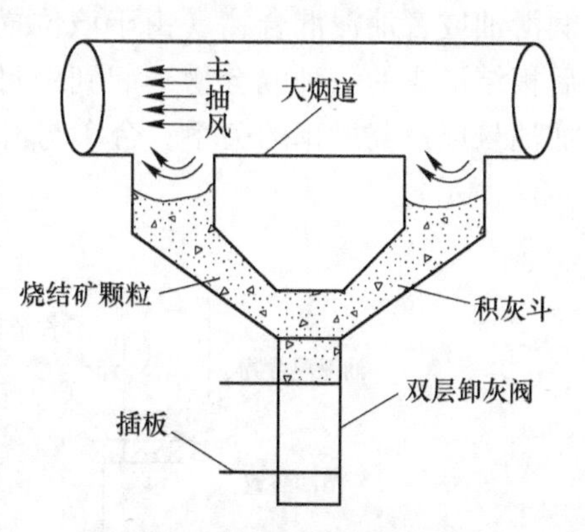

图 6-36 卸灰阀以料堵漏原理

根据以上分析思路，将技术性问题转化为管理问题，通过管理手段使积灰斗内始终保持一定的料位，防止漏风、杜绝磨漏。经过摸索实践，掌握了积灰斗内散料的形成规律，并以此设定各卸灰阀放料周期，同时建立双层卸灰阀放料制度，明确工作职责，理顺管理流程，强化放料管理，提升堵漏效果。

### 6.8.2　风箱漏风点的排查治理

320m²烧结机风箱系统由42根风箱直管、弯管、膨胀节、风量调节阀、风箱组成。由于烧结机长时间未进行大修，风箱内抹衬脱落面积较大，从而造成风箱磨漏频繁。同时，直管与弯管、弯管与膨胀节、膨胀节与风量调节阀以及风量调节阀与风箱之间采用法兰填充石棉绳的方式进行连接密封。随着长时间在高温环境下运行，法兰的变形加上石棉绳的老化，造成了大量的漏风。针对以上问题，将风箱分包到人，安排专人进行仔细排查，并采取“临时+系统”的治理方式，即当天发现的漏风点立即安排维修人员临时焊补处理，并且每月计划检修时有计划地安排7、8个风箱进行系统完整的更换维修。通过4个多月的努力，风箱漏风点逐渐减少，漏风率大幅下降。

### 6.8.3　以油堵漏的治理思路

320m²烧结机台车与固定滑道间的密封采用的是在台车密封槽内安装弹性滑板，与固定在风箱上的固定滑道接触并靠台车重力压紧的方式。随着使用时间的增加，台车密封槽内经常挤入一些烧结矿、油泥等杂物，导致弹性滑板被卡死，失去伸缩性而成为固定滑板，并且随着弹性滑板与滑道的磨损，弹性滑板的伸缩量不足以补偿与固定滑道间的缝隙时，将导致台车弹性滑板与固定滑道之间出现缝隙，从而造成大量漏风。

针对这种情况，提出了利用干油润滑系统给滑道润滑的过程中，在滑道内侧安装挡油装置。其目的是让多余的润滑油蓄积在滑道与挡油装置之间，利用润滑油或者油泥混合物（由于该位置为高温、粉尘环境，润滑油经过一段时间后板结形成的一种混合物）起到密封作用。通过两个多月的摸索，基本掌握了加油量以及漏风率的关系，台车与滑道间的漏风得到改善。以油堵漏原理如图6-37所示。

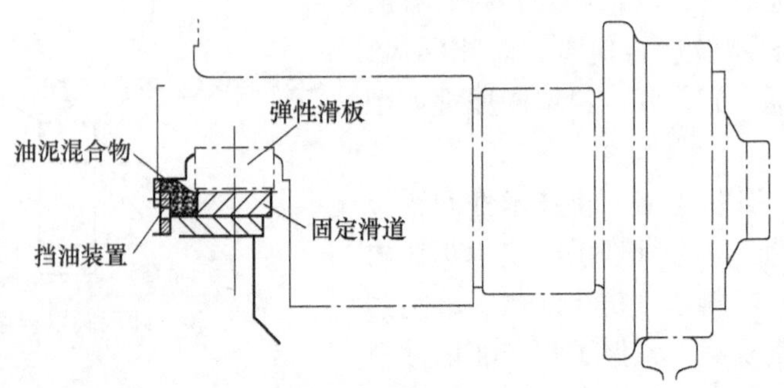


图6-37　以油堵漏原理示意图

### 6.8.4 各风箱风量匹配优化

$320m^2$烧结机风箱系统设计时采用双烟道21根等径风箱，风箱与烟道连接处采用圆管道T形合流三通结构。这种设计仅仅是简单地对总风量进行平均，未考虑局部阻力对风速的影响，从而导致各风箱风量差异较大，风量匹配极度不均。经测算，越靠前的风箱局部阻力越大，风速越快，单位面积风量越大；越靠后的风箱局部阻力越小，风速越慢，单位面积风量越小。现在的风箱系统设计与生产实际存在的是一种逆变关系，对烧结生产存在一定的影响。为解决上述问题，在结构无法改变的情况下，采取调节各风量调节阀开度的方式，匹配出合理的风量需求。经过一段时间的生产，取得了良好的效果，烧结有效风的使用效率大幅提升，烧结矿产质量有了较大提高。

### 6.8.5 改造效果

通过开展以上措施，烧结机漏风率大幅降低，烧结过程有效风量大幅提升。在相同生产节奏下，主抽风机仅使用85%的功率，烧结机烟道负压还能保持在(14±0.4)kPa。为实现厚料层、慢进程、高氧位的强动力烧结创造了条件。漏风率的降低产生的直接效益为主抽风机电耗的降低，每年节约电耗费用约为644.88万元。

## 6.9 包钢烧结一部2号烧结机漏风治理实践

包钢烧结一部2号$180m^2$烧结机1995年建成投产，2007年改造扩容为$210m^2$，采用双烟道、双风机抽风系统，两台主风机电机功率4400kW，风量$11000m^3/min$。由于生产任务重、装备水平低、设备老化等因素，目前漏风率高达84.03%，为解决烧结机风的利用率低、电耗高，影响生产和经济效益等问题，车间在尽量不改变原设计、少投入的前提下，利用2号烧结机中修期间对烧结机系统进行了漏风治理，取得了很好的效果。

### 6.9.1 降低漏风率的途径

#### 6.9.1.1 降低烧结机本体的漏风

烧结机本体的漏风在整个系统漏风中占有相当大的比例，而在实际堵漏的过程中，对烧结机本体堵漏的难度最大，减少漏风率效果常常不明显。一方面是因为此处漏风属动态漏风，由于台车在不停地运转，使得解决台车与弹性滑道、台车滑道与风箱之间的密封是个疑难问题；另一方面，由于此处温度比较高，并且温度变化大、环境差，导致各设备之间连接密封比较困难，动静态漏风点多，尤其是对机头、机尾的密封，目前办法不多。这样大面积多点的漏风，最好的解决办法只有利用中修，对设备进行更换、维修加固及润滑。

A　台车与风箱滑道之间的漏风

固定滑道的漏风在漏风率中占很大比例，漏风率随着烧结机长宽比例的增大而增大。由于烧结机各部位轴瓦在磨损后间隙加大，使润滑油大量外溢。加之滑道上的散料在油压低时容易堵塞滑道油孔，造成滑道与台车弹性滑板刚性摩擦，同时还发生轧碎和磨料磨损，中修时发现滑道与滑板表面留下较深沟槽，造成大量漏风。

结合现场情况，本次中修对烧结机滑道、轨道进行了高差测量，轨道、滑道全部更换并进行高差调整。

台车滑板由于加工水平、磨损、受热变形等原因，出现滑板弹性系数下降、磨损严重等现象，滑板与滑道产生较大间隙，导致漏风现象加剧。原滑板长度为1500mm，台车在翻转过程中后面台车经常卡前面台车滑板，将滑板卡掉，造成漏风或事故。现将滑板改为1498mm，在保证台车尺寸的情况下，可以减少卡滑板现象。中修对台车滑板全部进行了更换，备件质量进行严格检查，保证滑板弹簧灵活，弹出长度统一。

通过以上手段使台车滑板与风箱滑道在运转过程中尽量贴合，最大限度地减小了漏风。

B　台车的改造及更换

台车经多年使用，接触端面磨损漏风严重。旧台车大部分尺寸在1480~1490mm之间，中修通过更换台车端板的办法使台车宽度统一，台车宽度保证在1498~1500mm之间，配合新更换的滑板可以避免卡滑板现象并减少漏风。

烧结机台车拦板采用上下两段式连接，由于拦板工作温度在100~600℃间频繁变化，工作环境比较恶劣，导致容易产生裂纹及变形，并且上下拦板的连接及下拦板与台车本体的连接仅靠两根螺栓固定，很容易造成台车拦板的松动、歪斜及脱落。中修对存在以上问题的台车拦板全部进行更换，并改为高强螺栓固定，可以减少以上现象。

C　头尾部密封盖板更换调整

烧结机头尾部采用弹性密封盖板，机头、机尾各一组。密封盖板由于正常磨损，台车变形塌腰后的刮蹭等原因磨损严重，造成密封盖板与台车下部间隙加大，在大烟道高负压的作用下，头尾密封盖板与两侧滑道抽入大量空气，漏风较严重。通过更换损坏变形的台车，利用中修更换密封盖板，并对间隙进行调整，减少头尾部漏风现象。

D　烧结机纵向三角梁、梯形梁漏风

烧结机纵向三角梁、梯形梁由于料流冲刷、使用时间长等原因损坏，漏风严重。通过对漏风处焊补铁板及更换的方式进行处理，并在磨损较快部位加焊陶瓷块，增加耐磨度，延长使用寿命，减少漏风。

#### 6.9.1.2 减少风箱及立管与大烟道的漏风

A 吸风箱密封

由于吸风箱使用时间过长，造成严重腐蚀。风箱由内外两层组成，现场设备空间小，风箱上部分没有做到完全密封，内侧基础板腐蚀、变薄、变形严重，焊接不严，内侧下部空间太小，施工人员无法施工，用铁板封堵效果不好。而整体更换吸风箱投入大、工期不允许，车间采用了将原风箱外包箱顶部割取300mm打斜板与内风箱进行焊接封堵的方法，外包箱降低后可以对风箱进行完全密封，只要保证外风箱不漏风，就可以使烧结机漏风率降低，解决了因设计原因导致的风箱漏风无法进行处理的难题。

吸风箱上法兰与烧结机滑道连接处漏风。吸风箱上法兰与滑道连接处由螺栓连接。由于设备老化，法兰上螺栓缺损严重，造成漏风。上法兰施工难度大，不好焊接，螺栓不能全部补齐，为治理漏风，车间采用水泥和铅油进行封堵，解决了法兰漏风的难题。

B 风箱立管漏风

风箱立管漏风主要部位在立管伸缩节，由于料流经常冲刷、崩料，导致立管伸缩节处漏风严重。且原有伸缩节膨胀系数达不到所需要求，经常开裂、开焊造成漏风。中修时在立管内部增加插接式挡料板（见图6-38（b）），并且将伸缩节结构进行变更，原伸缩节为$\phi$325mm管用半圆焊在法兰上，现用5mm铁板圆弧加直段制作，可以增大其膨胀系数（见图6-38（c）），减少裂、开焊现象。

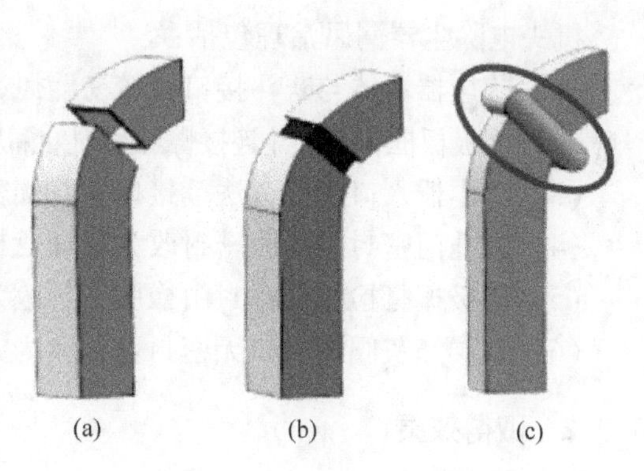

图6-38 风箱立管伸缩节改造

C 大烟道漏风

大烟道伸缩节原为插接式，膨胀系数高，但两侧未完全焊接，漏风严重，且不好处理。现将伸缩节改成用$\phi$219mm管圆弧用大半圆加直段改制，既能达到膨胀系数要求，又能起到密封作用（见图6-39）。

#### 6.9.1.3 大烟道放灰斗与双层卸灰阀的堵漏

大烟道采用灰斗与双层阀的受灰装置，每个灰斗与一个双层阀相对应。

双层卸灰阀由于工作条件差，导致使用寿命短，漏风较严重。中修时对卸灰阀本体损坏严重的进行了整体更换，对其他密封不严的卸灰阀进行密封胶圈和馒

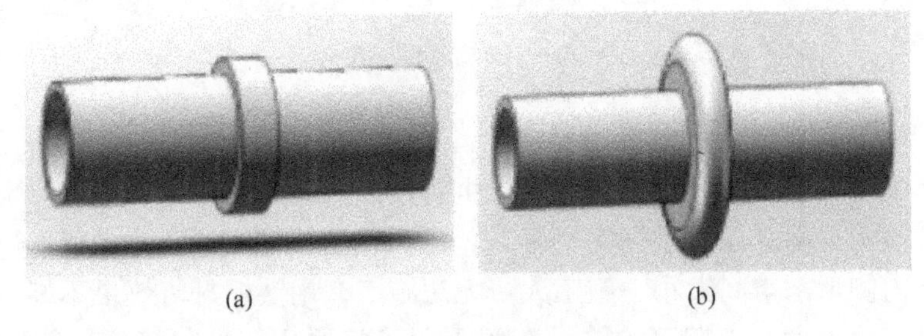

(a) (b)

图 6-39 大烟道伸缩节改造
(a) 改造前；(b) 改造后

头阀芯等易损件更换。

另外由于灰斗经常受物料冲刷，造成灰斗磨损腐蚀较严重，孔洞、开裂较多，特别是灰斗与大烟道连接处。中修时对 32 个灰斗进行了详细检查，对孔洞、开裂进行了焊补。

#### 6.9.1.4 机头电除尘器漏风治理

机头电除尘器漏风治理包括：

(1) 除尘器本体与灰斗接口处较易漏风，改为加铁板倾斜焊接。

(2) 阳极板框架与灰斗连接螺丝紧固处漏风，改为螺丝与灰斗焊接为一个整体。

(3) 除尘器入口膨胀节法兰接口处石棉密封，改为浸油盘根密封。

(4) 入孔门密封由橡胶密封改为浸油盘根密封。

(5) 阴极振打检修孔密封由橡胶密封改为浸油盘根密封。

(6) 双层卸灰阀清料口无密封件，改为方形橡胶垫密封。

### 6.9.2 取得效果

#### 6.9.2.1 工艺参数对比

工艺参数对比见表 6-8。

表 6-8 烧结机主要参数对比

| 项目 | | 机速 /m·min$^{-1}$ | 料层厚度 /mm | 主管温度 /℃ | 主管负压 /kPa | 终点温度 /℃ | 点火温度 /℃ | 风门开度 /% |
|---|---|---|---|---|---|---|---|---|
| 检修后 | 1 | 1.50 | 705 | 135 | 13.5 | 340 | 1100 | 65 |
| | 2 | 1.55 | 700 | 150 | 12.9 | 383 | 1027 | 65 |
| | 3 | 1.50 | 710 | 130 | 14.0 | 319 | 1040 | 70 |
| | 4 | 1.65 | 700 | 145 | 13.6 | 423 | 1037 | 65 |
| | 5 | 1.65 | 700 | 126 | 14.1 | 425 | 1030 | 75 |

续表 6-8

| 项 目 | | 机速/m·min⁻¹ | 料层厚度/mm | 主管温度/℃ | 主管负压/kPa | 终点温度/℃ | 点火温度/℃ | 风门开度/% |
|---|---|---|---|---|---|---|---|---|
| 检修前 | 范围 | 1.50~1.75 | 680~705 | 100~140 | 9.5~12.5 | 280~450 | 1000~1150 | 55~65 |
| | 均值 | 1.65 | 690 | 120 | 10.5 | 380 | 1050 | 60 |

（1）主管负压上升明显。检修堵漏风后，烧结机主管负压上升明显，在料层厚度700mm左右、风门开度在65%、75%情况下，主管负压最低12.9kPa、最高14.1kPa，检修后主管负压上升了近3kPa。检修前正常生产情况下，料层厚度690mm、风门开度65%情况下主管负压一般在10.5kPa左右。

（2）主管温度控制相对稳定。检修前后主管温度的变化也比较明显，风箱、烟道、双层卸灰阀漏风的封堵对于主管温度的提高起了重要作用。从表6-7第4组数据可知在1.65m/min的机速情况下，料层厚度700mm，抽烟机风门开度65%，终点温度达到423℃，主管温度145℃，负压13.6kPa。检修前主管温度在120℃左右，检修后上升到140℃左右，这也是堵漏风成果的一个体现，漏风量减小使得主管温度可以稳定控制在要求范围内。

#### 6.9.2.2 运行参数对比

（1）抽烟机电流变化：在风门开度65%时，检修前抽烟机电流波动范围310~340A，平均320A，检修后抽烟机电流在270~310A范围波动，平均280A左右，检修后抽烟机电流平均降低约40A。日节约电费14193元，月节约电费42.58万元，年节约电费518.08万元。通过检修堵漏风等措施，节约电能较为明显。

（2）漏风率、风量变化：检修前后分别对风量、压力、风速等参数进行了测试，并计算了烧结机烟道至主抽段、料面至烟道段的漏风率。检修前后烧结机漏风率对比见表6-9和表6-10（风门开度均为65%）。

**表6-9 检修前后烟道至主抽段烧结机漏风率对比**

| 项 目 | 烟 道 | 入口烟气流量/$m^3 \cdot h^{-1}$ | 出口烟气流量/$m^3 \cdot h^{-1}$ | 漏风率/% |
|---|---|---|---|---|
| 检修前 | 东侧 | 458598 | 550740 | 16.73 |
| | 西侧 | 518049 | 564210 | 8.18 |
| 检修后 | 东侧 | 362067 | 399035 | 9.26 |
| | 西侧 | 391684 | 412560 | 5.06 |

表 6-10　检修前后料面至烟道段烧结机漏风率对比

<table>
<tr><th>项　目</th><th>烟　道</th><th>料面风速/m · s$^{-1}$</th><th>漏风率/%</th></tr>
<tr><td rowspan="2">检修前</td><td>东侧</td><td>0.24</td><td>83.94</td></tr>
<tr><td>西侧</td><td>0.24</td><td>84.12</td></tr>
<tr><td rowspan="2">检修后</td><td>东侧</td><td>0.49</td><td>67.06</td></tr>
<tr><td>西侧</td><td>0.47</td><td>68.21</td></tr>
</table>

检修后东侧烟道至主抽段漏风率由16.73%下降到9.26%，降低了7.47个百分点，料面至烟道段的漏风率由83.94%下降到67.06%，降低了16.88个百分点；

检修后西侧烟道至主抽段漏风率由8.18%下降到5.06%，降低了3.12个百分点，料面至烟道段的漏风率由84.12%下降到68.21%，降低了15.91个百分点。

两次测量漏风率的结果对比，反映出此次烧结机检修堵漏风的效果是显著的。特别是东侧烟道的漏风率降低幅度较大。

## 6.10　新日铁降低烧结机漏风的措施

众所周知，烧结厂的能源消耗是钢铁厂中的大户，降低烧结厂的漏风量是节省能源消耗的有效措施。因此，新日铁从1984年开始采取了很多行之有效的降低烧结机漏风量的措施，漏风率降低了13.5%，效果比较显著。

### 6.10.1　烧结机漏风部位及漏风情况

（1）漏风部位：新日铁认为烧结机漏风部位大致有11处，见图6-40。

（2）各部位漏风情况：新日铁于1983年分别对広畑2号、君津3号和大分2号烧结机的漏风率进行了测定，其结果见表6-11。

表 6-11　烧结机各部位漏风率　（%）

<table>
<tr><th>项　目</th><th>広畑2号（150m$^2$）<br>1966年2月投产</th><th>君津3号（500m$^2$）<br>1971年7月投产</th><th>大分2号（600m$^2$）<br>1976年9月投产</th></tr>
<tr><td>弹性滑道与密封板之间</td><td>9</td><td>6</td><td>15</td></tr>
<tr><td>密封滑板壳体内</td><td>—</td><td>—</td><td>—</td></tr>
<tr><td>机头机尾浮动密封与台车之间</td><td>3</td><td>10</td><td>3</td></tr>
<tr><td>两个台车本体之间的间隙</td><td>1</td><td>6</td><td rowspan="2">9</td></tr>
<tr><td>组装式拦板之间的间隙</td><td>1</td><td>3</td></tr>
<tr><td>拦板与料层的间隙</td><td>—</td><td>—</td><td rowspan="2">1</td></tr>
<tr><td>台车上烧结饼内裂缝</td><td>—</td><td>—</td></tr>
</table>

续表 6-11

| 项　目 | 广畑 2 号（150m²）1966 年 2 月投产 | 君津 3 号（500m²）1971 年 7 月投产 | 大分 2 号（600m²）1976 年 9 月投产 |
|---|---|---|---|
| 风箱 | 10 | 8 | — |
| 风箱支管 | — | | |
| 降尘管上双层卸灰阀 | 10 | | |
| 电除尘器 | 17 | 5 | — |
| 合计漏风率 | 51 | 38 | 28+α |

注：表中漏风率为 1983 年测定值；α 为降尘管、风管等漏风率。

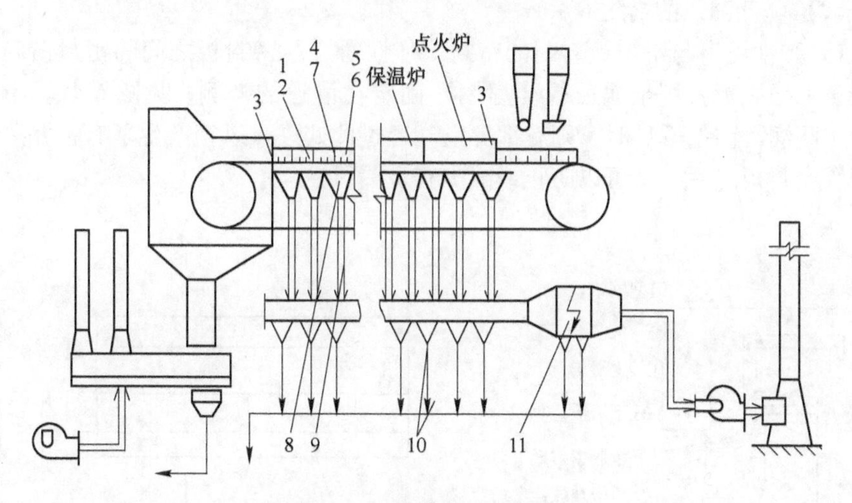


图 6-40　烧结机漏风部位

1—弹性滑道与密封板之间（即下滑板与上滑板之间）；2—密封滑板壳体内（即弹簧与门型框架之间）；3—机头机尾浮动密封板与台车之间；4—两个台车本体之间的间隙；5—台车组装式拦板之间的间隙；6—台车拦板与料层的间隙；7—台车上烧结饼内"裂缝"；8—风箱；9—风箱支管；10—降尘管上的双层卸灰阀；11—电除尘器

## 6.10.2　降低漏风的措施及效果

（1）大分 2 号烧结机降低漏风率的措施及效果见表 6-12。

**表 6-12　大分 2 号烧结机降低漏风率的措施及效果**

| 漏风部位 | 防止漏风措施 | 降低漏风效果/% | |
|---|---|---|---|
| | | 计划 | 实际 |
| 弹性滑板与密封板间 | 采用橡胶密封板 | 0.5 | 没有 |
| 密封滑板壳内 | 采用橡胶棒密封 | 2.0 | 4.0 |
| 机头机尾浮动密封板 | 没有动 | | |

续表 6-12

| 漏风部位 | 防止漏风措施 | 降低漏风效果/% | |
|---|---|---|---|
| | | 计划 | 实际 |
| 两台车本体之间 | 台车本体端面镀合金 | 1.0 | 5.5 |
| 组装拦板之间隙 | 改成整体结构拦板 | 4.0 | |
| 拦板与料层间隙 | 加盲箅条 | 3.0 | 3.0 |
| 烧结饼裂缝处 | 向烧结饼上面洒水 | 1.0 | 1.0 |
| 降低漏风率合计 | | 11.5 | 13.5 |

（2）降低漏风的措施有：

1）弹性滑道与密封板之间的密封。弹性滑道与密封板之间的密封措施，采用长条形橡胶板，用金属压板（扁钢）固定在滑道的外侧，见图 6-41。当上下滑板之间润滑油量不足时，则有部分空气经过此处进入风箱产生了有害漏风。加上橡胶密封板之后，就可以防止或减少有害漏风。

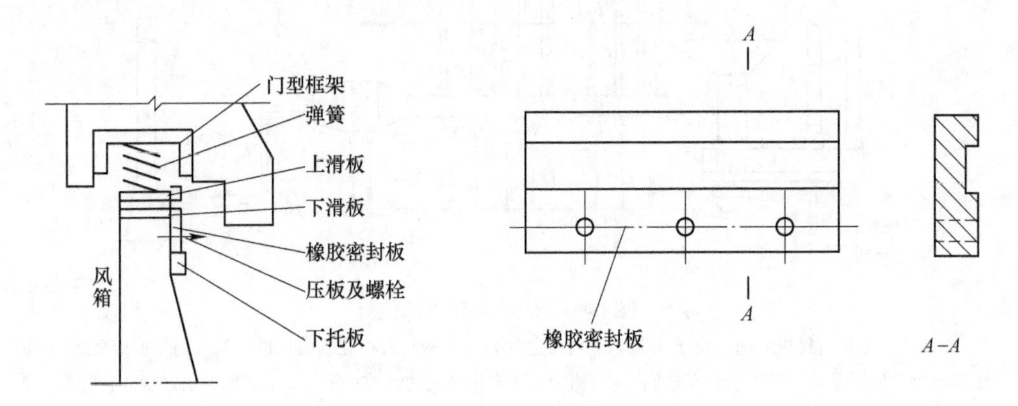


图 6-41　弹性滑道与密封板间橡胶板密封

2）密封滑板壳体内的密封。密封滑板壳体（俗称门型框架）处的密封，采用橡胶棒将上滑板与门型框架之间的间隙堵上，防止或减少空气经过此处和弹簧之间的空隙进入风箱内，见图 6-42。

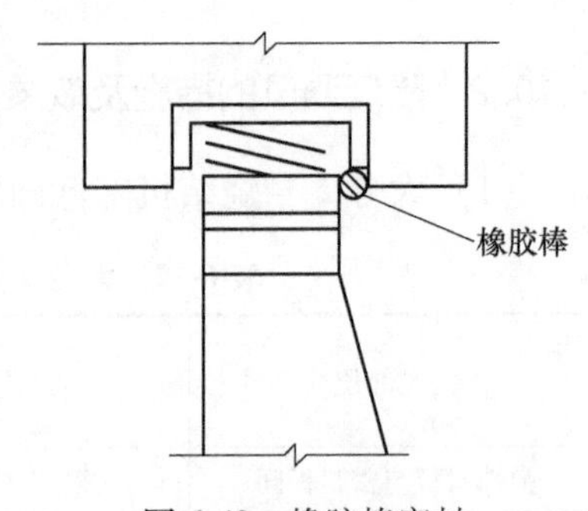


图 6-42　橡胶棒密封

3）两个台车本体之间的间隙密封。烧结机相邻的两个台车，在运行中本体端面磨损后形成较大的间隙产生漏风。大分 2 号烧结机采用喷镀耐磨合金粉的方法降低漏风量。

台车端部接触面不是均匀磨损，上部磨损较严重，一般 10mm，下部磨损较轻，一般3mm。因此，喷镀耐磨金属粉之前，需用镍系焊条将上部磨损较多的部位堆焊一层，使其与下部一样平，再用砂轮打磨找平。堆焊的部位要预热至250℃后再堆焊。喷镀顺序为：喷镀→找平→修磨→找平→修磨。喷镀金属的化学成本见表6-13。

**表6-13　喷镀金属的化学成分**　(%)

| Cr | B | Si | C | Fe | CO | Mo | Cu |
|---|---|---|---|---|---|---|---|
| 12~17 | 2.5~4.0 | 3.5~5.0 | 0.4~0.9 | <5.0 | <1.0 | <4.0 | <4.0 |

4）台车拦板改成整体结构。以往烧结机台车的拦板是整块的，即整体结构。由于在高温环境中，受温差影响易产生变形，开裂等缺陷，发生漏风。在大型烧结机设计中，为避免发生前述缺陷，将拦板改为组装结构。即台车每侧的拦板，沿长度方向分为三块，沿高度方向分为两块，之间均用螺栓固结联成一体。考虑热膨胀的量，每块板之间要留有2mm的间隙。

组装式拦板虽然能避免变形，开裂等缺陷，由于缝隙增加了，所以漏风量多了。新日铁经过10年生产实践，为了减少漏风又把组装式拦板改为整体结构，如图6-43所示。这种结构的拦板使用效果比较好，变形小不开裂，又减少了漏风量。

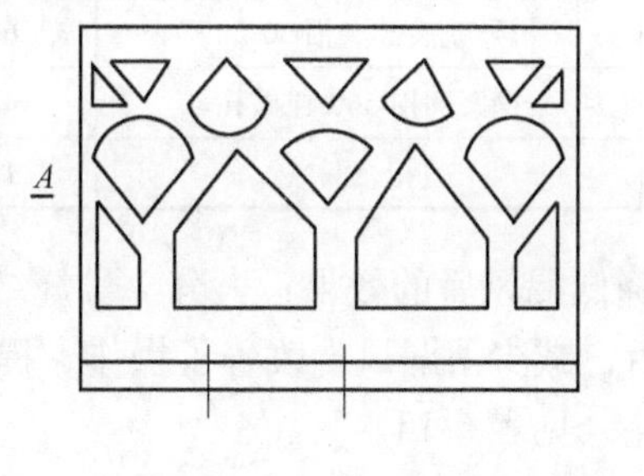

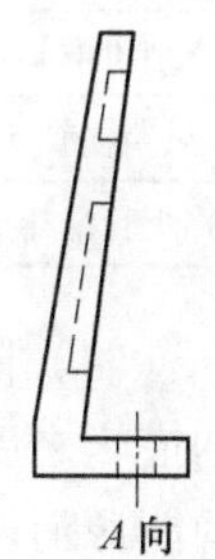


图6-43　台车整体结构拦板

5）台车拦板与料层间的密封。台车拦板与料层之间缝隙较大引起漏风，大分2号烧结机采用加盲箅条的方法密封。即将拦板处的几根箅条改用一根比较宽的箅条，称为盲箅条。

6）采用洒水方法减少烧结饼中的大裂缝。台车上的混合料经点火后由上至下逐渐烧结成块，故称为烧结饼。烧结饼在自然冷却过程中会发生较大的裂缝，大量空气经缝隙进入风箱形成有害漏风。大分2号烧结机在点火器后面向烧结饼上面洒水，这样就可以减少大的裂缝，降低漏风量。

（3）实行定期维修制度，降低漏风量。日本的钢铁厂重视设备管理工作，普遍实行以防为主的检修制度。每个设备都有检修标准，定期进行检查和检修。这就可以保持和完善设备的工作性能，提高设备的工作效率，保障了正常生产。所以日本的烧结厂作业率一般都比较高。

大分烧结厂对2号烧结机发生漏风的部位规定了维修的标准，按此标准定期进行维修，保证烧结机在较低的漏风情况下运行，降低了能源消耗，提高了经济效益。大分2号烧结机漏风部位的维修制度见表6-14。

表 6-14　大分 2 号烧结机漏风部位的维修制度

| 部位 | 维修标准 | 维修周期/年 | 维修办法 | 点检方法 |
|---|---|---|---|---|
| 台车本体 | 长度磨损 5mm | 5 | 堆焊 | 车轮维修时，取下车轮检查 |
| 钢轨 | 端面磨损 3mm，翼缘内侧磨损 3mm | 6 | 更换 | 目测，每年测量 1 次 |
| 台车轮子 | 轮面外径磨损 3mm，翼缘内侧磨损 2.5mm | 2 | 更换 | 目测，每 2 年测量 1 次 |
| | 轴承间隙 0.105~0.16mm | 2 | 仅换轴承 | 目测，每 2 年测量 1 次 |
| 台车拦板 | 板厚磨损 50%或裂纹长度为长（宽）度的 2/3 | 3~5 | 更换 | 目测 |
| 密封板 | 磨损 5mm | 2 | 更换 | 定修时目测，每 2 年仪器测 1 次 |
| 滑道面 | 磨损 5mm | 3 | 更换 | 每年测量 2 次 |
| 机（头）尾密封板 | 磨损 10mm | 9 个月 | 更换 | 3 个月目测 1 次 |
| 烧结机框架 | 导轨头部磨损 50% | 6 | 更换 | 每年目测 1 次 |
| 风箱支管 | 壁厚磨损 56%或破孔 | 4 | 修补 | 目测，听漏风声音 |
| 降尘管漏斗 | 破孔、漏风 | 1 | 修补 | 目测，听漏风声音，测壁厚 1 次 |

（4）降低漏风后的效果：大分 2 号烧结机，由于采取了上述防止和减少漏风的措施之后，减少了漏风，改善了操作，提高了烧结的成品率，从而降低了烧结的能源消耗，见表 6-15。

表 6-15　成品率提高和能源降低情况

| 措施名称 | 成品率升高/% | 固体燃耗降低/$kg \cdot t^{-1}$ | 焦炉煤气单耗降低/$m^3 \cdot t^{-1}$ | 电耗降低/$kWh \cdot t^{-1}$ |
|---|---|---|---|---|
| （1）加盲箅条；（2）分散烧结饼大的裂缝；（3）加橡胶密封板；（4）加橡胶棒；（5）台车端面喷镀金属；（6）改用整体结构拦板 | 1.80 | 1.08 | 0.05 | 2.10 |

## 6.11　低漏风综合密封技术在宝钢湛江的应用

目前，采用国际先进技术的新建烧结机漏风率已下降到 20%以下，而国内大部分企业新建烧结机的漏风率仍在 30%~35%之间，部分先进的达到 25%。宝钢湛江钢铁作为新时期的钢铁企业，其致力于打造“全球排放最少、资源利用效率最高、企业与社会资源循环共享”的绿色梦工厂，针对烧结机漏风率偏高的共性技术难题，中冶长天与宝钢湛江联合攻关，开发了低漏风综合密封技术，以提高烧结系统综合技术指标。同时采用烧结机台车空载静态密封测试与烧结机台车额定负载动态测试相结合的检测方法对烧结机漏风率进行了检测。

### 6.11.1 烧结机低漏风综合密封技术

为确保烧结机有效风量，尽量减少漏风，降低工序能耗，中冶长天从消除或减小间隙 $\delta$ 角度，研发了烧结机低漏风综合密封技术，包括负压吸附式端部密封技术、新型滑道密封技术、烧结机台车密封技术、气动双层卸灰阀技术等，并将其成功应用于宝钢湛江烧结机。

（1）端部密封主要解决烧结机头、尾部漏风问题，传统烧结机端部密封装置示意如图 6-44 所示，其采用带灰斗的分块式刚性密封体结构，漏风量与压差成正比，即负压越大，烧结机漏风越严重。

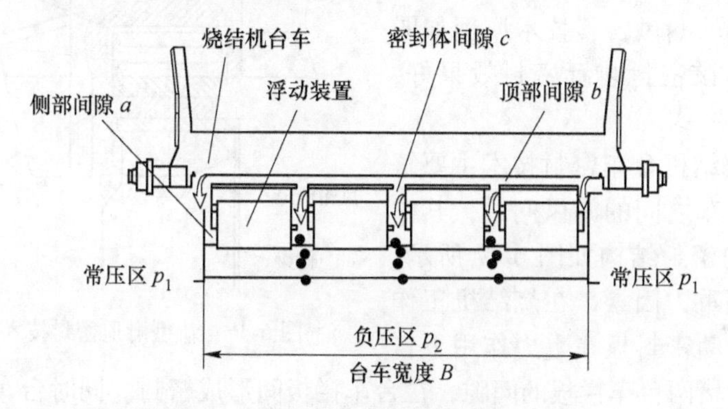


图 6-44 传统烧结机端部密封装置示意图

负压吸附式端部密封技术巧妙地利用烧结机供风系统的负压，迫使风箱密封板与烧结机台车底板贴合，以负压作为密封动力，负压越大，贴合越严，密封效果越好，从而克服了负压越大漏风越多的问题。

负压吸附式端部密封技术原理如图 6-45 所示。

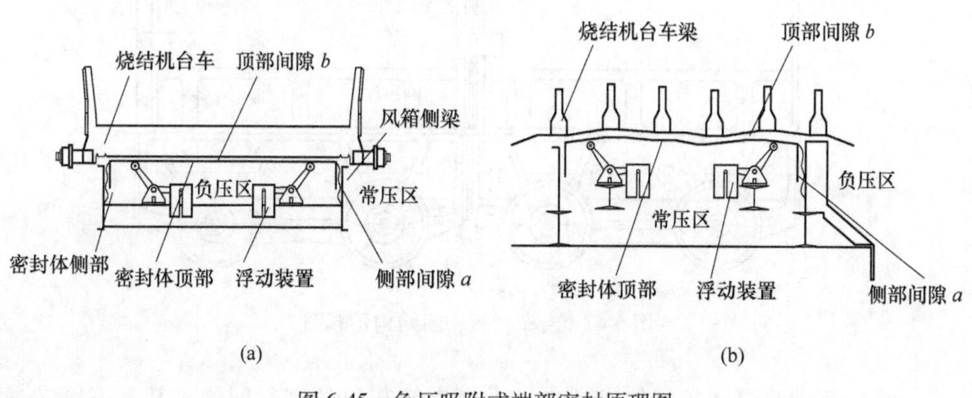


图 6-45 负压吸附式端部密封原理图

（a）密封装置横向断面图；（b）密封装置纵向断面图

根据计算和原理可知：1）负压吸附式端部密封技术采用整体结构，消除了分体式密封体之间的间隙 $c$ 导致的漏风；2）侧部间隙 $a$ 导致的漏风量与烧结压差成负指数关系，即负压越大，漏风越少；3）为解决顶部间隙 $b$ 的问题，其顶部密封体采用柔性结构，使顶部间隙 $b$ 趋于 0 时也不会影响烧结机的正常运行，从而降低了顶部间隙 $b$ 的漏风。因此，负压吸附式密封装置能够有效地解决烧结机端部（头、尾部）的漏风，降低烧结机端部密封的漏风量。

（2）新型滑道密封技术利用板弹簧的弹性部件直接作用在滑板上，使滑板受力均匀，消除其在滑板和游板槽之间的间隙，从而解决台车与风箱结合面侧部的漏风，其技术原理如图 6-46 所示。该密封装置密封效果好，运行可靠。

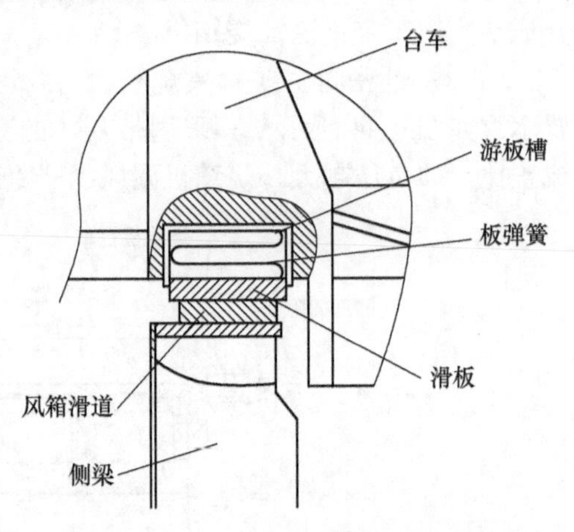


图 6-46　新型滑道密封技术原理图

（3）烧结机台车密封技术主要解决台车与台车之间的漏风问题，其中台车拦板的密封结构如图 6-47 所示。该结构利用重力因素，在烧结机工作行程中，活动密封板在重力作用下自行下滑，封堵两台车拦板的间隙，在台车拦板间形成密封。同时台车卸料后进入空车回程时，由于台车翻转了 180°，车底朝下，活动密封板在重力作用下从拦板间隙里脱出，确保了台车拦板不因相互挤压而破坏。

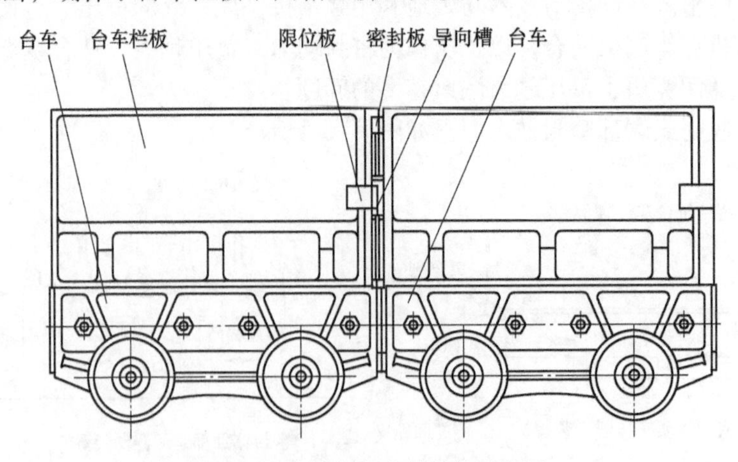


图 6-47　台车栏板密封结构示意图

（4）气动双层卸灰阀技术减少了大烟道卸灰口的密封问题，其上下阀芯通过气缸作用交替进行排灰，一方面可将风管中的积灰排出，另外一方面不使风管内部与大气短路，引起漏风。气动双层卸灰阀结构如图6-48所示。大烟道的卸灰点多，采用气动双层卸灰阀后可大大提高大烟道的密封性。

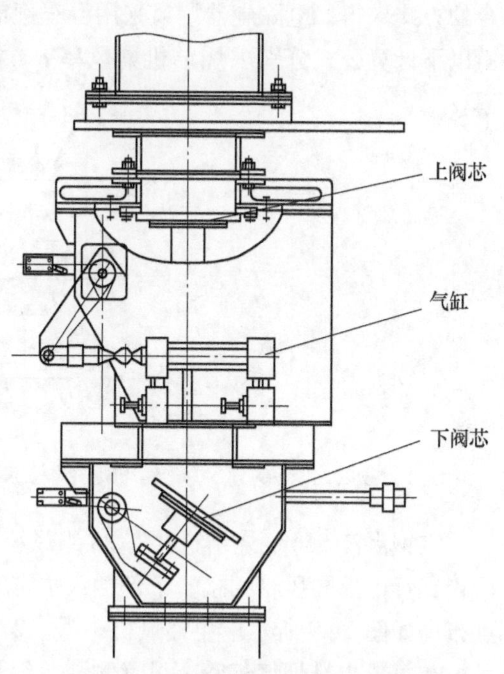

图6-48　气动双层卸灰阀结构示意图

## 6.11.2　烧结机漏风检测

### 6.11.2.1　烧结机漏风检测方法

烧结机漏风率检测方法主要有密封法、料面风速法、边缘漏风法、烟气分析法。密封法检测时台车静止不动，与正在运行时的台车漏风有一定误差；料面风速法将烧结过程产生烟气也纳入漏风，导致检测数据偏大；边缘漏风法仅能够检测台车与滑道之间的漏风；烟气分析法无法分析已经燃烧完成的台车的漏风量。为提高烧结机漏风率检测方法的准确度，根据烧结机结构和烧结工艺原理，在密封法的基础上提出采用烧结机台车空载静态密封测试与烧结机台车额定负载动态测试相结合的方法检测烧结机漏风率。此检测方法在攀钢成钢烧结机、日本和歌山烧结机上进行了漏风测试，测试数据和检测方法得到企业和行业专家的一致认可，证明了这种方法的可行性与可靠性。其具体分两步进行：

第一步：烧结机台车空载静态密封测试，求得烧结机本体绝对漏风量。在烧结机空载不运转的情况下，用塑料布或橡胶布将全部台车密封，但局部敞开2~4个风箱上台车，并将敞开的风箱隔板梁与台车下梁之间的间隙用型钢密封。此时启动主抽风机，从小到大方向调整风门开度，直到主抽风机达到额定负压，通过烟气分析仪测量主排烟道和敞开风箱支管的气态参数（静压、动压、当地大气压、温度），在此基础上将主排烟道风量减去支管风量即得到烧结机额定负载运行下的绝对漏风量$\Delta Q_{烧结机}$。

第二步：烧结机台车额定负载动态测试，测得烧结机本体总排出烟气量$Q_{烧结机}$和主抽风机总抽出烟气量$Q_{主抽风机}$。

烧结机系统漏风主要包括烧结机本体漏风和电除尘器漏风两个部分。烧结机本体漏风采用烧结机台车空载静态密封测试与烧结机台车额定负载动态测试相结合的方式求得；电除尘器漏风采用台车额定负载动态测试求得。完成测试后，可由以下计算公式分别求烧结机漏风率 $\alpha_{烧结机}$、电除尘器漏风率 $\alpha_{电除尘}$和系统漏风率 $\alpha_{系统}$。

$$\alpha_{烧结机} = \frac{\Delta Q_{烧结机}}{Q_{主排烟道}} \times 100\% \tag{6-20}$$

$$\alpha_{电除尘} = \frac{Q_{主抽风机} - Q_{主排烟道}}{Q_{主抽风机}} \times 100\% \tag{6-21}$$

$$\alpha_{系统} = \frac{\Delta Q_{烧结机} + \Delta Q_{电除尘}}{Q_{主抽风机}} \times 100\% \tag{6-22}$$

#### 6.11.2.2　宝钢湛江烧结机漏风检测与计算

宝钢湛江 550m² 烧结机共有 28 组风箱，两个排气管分别配置一台主抽风机，风箱支管上部同风箱相接，下部插入主排气管道，烧结机系统烟气管道结构及测点布局如图 6-49 所示。主抽风机 1 号、2 号入口管道设置检测孔，编号 1 号、2 号；在每根主排烟气气管上设置测孔，编号 3 号、4 号；在 W16～W19 四个风箱支管上设置检测孔，每个风箱对应左支管、右支管，风箱 W16 测点编号：5 号、6 号，风箱 W17 测点编号：7 号、8 号；风箱 W18 测点编号：9 号、10 号，风箱 W19 测点编号：11 号、12 号。

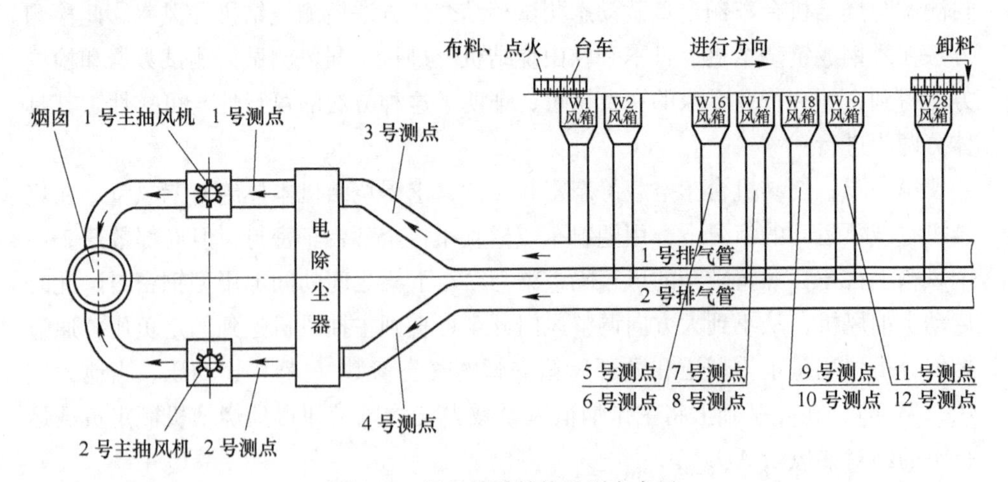


图 6-49　烟气管道结构及测点布局

空载静态密封测试下获得 W16～W19 风箱支管以及主排烟道 1 号、2 号的气态参数，并求得相应状态下管道的标况风量，如表 6-16 所示。

**表 6-16　烧结机空载静态密封状态测量管道风量**

| 项　目 | 1 号主排烟道<br>3 号测点 | 2 号主排烟道<br>4 号测点 | 16W 风箱支管<br>5 号测点 | 16W 风箱支管<br>6 号测点 | 17W 风箱支管<br>7 号测点 |
|---|---|---|---|---|---|
| 标况流量<br>$/m^3 \cdot h^{-1}$ | 570978.27 | 590333.21 | 114386.88 | 118410.71 | 114855.786 |
| 项　目 | 17W 风箱支管<br>8 号测点 | 18W 风箱支管<br>9 号测点 | 18W 风箱支管<br>10 号测点 | 19W 风箱支管<br>11 号测点 | 19W 风箱支管<br>12 号测点 |
| 标况流量<br>$/m^3 \cdot h^{-1}$ | 119284.76 | 112834.71 | 116927.63 | 111702.39 | 116541.61 |

此时，烧结机额定负载运行下的绝对漏风量为：

$$\Delta Q_{烧结机} = Q_{1号主排烟道} + Q_{2号主排烟道} - (Q_{16号风箱} + Q_{17号风箱} + Q_{18号风箱} + Q_{19号风箱}) = 236367\text{m}^3/\text{h} \tag{6-23}$$

负载运行测试获得电除尘设备输入管道与输出管道，即 1 号、2 号主抽风机管道（电除尘输出管道）以及烧结机 1 号、2 号主排烟道（电除尘输入管道）的气态参数，并求得相应状态下管道的标况风量，如表 6-17 所示。

**表 6-17　烧结机负载运行测量管道风量**

| 项　目 | 1 号主抽风机<br>1 号测点 | 2 号主抽风机<br>2 号测点 | 1 号主排烟道<br>3 号测点 | 2 号主排烟道<br>4 号测点 |
|---|---|---|---|---|
| 标况流量<br>$/m^3 \cdot h^{-1}$ | 680135.35 | 704573.85 | 663169.32 | 680534.84 |

此时，主排烟道的标况风量为：

$$Q_{主排烟道} = Q_{1号主排烟道} + Q_{2号主排烟道} = 1343704\text{m}^3/\text{h} \tag{6-24}$$

烧结机本体漏风率为：

$$\alpha_{烧结机} = \frac{\Delta Q_{烧结机}}{Q_{主排烟道}} \times 100\% = \frac{236367}{1343704} \times 100\% = 17.59\% \tag{6-25}$$

电除尘器漏风率为：

$$\alpha_{电除尘} = \frac{\Delta Q_{电除尘}}{Q_{主抽风机}} = \frac{Q_{主抽风机} - Q_{主排烟道}}{Q_{主抽风机}} \times 100\% = \frac{680135.35 + 704573.85 - 1343704}{680135.35 + 704573.85} \times 100\% = 2.96\% \tag{6-26}$$

烧结系统漏风率为：

$$\alpha_{烧结机系统} = \frac{\Delta Q_{烧结机} + \Delta Q_{电除尘}}{Q_{主抽风机}} \times 100\% = 20.03\% \tag{6-27}$$

漏风检测表明，采用中冶长天开发的低漏风综合密封技术，宝钢湛江烧结机本体漏风率为 17.59%，远低于普通烧结机漏风率 30%~35%的平均水平，漏风率下降比例近 50%，节能减排效果显著，设备运行成本下降，全面落实了国家节能减排的产业化政策，可为同行业提供借鉴与参考。

## 参考文献


[1] 张惠宁．烧结设计手册 [M]．北京：冶金工业出版社，2008：113~119.

[2] 中南矿冶学院．铁矿粉造块 [M]．北京：冶金工业出版社，1978：454~462.

[3] 黄天正，姜涛．带式烧结系统漏风率的测定 [J]．烧结球团，1986 (2)：32~41.

[4] 翟江南．烧结厂漏风率及测定 [J]．烧结球团，1985 (6)：64~71.

[5] 何志军，李金莲，张立国，等．烧结机系统漏风综合治理技术 [J]．鞍钢技术，2016 (5)：1~7.

[6] 宋新义，李文辉．烧结机系统漏风率测定技术的探究 [J]．能源与节能，2013 (8)：51~53.

[7] 高彦，么占坤，孙长征，等．烧结机漏风治理技术方案 [J]．烧结球团，2004，29 (1)：38~42

[8] 白明华，何云华，梁宏志，等．烧结机风箱外高负接触头尾密封装置的设计与应用 [J]．烧结球团，2008，33 (1)：12~15.

[9] 许满兴，张天启．烧结节能减排实用技术 [M]．北京：冶金工业出版社，2018：97~107.

[10] 董京波．430m² 带式烧结机柔性迷宫密封装置设计与仿真 [D]．秦皇岛：燕山大学，2016.

[11] 郑波．265m² 带式烧结机的滑道密封改造 [J] 设备管理与维修，2018 (3)：114~116.

[12] 夏铁玉，宫作岩，李政伟，等．鞍钢炼铁总厂降低烧结系统漏风率的生产研究 [C] //全国烧结球团技术交流年会，2014：55~59.

[13] 周金生．济钢 320m² 烧结机漏风治理 [J]．山东冶金，2016，38 (6)：102~103.

[14] 马涛，张远东，李春泉，等．烧结一部烧结机系统漏风治理 [J]．包钢科技，2018 (4)：23~26.

[15] 孙升春．新日铁降低烧结机漏风的措施 [J]．烧结球团，1988 (3)：40~44.

[16] 刘波，叶恒棣，卢兴福．烧结机低漏风综合密封技术及其在宝钢湛江的应用 [J]．烧结球团，2018，43 (2)：48~53.

# 7 均质厚料层烧结技术

【本章提要】

本章介绍了改善厚料层烧结热态透气性、厚料层烧结高度方向均质性及台车均质烧结新技术等研究，烧结机布料技术、料层厚度检测技术的发展，马钢900mm厚料层烧结、首钢京唐800mm厚料层烧结生产实践。

均质烧结技术就是从系统的观点出发，抓住提高烧结矿成品率和结构均匀性这一环节，在综合分析传统烧结技术的基础上而扩展出的烧结新工艺。均质烧结在宏观上强调优化和稳定整个系统的参数，要求反应过程均匀完善；在微观上要求产品结构要均匀，冶金性能要优化。用均质烧结的概念来概括我们所采用过的烧结技术就会发现，这些技术实质上都是使生产过程中能量分布、垂直烧结速度、原料的物理和化学性能等重要参数在三维空间均匀分布，从而用最少的能量消耗来获取所需的结果。均质烧结的效果是人们所一贯追求的，多年来，对这一现象的不断研究，促进了预热混合料技术、强力混合技术、高碱度烧结、厚料层烧结、低温匀速烧结及其他加强均匀生产技术的发展。

料层厚度是烧结节能降耗、改善质量的基础，宝钢2号495$m^2$烧结机的料层厚度由500mm提高到630mm，工序能耗由72.14kgce/t降低到55.3kgce/t；首钢京唐550$m^2$烧结机的料层厚度由750mm提高到800mm，转鼓指数提高了0.12%，FeO降低了0.37%，成品率提高了1.6%，固体燃耗降低1.05kg/t，煤气消耗降低1.51$m^3$/t，电耗降低7.82kW·h/t，折合每吨烧结矿取得7.61元的效益。

宝钢和京唐公司提高料层厚度的生产实践可以充分说明节能和增效是十分明显的，目前全国烧结机平均料层高度已超过710mm，马钢已达到930mm。但一些企业由于相关的工艺技术（如强化制粒、配碳、配水、偏析布料和低负压点火、操作等）没跟上，所产生的效果不如宝钢和京唐公司那么明显。目前企业推进节能减排增效绿色发展，就是要把厚料层低温烧结的相关工艺技术跟上，充分发挥出厚料层低温烧结的作用。

## 7.1 改善厚料层烧结热态透气性的研究

现代烧结工艺是以铁酸钙固结理论为基础，以生产高品位、高强度、高还原性的优质烧结矿为目的，以低能耗、低排放为特征的生产工艺。合理地选择和优化烧结工艺参数，对于提高烧结矿产量、改善其质量、降低固体燃耗、实现烧结工序的节能减排具有重要的意义。

厚料层低温烧结技术是近年来被普遍采用的先进烧结技术。其原理是基于铁酸钙固结理论及烧结过程的自动蓄热作用。该技术具有优良的烧结效果，主要表现在以下几个方面：

（1）由于烧结过程的自动蓄热作用，有利于降低燃料配加量，从而降低固体燃耗，减少 $CO_2$ 排放，符合节能减排的发展趋势。

（2）燃料配加量降低，使得最高烧结温度下降，一方面有利于燃烧带减薄，料层热态透气性改善，氧化性气氛加强，烧结矿 FeO 含量降低；另一方面有助于烧结从高温型向低温型发展，促进优质铁酸钙黏结相生成，从而改善烧结矿的强度和还原性，在改善烧结矿质量的同时，也有利于炼铁工序的节能减排。

（3）料层厚度增加，使高温氧化区保持时间延长，烧结矿矿物结晶充分，结构得以改善，固结强度提高；同时，有利于褐铁矿分解后产生的裂纹和空隙的弥合及自致密，从而可提高褐铁矿用量，扩大铁矿石资源范围，促进资源的高效利用。

（4）料层厚度增加使得强度低的表层烧结矿数量相对减少，成品率提高。

基于以上优点，我国的烧结料层厚度已从过去的 400mm 逐步提高到 700～750mm，部分企业已达到 900mm 以上。

### 7.1.1　厚料层烧结工艺存在的关键问题及解决思路

随着料层厚度的增加，也带来了多方面的问题。其中最突出的问题是：厚料层烧结条件下，甚至进一步提高到 850～1000mm 的超高料层时，烧结自动蓄热进一步加强，料层下部热量过剩，混合料过熔，燃烧带变宽，热态透气性恶化，导致烧结速度降低，产量下降。

为了解决这一问题，必须要弄清厚料层烧结的条件、烧结过程的自动蓄热趋势及规律、烧结高温带变化规律及特征以及影响烧结料层下部热态透气性的主要因素等，进而提出改善措施，才能真正发挥厚料层低温烧结工艺的优势。

烧结过程是在高温下进行，高温热量的产生是通过燃料燃烧完成。燃料燃烧反应是烧结过程中最主要的反应，它提供了烧结过程中的大部分热量。烧结过程中燃料的配加量、粒度组成、燃烧性质等因素直接影响烧结过程的温度和热量变化，进而影响到烧结料层的温度分布、热量分布、红热带宽度、热态透气性、烧结气氛、黏结相数量和质量等，并对烧结矿产量、质量产生影响。

因此，有必要就厚料层烧结条件下燃料对烧结过程影响的规律进行更深入的研究，优化和控制燃料配加量、燃料粒度，改善燃料燃烧条件，提高燃烧效率，从而改善烧结过程热态透气性，提高烧结矿产量和强度，降低固体燃料消耗。

## 7.1.2 改善热态透气性的研究及分析

### 7.1.2.1 研究内容及条件

根据厚料层烧结工艺特点，研究分析料层厚度变化对烧结过程的热量变化、燃烧带移动变化和碳迁移的影响及规律。吴胜利、冯根生等学者从改善影响烧结热态透气性的燃料燃烧因素出发，对燃料的粒度、燃烧效率、配加方式等工艺参数进行优化，提出了改善热态透气性的技术依据。

实验原料及化学成分见表7-1。烧结实验装置为具备图像采集、料层测温、废气分析、料层高度及负压、流量等多参数可调功能的可视烧结装置及大型烧结杯。

**表7-1 实验原料及化学成分** (%)

| 原料名称 | TFe | $SiO_2$ | CaO | MgO | $Al_2O_3$ | S | 烧损 |
|---|---|---|---|---|---|---|---|
| 混匀矿粉 | 62.74 | 3.46 | 0.64 | 0.23 | 1.35 | 0.018 | 3.54 |
| 高炉返矿 | 58.18 | 4.73 | 8.53 | 1.74 | 1.67 | 0.012 | — |
| 生石灰 | — | 1.00 | 87.90 | 1.11 | — | 0.018 | — |
| 石灰石 | — | 0.92 | 54.21 | 0.788 | 0.26 | — | — |
| 白云石 | 0.12 | 2.22 | 30.02 | 18.86 | 0.64 | — | — |
| 蛇纹石 | 5.06 | 39.40 | 2.34 | 37.10 | 0.95 | — | — |
| 焦粉 | C=87.2 | 6.03 | 0.38 | 0.40 | 4.24 | 0.50 | A=11.30 |

烧结实验参数如下：料层厚度分别为700mm、850mm，烧结负压13kPa，点火温度1050℃，点火时间1.5min，点火负压8kPa；烧结矿二元碱度取1.90，化学成分控制为$SiO_2$ 4.8%，MgO 1.8%；生石灰配比为3.2%；燃料配加量3.7%~3.9%；循环返矿量18%。

### 7.3.2.2 实验结果及讨论

A 不同料层厚度下烧结高温状态特征

在料层厚度为700mm及850mm条件下，通过对烧结过程图像采集及上、中、下层料温的测定，得到烧结料层红热带移动变化和温度变化曲线，见图7-1~图7-2，相应的烧结指标列于表7-2。

从图7-1和图7-2可知，在燃料配加量为3.9%，料层为700mm的烧结条件下，烧结时间为25min25s，上、中、下三层最高温度自上到下依次为1299℃、1316℃、1358℃。燃料配加量为3.7%，料层为850mm时，烧结时间为

32min20s，上、中、下三层最高温度从上到下依次为1313℃、1338℃、1378℃。结果表明，随着烧结逐渐向下进行，料层最高温度升高；随料层厚度增加，料层最高温度亦升高。

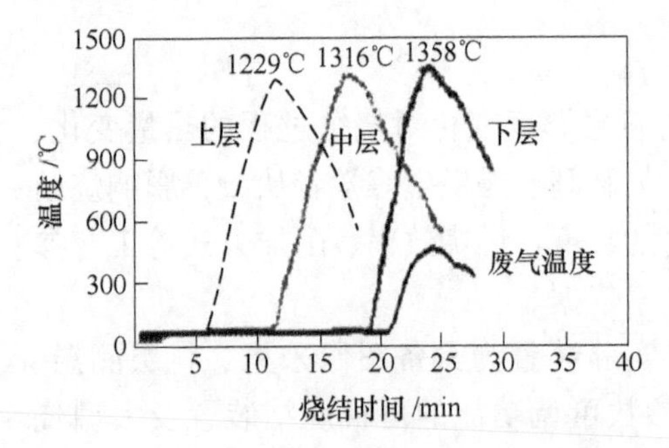

料层700mm，配碳3.90%，红热带变化

图7-1　料层700mm时烧结温度和红热带变化

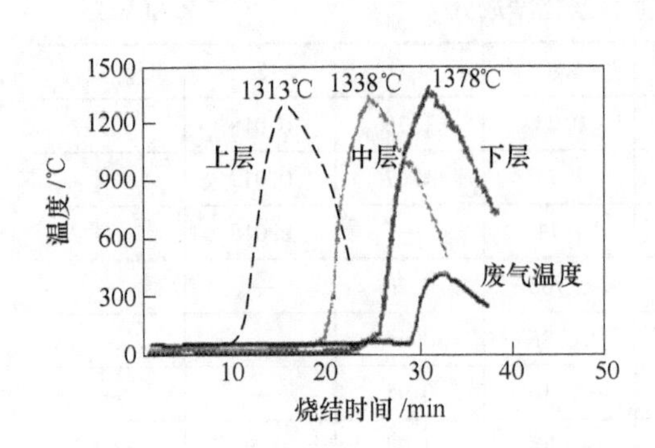


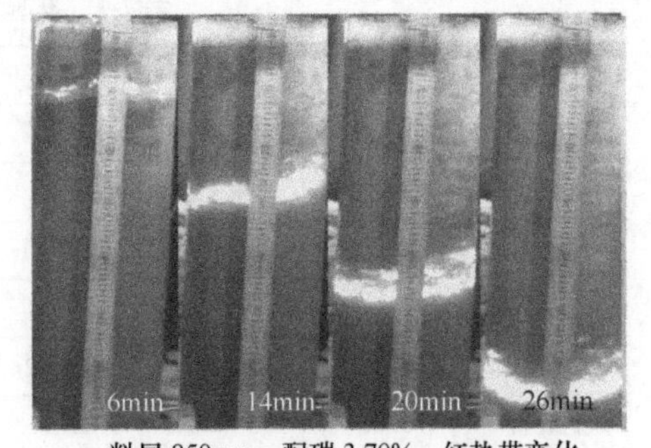


料层850mm，配碳3.70%，红热带变化

图7-2　料层850mm时烧结温度和红热带变化

**表7-2　烧结实验结果**

| 方　案 | 混合料水分 /% | 垂直烧结速度 $/mm \cdot min^{-1}$ | 利用系数 $/t \cdot (m^2 \cdot h)^{-1}$ | 成品率 /% | 转鼓指数 /% | 固体燃耗 $/kg \cdot t^{-1}$ |
|---|---|---|---|---|---|---|
| 料层700mm | 7.48 | 26.62 | 1.773 | 79.39 | 64.00 | 58.04 |
| 料层850mm | 7.54 | 24.74 | 1.615 | 80.56 | 65.11 | 54.11 |

烧结过程中，1000℃以上温度区域为升温过程高温热量获得区和燃烧带移动后的高温氧化区；1200℃以上温度区域为初生液相、液相生成、同化反应区。两个高温区域的持续时间长短，将对烧结矿的固结有重要影响。图7-3为不同料层厚度的高温持续时间。

从图7-3中可以清楚地看到各高温区持续时间的变化情况。同一料层高度条件下，上、中、下三层大于1000℃和大于1200℃温度的高温持续时间都呈阶梯状延长；上、中、下测温点的高温区持续时间均随料层厚度增加而变长。说明在不同料层厚度的烧结试验中，无论是大于1000℃的高温区，还是大于1200℃的高温区，高温区宽度沿料层高度方向自上而下递增，具有明显的规律性。这主要是烧结过程自动蓄热作用的必然结果。此外，随着料层厚度的增加，高温区宽度也变大。

为了更好地反映高温区宽度随料层高度和沿料层高度方向的变化情况，定义了高温热量值 $Q_{1000}$，它表示的是各测温曲线中温度高于1000℃的区间随时间的积累值。$Q_{1000}$值的计算如下：

$$Q_{1000} = \int_{t_1}^{t_2} (T - 1000)\,\mathrm{d}t \tag{7-1}$$

式中 $Q_{1000}$——高温热量值，℃ · mm；

$T$——大于1000℃的高温值，℃；

$t_1$，$t_2$——1000℃对应的开始及结束时间，min。

对不同料层厚度烧结测温曲线的 $Q_{1000}$ 值进行计算，所得 $Q_{1000}$ 值随着料层高度方向的变化如图7-4所示。

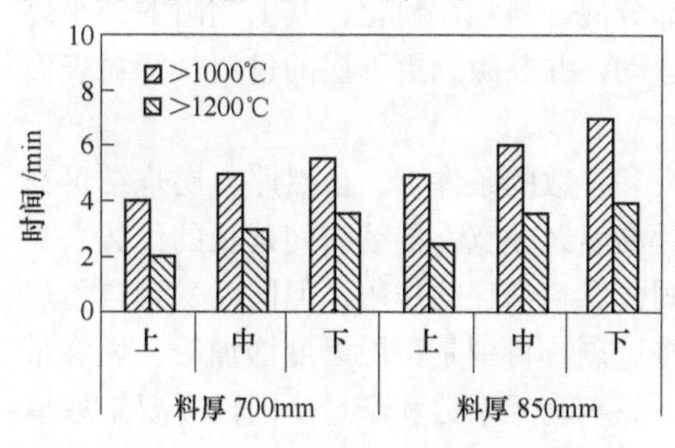


图7-3 不同料层厚度的高温持续时间

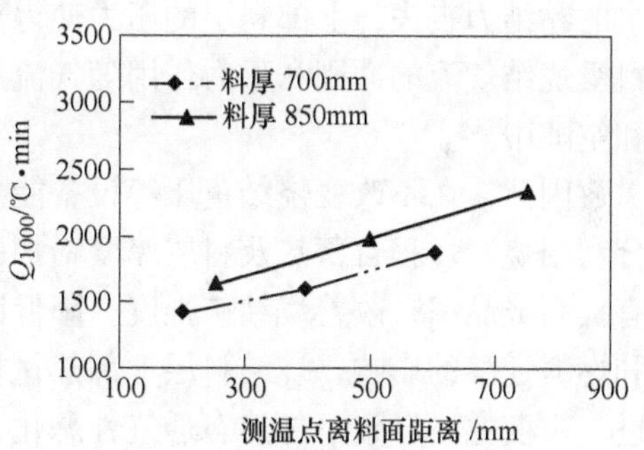


图7-4 不同料层厚度的高温热量区

从图7-4可以看出，在烧结负压不变的情况下，无论是700mm料层，还是850mm料层，$Q_{1000}$值均从上至下与高度呈线性关系变化；当料层厚度增至850mm时，虽然适当降低了燃料配加量，$Q_{1000}$值仍进一步增大。分析认为：料层厚度的增加，使得自动蓄热作用加强，高温区宽度变宽，导致 $Q_{1000}$值增大。同时，层厚增加，引起料层阻力增大，气体流速减慢，冷却速度下降，高温持续时间延长，也会增加 $Q_{1000}$值。若随料层厚度增加，燃料配加量恒定不变，则料层下部热量将进一步过剩（$Q_{1000}$值增加），甚至产生过熔现象，导致下部热态透气性变差，使产量下降。

将烧结过程中断，进行料层内混合料燃料分析发现，烧结过程存在燃料迁移现象，如图7-5和图7-6所示，且无论料层厚度是否提高，该现象均存在。最高碳迁移量点趋近中断后未烧结的湿料层上部位置，且靠近中断后的未烧结混合料的中上部含碳量增加；在烧结负压相同时，随着料层厚度增加，燃料配加量减少，气体流速减慢，碳迁移量逐渐减少，最大量降低，碳迁移曲线变得平缓。

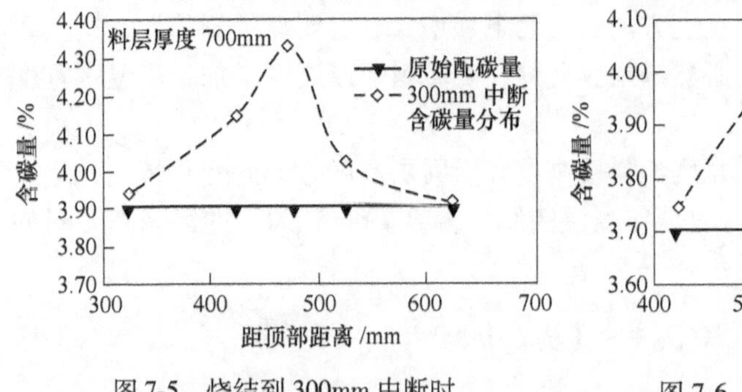


图 7-5 烧结到 300mm 中断时不同料层含碳量

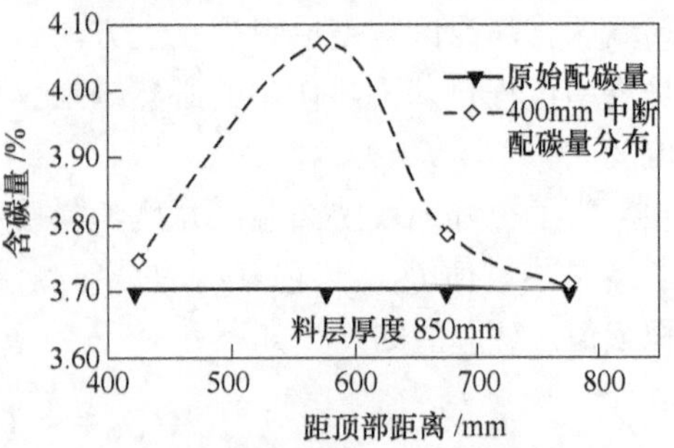


图 7-6 烧结到 400mm 中断时不同料层含碳量

分析认为，燃料迁移主要是以干燥预热带的碳向下部迁移为主，且有少部分燃烧带未燃烬的碳粒加入。其迁移的机理是在干燥预热带由于水分被急剧蒸发，水的黏结力丧失，上部料层的压力使得部分混合料颗粒粉化，其上黏附的细小燃料受烧结气流的冲刷和重力作用随气流运动，并黏附到更下层的过湿带颗粒表面和空隙中。

因此，在不改变烧结负压等设备能力和参数的条件下，虽然厚料层烧结可充分利用烧结过程自蓄热及料层厚度增加后高温区变宽、持续时间延长的优势，具有提高成品率，改善烧结矿强度，降低固体燃料消耗的作用，但同时受到自蓄热和燃料迁移的影响，烧结料层下部热量将过剩，特别是料层厚度增加后，燃烧带进一步变宽，导致下部热态透气性恶化，影响利用系数和产量。因而需要采取措施，改善下部料层热态透气性，提高烧结矿产量，才能充分发挥厚料层低温烧结技术的优势。

B 改善烧结热态透气性的措施及分析

通过以上分析认为，下部热态透气性的改善一方面应从减少燃料迁移所造成料层下部燃料不断增加而使得燃烧带变宽的影响着手，另一方面需要考虑加快燃料燃烧速度，缩短燃烧时间，达到缩短料层下部高温持续时间，减薄燃烧带的目的。

考虑到燃料迁移主要是细颗粒燃料的迁移，同时在烧结过程中，过粉碎（<1mm）的细颗粒燃料燃烧持续时间短，对烧结料的固结不能起到有效作用；而具有一定粒度，相对较粗的燃料颗粒通常成为混合料核心或受到混合料间隙阻碍，不易发生迁移。因此，优化燃料粒度，减少过粉碎的细颗粒燃料比例，不仅是解决燃料迁移的有效措施，同时也有利于烧结矿的固结。

此外，优化燃料粒度还需考虑燃料燃烧效率、持续时间及一定的高温区宽度，既不恶化热态透气性，同时又保证烧结矿的固结。过长的燃料燃烧时间，将不利于热态透气性的改善。从图7-7可以看到，在燃料燃烧3~7min内，1~3.15mm颗粒的燃料燃烧率明显高于基准混合燃料和大于3.15mm颗粒的燃料。说明过大的颗粒及基准混合燃料燃烧速度较慢，在烧结过程中，高温持续时间将更长，使高温带变宽，热态透气性将变差。因此，烧结燃料粒度应以1~3.15mm为宜。

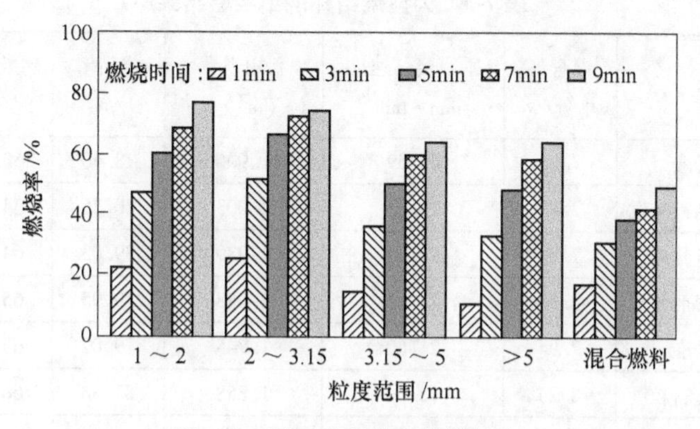


图7-7　不同粒度燃料的燃烧率

针对改善燃料燃烧速度，可采用燃料分加结合熔剂分加工艺。其效果将表现在：实施燃料分加能改善燃料的燃烧和传热及扩散条件，加快燃烧和传热速度；燃料分布相对集中在混合料颗粒的表面，有利于快速集中燃烧和料层温度的提高，使固结更加充分；同时，燃烧条件的改善有利于热量的充分利用，具有降低固体燃耗的作用；此外，燃料燃烧效率提高，使高温区持续时间段缩短，有利于改善热态透气性，提高烧结矿产量。

另外，燃料分加结合熔剂分加使得混合料颗粒表面燃料和熔剂相对集中，分加的熔剂（消石灰）的黏结作用，会使燃料更好地外裹在铁矿粉表面，有利于解决燃料的脱落与迁移问题。在烧结过程中，由于CaO对燃料的燃烧具有催化作用，分加的熔剂还能使分加的燃料更大幅度地提高燃烧速度，缩短大颗粒燃料燃烧持续时间，既有利于改善燃料燃烧，促进矿化反应进行，改善烧结矿质量、降低烧结固体燃耗，又减薄了料层下部燃烧带厚度，改善了热态透气性。因此，燃料分加结合熔剂分加下的垂直烧结速度增幅更大，烧结利用系数提高，烧结矿成品率、转鼓指数等质量指标得到改善，固体燃耗将进一步下降。

实验结果（见表7-3）表明，实施燃料粒度优化和燃料分加结合熔剂分加工艺后，在烧结负压不变的情况下，烧结过程的热态透气性将得到改善，不同料层厚度下的垂直烧结速度、利用系数均提高；同时，热态透气性改善使得烧结过程氧化性气氛加强，有利于优质铁酸钙黏结相的生成，从而改善烧结矿质量，降低固体燃耗。在烧结负压不变的情况下，提高料层厚度，首先表现出质量进一步提高，固体燃料消耗进一步下降；其次，料层阻力虽有所增加，但热态透气性的改善使烧结速度和利用系数仍保持较好水平。850mm 料层下烧结利用系数与 700mm 料层的基准指标基本相同，解决了在生产参数不变的条件下，厚料层烧结造成的烧结矿产量降低的问题。

**表 7-3 大型烧结杯烧结实验结果**

| 实验方案 | | 混合料水分/% | 垂直烧结速度/$mm \cdot min^{-1}$ | 利用系数/$t \cdot (m^2 \cdot h)^{-1}$ | 成品率/% | 转鼓指数/% | 固体燃耗/$kg \cdot t^{-1}$ |
|---|---|---|---|---|---|---|---|
| 700mm 料层 | 基准 | 7.85 | 25.59 | 1.906 | 78.40 | 63.33 | 52.13 |
| | 优化燃料粒度 | 7.71 | 26.53 | 2.003 | 80.35 | 64.00 | 50.72 |
| | 燃料分加 | 7.38 | 26.64 | 1.989 | 79.03 | 64.00 | 48.71 |
| | 燃料熔剂分加 | 8.30 | 27.66 | 2.088 | 79.95 | 65.33 | 47.75 |
| 850mm 料层 | 基准 | 7.94 | 21.62 | 1.748 | 79.07 | 64.67 | 48.73 |
| | 优化燃料粒度 | 8.24 | 22.54 | 1.858 | 81.38 | 66.00 | 46.84 |
| | 燃料分加 | 8.16 | 22.75 | 1.843 | 79.55 | 65.33 | 45.26 |
| | 燃料熔剂分加 | 7.80 | 23.07 | 1.901 | 80.38 | 66.00 | 44.87 |

### 7.1.3 结论

低温厚料层烧结工艺是基于铁酸钙固结理论和烧结自蓄热作用的先进烧结工艺，具有改善烧结矿质量和降低固体燃料消耗的作用，符合节能减排的发展趋势。对厚料层烧结热状态的分析表明，热态透气性是影响厚料层烧结产量提高的限制性环节。通过优化燃料粒度、减少燃料迁移、提高燃烧效率、实施燃料分加结合熔剂分加技术等措施，可以有效地改善厚料层烧结热态透气性，提高烧结矿产量，充分发挥厚料层烧结的技术优势。

## 7.2 厚料层烧结高度方向均质性研究

烧结工艺的本质是混合料中的部分物料熔融产生液相并黏结其他未熔矿物而生成烧结矿，它在微观上是非均质的，但在宏观上希望烧结矿成分和性能是均质的。目前随着厚料层烧结技术的发展，料层厚度变高，烧结矿高度方向上均质效果变差。厚料层烧结具有能耗低、烧结矿强度好、成品率高、FeO 含量低和还原性好等优点，但同时也存在料层透气性差的缺点。偏析布料是改善料层透气性的常见工艺，通过使混合料粒度沿台车断面自上而下逐渐变粗而实现料层透气性总体改善，但也造成铁矿粉、熔剂在料层高度方向上分布不均匀，且随着料层变厚不均匀性增强。在厚料层更强的蓄热作用下，料层高度方向上热量分布存在很大差异。熔剂和热量分布的不均匀使得烧结矿上下层化学成分和性能产生明显差异，均质效果变差。

目前对厚料层烧结的研究主要集中在改善料层透气性和上下层热量分布方面，而对厚料层高度方向上的分层研究很少，以至于对高度方向不同位置的烧结矿成分和性能的差异缺乏深入了解。赵志星等对首钢京唐大型烧结机料层结构物性参数的研究中，对混合料成分的偏析进行了研究，并认为混合料上下层熔剂偏析超出合理范围，对烧结矿性能产生不利影响，但没有对不同位置烧结矿进行成分和性能的研究。

安徽工业大学龙红明教授对某钢铁企业烧结机台车上沿料层高度方向不同位置烧结矿的化学成分、转鼓强度、矿物组成和冶金性能的差异进行了研究。

### 7.2.1 不同位置烧结矿的化学成分差异

2012 年 4~9 月，对某 $400m^2$ 烧结机（长 80m，宽 5m，料层高度 850mm）分上、中、下层进行了四次取样分析。在烧结机尾部密封罩前吊出台车，具体取样位置见图 7-8。四次取样的烧结矿成分见表 7-4，各层烧结矿碱度、FeO 含量的变化趋势见图 7-9 和图 7-10。

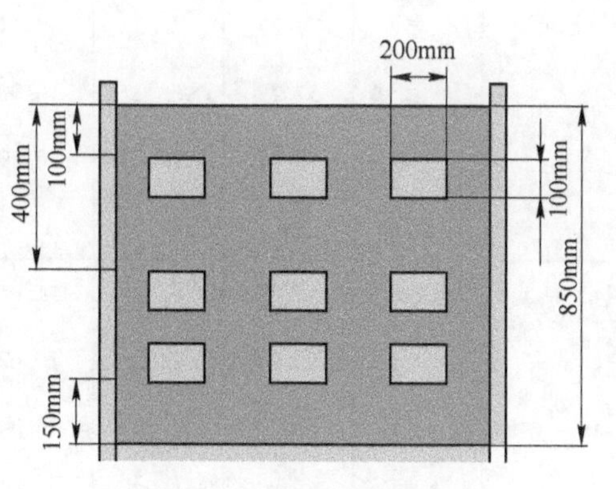

图 7-8 烧结矿取样位置

可以看出，四次烧结矿样各层的成分偏析均较大，其中碱度、FeO 含量的层次变化规律性较强。

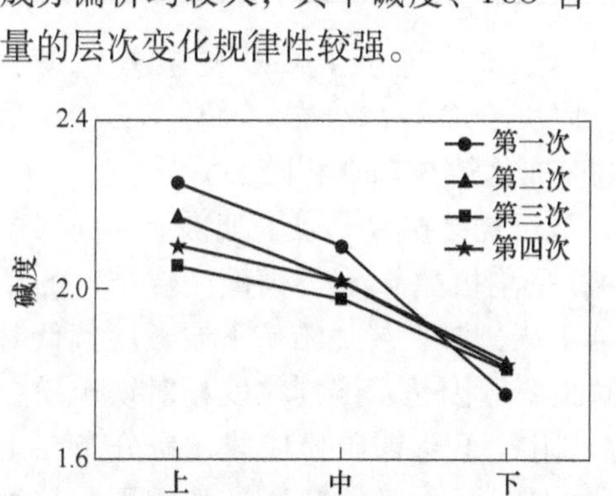

图 7-9 烧结矿碱度与位置关系

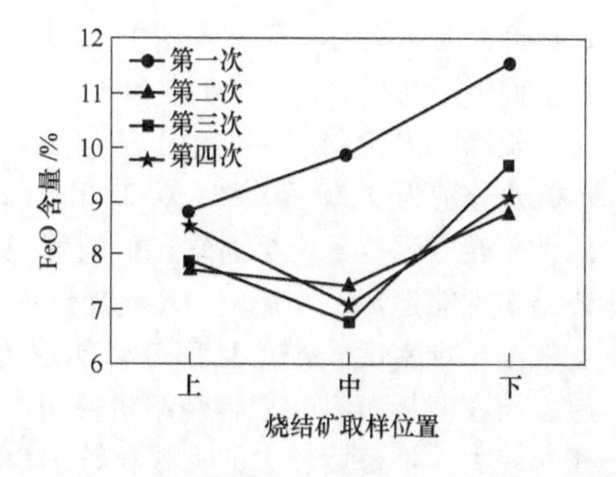

图 7-10 烧结矿中 FeO 含量与位置关系

**表 7-4 台车上不同位置烧结矿的化学成分**

| 序号 | 层次 | 化学成分/% | | | | | | $CaO/SiO_2$ |
|---|---|---|---|---|---|---|---|---|
| | | TFe | FeO | CaO | $SiO_2$ | $Al_2O_3$ | MgO | |
| 1 | 上 | 55.77 | 8.82 | 11.26 | 5.01 | 1.88 | 2.41 | 2.25 |
| | 中 | 56.16 | 9.90 | 10.57 | 5.04 | 2.00 | 2.35 | 2.10 |
| | 下 | 57.42 | 11.58 | 9.16 | 5.23 | 1.98 | 1.75 | 1.75 |
| | 极差 | 1.65 | 2.76 | 2.10 | 0.22 | 0.12 | 0.66 | 0.50 |
| 2 | 上 | 54.71 | 7.74 | 10.66 | 4.92 | 1.71 | 2.47 | 2.17 |
| | 中 | 57.77 | 7.43 | 10.26 | 5.09 | 2.08 | 2.41 | 2.02 |
| | 下 | 58.01 | 8.82 | 9.21 | 5.07 | 2.02 | 2.16 | 1.82 |
| | 极差 | 3.30 | 1.39 | 1.45 | 0.17 | 0.37 | 0.31 | 0.35 |
| 3 | 上 | 57.27 | 7.85 | 12.14 | 5.89 | 2.09 | 2.58 | 2.06 |
| | 中 | 57.79 | 6.77 | 10.90 | 5.50 | 2.28 | 2.45 | 1.98 |
| | 下 | 58.08 | 9.68 | 10.59 | 5.86 | 2.13 | 2.17 | 1.81 |
| | 极差 | 0.81 | 2.91 | 1.55 | 0.39 | 0.19 | 0.41 | 0.25 |
| 4 | 上 | 55.29 | 8.53 | 11.05 | 5.25 | 1.59 | 2.48 | 2.10 |
| | 中 | 55.97 | 7.05 | 10.62 | 5.25 | 1.41 | 2.48 | 2.02 |
| | 下 | 56.20 | 9.02 | 10.34 | 5.64 | 1.77 | 2.48 | 1.83 |
| | 极差 | 0.91 | 1.97 | 0.71 | 0.39 | 0.36 | 0 | 0.27 |

由于各层烧结矿 $SiO_2$ 的极差（最大 0.39%）远小于 CaO 的极差（最大 2.1%），因此烧结矿 R 在各层的分布主要取决于 CaO 的分布。总体上，CaO 呈自上而下逐渐减少，烧结矿中 MgO 含量的分布规律与 CaO 相同。

烧结矿 $R$ 随料层从上到下逐层降低，下层烧结矿 $R$ 最低。四次取样的三层 $R$ 极差分别为 0.50、0.35、0.25 和 0.24，平均极差 0.34。高碱度烧结矿的还原性、转鼓强度等指标通常比低碱度烧结矿高，厚料层烧结矿下层碱度偏低对烧结矿性能造成不利影响。$R$ 差异形成的主要原因是：熔剂粒度相对铁矿粉粒度较细、堆密度较小，且部分未能成为黏附粒子与铁矿粉成球，易分布在上层；而在偏析布料（取样烧结机使用的是圆辊-反射板布料器）作用下，粒度相对较大、堆密度较大的大颗粒铁矿粉易滚至料层下部，并使下层熔剂含量相对偏少。

烧结矿 FeO 下层明显高于上层和中层，靠中层位置的烧结矿 FeO 值最低，四次取样的三层 FeO 含量极差分别为 2.76%、1.39%、2.91%和 1.97%，平均极差 2.26%。烧结矿 FeO 含量高低由料层的温度和气氛决定。由于自动蓄热作用，且厚料层烧结蓄热作用更明显，烧结料层中燃烧层温度从上到下逐渐增高，下层燃烧层温度甚至达到 1350℃以上。烧结矿中 FeO 主要是 $Fe_2O_3$还原产生的，在高温下还存在 $Fe_2O_3$的分解反应。分析认为，厚料层下层烧结矿 FeO 含量比上层和中层高，主要有以下三个原因：

（1）由 $Fe_2O_3$还原反应的标准生成吉布斯自由能（见反应式（7-2））可知，该反应为吸热反应，由于下层温度比上层高，更有利于该反应的进行；烧结过程整体上是氧化性气氛，但在大颗粒燃料周围会出现还原性气氛，而在偏析布料作用下大颗粒燃料更容易分布到下层，造成下层更多的局部还原性气氛，这也有利于该反应的进行。

$$3Fe_2O_3 + CO = 2Fe_3O_4 + CO_2$$

$$\Delta G^{\ominus} = -52130 - 41.0T \tag{7-2}$$

（2）由 $Fe_2O_3$分解反应的标准生成吉布斯自由能（见反应式（7-3））可计算得出，在燃烧层温度为 1250℃时，氧分压为 442Pa；燃烧层温度为 1380℃时，氧分压为 16914Pa，随着烧结温度提高，氧分压增大。而烧结过程中经过燃烧层进入预热层的气相氧的分压一般为 7092~9119Pa，因此燃烧层温度增高时，$Fe_2O_3$的分解反应会加强。

$$6Fe_2O_3 = 4Fe_3O_4 + O_2$$

$$\Delta G^{\ominus} = 586770 - 340.20T \tag{7-3}$$

（3）在 900℃以上的高温下，$Fe_3O_4$被还原是可能的，特别是 $SiO_2$存在时，更有利于 $Fe_3O_4$的还原，反应式为：

$$2Fe_3O_4 + 3SiO_2 + 2CO = 3(2FeO \cdot SiO_2) + 2CO_2 \tag{7-4}$$

由于 CaO 的存在不利于 $2FeO \cdot SiO_2$生成，所以也不利于反应式（7-3）的进行，因此当烧结矿碱度提高后，FeO 有所降低。而厚料层烧结矿下层碱度比中层和上层低，因此对该反应的抑制作用减弱，不利于 FeO 含量的降低。

上层烧结矿由于冷却速度比中层快，所以发生在冷却过程中的 $Fe_3O_4$再氧化反应时间比中层短，因此出现上层烧结矿虽然热量比中层少，FeO 含量却比中层高的现象。

### 7.2.2 不同位置烧结矿的性能差异

#### 7.2.2.1 不同位置烧结矿的粒度组成和转鼓强度

对第三次和第四次取样的烧结矿进行了粒度组成和转鼓强度测定。粒度组成测定是生产现场取样后，在实验室经 2m 高落下 3 次后测得；转鼓强度测定按

ISO3271 标准进行。检测结果列于表 7-5。

表 7-5　烧结矿粒度组成及转鼓强度

| 序号 | 层次 | 粒度组成/% | | | | | | 平均粒度/mm | 转鼓强度/% |
|---|---|---|---|---|---|---|---|---|---|
| | | +40mm | 40~25mm | 25~16mm | 16~10mm | 10~6. 3mm | -6. 3mm | | |
| 3 | 上 | 15. 73 | 17. 09 | 19. 28 | 19. 37 | 12. 12 | 16. 41 | 21. 12 | 68. 80 |
| | 中 | 18. 57 | 22. 52 | 17. 93 | 16. 70 | 10. 06 | 14. 22 | 23. 61 | 78. 13 |
| | 下 | 25. 72 | 18. 50 | 16. 92 | 15. 60 | 9. 71 | 13. 55 | 25. 14 | 78. 93 |
| 4 | 上 | 19. 25 | 16. 11 | 20. 14 | 18. 20 | 10. 56 | 15. 74 | 22. 38 | 68. 53 |
| | 中 | 20. 34 | 24. 39 | 21. 46 | 13. 53 | 7. 80 | 12. 48 | 24. 93 | 77. 60 |
| | 下 | 26. 27 | 31. 89 | 18. 24 | 10. 43 | 5. 58 | 7. 59 | 28. 84 | 78. 93 |

从表 7-5 和图 7-11 可看出，烧结矿平均粒度和转鼓强度呈下层 > 中层 > 上层的分布。其中，下层转鼓强度比上层高 10%左右，下层转鼓强度比中层略高；随着位置下移，烧结矿中大于 25mm 的比例增加，小于 10mm 的比例逐渐降低，下层平均粒度较上层大 4~6mm、较中层大 1. 5~3. 9mm，两次取样检测结果得到相同的规律。下层烧结矿大颗粒比上层多，细粒级（-6. 3mm 粉末）比上层少，粒度组成明显优于上层。不同位置烧结矿转鼓强度和粒度组成产生上述差异的原因在于上层烧结矿在烧结过程中自动蓄热产生的热量较少，热量不充足，且在抽风作用下冷却较快，产生的玻璃质较多，故转鼓强度和粒度组成较差；中、下层自动蓄热能力增强，热量增加，加之烧结矿冷却速度较上层慢，液相结晶更完全，因此转鼓强度和粒度组成均优于上层。下层烧结矿由于热量充足，可能存在过熔，虽然自动蓄热能力更强，但转鼓强度与中层相比并没有太大提高。

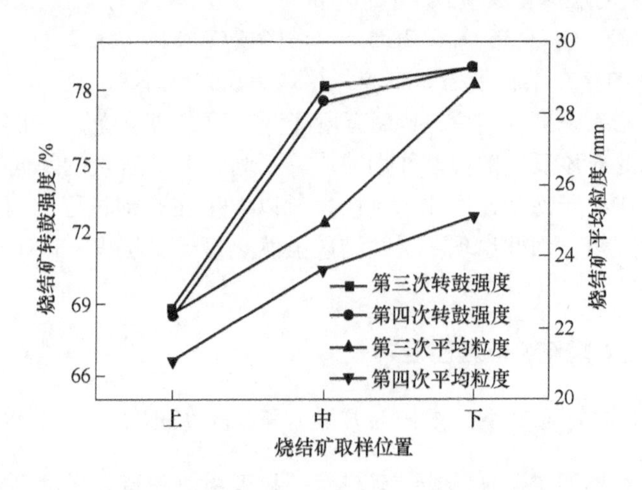


图 7-11　不同位置烧结矿的粒度组成和转鼓强度

#### 7.2.2.2 不同位置烧结矿的矿物组成

对第四次取样的烧结矿进行了矿相研究，各层烧结矿的矿物组成列于表7-6。

**表7-6 烧结矿矿物组成及含量** (%)

| 位置 | 赤铁矿 | 磁铁矿 | 铁酸钙 | 硅酸二钙 | 玻璃质 | 钙铁橄榄石 |
|---|---|---|---|---|---|---|
| 上层 | 22~24 | 41~43 | 18~20 | 2~3 | 9~10 | 3~4 |
| 中层 | 8~10 | 52~54 | 28~30 | 3~4 | 2~3 | 4~5 |
| 下层 | 5~7 | 58~60 | 22~24 | 3~4 | 2~3 | 4~5 |

矿相研究表明，上层烧结矿主要由交织-熔蚀结构和斑状、粒状结构构成，这两种结构相互独立分布在烧结矿中，分别占85%和15%左右，铁酸钙主要为针状；中层烧结矿结构均匀，主要为交织-熔蚀结构，铁酸钙主要为针状和条状；下层烧结矿亦是由交织-熔剂结构和斑状、粒状结构构成，这两种结构分别占70%和30%，铁酸钙为针状和板状。三层烧结矿的交织-熔蚀结构矿相图如图7-12所示。由表7-6可看出，上层烧结矿铁酸钙数量相对中、下层要少，由于自动蓄热量少，热量不足，液相量少，这也导致烧结矿中原生赤铁矿较多，所以矿物组成中赤铁矿含量较中、下层高，上层烧结矿由于冷却较快，玻璃质含量也较高；中、下层的铁酸钙含量相对上层要多，说明在厚料层蓄热作用下，中层和下层热量比上层多；下层铁酸钙数量比中层略低，这可能是由于下层碱度较低，不利于铁酸钙的形成，同时蓄热作用使下层温度过高，部分铁酸钙发生分解。这也说明厚料层烧结存在上层热量不足，下层热量过多的不合理现象。

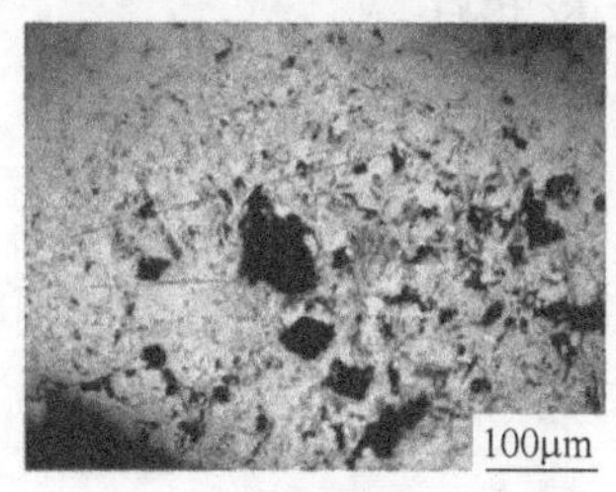

上层

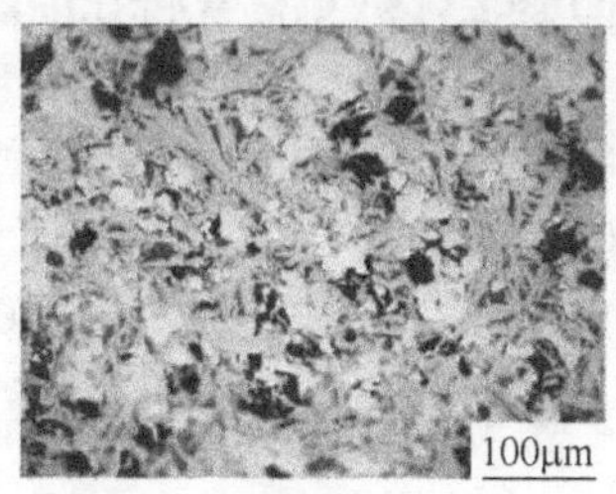

中层

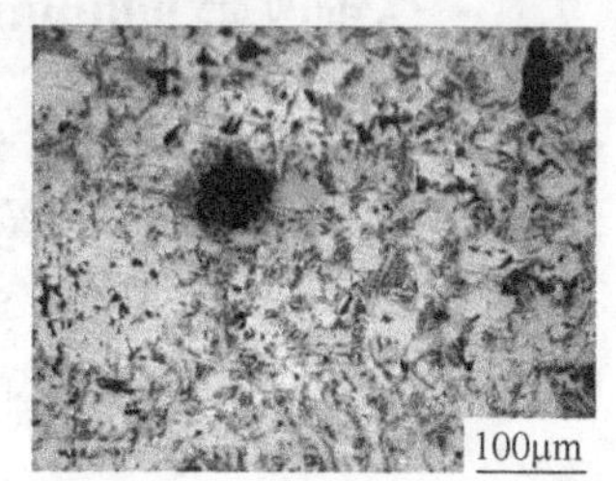

下层

图7-12 三层烧结矿交织-熔蚀结构矿相图
黑色—孔洞；白色—铁氧化物；灰色—铁酸钙

#### 7.2.2.3 厚料层烧结矿的冶金性能

对第四次取样的烧结矿进行了冶金性能实验，包括低温还原粉化性和还原性。实验结果（见表7-7）表明，中层烧结矿还原性最高，达到了89.25%，比上层和下层分别高出3.41%和2.76%。结合矿相研究认为，上层烧结矿铁酸钙数量较少，且玻璃质较多，而下层出现了部分板状铁酸钙与磁铁矿的熔融结构，同时下层 FeO 含量为三层中最高，这两个因素均对还原性不利，因此，上层和下层烧结矿 *RI* 较低。上层烧结矿低温还原粉化性最差，且与中、下层烧结矿差距较大，这主要是因为上层烧结矿赤铁矿含量较多，赤铁矿在还原成磁铁矿时体积膨胀产生内应力，造成低温还原粉化。

**表 7-7 烧结矿的冶金性能**

| 位置 | $RI$/% | $RDI_{+6.3}$/% | $RDI_{+3.15}$/% | $RDI_{-0.5}$/% |
|---|---|---|---|---|
| 上层 | 85.84 | 77.44 | 85.73 | 3.06 |
| 中层 | 89.25 | 84.09 | 92.45 | 2.77 |
| 下层 | 86.49 | 85.99 | 94.57 | 2.23 |

《铁烧结矿》（YB/T 421—2014）规定：优质烧结矿的碱度波动范围±0.05；FeO 波动范围 0.5%，不大于 9.0%。从上述研究可以看出，厚料层烧结时碱度和 FeO 含量的偏析明显过大。FeO 含量的差异在一定程度上反映出热量分布的不均匀，并由此导致上层烧结矿强度差、低温还原粉化较高，下层烧结矿还原性较差等问题。料层中碱度和 FeO 含量差异较大，对烧结矿性能产生了不利影响，也不利于高炉的稳定顺行。由造成碱度和 FeO 含量差异的原因可知，通过调整熔剂和燃料的粒度组成、采用热风烧结、延长保温段长度等措施提高上层烧结矿热量，均可改善厚料层烧结的均质效果。

## 7.3 马钢改善 900mm 厚料层烧结透气性的研究及实践

马钢三铁两台 360m$^2$ 烧结机于 2007 年建成投产，设计料层厚度为 700mm。投运后，通过优化工艺参数、优化熔剂及燃料粒度、强化混匀制粒等措施改善烧结过程热态透气性，并实施相关设备改造，于 2009 年实现了料层厚度达到 900mm 生产，开创了国内大型烧结机超厚料层烧结技术应用的先例。

### 7.3.1 提高烧结混合料透气性的研究

#### 7.3.1.1 适宜的生石灰配比

生石灰强化烧结混合料制粒的机理研究已非常充分，其作用与生石灰的配入量有关，用混合料平均粒度最大来衡量。生石灰配比有一个最佳值，当实际配比高于最佳值时，混合料制粒效果反而有所下降。据此，我们在使用同一堆混匀矿期间，保证相应条件不变的情况下，进行了生石灰配比分别为 0、1.5%、2.0%、2.8%、3.2%、3.5%的烧结混合料制粒试验，结果列于表 7-8。

表 7-8 不同生石灰配比的混合料粒度组成

| 生石灰配比/% | 混合料粒度组成/% | | | | | | 平均粒度/mm |
|---|---|---|---|---|---|---|---|
| | +8mm | 8~5mm | 5~3mm | 3~1mm | 1~0.5mm | -0.5mm | |
| 0 | 13.34 | 15.71 | 15.98 | 23.48 | 12.37 | 19.12 | 3.59 |
| 1.5 | 12.62 | 19.71 | 24.68 | 21.38 | 8.76 | 12.85 | 4.03 |
| 2.0 | 13.92 | 20.38 | 26.87 | 21.02 | 6.57 | 11.24 | 4.26 |
| 2.8 | 14.91 | 22.36 | 29.63 | 22.83 | 4.79 | 5.48 | 4.59 |
| 3.2 | 12.07 | 21.09 | 30.14 | 24.85 | 5.46 | 6.39 | 4.31 |
| 3.5 | 11.38 | 20.13 | 29.13 | 24.99 | 6.39 | 7.98 | 4.15 |

注：试验期间生石灰 CaO 含量为89.0%、活性度为372mL。

从表7-8可看出，生石灰配比为2.8%左右时，混合料平均粒度最大(4.59mm)，且混合料中1~8mm中间粒级含量最高（达74.82%）。从混合料平均粒度最大考虑，生石灰配比为2.8%最适宜，此时透气性最高。因此，确定在超厚料层生产时，将生石灰配比设定在2.6%~3.0%的区间。以上试验结果与韩国浦项的烧结杯研究结果相似。

#### 7.3.1.2 石灰石粒度的研究

长期以来，从石灰石需矿化完全的角度考虑，要求其粒度小于3mm。但厚料层带来的烧结高温保持时间延长，使粒度在3mm以上的石灰石也能够完全矿化。在各项条件保持基本不变的情况下，我们用粗细两种粒度的石灰石进行了生产试验，结果列于表7-9和表7-10。

表 7-9 两种石灰石的粒度组成

| 编号 | 粒度组成/% | | | | | | 平均粒度/mm |
|---|---|---|---|---|---|---|---|
| | +5mm | 5~3mm | 3~2mm | 2~1mm | 1~0.5mm | -0.5mm | |
| 1 | 0 | 7.60 | 14.09 | 20.61 | 14.68 | 43.02 | 1.25 |
| 2 | 0 | 15.27 | 14.55 | 17.00 | 12.50 | 40.68 | 1.55 |

表 7-10 配用不同粒度石灰石的混合料粒度组成

| 生灰石 | 混合料粒度组成/% | | | | | | 平均粒度/mm | 透气性指数 JUP |
|---|---|---|---|---|---|---|---|---|
| | +8mm | 8~5mm | 5~3mm | 3~1mm | 1~0.5mm | -0.5mm | | |
| 细粒 | 17.52 | 15.95 | 15.72 | 27.80 | 16.78 | 6.23 | 4.07 | 398.4 |
| 粗粒 | 20.09 | 16.56 | 16.53 | 26.78 | 14.55 | 5.49 | 4.35 | 415.9 |

以实物表观质量和相关指标（见表7-11）考察烧结过程的矿化效果。实物

质量目测检查，未见烧结矿中白点增加，表明粗粒石灰石在烧结过程中分解和矿化较好。粗粒石灰石对应的烧结矿各项主要质量指标均好于细粒石灰石，表明在厚料层条件下，适当增粗石灰石粒度可改善烧结矿质量；同时，由于粗粒石灰石有改善混合料平均粒度的作用（石灰石中+3mm 粒级的比例由 7.60%提高至 15.27%时，对应混合料的平均粒度由 4.07mm 上升至 4.35mm），混合料透气性提高（理论计算 JPU 指数由 398.4 上升至 415.9），有利于厚料层烧结。

**表 7-11 使用不同粒度石灰石对应的烧结矿质量指标**

| 石灰石 | *R* 稳定率/% | 筛分指数/% | 转鼓指数/% | 平均粒度/mm | 成品率/% | 固体燃耗/$kg \cdot t^{-1}$ |
|---|---|---|---|---|---|---|
| 细粒 | 94.00 | 1.98 | 78.58 | 26.28 | 72.38 | 53.20 |
| 粗粒 | 95.83 | 1.94 | 78.78 | 26.43 | 72.80 | 51.93 |
| 对比 | 1.83 | -0.04 | 0.2 | 0.15 | 0.42 | -1.27 |

#### 7.3.1.3 钢渣配比的研究

钢渣的主要成分是钙、铁、硅、镁、铝、锰、磷的氧化物，其在烧结中的作用类似于石灰石。烧结使用钢渣属于固废回收利用，少量配加，有助于降低生产成本和节能减排。为了用好钢渣，马钢在使用 86 号堆混匀矿期间，进行了钢渣配比分别为 0%、1.0%、1.2%、1.5%、1.8%、2.0%、2.2%的生产试验。

从表 7-12 可看出，在 1.5%以内，随钢渣配比增加，混合料平均粒度提高；钢渣配比超过 1.5%后，混合料平均粒度基本不再增大。综合考虑钢渣中 P 等有害元素的不利影响，钢渣配比以不超过 1.5%~1.8%为宜。

**表 7-12 不同钢渣配比时混合料的粒度组成**

| 钢渣配比/% | 混合料粒度组成/% | | | | | | 平均粒度/mm |
|---|---|---|---|---|---|---|---|
| | +8mm | 8~5mm | 5~3mm | 3~1mm | 1~0.5mm | -0.5mm | |
| 0 | 17.44 | 15.64 | 20.14 | 21.45 | 12.65 | 12.68 | 4.08 |
| 1.0 | 18.12 | 18.04 | 21.24 | 20.37 | 11.38 | 10.85 | 4.32 |
| 1.2 | 17.60 | 19.71 | 21.25 | 20.31 | 11.01 | 10.12 | 4.36 |
| 1.5 | 18.15 | 18.89 | 22.23 | 20.46 | 10.38 | 9.89 | 4.41 |
| 1.8 | 16.75 | 21.07 | 22.48 | 21.62 | 9.52 | 8.56 | 4.43 |
| 2.0 | 16.37 | 21.17 | 22.57 | 21.64 | 9.59 | 8.66 | 4.41 |
| 2.2 | 16.47 | 21.25 | 22.61 | 21.58 | 9.57 | 8.52 | 4.42 |

#### 7.3.1.4 混合料水分与平均粒度的关系

##### A 水分对制粒效果的影响

水分对混合料制粒至关重要。在使用 42 号堆混匀矿的条件下（返矿、生石灰以及辅料配比保持不变，烧结混合料碱度和MgO含量保持稳定），进行了二混后水分分别为5.5%、5.75%、6.0%、6.25%、6.5%的生产试验。通过测定不同水分下混合料的粒度组成（见表7-13），找到了有利于改善混合料透气性的适宜水分。

**表7-13 不同水分控制值时混合料的粒度组成**

| 混合料水分/% | 混合料粒度组成/% | | | | | | 平均粒度/mm |
|---|---|---|---|---|---|---|---|
| | +8mm | 8~5mm | 5~3mm | 3~1mm | 1~0.5mm | -0.5mm | |
| 5.50 | 12.99 | 21.98 | 21.43 | 21.58 | 11.21 | 10.81 | 4.10 |
| 5.75 | 15.48 | 21.62 | 21.79 | 22.59 | 9.63 | 8.89 | 4.34 |
| 6.00 | 18.34 | 20.24 | 22.56 | 24.33 | 8.32 | 6.21 | 4.56 |
| 6.25 | 15.29 | 21.37 | 21.69 | 23.75 | 9.27 | 8.63 | 4.32 |
| 6.50 | 13.44 | 22.55 | 22.05 | 22.03 | 10.01 | 9.92 | 4.20 |

由表7-13可知，烧结混合料水分为6%时，制粒效果最好，混合料平均粒度达4.56mm，+3mm粒级的比例达61.14%。

B 雾化水对制粒效果的影响

除水量之外，混合料加水是否均匀，也会影响制粒效果，因此混合过程中采用雾化加水十分必要。为了改善制粒效果，我们对加水喷嘴的切向槽深度以及喷嘴孔径等关键结构参数进行了摸索和适应性改进，在水压稳定的条件下，使雾化初始流量由改进前的11t/h降到5.4t/h，雾化效果大大提高；在操作上，根据混合机添加水量进行了单、双管喷加管理，即加水量低于5t/h时进行单管喷加，确保雾化加水。生产试验数据（见表7-14）表明，在同样的原料结构和水分控制值下，采用雾化加水后，混合料平均粒度较非雾化时增大0.19mm。

**表7-14 不同加水方式下混合料的粒度组成**

| 加水方式 | 混合料粒度组成/% | | | | | | 平均粒度/mm |
|---|---|---|---|---|---|---|---|
| | +8mm | 8~5mm | 5~3mm | 3~1mm | 1~0.5mm | -0.5mm | |
| 非雾化 | 17.18 | 19.15 | 14.13 | 39.21 | 6.17 | 4.15 | 4.32 |
| 雾化水 | 18.95 | 19.98 | 14.57 | 37.04 | 5.68 | 3.78 | 4.51 |

#### 7.3.1.5 炼钢污泥对混合料制粒效果的影响

由于资源利用的需要，马钢三铁从设计阶段即开始研究如何使用炼钢污泥（OG泥）。鉴于过去干法使用（将OG泥晾干至含水10%，采用小球工艺制粒，然后加入烧结）效果不佳，于是开展了湿法使用炼钢污泥的研究。在烧结配料皮带上生石灰下料点后的位置加入OG泥浆（含固浓度25%±5%）的方法，并取得成功。由于OG泥浆流动性较好，生产中通过调节单杆泵转速来控制污泥添加量，达到了污泥添加稳定、均匀的效果。

从表7-15可看出，在流量为0~25$m^3/h$范围内，OG泥流为18$m^3/h$时，混合料平均粒度最大（达4.57mm）。与不加OG泥相比，添加OG泥改善混合料制粒的效果十分明显，成球率明显上升，粒度增大。

**表7-15 不同OG泥流量时混合料的粒度组成**

| OG泥流量 $/m^3 \cdot h^{-1}$ | 混合料粒度组成/% | | | | | | 平均粒度 /mm |
|---|---|---|---|---|---|---|---|
| | +8mm | 8~5mm | 5~3mm | 3~1mm | 1~0.5mm | -0.5mm | |
| 0 | 14.93 | 18.76 | 14.12 | 39.87 | 7.98 | 4.34 | 4.10 |
| 18 | 20.42 | 19.01 | 14.37 | 36.51 | 6.01 | 3.68 | 4.57 |
| 25 | 19.13 | 18.87 | 14.13 | 37.02 | 6.78 | 4.07 | 4.45 |

由于OG泥是在生石灰配料之后加入，对生石灰有提前消化（约提前80s）的作用，消化引起的料温升高又促进生石灰的水合反应，强化混合料制粒。表7-16列出了使用OG泥前后混合料的温升情况（测定前提是使用OG泥前后的生产条件保持不变）。可以看出，OG泥提前消化生石灰后，料温升高约4℃，生石灰消化效果更好。

**表7-16 添加OG泥前后各测量点物料温度** （℃）

| 条　件 | 原始物料 | 一混出料端 | 二混出料端 | Z2-1头轮处 |
|---|---|---|---|---|
| 未加OG泥 | 36.7 | 48.3 | 51.4 | 49.5 |
| 添加OG泥 | 35.8 | 53.1 | 55.6 | 53.4 |
| 比较 | -0.9 | +4.8 | +4.2 | +3.9 |

注：环境温度32℃，生石灰配比为3.0%，返矿配比为30%。

此外，未加OG泥之前，一混后的物料温升为11.6℃，二混后物料温升为14.7℃；而加入OG泥后，因提前消化生石灰的作用，对应的一混、二混后物料温升分别提高17.3℃和19.8℃，更有利于改善混合料原始透气性。

#### 7.3.1.6 返矿提前润湿的作用

实践表明，返矿适度提前润湿，其作为混合料制粒“核心”的作用会得到加强，使混合料成球速度和制粒效果明显改善。三铁总厂的返矿润湿点：内返矿设在Z5-1A/B皮带，外返矿设在FK3和FK1皮带，分别较一次混合机润湿点提前14.2min和20min。

为探索返矿适宜的润湿程度，开展了相关试验（结果见表7-17）。可以看出，随着返矿润湿水分升高，混合料中+8mm粒级比例均有不同幅度提高，

-0.5mm的比例则出现不同幅度下降。当润湿水分为1%时，对应的混合料平均粒度较不润湿时增大0.36mm；当润湿水分为1.5%时，平均粒度增幅达0.40mm；而进一步提高润湿水分时，混合料平均粒度增幅趋缓。因此，矿润湿水分以1.5%为宜。

表7-17 返矿提前润湿物料混合后的粒度组成

| 返矿润湿水分值/% | 混合料粒度组成/% | | | | | | 平均粒度/mm |
|---|---|---|---|---|---|---|---|
| | +8mm | 8~5mm | 5~3mm | 3~1mm | 1~0.5mm | -0.5mm | |
| 0 | 12.07 | 21.87 | 21.12 | 22.01 | 12.23 | 10.70 | 4.01 |
| 1.0 | 17.37 | 19.78 | 21.01 | 22.05 | 11.56 | 8.23 | 4.37 |
| 1.5 | 16.65 | 20.24 | 22.56 | 24.33 | 10.01 | 6.21 | 4.41 |
| 2.0 | 17.94 | 19.97 | 21.19 | 23.53 | 10.12 | 7.25 | 4.46 |

7.3.1.7 固体燃料粒度与烧结热态透气性的研究

随着料层厚度增加，烧结过程自动蓄热作用不断增强，料层下部热量过剩、混合料过熔，燃烧带变宽，热态透气性恶化的问题开始突显。经实际测定，距料层表面500mm处烧结温度最高值达到1340℃，表明烧结过程存在温度过高的问题。

烧结杯实验与实际生产观察均表明，烧结高温区宽度沿料层高度方向自上而下呈递增趋势。这除了与烧结过程的自动蓄热作用有关外，还与烧结过程中存在料层中碳迁移现象有关。而生产中，在很难改变负压等设备能力和参数的条件下，要解决料层下部热量过剩、燃烧带变宽、热态透气性恶化问题，最基本的技术手段就是调整固体燃料粒度。这可从两个方面考虑：一是减少燃料迁移造成的下部燃料增加；二是加快燃料燃烧速度，缩短燃烧时间，从而缩短料层下部高温持续时间，减薄燃烧带。为此，开展了燃料粒度对烧结生产透气性影响的研究（见表7-18）。

表7-18 不同燃料粒度与烧结主要指标的关系

| 燃料粒度 | 料层/mm | *R*/倍 | 固体燃料配比/% | 大烟道负压/kPa | 透气性指数/JPU | 机头三电场灰含碳量/% | 转鼓强度/% |
|---|---|---|---|---|---|---|---|
| +3mm 10%，-0.5mm 42% | 900 | 2.0 | 3.95 | 17.32 | 426 | 5.37 | 78.33 |
| +3mm 20%，-0.5mm 35% | 900 | 2.0 | 3.95 | 16.56 | 472 | 3.26 | 79.00 |
| +3mm 35%，-0.5mm 28% | 900 | 2.0 | 3.95 | 16.97 | 458 | 3.48 | 78.73 |

研究表明：在料层厚度、机速、配碳量、水分以及烧结矿*R*控制不变的情况下，固体燃料粒度为+3mm10%，-0.5mm 42%时，燃烧持续时间较短，对应的烧

结矿强度较低（78.33%）。此粒度下，由于存在一定的过粉碎现象，导致烧结机头三电场除尘灰含C量较高，这也说明细粒燃料迁移加重，降低了固体燃料利用率，致使烧结过程抽风阻力较高（烟道负压达17.32kPa），热态透气性恶化，计算的透气性指数仅为426JPU。

燃料粒度为+3mm 35%，-0.5mm 28%时，相对较粗，易成为混合料制粒核心或受到混合料间隙阻碍，不易发生迁移，对应的除尘灰含碳量较低。尽管燃料迁移不多，但因燃料颗粒较粗、燃烧带变宽，也导致热态透气性下降，烧结矿转鼓强度也不高（78.73%）。燃料粒度为+3mm 20%，-0.5mm 35%时，对应的烧结矿转鼓强度最高（79.00%），烧结过程负压最低（16.56kPa），相应的机头除尘灰残碳含量也最低（3.26%）。因此，将该粒度作为燃料破碎的控制考核目标。

### 7.3.2 烧结机设备扩容改造技术

马钢为实现900mm厚料层生产，对烧结机台车拦板进行了抬高和加宽改造，具体改造内容如下：

（1）将栏板两侧外扩200mm，并最终将栏板加高至900mm，经过改造，烧结机台车有效宽度为4.9m，高度900mm。

（2）同时将机尾部密封由原来的两道改为一道，这样在机尾部成功地增加了两组风箱。

（3）配合烧结机扩容改造，同时还对烧结机多台设备进行相应的改造，具体如下：1）将混合料矿槽中部割除400mm，然后将下部矿槽向上抬高，最终将泥辊向上抬400mm；2）布料圆辊向两侧各拓宽200mm，原料溜槽及下部松料器各向两侧扩200mm；3）为了保证改造后的烧结机台车能顺利通过点火炉，又将点火炉向两侧各拓宽200mm，同时向上抬高110mm；4）为了保证烧结矿能烧好烧透，在点火炉两侧相应地增加了两个点火嘴；5）单辊导料槽向两侧扩宽200mm，并且在外侧各加装了6组耐磨块以减少磨损，各骨架梁在保证强度的情况下进行了相应的改造，保证改造后的拦板不与之相干涉。

### 7.3.3 厚料层操作技术的改进

#### 7.3.3.1 混合料水分自动控制

控制混合料水分是保证烧结质量的主要环节，水分过大或过小都将影响物料成球和烧结料的透气性。水分控制模型根据人工输入的各种原料的含水量及一混、二混的目标水分，按矢量料流控制原理计算出一混、二混所需的加水量及计算水分值作为系统控制前馈平均值，再由设置的水分测量仪经滤波处理后检测出实际水分值，通过对两项水分值及两项加水设定值进行加权分析后，得出一混、二混所需的比较接近实际的加水量。

通过回归分析所得出的适宜水分值作为加水模型的目标水分值的设定值，其较好地解决了原料变化时的烧结过程适宜加水量的问题。每次混匀矿换堆时，按计算值对混合料水分基准值进行适当优化调节，较好地与生产实际相吻合，使得混合料水分控制值的稳定程度明显提高，达到95%以上。

#### 7.3.3.2 蒸汽预热混合料技术改进

为进一步提高混合料预热效果，消除过湿带的影响，自2011年起，中冶华天工程技术有限公司自主研发了新型混合料均匀蒸汽预热装置。采用该装置后，蒸汽喷射面更广、更均匀，预热效率更高，取得了良好效果（见表7-19和表7-20）。

**表7-19 混合料蒸汽预热改进前后布料料温变化** （℃）

| 项 目 | 1号辅门 | 2号辅门 | 3号辅门 | 4号辅门 | 5号辅门 | 6号辅门 | 平均 |
|---|---|---|---|---|---|---|---|
| 改造前 | 35.8 | 67.5 | 45.8 | 49.9 | 69.2 | 43.6 | 52.0 |
| 改造后 | 62.5 | 66.6 | 61.7 | 61.0 | 72.4 | 65.1 | 64.9 |
| 比较 | 26.7 | -0.9 | 15.9 | 11.1 | 3.2 | 21.5 | 12.9 |

**表7-20 混合料蒸汽预热改进前后效果对比**

| 项 目 | 混合料温度/℃ | 上料量/t·h$^{-1}$ | 料层厚度/mm | 负压/kPa | 废气温度/℃ | 主抽电耗/kWh·t$^{-1}$ |
|---|---|---|---|---|---|---|
| 改造前 | 52.0 | 735 | 880 | 16.04 | 137.72 | 22.12 |
| 改造后 | 64.9 | 748 | 895 | 15.91 | 140.82 | 21.71 |
| 比较 | 12.9 | 13 | 15 | -0.13 | 3.1 | -0.41 |

由表7-19和表7-20可知，蒸汽预热装置改进后，混合料料温提高约12.9℃，且各料门处混合料预热温度提升均匀、混合料水分保持相对稳定，使烧结层厚度提高约15mm，上料量提高约13t/h，烧结负压下降0.13kPa，烧结过程透气性改善，烧结生产率相应提高。

#### 7.3.3.3 改善纵向和横向布料

通过对反射板、松料器及梭式布料皮带的改进，使粒度较大且含碳较少的混合料尽可能布到料层底部，粒度较小以及含碳量较多的混合料尽可能布到料层上部，可改善料层的透气性和充分利用料层的“自动蓄热”作用，烧结过程的热工制度更为合理，使各层烧结反应都处于最佳状态而均匀的进行。料层提高前、后烧结料层燃料分布见表7-21。

**表 7-21　料层提高前、后烧结料层燃料分布**　　（%）

| 料层提高前 | 测点 | | | 料层提高后 | 测点 | | |
|---|---|---|---|---|---|---|---|
| | 南 | 中 | 北 | | 南 | 中 | 北 |
| 上层 | 4.32 | 4.22 | 4.01 | 上层 | 4.28 | 4.12 | 3.75 |
| 中层 | 4.35 | 4.01 | 3.89 | 中层 | 4.13 | 3.89 | 4.22 |
| 下层 | 4.63 | 4.23 | 3.98 | 下层 | 4.04 | 4.01 | 3.46 |

（1）改善布料透气性的适宜反射板角度。偏析布料是改善烧结料层透气性必不可少的工艺技术。它是基于“相同粒度分布于相同水平上，其空隙度最大”的原理来增大料层空隙度，使烧结混合料粒度沿台车断面自上而下逐渐变粗，并实现料层透气性总体改善。

在原料和操作工艺条件相对稳定的情况下，我们进行了不同反射板角度布料试验。在反射板角度为 40°、43°、45°、48°和 50°的条件下，分别取烧结机台车上中下三层混合料样以及布料前混合料样，测定其粒度组成，计算偏析度 $P$（即下层与上层混合料平均粒度差与布料前混合料平均粒度的比值），分析研究反射板角度对混合料偏析程度的实际影响。

由图 7-13 可知，反射板角度在 40°~50°范围内变化时，45°时对应的混合料偏析度最高，为 0.238，这与反射板布料动力学的相关研究结果基本吻合。因此，烧结机布料反射板角度以 45°为宜。

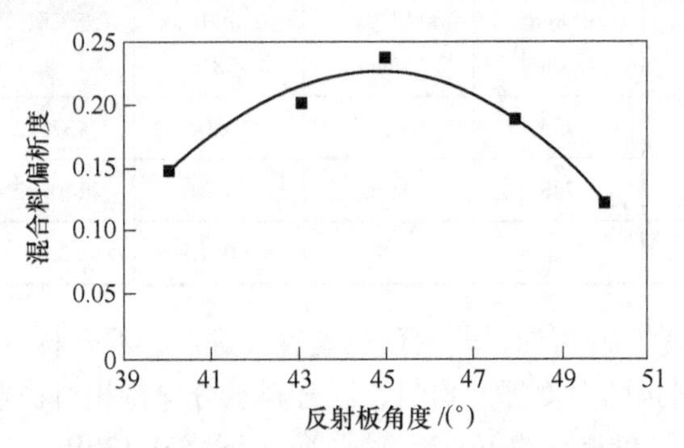


图 7-13　反射板角度对混合料偏析度的影响

（2）对梭式皮带换向停留时间进行调整，使得横向布料趋于合理。因梭式皮带换向时间不合理造成料线南高北低，北侧混合料粒度（>3mm）平均达 50.2%，而南侧混合料粒度（>3mm）平均 57.3%，相差 7.1%。同时南侧料线高于北侧约 2.2m 左右，通过优化调整后混合料矿槽的料线基本保持平衡，基本消除了台车南北两侧粒度偏析大的问题，经检测北侧混合料粒度（>3mm）平均达 57.5%，而南侧混合料粒度（>3mm）平均 56.8%，基本趋于一致。从机尾断面看南北两侧熔带厚度、烧结终点温度基本保持一致。

#### 7.3.3.4 燃料比控制模型的应用

燃料配加量的合理性和稳定性直接关系到烧结矿质量，并对烧结生产节能降耗有重要意义。该模型重点关注燃料中碳元素和水分含量，通过试验给定的数据，并根据烧结原料配比及下料总量，自动调节燃料的加入量，确保烧结混合料中碳含量的稳定。此外考虑内部返矿和高炉返矿的变化等其他因素，进一步优化燃料的配加量，避免因燃料下料波动造成对生产的影响。

（1）在实现厚料层操作后，由于蓄热能力的提高，并结合料层中燃烧带的阻力系数变化情况和烧结料层透气性变化情况，严格控制烧结矿 FeO 控制值。

（2）严格控制烧结燃料的品种质量和入槽管理，对各燃料配比稳定性及配入控制进行管理。

（3）同时做好燃料破碎设备和筛分设备的状态跟踪检查和有效处理，并通过四辊的操作优化，实现烧结燃料破碎合格率，从源头上减少因燃料粒级和水分的波动对烧结过程的稳定的负面影响。

（4）烧结燃料配比调整按烧结技术规程的 FeO 调整基准进行规范调整，同时引入经验值参考辅助控制调整的量化值，用于帮助实际操作过程的判断和相应调整，具体如下：

1）在返矿比相同的情况下，在配用纯焦粉时，燃料配比每提高 0.05%，对应烧结矿 FeO 相应提高约 0.18%左右。

2）在返矿比相同的情况下，在使用掺加煤粉的焦粉后，燃料配比每提高 0.05%，对应烧结矿 FeO 相应提高约 0.15%。

3）配用煤粉后配比调整 0.05%，相当于前期配用焦粉的 0.041%左右。

4）在烧结终点位置控制以及余热烟气系统控制大致相同的情况下，从余热入口废气温度变化趋势来判断对应烧结矿 FeO 的高低。

5）未配用煤粉的情况下，余热入口废气温度 $T = 18.58 \times \text{FeO}(\%) + 152.34(℃)$。

6）配用煤粉的情况下，余热入口废气温度 $T = 65.96 \times \text{FeO}(\%) - 202.2(℃)$。

判断大致经验值为烧结矿 FeO 上升 0.5%，余热入口温度上升约 30℃左右。以上在一定程度上可作为烧结矿 FeO 判断的经验参考。

#### 7.3.3.5 烧结点火模型的优化控制

烧结点火模型测量被调参数（煤气供给的热值）有两种方式：一种是用热能仪直接测得，另一种是通过点火炉的炉膛温度间接反映。由于点火炉炉膛具有较大的热容量，滞后非常显著，因此，如果用点火炉的炉膛温度作为被调参数，必然在调节过程中要克服较大的滞后时间，使调节过程具有较大的时间常数。这对于调节系统的反应时间和获得理想的最终调节质量都是不利的因素。用热值仪直接测得的煤气热值作为被调参数，可以比较直接迅速地反应烧结混合料获得点火热值的多少。因此，煤气热值的测量采用热值仪直接测得方式最佳。点火炉控制系统采用双闭环比值调节系统。主回路的调节参数为煤气的流量，从回路的调节参数为助燃空气的流量。这个系统可以消除来自主从两个回路方面的干扰，使两个流量参数都能稳定在工艺给定值上。实际上，在稳定状态下，对于主回路，主参数被稳定在工艺给定位上，它是一个主动量的定值调节系统。对于从回路，来自主参数的给定值与从参数测量值和比例系数乘积的结果比较作为偏差，它是一个从动量的随动调节系统。

#### 7.3.3.6　烧结终点控制和烧透偏差控制模型

烧结终点控制模型用于控制烧结终点位置和温度。利用尾部风箱热电偶的温度测量值，建成风箱平面温度场，采用最小二乘法进行曲线拟合，判断当前的BRT、BTP位置。模型根据BRP的目标设定值和当前机速，以正常生产时候的机速、透气性指数、料层厚度、风门开度作为一个基准，计算出应该调节的机速，并给新的风箱设定值。

烧结终点偏差BRP位置偏差控制，根据各辅门的料层厚度检测，根据燃烧速度一致性指数，模型定量给出烧结机宽度方向上的布料厚度调整值，实现精确布料，使烧结过程均匀一致，燃烧带同时达到台车箅条，消除BTP的位置偏差。

#### 7.3.3.7　烧结生产负荷的稳定性控制

烧结机生产控制参数（机速和料层）、生产负荷较长时间以来不能稳定在一个相对合理经济的范围内，导致生产波动性较大，突出表现为烧结机速、烧结负压、料层的控制不稳定，致使高炉槽位、烧结生产过程实物质量、返矿率以及返矿循环后烧结配比调整的稳定性较差，如较长时间维持这样的状态，加之对设备管理的非规范性，使烧结生产非良性循环加剧。

认识到以上问题后，对四班操作进行规范和统一。推进“坚持厚料层烧结，确保以透气性为中心稳定抽风、稳定水碳改善烧成，合理控制生产负荷，降低烧结矿粉烧比，成本与过程控制有机结合”的模式，实现烧结生产的优化控制和质量、成本等指标不断挖潜提升，并以稳定烧结机速、高炉槽位的控制管理，使烧结生产处于相对较为合理的控制区间内，并进行适当微量优化调整，促进烧结生产的稳定，并在稳定的基础上实现烧结质量和成本的进一步提升。

其主要是对烧结生产负荷变化下，烧结机速控制中心值的相应规范调整。

在高炉负荷相对稳定，烧结矿碱度控制值等参数相对稳定的情况下，根据高炉槽位变化的相对趋势进行烧结机速的相对调整，一方面使高炉槽位在一定范围内保持相对稳定，另一方面对烧结机速调整进行相应规范，促进烧结过程以及余热发电的相对稳定。

### 7.3.4 生产效果

实施了900mm超厚料层烧结后，各项生产指标较700mm料层时均有显著提高。其中，烧结机利用系数同比高出0.128t/($m^2$·h)，转鼓指数提高0.23%，固体燃耗降低4.63kg/t，点火能耗降低0.36kgce/t。同期，高炉生产效果良好，烧结矿入炉比年均提高3.93%、高炉利用系数提高0.037t/($m^3$·d)。同时，在确保烧结矿质量不降低的情况下，为适量配用劣质铁矿，降低配矿成本提供了可能。

## 7.4 烧结机台车均质烧结新技术

提高烧结机成矿率的一项很重要的技术就是均质烧结技术，这是一项烧结系统优化技术，它涉及原料布料、原料预热、烧结点火、风量配置、边缘效应处理等多个方面。下面仅就烧结机台车边缘效应的处理，提出烧结机台车均质烧结的新技术方案。

### 7.4.1 烧结机台车边缘效应的危害

台车是烧结机的关键设备之一，台车体上装有箅条，箅条之间留有一定的间隙。当铺有烧结料的台车经过点火器时，台车表面的烧结料被点燃，在台车下部风箱抽风的作用下，燃烧层将由上到下地连续燃烧，台车运行到烧结机尾部时，烧结料燃烧到箅条处，整个烧结过程结束。

由于烧结料是颗粒状物料，在烧结过程中会出现一定的收缩，烧结过的物料和台车两端的拦板会出现缝隙，造成两拦板处的风阻减少，拦板处的烧结速度加快，当台车运行到烧结机尾部时，拦板处的烧结过程提前完成，往往此时台车中间处的烧结矿下部还有一层烧结料没有完全烧结。台车拦板处由于烧结完成后使透气性大幅度提高，导致大量风从拦板处通过，台车中间处的通风量大幅度减少，使中间处的燃烧速度更慢，这种现象被称为边缘效应。这种现象使烧结机无法实现均匀质量的烧结，使烧结机的产量下降，成本提高，是烧结生产中亟待解决的难题之一。

边缘效应造成无法正常的生产操作，如果等待中间处烧结完成，就要降低机速，使产量下降。如果两边烧透就将台车上的料卸入成品槽，将造成中间部分没有烧结完全的原料也进入成品槽，这些烧结料中的固体燃料将在环冷机或带冷机上燃烧，产生的$SO_2$、$NO_x$等有害气体被放散到大气中，造成环境污染。

### 7.4.2　烧结机台车均质烧结新技术研究

为了解决烧结机台车边缘效应这个影响烧结生产的难题，生产中采取了多种办法，如：倾斜拦板、在拦板上铸造波纹、两边打水、两端高布料、对中间处的料面打孔、两端加盲箅条和盲板等。

倾斜拦板对边缘效应影响不大；在拦板上铸造波纹，使烧结收缩的缝隙成波浪形，对风的通过形成一定的阻碍，这种办法对风的阻力有限，边缘效应现象不能完全解决；两边打水和两端高布料造成转鼓强度和成品率下降；中间打孔破坏了燃烧带的一致性。

近十年来，国内新建烧结机大多都采用盲箅条的办法解决边缘效应问题，盲箅条上部形成气流无法通过的死料区，死料区无法实现氧的扩散和迁移，造成燃烧温度低于1200℃，液相生成差，强度低、返矿量提高。为此，经过多年的研究与实验，鞍钢重型机械有限公司发明了烧结机台车均质烧结的调整装置。如图7-14和图7-15所示，台车中间体上安装箅条，中间体两端可有豁口，豁口对应处的边梁上铸造出平板，此平板通过中间体豁口插入台车中间体，位置在箅条下面，与箅条底面保持一定的距离，所述的边梁上铸造出平板上安装边缘效应调整板，通过螺栓连接，通过调整边缘效应调整装置可以增大或减少阻风面积，进而将边缘效应彻底消除，解决了因为烧结机台车结构问题导致的烧结质量不均匀的问题。

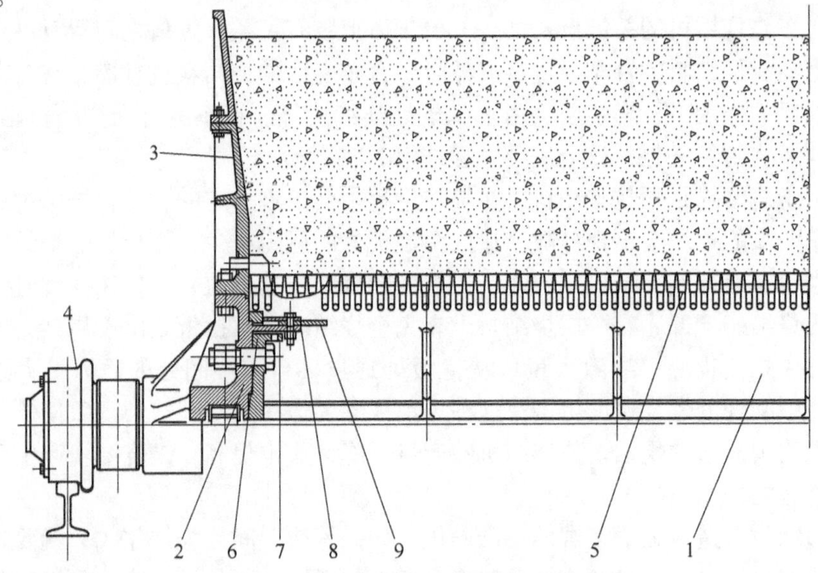


图 7-14　烧结机台车均质烧结调整装置

1—台车中间体；2—台车边梁；3—台车栏板；4—车轮组；5—箅条；
6—台车中间体两端豁口；7—平板；8—螺栓；9—调整板

烧结机台车边缘效应调整装置，结构简单、调整方便，此装置利用了流体紊流的无序性、耗能性和扩散性三大特点，有效控制台车两端的风量，实现了对边缘效应灵活调整，克服盲板（盲箅条）使烧结矿强度下降、返矿率提高的缺点，使烧结生产边缘效应难题得到很好的解决。

图 7-15 台车均质烧结调整装置 3D 图

### 7.4.3 烧结机台车均质烧结新技术的优点

（1）提高烧结机成矿率。采用台车均质烧结调整装置后，台车上横向烧结速度保持一致，烧结终点处燃烧带厚度实现均匀一致，给烧结生产操作带来非常大的好处，可以提高烧结矿产量和质量、提高料层、降低燃料消耗、降低生产成本，可为企业带来良好的经济效益。

（2）减少有害气体排放。采用台车均质烧结调整装置，实现烧结矿均匀质量烧结后，可以科学准确地控制烧结终点。这样一来，$SO_2$、$NO_x$ 等有害气体将会进入烧结机的脱硫、脱硝系统中，减少了有害气体的排放，降低对环境的污染，可为企业带来良好的社会效益。

（3）降低烧结机的漏风率。台车的边缘效应是烧结机主要漏风点之一。烧结机漏风对各项技术经济指标影响很大，有害漏风会使单位料面的有效风量减少，导致生产率下降，烧结矿质量降低。大量空气从设备缝隙处漏入，还会使设备运转部位的磨损加剧。采用台车均质烧结调整装置，可以有效地将台车边缘效应予以消除，降低烧结机的漏风率。

（4）装置结构简单，调整方便快捷。台车均质烧结调整装置结构非常简单，它只是在台车的原设计基础上稍作改进，增加安装调整板的平板，调整板通过螺栓与烧结机本体相连。在烧结生产运行中，通过对调整板的调整来消除台车的边缘效应，实现均质烧结。烧结矿均质烧结的效果可以通过机尾部卸矿的监控直接观察，也可以通过成矿率进行考评。

### 7.4.4 其他形式台车盲箅条

#### 7.4.4.1 莱钢台车两端安装端部箅条

莱钢台车车端部箅条如图 7-16 所示，端部箅条宽度为 80mm，比普通箅条宽 1 倍，由于体积较大，其烧损量也相应减少。箅条宽度增加，使得台车两端底部吸风量减少，保证了端部和中间烧结速度一致。

图 7-16　莱钢台车端部箅条

### 7.4.4.2　鞍钢三烧改进烧结机台车边缘箅条

鞍钢通过改进台车边缘新型箅条，降低烧结台车边缘箅子间隙，减少通过边缘料层风速，使料层宽度方向气流分布趋于均匀，是减轻烧结过程中边缘效应，减轻边缘部分箅条烧损，改善烧结矿质量，提高烧结矿产量的措施之一，具体技术方案如下：在每块台车的两侧边缘各安装 5 块新型箅条（见图 7-17），新型箅条间隙为 0.5mm；原来箅条间隙为 5mm。

### 7.4.4.3　宝钢盲箅条形式

宝钢在 450m$^2$烧结机改造时率先将台车两侧板处台车箅条改为盲板（见图 7-18），取得了台车宽度方向热量均匀的良好效果。

图 7-17　鞍钢新型箅条后台车效果图

图 7-18　宝钢烧结台车侧板处采用的盲板箅条

## 7.5　烧结箅条黏结机理研究及防治应用

箅条是烧结机上承载烧结料和烧结矿的关键部件，属于易损件。在烧结料有害元素侵蚀和水、矿粉、粉尘等的作用下，箅条间缝隙有时会被黏结成块，封锁了抽风通道，清理箅条时易断裂，也影响箅条寿命；更重要的是箅条黏结使得烧结有效抽风面积减少，影响烧结正常生产，造成负压不稳定，电耗升高，产质量下降。

## 7.5.1　箅条黏结物成分分析

表7-22所示为京唐烧结历次箅条黏结物成分检测结果。可见黏结物的碱金属和Cl含量均较高。

表7-22　京唐烧结箅条黏结物的成分　(%)

| 日期 | TFe | CaO | $K_2O$ | $Na_2O$ | C | Cl | S | 折算KCl |
|---|---|---|---|---|---|---|---|---|
| 2009.12 | 36.06 | 6.39 | 13.92 | 2.17 | 0.160 | 7.90 | 2.57 | 19.45 |
| 2012.6 | 43.64 | 9.29 | 6.89 | 1.34 | — | 5.24 | 0.84 | 10.96 |
| 2013.2 | 36.23 | 4.07 | 15.22 | 4.08 | 0.120 | 14.78 | 0.84 | 27.41 |

为了进一步验证，进行了同时期条件下不同黏结程度台车箅条黏结物成分的比较，从箅条黏结严重、中等和轻微（见图7-19和表7-23）的来看，在黏结越严重的黏结物的成分中，其碱金属和Cl含量越高。这说明，碱金属和Cl含量是造成箅条黏结的主要影响因素。

表7-23　京唐烧结台车同时期不同黏结程度箅条黏结物的成分　(%)

| 黏结程度 | TFe | $SiO_2$ | CaO | $TiO_2$ | S | P | $K_2O$ | $Na_2O$ | Cl | ZnO | PbO |
|---|---|---|---|---|---|---|---|---|---|---|---|
| 严重 | 43.83 | 3.12 | 5.01 | 0.054 | 2.04 | 0.041 | 7.56 | 1.86 | 5.24 | 0.045 | 0.110 |
| 中等 | 51.44 | 5.42 | 8.13 | 0.098 | 1.09 | 0.070 | 3.49 | 0.65 | 1.58 | 0.031 | 0.006 |
| 轻微 | 50.88 | 5.25 | 8.13 | 0.096 | 1.38 | 0.065 | 3.41 | 0.61 | 1.74 | 0.028 | 0.015 |

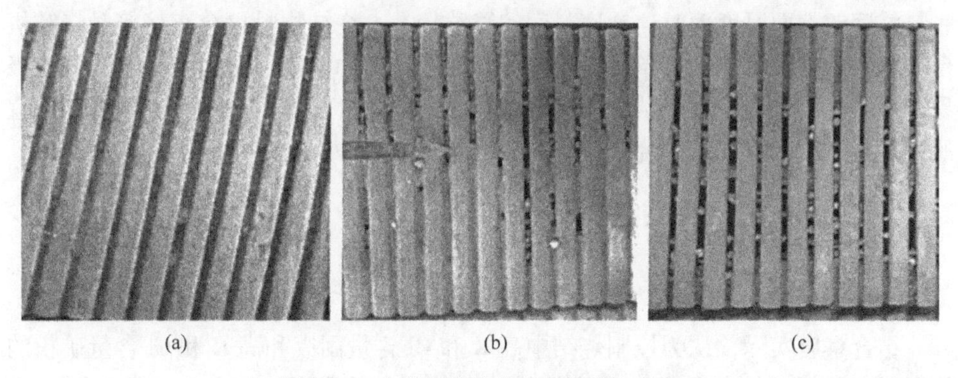

(a)　(b)　(c)

图7-19　京唐烧结检修时箅条黏结现象

（a）糊堵严重；（b）糊堵中等；（c）糊堵轻微

## 7.5.2　烧结箅条黏结机理分析

根据烧结箅条黏结的机理，将箅条完全黏结过程分为四个步骤：

（1）小粒度的铺底料和烧结矿会卡在箅条间隙，但台车往复运动中这些小粒度烧结矿有一部分没有被振落，仍在间隙存在，此时箅条活动范围有一定缩小。

（2）烧结料中的 K 和 Cl 形成 KCl 后，K 和 Cl 开始电化学侵蚀箅条，细粉料开始填充缝隙，出现了最初的黏结物。

（3）随着台车不停运转，小粒度烧结矿和细粉料卡在箅条间隙越多，烧结料中的 KCl 大量地附着在箅条和小粒烧结矿的表面，黏结程度加剧。

（4）最终箅条间隙被烧结矿和黏结物黏成箅条间没有了通风孔道。

分析认为，除了 KCl 这一造成箅条黏结的主因外，也存在影响烧结箅条黏结的其他原因。根据京唐几次黏结的实际情况，具体分析原因如下：

（1）配矿结构和有害元素含量。如前所述，箅条黏结程度与进入烧结的有害元素量有关，除了混匀料，熔剂、焦粉、高返等（喷 $CaCl_2$）、焦化废水等也带入有害元素。

（2）细粒度料量。当烧结配加细粉比例增加，或者制粒效果差时，烧结料小于 1mm 比例增多，在烧结抽风作用下，聚集到箅条上的物料会增加，随着 KCl 含量升高和高温的作用，小粒度物料黏在箅条上的程度会加剧。

如电场灰和干法灰等细物料，随着其在烧结料中的配加，一方面增加了 K 和 Cl，另一方面属于难制粒的细物料。从减少箅条黏结的角度出发，其不应在烧结配加。

（3）铺底料厚度和粒度。粒度过细时，小颗粒的铺底料极易塞在箅条缝隙之间，造成堵箅条现象，同时小颗粒铺底料也恶化了铺底料本身的透气性。当铺底料粒度较大而厚度薄时，铺底料间的缝隙较大，烧结物料也会直接接触烧结机台车箅条而导致台车黏箅条。一般铺底料厚度在 20mm 以下时，烧结物料颗粒极易穿透铺底料层而渗进烧结台车箅条缝隙中，导致台车糊箅条现象。因此，适宜的铺底料粒度和厚度对于烧结箅条黏结影响也较大。

### 7.5.3 防治烧结箅条黏结的措施

#### 7.5.3.1 调整烧结配料降低高 K 和 Cl 物料使用比例

结合京唐实际，认为控制烧结中高 K 和 Cl 含量固废和高 K 和 Cl 含量矿粉的使用比例是减轻箅条黏结的最直接措施。建议混合料中 K 和 Cl 含量控制如表 7-24所示。

**表 7-24　京唐烧结大堆混匀矿 K 和 Cl 控制参考值**　　（%）

| 原料名称 | 混匀料 | | 混合料 | | 烧结矿 | |
|---|---|---|---|---|---|---|
| 有害元素控制 | $K_2O$ | Cl | $K_2O$ | Cl | $K_2O$ | Cl |
| | <0.06 | <0.05 | <0.09 | <0.05 | <0.08 | <0.03 |

#### 7.5.3.2 强化烧结制粒以减少烧结台车上细粒度物料数量

结合京唐实际，建议优化混合机制粒效果，减少混合料小于1mm 比例，以减少细粉末附着箅条上的机会。

#### 7.5.3.3 优化箅条尺寸和控制箅条指标

除了配矿和工艺方面外，箅条设备本身也可能对箅条黏结产生影响。京唐烧结采取了图 7-20 的措施进行改造。主要改造为将箅条安装间距从 75mm 调整为 85mm。

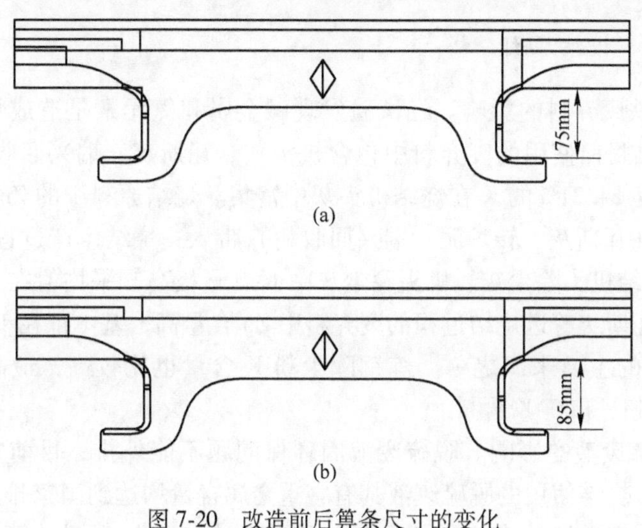


图 7-20 改造前后箅条尺寸的变化
（a）改造前；（b）改造后

适当增大箅条的安装间距后，实际上增加了箅条的活动空间，使箅条在往复运动上不易被小粒度烧结矿卡住而形成初始的黏结。

#### 7.5.3.4 烧结铺底料厚度优化

对铺底料的粒度和厚度进行了适当地调整，主要采取了提高铺底料厚度以减少烧结细物料接触箅条的方法。烧结铺底料厚度从 30~50mm 提高至 50~60mm 水平。

此外，京唐烧结采取了稳定终点控制、生产中加强箅条清理的管理等措施。如每次检修时，尽量组织安排清理箅条。箅条清理频率的增加，相当于打破箅条持续不断黏结的过程，延长了箅条有效使用时间。

#### 7.5.3.5 优化前后效果比较

通过攻关，烧结箅条黏结现象大为缓解，2013 年 7 月烧结箅条黏结物成分中，根据 $K_2O$ 和 Cl 含量所折 KCl 含量为 3.5%。

箅条黏结现象的减轻，使得箅条寿命从 12 个月提到 22 个月，这不仅减少了箅条消耗，同时对稳定烧结过程和烧结矿产、质量起到了积极作用。

### 7.5.4 湘钢烧结机缓解箅条黏结的对策

为了解决湘钢烧结机炉条板结的问题，烧结厂技术人员在对黏附物进行化学成分分析的基础上，结合湘钢的生产情况和一系列的验证性试验研究，找寻了箅条黏结的原因，并制定了改进措施。

#### 7.5.4.1 板结原因分析

（1）含铁废弃料的影响。经试验发现碱金属和氯元素是造成炉条板结的罪魁。湘钢烧结目前使用的废弃料中包含机头灰、瓦斯灰、瑞兴回收粉、油泥等，根据测算，有 24.21%的 K 在烧结机头灰中富集。烧结原料中的 Zn 有 52.23%为循环废弃料（瓦斯灰、转炉泥、瑞兴回收粉）带入；烧结生产过程中有 23.17%的 Zn 进入烧结机头除尘灰。机头除尘灰中 K 含量极高，平均值在 25%左右。瑞兴回收粉、瓦斯灰等进烧结过程的废弃料中 Zn 含量高，基本都在 1%以上，是烧结矿 Zn 含量的主要来源之一。炼钢除尘粉 K 含量也比较高，最高的可以达到 7%左右，远超进口矿 K 含量。

（2）脱硫废液的影响。脱硫废液因环保问题不能外排，目前安排在烧结车间进行消化。烧结使用的脱硫废液其有害重金属含量均达到国家排放标准，碱金属元素较低，但 COD（化学需氧量）、氨氮等指标超标；通过计算，可知脱硫废液将导致烧结过程中 Cl 含量增加 12.43%。

根据碱金属、Cl 元素测算结果分析，使用脱硫废液后，新二烧车间烧结矿碱金属元素含量上升约为 0.5%左右，烧结矿 Cl 元素含量上升约为 12%左右。使用脱硫废液后，虽然其对烧结矿碱金属含量影响较小，但却能显著增加 Cl 元素含量，且其含量随着烧结过程的循环富集将不断上升，对箅条板结产生不利影响。新二烧车间自 2015 年 11 月 27 日开始使用脱硫废液后出现箅条板结现象，且在检修处理后反复出现，与脱硫废液的使用有明显关联。

（3）气温的影响。冬季气温变低，烧结混合料料温下降明显，根据检测一混、二混烧结混合料料温由平均 59℃降至平均 37℃，降幅可以达到 20℃以上。

由于冬季混合料料温的降低，烧结过湿层的厚度将加大。从烧结过程来看，当过湿带移动至台车箅条时，箅条表面和间隙中存在着大量水分，使箅条湿润，同时混合料中的除尘灰由于不易造球，在干燥带及过湿带形成大量粉尘随风流通过箅条间隙。当烧结机箅条间隙透风不畅时，一些具有黏性的粉尘与湿润的箅条接触，便黏附于箅条间隙中。随着燃烧带下移，温度不断升高，黏附的粉尘发生矿化反应，便形成具有一定强度的黏结物。经过多次的粉尘黏附和矿化反应，致使箅条间隙逐渐被糊死。因此，气温的降低将会加剧箅条的板结。

（4）褐铁矿的影响。褐铁矿配比逐年提高，2014 年比例为 19.2%，2015 年以来由于 FMG 矿的使用而达到了 31.34%，有时甚至高达 39%。

褐铁矿结晶水含量高，造成过湿层厚度增加，烧结料层透气性降低，使得与台车箅条接触的细粒烧结料容易与箅条黏结。

（5）铺底料的影响。铺底料可以减少持续高温导致的烧结机台车横梁和箅条的烧损，而且还能减少烧结过程中的粉尘颗粒进入抽风系统而带来的对风机叶轮的磨损。当铺底料粒度较细时，小颗粒的铺底料极易堵塞在箅条缝隙之间，造成卡堵箅条现象；当铺底料粒度较大，底料之间的缝隙较大，烧结物料会直接接触台车箅条，导致台车箅条黏结。因此，适宜的铺底料粒度和厚度对烧结箅条黏结影响也较大。

#### 7.5.4.2 改进措施

（1）优化含铁废弃料的使用。针对烧结使用含铁废弃料后所带来的不良后果，湘钢采取了以下措施来降低甚至消除其影响：1）取消烧结机头灰在烧结原料中的配用，将其外卖或者交给瑞兴废旧回收公司加工成冷固球后由炼钢厂进行消耗使用。机头灰的碱金属元素、Cl 元素含量很高，此举可极大降低这些有害元素在烧结过程的循环富集；2）剔除炼钢除尘灰，不在烧结中使用。炼钢除尘灰 K 含量高，剔除之后可以降低 K 元素在整个钢铁厂的大循环；3）增加混匀搅拌料中返矿的比例，将其由原来的 1∶1 提升至 3∶2。此举不仅可以稀释混匀搅拌料中有害元素的含量，亦可减少混匀搅拌料使用过程中的悬槽现象。

（2）降低脱硫废液在烧结过程的用量。脱硫废液在烧结过程的使用将会使烧结中 Cl 元素含量增加 12%左右，降低其在烧结中的用量很有必要。

（3）采取多种措施提高混合料料温。冬季时烧结混合料料温较夏季下降约 20℃左右，为了在气温低时提高烧结混合料料温，湘钢采取了下列措施：1）在二混及混合料仓内均加入蒸汽预热；2）在一混及油泥池加热水。根据现场实测数据，在采取以上措施后，混合料料温总计可以增加 10~15℃左右，对箅条板结起到了缓解作用。

（4）调整烧结过程工艺控制参数。鞍钢将烧结终点温度控制上限提高 10℃，下限提高 20℃，控制在 270~350℃，杜绝出现 230℃以下的低温，烧结终点在上限时间延长，箅条糊堵现象缓解。湘钢根据同行经验，在新二烧车间将终点温度由原来的 370℃增至 380~440℃，气温较低时，还将进一步要求终点温度最低控制在 390℃以上。通过这些调整，新二烧车间箅条板结现象有所好转。

（5）改进铺底料结构。湘钢新二烧车间原来使用的铺底料粒级为 6~16mm，为了避免小颗粒烧结料穿过底料层，糊堵台车箅条，目前已经将小颗粒铺底料取消，改为全部使用10~16mm粒级铺底料，同时将铺底料厚度由30~50mm提升至40~60mm，这对减轻箅条糊堵也是有利的。

（6）稳定褐铁矿配比。褐铁矿配比的增加会使得过湿层加厚，对箅条板结现象有加剧作用。2016年以来，湘钢一直在控制配矿中褐铁矿的比例，目前为止，已经基本取消结晶水较高的越南粉、大宝山、超特粉等矿种的使用，褐铁矿比例稳定控制在30%。

（7）对箅条进行改型。对箅条进行改型主要是指改进箅条的截面设计，增强台车箅条的自清理能力，从而达到防止烧结箅条板结现象的发生。对比之前的箅条设计，湘钢改型主要体现在：1）将箅条两头加宽约3.1mm；2）在中部增加锥度；3）将箅条边缘改成弧形状。通过这种改型，箅条缝隙增加，以新二烧车间为例，之前每块台车可装约126根箅条，改装后，每块台车仅能装123根箅条，提高了箅条的自清理能力。

采取上述改进措施后，湘钢烧结机箅条板结现象有了明显的改善。

### 7.5.5　包钢新型无动力烧结箅条清理装置

包钢烧结使用原料大部分为自产精矿，精粉率高达80%，给制粒、烧结带来了一系列问题，料层透气性差、箅条黏结严重，影响烧结产能的有效发挥，为此，包钢研制了一种新型无动力箅条清理装置，有效地解决了箅条黏结的现象。

#### 7.5.5.1　新型箅条清理装置的特点

目前国内烧结机箅条设备主要有外力带动重锤在回车道，对台车箅条的振打达到清除黏结到箅条上的烧结矿粒和缝隙中混合料的目的。其优点是振打力大、清除效果好；缺点是需要外加动力、箅条有时被打断、故障率高等。

由于包钢白云鄂博矿的特殊性，钾、钠、氟含量高，钾、钠板结富集较严重，再加上精粉率高，经常造成烧结箅条黏结严重，给正常生产带来极大困难。因此，经过技术人员共同努力，研制了一种新型无动力、简单、免维护箅条清理装置，如图7-21所示。

其工作原理为：烧结机在装上铺底料和混合料生产时，由于抽风烧结的作用，导致部分小粒度铺底料和混合料夹杂在箅条的缝隙中，当台车运行到机尾卸矿后，大部分矿粒随着台车翻转向下，靠重力作用自动掉下，而小部分矿粒则夹杂在箅条的缝隙中不能靠自然力掉下，必须施以外力才能使其掉落。而安装在台车下部的清料辊，靠自身配重使圆辊紧紧压在箅条表面，随着台车的移动清料辊被动在箅条表面转动、挤压和振动箅条，使部分矿粒掉落，达到清理箅条的目的。

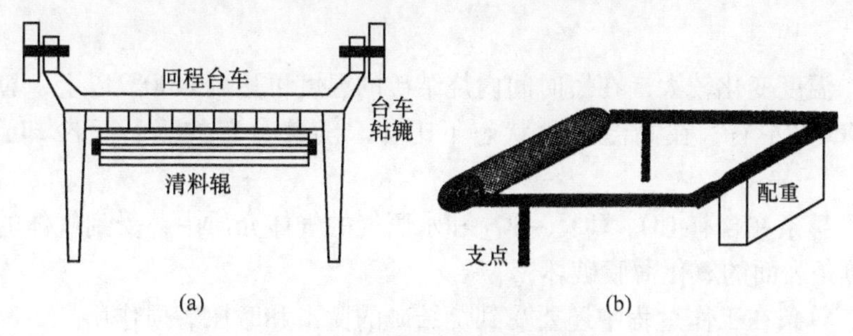


图 7-21 箅条清料装置示意图
(a) 安装示意图;(b) 构造示意图

其特点为:无需外加动力,可以利用加减配重调节挤压力,利用焊接在清料辊表面的突起产生振动力,结构简单,维护量小。

7.5.5.2 使用效果

2010年4月利用检修机会,在一烧车间两台烧结机安装了箅条清理装置,有效地缓解了箅条被糊死的状况。安装初期,由于配重量不足,发现清料辊和箅条的挤压力小,时有料辊不转的现象,经过逐步增加配重后,既保证了有足够的挤压力,又使箅条不受太大冲击力。辊皮表面加焊间距5mm的横向突梁,使辊子在运转过程中产生频率一致的振动力,提高清理效果。台车箅条在安装时,不能太紧,否则,台车在回程时,箅条不能靠自重向下运动,当与清料辊接触时,活动空间小,效果差。

经过调整后,烧结机头小格散料量明显增加,由原来每天放一次,时间1h,增加到每天放一次,时间2h;烧结机负压降低,机速大幅度提升,烧结操控性能得到了根本性的改善;主抽风机电流降低,风门开度增加。具体参数变化如表7-25所示。

表 7-25 加装清料辊前后烧结机部分参数对比

| 项 目 | 机头散料放料时间/$h \cdot d^{-1}$ | 主管负压/kPa | 主管废气温度/℃ | 机速/$m \cdot min^{-1}$ | 料层厚度/mm |
|---|---|---|---|---|---|
| 改造前 | 1 | 10.5 | 120 | 1.35 | 690 |
| 改造后 | 2 | 9.5 | 150 | 1.60 | 690 |

由表7-25可见,箅条黏结问题的解决有助于进一步研究提高料层透气性的其他措施。

## 7.6 降低箅条消耗提高通风率的实践

箅条是烧结机台车上的主要易损件,烧结过程中混合料均匀分布在台车的箅条上,经点火、抽风烧结成矿。箅条的工作条件十分恶劣,具体表现在以下几方面：

（1）温度变化较大，在短时间内烧结矿的温度可达到1400℃以上，箅条的温度可达900℃左右，在高温氧化状态下工作，随着台车的运行又冷却到100℃左右；

（2）箅条在含有 CO、$CO_2$、$SO_2$ 和水蒸气的气体介质中，受到气体的腐蚀作用，使箅条表面的氧化薄膜破坏；

（3）箅条在工作过程中还要受到烧结矿的撞击和摩擦磨损作用。

由于以上原因及设计尺寸、材质、操作等导致箅条脱落，烧结料层出现抽洞现象，影响到风机的抽风负压，降低了烧结矿质量。而且料层抽洞，直接导致隔热垫严重烧损，使烧结机台车受热变形，影响到整个烧结机系统的正常运行。箅条、隔热垫的大量损耗，提高了生产成本。另外，由于每月检修需要更换大量的箅条，而检修时间有限，不得不从其他车间抽调大量人员进行箅条、隔热垫更换，这样既增加了工人的劳动强度，又影响到其他车间生产的正常运行。

### 7.6.1　安钢 360m² 烧结机台车箅条、隔热垫改造实践

#### 7.6.1.1　外侧隔热垫烧毁，箅条头部烧翘曲的原因及处理

由于每块台车的箅条间缝隙70%~80%都存在混合料板结现象，即使振打也无济于事，造成透风面积锐减；而台车结合部留有设计缝隙4mm，相邻台车处隔热垫与台车梁之间又有4mm的活动量，因此若隔热垫外侧与台车梁接触，台车结合部的极限缝隙将达到8mm，小粒级铺底料必然下漏，大量的风向此处流动，形成火道，造成外侧隔热垫烧毁，箅条头部烧翘曲。针对此现象，将外侧隔热垫改造成异型件（即单边加厚2mm），将厚边安装在与相邻台车结合一侧，消除了设计间隙。改造前后的隔热垫分别见图7-22。

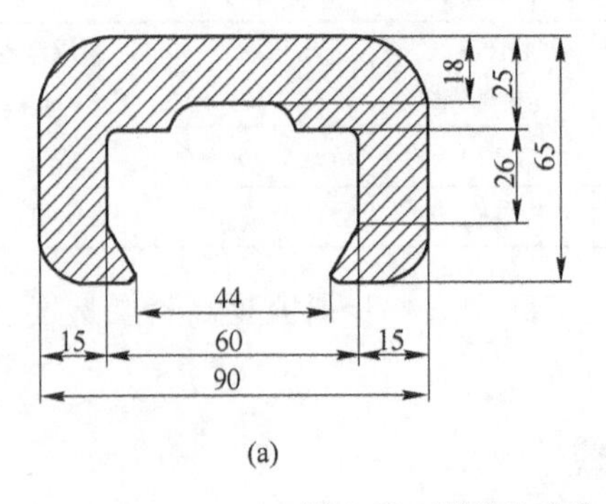

(a)

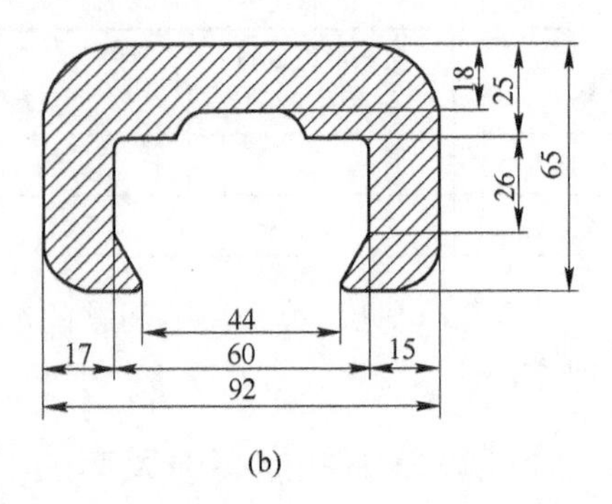

(b)

图7-22　隔热垫改造前和改造后尺寸示意图
（a）改造前；（b）改造后

#### 7.6.1.2 箅条大面积糊死而烧毁的原因及处理

箅条两侧卡挡设计尺寸为（70±1）mm，隔热垫高度为（65±1）mm，箅条安装后与隔热垫的垂直活动量仅有5mm，一旦箅条或隔热垫变形后就会卡死，使箅条在翻转过程中失去与隔热垫之间的相对活动，导致箅条间夹杂的小颗粒物料无法脱出，出现箅条糊死现象。对此，我们将冷矿筛一次筛筛孔由原来的12mm改为14mm，二次筛筛孔由原来的6.3mm改为7.5mm，提高了铺底料的粒度，减少了因小粒级铺底料下漏而卡在箅条之间情况的发生。另外，将箅条两爪各缩短2.5mm，以避免顶在台车梁端面上而影响箅条振打装置的振打效果；将箅条两侧卡挡尺寸由原来的70±1mm加大为71±1mm，以增大箅条与隔热垫之间的活动量（见图7-23）。

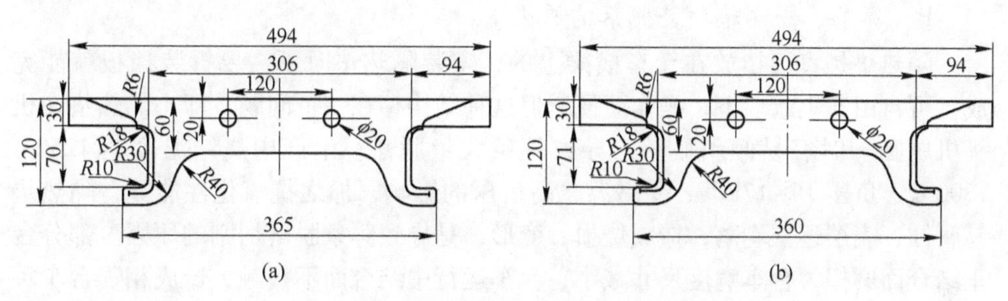


图7-23 箅条改造前和改造后尺寸示意图

（a）改造前；（b）改造后

#### 7.6.1.3 箅条安装后间隙大小不均引起的损坏及处理

由于箅条外观质量粗糙和变形，安装后两箅条之间的间隙大小不均，小的只有2mm左右，而间隙大的可以达到8mm左右，这样容易导致箅条糊死或者抽洞。为了保证箅条安装后间隙在4~4.5mm，要求铸造厂用消失模铸造工艺来代替传统的沙模铸造工艺，提高了箅条的外观质量，满足了工艺要求。

#### 7.6.1.4 改造及效果

进行了箅条、隔热垫的改造更换，取得了明显效果，不仅杜绝了箅条头部烧坏翘曲现象，箅条缝隙间混合料板结现象也有所改善，箅条和隔热垫的使用寿命延长。改造前后相比，箅条月消耗由年初的8000根左右降到4000根左右；隔热垫月消耗由600件降到200件左右。同时，还减少了停机维修次数，保证了烧结机的正常运行，烧结机作业率由年初的92.98%提高到95.12%。另外，减少在线维修，也降低了工人的劳动强度。

### 7.6.2　莱钢 265m² 烧结机降低箅条、隔热垫消耗实践

#### 7.6.2.1　箅条、隔热垫寿命短、脱落、糊堵的原因

A　箅条、隔热垫寿命短的原因

箅条材质设计为高铬铸铁，主要化学成分：Cr 25%～27%，Ni 0.8%～1.3%，S<0.03%，P<0.03%，C 1.6%～2.2%，Si 1.0%～1.4%。隔热垫设计材质为QT400-15，铸件球化率不低于85%。原设计箅条两头宽度为35mm，中间宽度30mm。该种规格箅条存在易断损、高温断裂，使用寿命低（约10个月），消耗量高。箅条端部存在铸造缺陷，生产中使用半年后便出现烂头、砂眼，易断损，导致箅条报废。

B　箅条、隔热垫频繁脱落的原因

隔热垫是直接扣放在台车横梁上的，安装隔热垫时不需要拆装挡板就能完成，可自由安上或取下，操作简便。但这种结构存在一个问题，即小隔热垫在机头机尾翻转时容易倾斜脱落，导致箅条大量脱落。生产中烧结温度达1250～1300℃，负压15～17kPa，受高温、高负压的影响，加之抗氧化性能差，隔热垫易腐蚀，表层逐层剥落，造成烧损、变形，是导致箅条脱落加剧的原因。部分台车结合面磨损，台车宽度尺寸减小，台车运行中结合面不接触，造成相邻台车箅条接触受力，导致箅条下部的隔热垫局部受力不均，变形而脱落。其原因主要是台车边部密封板脱落所致。生产中，箅条、隔热垫热膨胀减小了活动间隙，但现场测量活动间隙仍然偏大，这是小隔热垫在机头机尾翻转时容易倾斜脱落的原因。

C　箅条间隙糊堵的原因

经论证分析，热电厂除尘灰、炼钢污泥等固体废弃物含有较多钾、钠碱金属，是箅条间隙糊堵的主要原因。箅条、隔热垫装配不合适，台车在机尾、机头翻转时，箅条不能左右晃动及前后小幅活动，很容易在箅条间隙内残留余料，由于其中亦有燃料成分，遇高温形成液相粘接在箅条表面，经冷却固化，造成个别箅条间隙糊堵，并迅速发展为整排箅条间隙糊堵。特别是箅条安装过紧时，在生产中因受热膨胀，导致箅条不能活动，此现象尤为严重。

总之，这些问题的出现对烧结高产、优质、低耗、高效、稳定都造成了严重影响，必须立即解决。为从根本上解决此难题，本着简便易行的原则，莱钢在不改变台车本体的情况下，对箅条及隔热垫进行适应性改造。

#### 7.6.2.2　改造方案

A　延长箅条使用寿命改造

将箅条加宽（见图7-24），两头宽度加宽至42.5mm，中间宽度加宽至

35mm，其余尺寸不变，保持空隙率、阻力损失基本不变（略大），以保证料层透气性。为延长箅条使用寿命，将其端部加厚5mm，中间部分不加厚。端部加厚可以延长烧蚀时间，使箅条烂头导致报废情况大大减少。向制造厂商提出由沙模铸造改为真空铸造的建议，减少了箅条端部沙眼，提高了箅条质量。

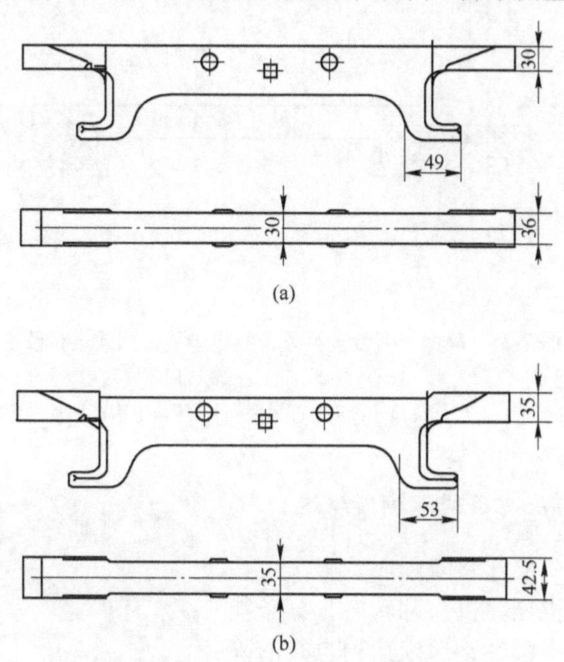


图 7-24 莱钢 $265m^2$ 烧结机箅条技改方案

（a）改造前；（b）改造后

B 解决箅条、隔热垫脱落改造

对箅条、隔热垫装配（见图 7-25）形式进行改进。隔热垫改型为下端设置卡钩，即隔热垫通过台车两侧穿入到台车横梁上并牢固地卡在横梁上，不能从正上方脱出。相应对台车体放置隔热垫一段刨角，便于隔热垫固定放置，不易发生倾斜。将箅条两端小钩加长 4mm，这样可减少箅条与隔热垫的间隙，从而紧固隔热垫，减轻箅条的滑动倾斜翻转；箅条小钩加长就增加了箅条的下部长度，从而使台车翻转时箅条脱落点角度加大，减轻了箅条脱落。加大隔热垫的长度。隔热垫加长后台车装配由原先每排 10 块变为 8 块，改造后长短隔热垫交错使用，使隔热垫不易脱落。小隔热垫烧损较大时，下压 3~5mm 的压条（1m 长），可有效防止小隔热垫烧损变形后的翻转脱落。重视部分台车边部结合面密封板脱落导致箅条下部的隔热垫局部受力不均，造成变形而脱落，做好预防性维修。考虑热膨胀后，箅条、小隔热垫之间活动间隙仍然偏大的影响，对小隔热垫厚度加厚 3mm。

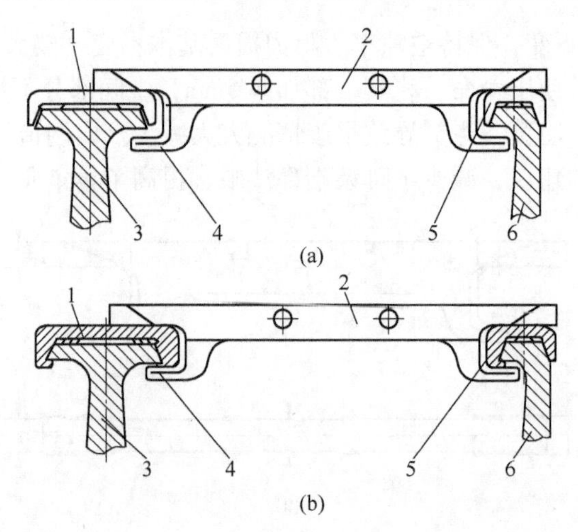


图 7-25　莱钢烧结台车箅条、隔热垫装配形式进行改进

（a）改造前；（b）改造后

1—大隔热垫；2—箅条；3—台车中部横梁；4—箅条小钩；5—台车边部横梁

### 7.6.2.3　解决箅条间隙糊堵改造

改造后箅条、隔热垫装配时，有一定活动余地，台车在机尾、机头翻转时，箅条能左右晃动、前后小幅活动，以达到自行清除间隙内残料的目的。对箅条端部与隔热垫接触面进行改造，将原有平面接触改为圆弧接触（或三角形，见图 7-26），可增大箅条活动幅度，有效解决糊箅条现象。

图 7-26　箅条下接触面三角形

### 7.6.2.4　加强生产管理，降低箅条消耗

（1）优化配比，控制好燃料粒度。实行精料方针，减少褐铁矿配加量。因为褐铁矿配加过多，易造成烧结温度偏高，使箅条烧损严重。为此，将所有含铁料都送往原料厂进行混匀，通过不断摸索，找出最佳配比，并逐步稳定。

固体燃料粒度的大小对烧结过程影响很大。燃料粒度粗，燃烧速度慢，烧结带变宽，对箅条烧损严重，反之，粒度过小，燃烧速度快，液相反应进行得不完全，会造成烧结矿强度变差。为此，进行了燃料预筛分改造，筛除大于 10 mm 粒级的小焦或煤块，保证适宜的入辊前燃料粒度。并对四辊破碎机的辊皮及时车削和更换，充分保证了四辊破碎机的破碎能力。工艺督察人员每周不少于四次检查燃料粒度，从而保证了燃料的合格率。

（2）认真推行厚料层烧结技术。厚料层烧结不仅使热利用率提高，燃料消耗降低，烧结矿的结构均匀，产质量提高，而且可以有效地保护箅条，减少箅条的烧损，从而降低箅条的消耗量。

为了提高料层厚度，一方面采取偏析布料技术，采用了梭式布料器、辊式布料器和九辊布料器联合布料，解决了布料过程中的横向偏析问题。另一方面从提高料层透气性入手，加强混合料的制粒，最终使料层厚度达到了750 mm以上，有效地利用了料层的自动蓄热作用，不仅降低了燃料消耗，也有效地降低了箅条的消耗量。

（3）优化工艺，严控混匀料水分。通过不断加强管理，并不断摸索，制定出合理的工艺参数，从机速、料层、配碳量和混匀料水分等各个方面，找出对应关系。在日常操作管理中，制订并执行严格的工艺考核制度，将考核结果按每日、每周、每月及时公布，使各生产工段的技术操作情况一目了然，促使了整体操作水平的提高。另一方面加强生产管理，推行标准化操作，并严格要求三班统一操作，严格工艺纪律检查。

在混合料水分控制方面，从配料室、一次混合、二次混合到烧结机各个岗位的水分都要控制好，水分波动时，要及时联系，并及时调整。工艺督察人员每天都要对一、二混及烧结机水分进行测量，最终使一混水分稳定在6.8%±0.2%，烧结机水分稳定在7.2%±0.2%。这样，水分稳定了，过湿层降低了，从而保护了烧结机箅条，降低了箅条的消耗量。

（4）提高混合料温度，降低过湿层厚度。根据烧结厂实际情况，采用了生石灰消化预热和蒸汽预热相结合的方法，来提高混匀料温度。为了提高蒸汽利用率，采用的是在二次混合和小矿槽内通入高压蒸汽，通过汽化放热使料温达到60℃以上。通过余热回收利用，自产蒸汽，保证了蒸汽的压力，最终使混合料温度提高到70℃左右。料温的提高，达到了“露点”以上，有效地削弱了过湿层的厚度，从而保护了烧结机的箅条，降低了箅条的消耗量。

（5）稳定和降低烧结矿FeO含量。烧结矿中的FeO含量是衡量混合料配碳量的主要标志之一。FeO含量过低，说明混合料配碳量少，容易造成烧结矿强度差；反之，说明混合料配碳量多，一方面容易造成烧结矿到环冷机冷却不下来，另一方面对烧结机箅条烧损严重。

为了稳定和降低烧结矿的FeO含量，焦粉下料量采用宽带给料和电子皮带秤控制，并要求配料工加强对焦粉的人工称量，保证了焦粉流量的稳定。另外，要求看火工勤观察烧结机机尾断面和成品烧结矿外观，每3小时做样一个，看火工根据生产经验及分析所提供的数据及时调整生产参数。同时，加大了对FeO的考核力度，目前，烧结矿的FeO含量基本稳定在8%~10%。烧结矿FeO含量降低和稳定，为降低箅条消耗打下了坚实的基础。

（6）严格控制烧结终点。烧结终点是烧结结束之点，即烧结机风箱废气温度下降的瞬间。烧结终点既不能提前也不能滞后。烧结终点提前了，说明烧结矿过烧，这对箅条来说烧损较严重，会影响箅条的使用量和消耗量；烧结终点滞后，说明烧结矿没烧透，到环冷机上难冷却，不仅对下道工序带来问题，而且严重影响烧结矿的质量。

正确控制烧结终点是生产操作的重要环节，看火工主要根据仪表所反映的主管废气温度、负压，机尾末端三个风箱的温度、负压差，以及机尾断面黑、红层的厚度和灰尘的大小来控制烧结终点。烧结终点控制要准确，一般控制在 26 号风箱处。26 号风箱温度为 380±30℃，25 号风箱较 26 号低 30~40℃，27 号风箱较 26 号低 20~30℃，机尾红火层厚度为 100~150mm，箅条轻度发红，这对箅条保护最好。

（7）控制和使用好铺底料。制订出铺底料使用制度，要求铺底料矿槽料位保持在 1/3~1/2，严禁满仓，严禁无铺底料生产，要求三班统一操作。铺底料下料闸门固定，保证铺料厚度，并控制好料流。要求铺底料要 24 小时均衡使用，遇到检修或定修时，提前把铺底料仓打满，开机生产时，同时使用铺底料。

使用铺底料后，不仅台车箅条粘料现象基本消除，撒料减少，无须专门清理，改善了工人的劳动强度，而且箅条烧损大大减轻，有效地保护了箅条，降低了箅条的使用量。

（8）定期整理台车箅条。制定了每半月停机 3 小时整理一次箅条的制度，大大减少了由于箅条烧损而停机安装箅条的时间，同时减少了箅条的损失量。台车箅条实行三班分工承包整理，看火工按分工在机头观察箅条损坏和倾斜情况，并随时停机处理，大大减少了掉箅条的频率。并且建立健全了箅条回收制度，从而降低了箅条的流失量。

## 7.7　烧结机布料技术的发展

### 7.7.1　铺底料布料

采用铺底料可以保护台车、保证料层烧透、减少烧结烟气含尘量。对铺底料的要求是粒度适中，厚度均匀。铺底料从烧结矿整粒系统分出铺底料直接布在台车上，粒度以 10~20mm 为宜，所布厚度一般为 30~50mm。其布料一般采用摆动式漏斗装置，由铺底料矿仓及矿仓下部的扇形门组成。

### 7.7.2　混合料布料

混合料布料在铺底料上，布料要求混合料的粒度、水分及化学组成等在沿烧结机台车宽度方向分布均匀，料面平整，并保持料层具有良好均匀的透气性。布料要求产生一定的偏析，沿料层高度方向，混合料粒度自上而下逐渐变粗，燃料的分布自上而下逐渐减少。

布料系统由梭式（或摆式）布料器、混合料仓、圆辊给料机和反射板（或多辊）组成。梭式布料器的作用是确保台车宽度方向上混合料的均匀性。圆辊给料机的作用是从混合料仓中排料，并通过闸门开度和转速大小来调节料流量，其中主门用于调节总料流量，辅门用于调节宽度方向的料流量。反射板或多辊布料器（通常为九辊）的作用是作为下料溜槽的同时，使料层产生合理的偏析。反射板可通过调整倾角和高度调节偏析，而多辊布料器通过辊间隙的作用使细粒料被漏下布到料层上部，粗粒料则从多辊上面溜下，并借助于其自身的滚动被布到料层底部。为确保料面平整，在反射板的下方设有一块平料板，用于刮平料面(见图 7-27)。

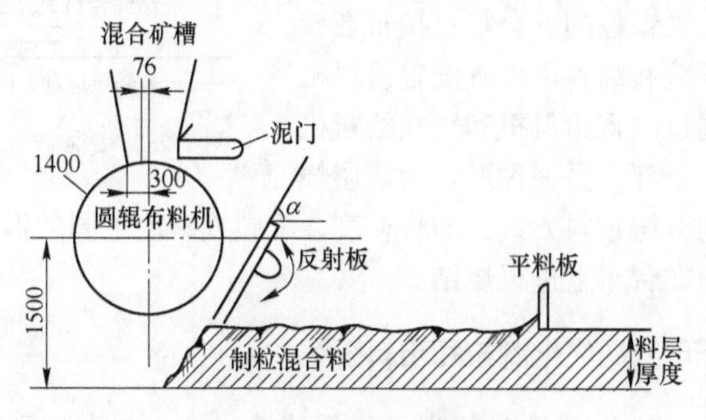


图 7-27　烧结机布料装置

近年来，国外许多烧结厂对布料技术进行了改进。日本新日铁公司在生产上采用两套新型布料装置。一种是君津厂和广畑厂的条筛和溜槽布料装置，条筛上的棒条横跨烧结机整个宽度，混合料的粗粒从棒条上通过，然后落向箅条，从而形成上细下粗的偏析；另一种是八幡厂的格筛式布料装置（IFF)，筛棒自起点成三层散开，棒间距离逐渐增大，每条筛棒各自做旋转运动，以防止物料堆积在筛面上。这种布料方式首先是较大粗颗粒落在箅条上，随后布料的粒度就越来越小。

为了改善料层的透气性，国内外一些烧结厂采用松料措施，比较普遍的是布置在反射板下边，料中部的位置上台车长度方向水平安装一排或多排 30~40mm 钢管，称之为松料钢管间距离为 150~200mm，布料时钢管被埋上，当台车离开布料器时，那些松料器原来所占的空间被腾空，料层形成一排透气孔带，从而改善料层透气性。图 7-28 为装有松料器的神户加古川烧结厂布料系统设备示意图。

混合料仓为焊接钢结构，其仓壁倾角一般不小于 70°。小型烧结机矿仓排料口较小，容易堵料，仓壁宜做成指数曲线形状。混合料矿仓分为上、下两部分，设有测力传感器的上部矿仓通过四个测力传感器（或两个测力传感器和两个销轴支点）支承在厂房的梁上，矿仓的下部结构支承在烧结机骨架上，为烧结机的一个组成部分。为防止矿仓振动，在上部结构的四角装设有止振器。未设测力传感器的上部矿仓用法兰固定在厂房梁上。下部矿仓下端设有调节闸门以配合圆辊给料机控制排料量。

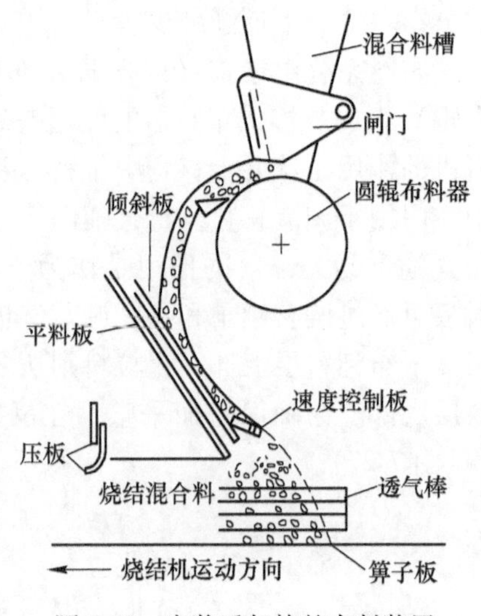

图 7-28　安装透气棒的布料装置

为了提高布料的偏析作用和满足复合烧结工艺要求，一般也可采用分级布料形式。分级布料有两种形式：一种形式为提高布料时的偏析作用，将圆辊给料机上的混合料斗改为裤衩形漏斗，混合料在裤衩形漏斗中运动时产生偏析，大颗粒的混合料直接布在台车下部，而小颗粒和细料进入有圆辊给料机上的漏斗中，通过圆辊给料机和辊式给料机布在台车的中、上部；另一种形式为双层烧结工艺而采用的分层布料方式，即将粒度、配碳或碱度不同的混合料，通过两套布料装置分别布在台车上进行烧结。

### 7.7.3　日本 JFE 公司优化制粒和布料研究

21 世纪初日本 5 大钢铁公司为了降低炼铁成本，与大学联合成立了研究机构，在加大褐铁矿用量的条件下，从烧结配矿、矿相变化、制粒、布料、烧结过程的优化与模拟、改善烧结矿质量、设备优化、流程调整等多方面进行了系统的研究。相关研究成果在日本 JFE 进行了工业化应用，取得非常好的效果。相关研究内容如表 7-26 所示。其中 JFE 公司在制粒、布料过程中所采用的很有特色的相关设备及技术，如表 7-27 所示。

表 7-26　日本企业烧结相关研究内容

| 序　号 | 研　究　内　容 |
|---|---|
| 1 | 矿石特性及制粒性研究 |
| 2 | 矿石制粒过程的 DEM 模拟 |
| 3 | 铁酸钙特性研究 |
| 4 | 烧结过程中间相特性及矿相研究 |
| 5 | 高 FeO 相的特性研究 |
| 6 | 烧结料层结构变化研究 |
| 7 | 烧结矿矿相织构及强度研究 |

表 7-27 日本烧结制粒及布料技术

| | |
|---|---|
| 制粒技术 | 混合造球烧结流程（HPS） |
| | 焦粉石灰石包裹制粒流程 |
| 布料技术 | 偏析光隙金属丝法（SSW） |
| | 电磁制动布料装置（MBF） |
| | 滚筒溜槽（Drum chute） |

### 7.7.3.1 制粒工艺流程的改进

JFE 通过两种技术来优化制粒操作，其一是通过增加圆盘造球来改善制粒流程，改善难成球矿粉的制粒特性，称为混合造球烧结流程（HPS）；其二是通过改善原料混匀时间来改善制粒性能。

A 混合造球烧结流程

在一混、二混之间添加一段造球设备（见图 7-29）。改善了造球效果，颗粒直径在 5~7mm，较传统方法的混合料颗粒（3~5mm）大，显著改善烧结矿质量，降低能耗，提高产量。

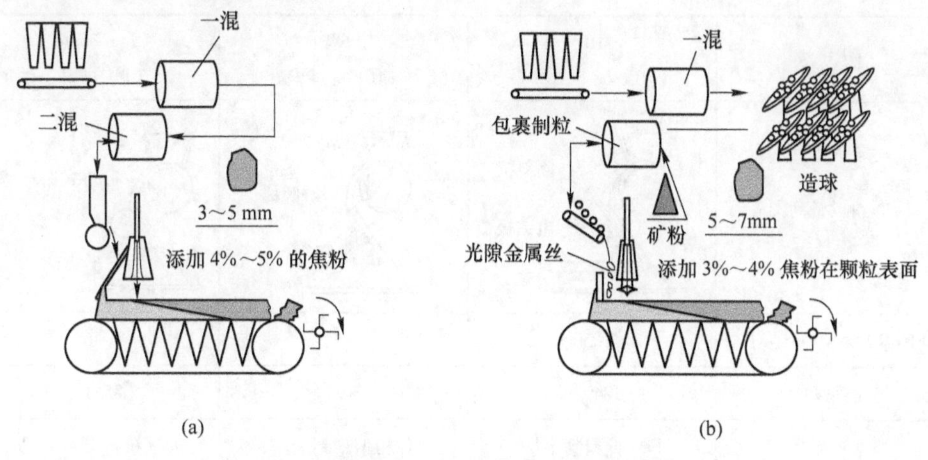


图 7-29 传统烧结流程和混合造球烧结流程比较
（a）传统烧结流程；（b）混合机造球烧结流程

B 焦粉和石灰石包裹制粒流程

JFE 开发了一种新型焦粉和石灰石包裹制粒工艺，如图 7-30 所示。该工艺安装在 4 座烧结机上，包裹制粒时间控制在 40~50s，在混料机内颗粒生成和破裂同时进行，如果延长包裹制粒时间，石灰石和焦粉会物理嵌入生成的矿粉颗粒中。该流程优点有：（1）提高产能 5%；（2）改善烧结矿还原性 5%；（3）减少烧结焦粉消耗 4kg/t，降低高炉焦比 7kg/t；（4）每年 $CO_2$减排 24 万吨。

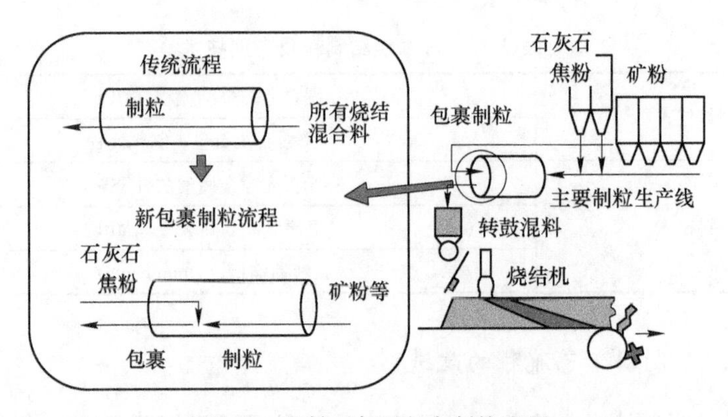


图 7-30　焦粉石灰石包裹制粒流程

#### 7.7.3.2　布料技术的优化及设备改进

JFE 公司烧结布料所采用的主要设备如图 7-31 所示，各种设备的主要性能见表 7-28。

表 7-28　JFE 公司烧结布料所采用的布料设备特征

| 工厂名称 | MBF<br>仓敷 2、3、4SP | SSW<br>福山 4、5SP | Drum chute<br>千叶，PSC |
|---|---|---|---|
| 布料设备简图 | 倾斜板<br>电磁板 | 缝隙棒 | 辊式布料器 |
| 利用系数/$t\cdot(m^2\cdot h)^{-1}$ | 1.50 | 1.51 | 1.46 |
| 转鼓指数/% | 84.7 | 80.2 | 85.1 |
| 布料效果 | FeO 偏聚到上层 | 焦粉偏聚到上层 | 大颗粒料聚到下层 |
| 存在问题 |  | 在烧结机宽度方向烧结结构不均匀 |  |

日本川崎公司开发了磁力制动布料器（MBF）和磁力分散布料器，通过磁力控制，分别能起到降低烧结料落下速度和分散烧结料的作用。使用 MBF 后，焦粉和结晶水沿料层高度方向的偏析都较原先减小，考虑到高褐铁矿配比下料层下部热量不足，改进后的偏析被证明能起到显著的改善效果，生产率提高 4.2%，烧结矿强度提高 2.6%。

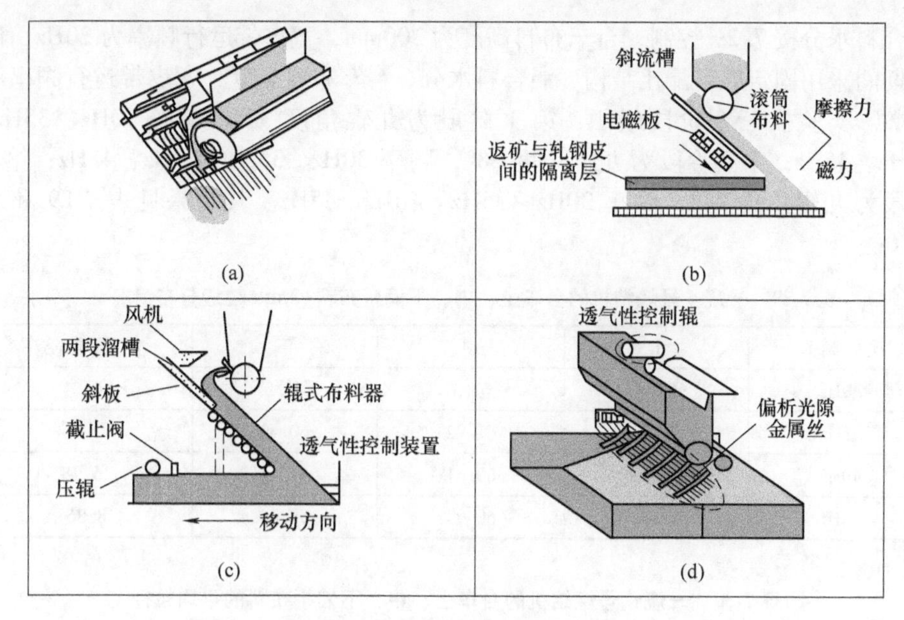


图 7-31 主要布料设备简图

(a) 强化筛分布料装置（新日铁）；(b) 电磁制动布料装置（JFE 公司）；
(c) 辊式布料系统（神户公司）；(d) 偏析光隙金属丝布料系统（JFE 公司）

### 7.7.4 首钢矿业对三种偏析布料形式的研究

首钢矿业公司烧结厂根据自身工艺及原料条件进行了磁性泥辊偏析布料、宽皮带+九辊、泥辊+反射板+九辊偏析料等技术研究与应用，并进行了不同偏析布料的工业生产。

#### 7.7.4.1 磁力偏析布料研究

磁力偏析布料就是利用永久磁系的作用力将磁性不同的烧结原燃料分布在台车垂直方向上不同部位的工艺技术。其核心设施为磁力辊筒，磁力辊筒就是在圆辊筒内安装一个永久磁系，一般磁场强度为 60~150mT，在生产中磁系固定不转。当磁辊筒转动出料时，混合料受磁场作用，粒度粗、质量大而磁性弱的物料随辊筒转动快速抛离辊表面，而磁性强、质量轻、粒度细的粉料则被吸附在辊筒表面上一起转动，到达磁系边缘下部才脱落，而介于两者之间的物料落在粗、细物料之间，因此，理论上磁力偏析布料可以达到烧结偏析布料的目的。磁辊布料器适用于以磁性铁矿石为主要成分的混合料。

#### 7.7.4.2 宽皮带+九辊布料技术研究与应用

为了研究宽皮带+九辊偏析布料的最佳控制参数，获得最佳的偏析布料效果，在一烧 4 号烧结机上进行了实验，重点考察混合料粒级在不同高度的分布情况。

混合料水分按7.2%控制，台车布料高度为700mm，宽皮带运行频率为20Hz，试验期间采用固定原料配比结构、混合料水分、台车布料高度，宽皮带运行频率等参数。实验按三个阶段组织：第1阶段为九辊角度35°，频率30Hz、35Hz、40Hz、45Hz；第2阶段为九辊角度38°，频率30Hz、35Hz、40Hz、45Hz；第3阶段为九辊角度41°，频率30Hz、35Hz、40Hz、45Hz。其结果见表7-29和表7-30。

**表7-29　一烧4号烧结机的台车上、中、下偏析布料-3mm粒级分布情况　（%）**

| 九辊频率 | 上 | 中 | 下 | 上下层粒径差 |
|---|---|---|---|---|
| 30Hz | 57.8 | 62.4 | 49.5 | 8.3 |
| 35Hz | 61.89 | 61.92 | 60.49 | 1.4 |
| 40Hz | 77.12 | 60.61 | 61.34 | 15.78 |
| 45Hz | 67.32 | 60.93 | 58.46 | 8.86 |

**表7-30　一烧4号烧结机的台车上、中、下偏析布料的平均粒径　（%）**

| 九辊角度 | 上层粒径 | 中层粒径 | 下层粒径 | 上下层粒径差 |
|---|---|---|---|---|
| 35° | 3.89 | 3.88 | 4.23 | 0.35 |
| 38° | 3.73 | 3.83 | 3.91 | 0.18 |
| 41° | 3.19 | 3.81 | 3.87 | 0.68 |

经过对一烧4号烧结机混合料粒级分布及粒度偏析情况综合分析，要获得最佳的偏析布料效果，料条均匀平整，九辊角度应控制在41°左右、频率在35~45Hz，能够优化偏析布料效果，改善烧结透气性。通过布料技术实施后，利用系数提高了0.13t/($m^2$·h)。

#### 7.7.4.3　泥辊+反射板+九辊偏析布料技术

在资源劣化的原料条件下进行高栏板、宽台车烧结生产，更要强化台车偏析布料技术，否则将影响厚料层烧结成矿质量的均匀性。并且，随着外矿比例增加，生产过程中多辊布料器的辊体磨损加剧，造成辊体漏料。不均匀漏料不仅影响了台车表面布料平整，而且改变了台车断面的燃料偏析分布，影响了烧结矿质量。因此，要进一步研究多辊布料器的工艺优化。

针对九辊磨损，通过进行微观切削机理、多次塑变磨损机理、疲劳机理和微观断裂机理等理论分析，认为九辊频率定为35~40Hz，九辊磨损可降70%，换言之寿命将延长0.4倍。并且，在生产中烧结机矿槽长期给料点到多辊上部第二、三辊间，由于下料点高差达到1050mm，混合料在重力加速作用下对多辊第二、三辊造成磨刷，使辊磨损快，漏料严重，长期被迫停止运行。因此，提出增加反射板进行物料倒流、反射，减少多辊受混合料的重力加速冲击。并且，安装反射板还有其他优点：

（1）缩短矿槽给料距多辊布料的落差，减少混合料粒度破损。

（2）延长混合料偏析滚动时间，提高混合料出辊速度，强化断面粒级偏析。

（3）延长混合料出辊水平驱进距离，改善不同质量的物料分级偏析。

（4）由矿槽给料下到反射板上，然后再溜至九辊布料器，减少原来混合料直接重力砸、冲辊体，造成多辊因冲击、磨损而出现漏料影响烧结工艺生产。

矿槽给料点一般在第二、三辊之间，就出现了多辊上部的两个辊未发挥布料作用。为了充分发挥九辊中每个辊的偏析布料作用，设计在第一辊上部安装反射板，进行了九辊+反射板联合布料器改造：泥辊抬高 200mm，九辊抬高 50mm、向西平移 100mm，九辊最下辊距离台车栏板高度由 30mm 调整为 145mm，九辊角度由 38°上调为 41°，并且在九辊 1 号辊上方增加 500mm×4500mm 反射板。另外，还对平料网进行整改，增加配重挂钩。

实施该技术后，达到了偏析布料预期效果。利用系数提高了 0.019t/($m^2$·h)，电耗下降了 0.55kW·h/t，点火煤气消耗降低了 0.04$m^3$/t；改善了烧结矿质量，烧结矿粒级明显改善，平均粒径提高了 0.46mm。

## 7.8　烧结布料系统的改造技术

### 7.8.1　凌钢圆辊给料机的改造

在带料停机重新启动时，出现圆辊给料机电流超负荷，开不起来的现象。经分析是因为混合料斗内料柱向下的压力作用在圆辊上方，造成圆辊的运行负荷过大。为此，凌钢将圆辊给料机向烧结机机头方向平移 100mm（见图 7-32），使料柱压力作用在圆辊给料机顺运行方向的前侧，降低了运行阻力，彻底解决了圆辊给料机开不起来的问题。

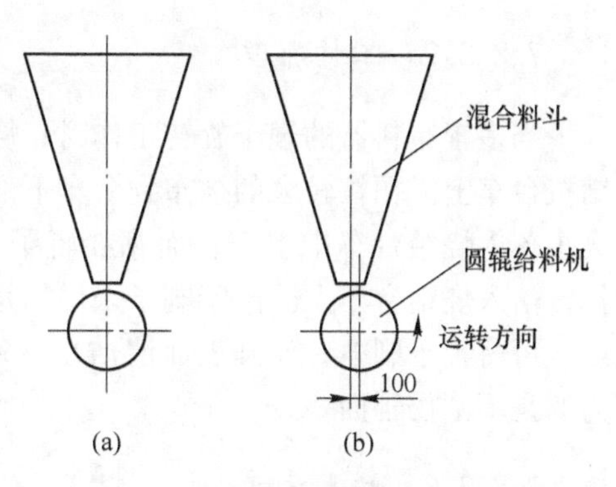


图 7-32　圆辊给料机完善示意图
（a）完善前；（b）完善后

### 7.8.2　莱钢、攀钢透气辊的改造

为了提高烧结料层的透气性，莱钢（见图 7-33）、攀钢在热风保温段后安装了破板结装置（见图 7-34）。点火后的烧结料层在破板结装置钎子的作用下，在表层形成纵横成行的一定宽度和深度的沟槽孔洞及裂纹，有效消除了烧结料层表面的过熔板结层，降低了空气运行阻力，较好地改善了整个烧结料层的透气性，

加快了垂直烧结速度，因而使烧结机生产率提高。

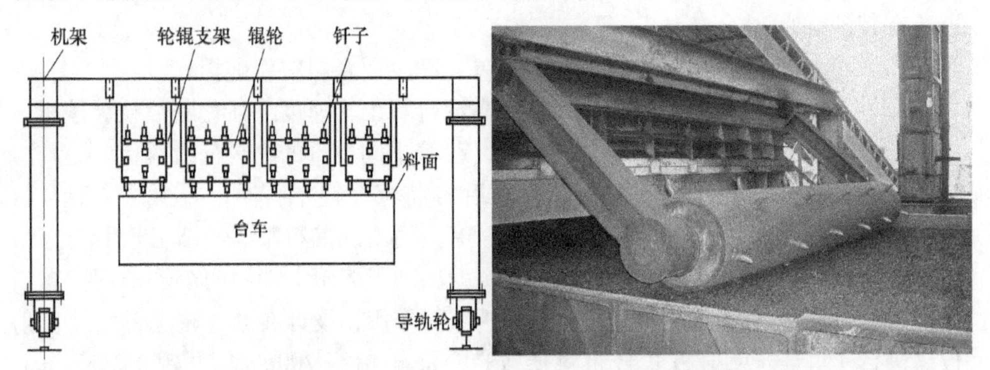


图 7-33　莱钢台车破板结装置　　　图 7-34　攀钢烧结机透气辊装置

## 7.8.3　多辊布料柔性防黏结装置

### 7.8.3.1　装置的作用

（1）有效去除粘料，消除料垢层，使辊子表面规整，布料效果改善；同时，辊子转动更加平稳，台车横向布料更加均匀。由此，改善烧结过程，提高烧结矿质量。

（2）自动清除粘料，以减轻设备维护人员的劳动强度和操作工人的工作量。

（3）降低传动电机负荷，节约电力。降低布料辊子的维护和更换成本。

### 7.8.3.2　工作原理

当多辊布料器的辊子旋转工作时，烧结料随着多个辊子的接力，被输送到烧结机台车上。颗粒较大的被布到台车下部，颗粒较小的则会随着辊子之间间隙的大小落入烧结台车中上部；而粘在辊子上的烧结料会被清扫器上的刷子及时刷掉，落入烧结台车上。由于刷子采用的是钢丝绳制作，钢丝绳有一定的弹性和强度，可将辊子刷净，使其表面清洁，不致产生料垢。刷子适当贴紧在辊子表面，为的是不刮伤辊面。

### 7.8.3.3　技术方案

对于不同辊数的（五辊、九辊或十一辊）布料器，可设置相应的辊子清扫器，即每根辊子都配置一排辊子清扫器。辊子清扫器主要由刷子、夹板、螺栓、垫圈、支撑架、固定板和键组成，其设计方案如图 7-35 所示。清扫器装配及安装步骤如下：

（1）两块夹板将一定长度和一定数量的刷子夹紧，用螺栓、垫圈拧紧。

（2）若干组夹板并排放置并固定在支撑架上。

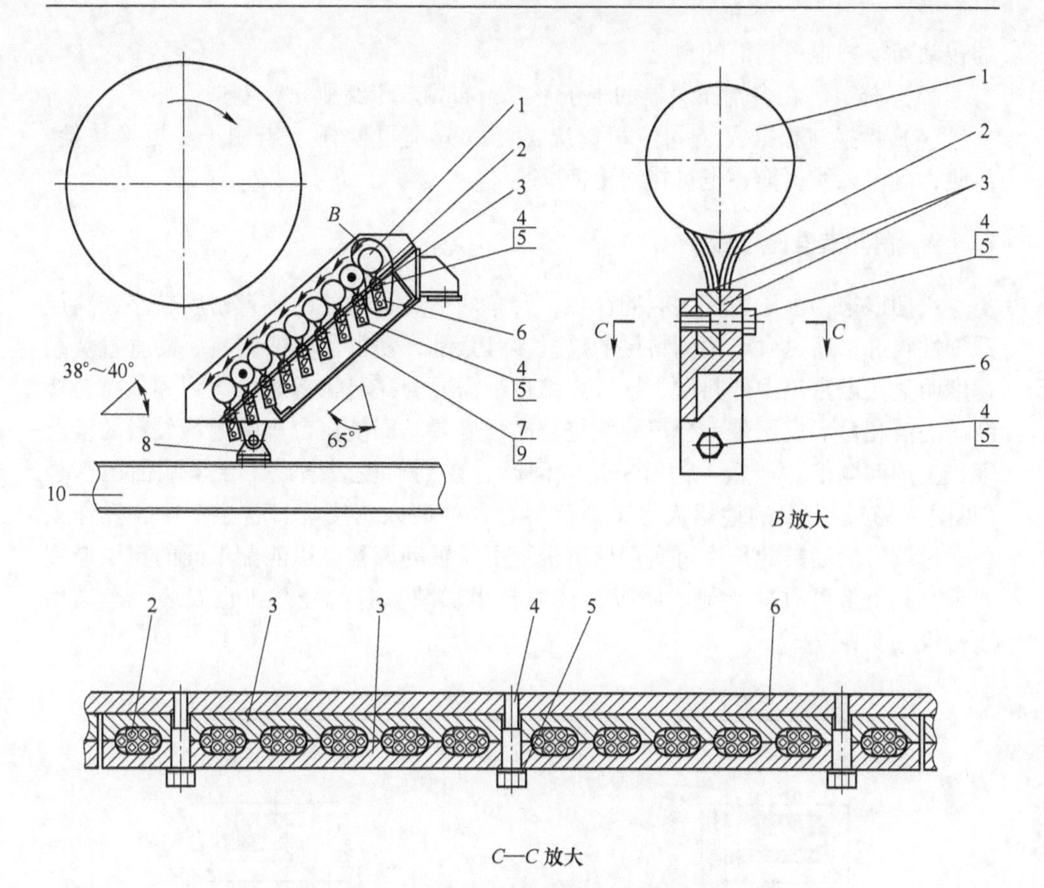


图 7-35　布料辊子与辊子清扫器截面配置图和截面放大图

1—辊子；2—刷子；3—夹板；4—螺栓；5—垫圈；6—支撑架；
7—支架；8—固定板；9—键；10—轴部骨架横梁

（3）支撑架两端分别与固定板装配，两者之间用键定位，再由螺栓、垫圈连接。

（4）安装以上装配好的每排清扫器。安装时，刷子适当贴紧在辊子上，而清扫器的两端固定板焊牢在辊子布料器的支架上。

7.8.3.4　设计特点

多辊布料柔性防黏结装置结构紧凑，能自动清扫，运行平稳可靠，有助于改善布料效果，且其使用寿命长，维护量小，投资和备件费用低。有别于传统技术的是：此套防黏结装置不采用刮刀清料，而是采用柔性设计，避免了刚性刮刀对辊子的损伤。具体包括四个方面：自动、清扫、分组、更换。

（1）自动。辊子清扫器自身无驱动，动力来自于辊子的转动。

（2）清扫。清扫器上部由钢丝绳制作成的刷子贴伏在辊子表面，随着辊子的转动而清扫辊子表面的料垢。

（3）分组。在多辊布料器的辊子下方，布置若干组刷子，制造简便。

（4）更换。根据安装和使用情况，可以分别更换任一组刷子。更换快捷、简便，既可离线更换，也可在线更换。

### 7.8.4　台车端面压密板

长期以来，由于边缘效应的存在，台车两侧烧结料层的装入密度较小，料层透气性较好，通过台车两侧料层的风量多且紊乱，使得台车两侧料层的垂直烧结速度明显快于台车中部料层，导致烧结过程需要的高温状态难以达到和保持，烧结矿的液相量形成不足，台车两侧烧结矿强度差。即使在台车两侧不欠料的情况下，上述问题依然严重。为解决这一问题，在刮料板后增设了台车端面压密板（见图 7-36），有目的地增大台车两侧混合料的装入密度。日常生产中，操作人员通过调整活动链的长度可实现压密板上下位置的调整，以匹配不同的料层厚度要求，其重量可通过特制“砝码”按需自由加减。有的烧结机也安装台车端面压密辊（见图 7-37）。

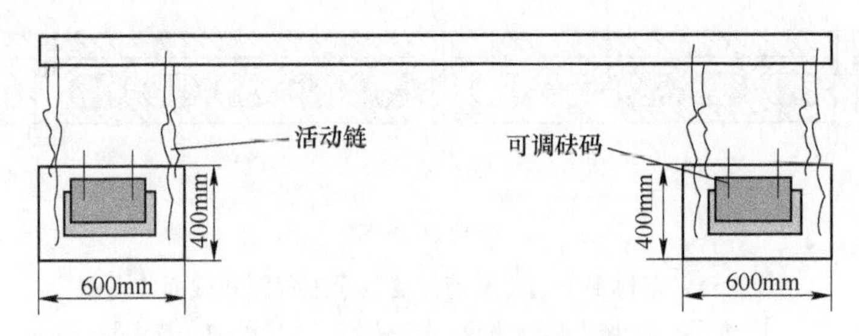


图 7-36　台车端面压密板

图 7-37　台车端面压密辊

### 7.8.5 鞍钢减轻“边缘效应”的改造

采取表层压料和改进烧结台车边缘部分箅条，降低通过边缘料层气流速度，边缘部分垂直烧结速度下降，使气流沿台车宽度方向分布趋于均匀，燃烧带更整齐，从而减轻烧结“边缘效应”，避免了边缘效应造成边缘烧结矿强度因急冷而下降，而中心气流通过量减少烧结料烧不透，返矿质量变坏，细粒度夹生料增多，恶化下一步的烧结过程的情况。同时避免了边缘效应造成风量的浪费，提高了烧结台时产量，改善烧结矿质量。鞍钢三烧 $360m^2$烧结机，采取减轻“边缘效应”新方法后（见图 7-38），大幅提高边缘部分烧结矿质量，减轻边缘部分箅条烧损，同时，由于沿料层宽度方向气流趋于均匀，烧结生产终点稳定，烧结矿成品率提高，年平均台时产量提高了 10t/h，年产生直接经济效益达 330 万元。

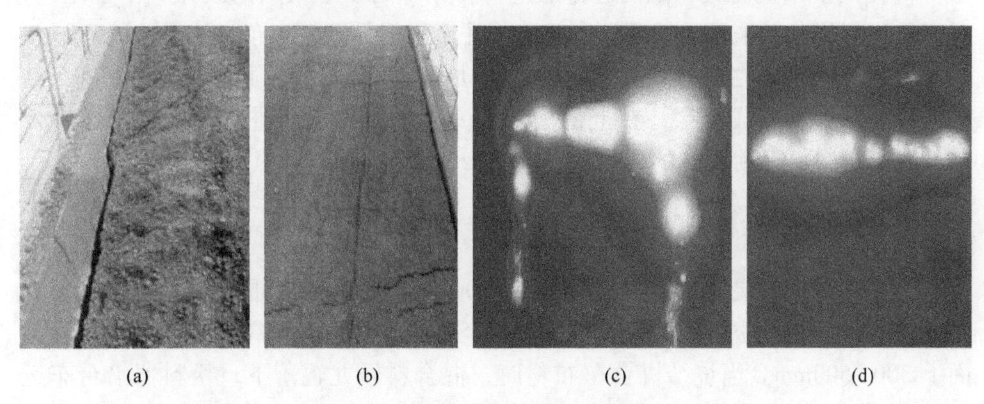

(a) (b) (c) (d)

图 7-38 使用新方法前后烧结料面和机尾断面实际效果对比图

(a) 使用新方法前料面；(b) 使用新方法后料面；(c) 使用新方法前机尾断面；(d) 使用新方法后机尾断面

### 7.8.6 莱钢修改梭式布料机行程的经验

由于梭式布料机在料仓两端的停留时间和行走时间设置不一致，烧结料仓极易粘料，特别是出现一次操作不稳，烧结料水分偏大时，或因事故停机而烧结料仓保持高料位时，粘料情况更加严重，且不均匀。往往是靠近梭式布料机一端粘料少，而另一端多，造成两端的有效容积不一（远布料机端有效容积较小），影响均匀布料。此外，布料小车在两端的停留时间和行走时间不同，还会造成两端的下料量不一，以致料仓中烧结料的容积密度不均匀，近小车端的容积密度大，而另一端小，所以圆辊处烧结料的压力也不一致，最终造成台车两侧布料不均。布料薄的一侧燃烧速度快，通过料层的风量多，热量传输太快，液相生成过少，导致烧结矿强度下降；布料厚的一侧燃烧速度慢，通过料层的风量相对较少，存在烧不透的现象，烧结矿强度也下降。由此，又造成成品率下降。

根据烧结机台车上布料状况与烧结过程的关系，莱钢对梭式布料小车的行程进行了修改，避免了梭式布料小车走不到小矿槽两端的现象。这在一定程度上减轻了粘料，而且有利于布料平整。此外，还要求小矿槽岗位勤观察梭式布料小车的行程，如发现行程偏移，及时联系自动化部人员修改参数。梭式布料小车行程修改后，混合料布料均匀，烧结矿质量改善，产量提高。

### 7.8.7 首钢矿业 360m$^2$烧结机的改造

首钢矿业在 360m$^2$ 烧结机上进行了以下改造：

（1）九辊安装变频器，使九辊转数实现可调，改进了布料效果。

（2）将烧结机 1~22 号风箱隔板由原来的 400mm 宽平板改为三角形，增加风箱上口的抽风面积。

（3）对烧结机泥辊小闸门进行改造，将原来的 6 个大闸门改为 9 个小闸门，对配重进行规范，采用悬挂可调，解决了泥辊闸门易溜料、布料效果差的问题。

（4）针对台车栏板改造加高，料厚增加，为不断改善料层透气性，将烧结机松料器由单层改成双层，在上部增加了 9 根圆钢，从而进一步改进了布料效果，满足了料厚不断增加的需要。

### 7.8.8 韶钢加装松料器的改造

为提高烧结料层的透气性，韶钢在 360m$^2$烧结机布料九辊下沿着台车运行方向加装了松料器。松料器的布置方式为一至两层圆管，安装高度约距台车炉箅条面上 300~500mm。当烧结机台车布料时，混合料经九辊落下，松料器沿台车运行方向“插入”料层中。表 7-31 为安装松料器前后对炉膛负压和烟道负压的影响。可见，加装松料器后，料层透气性显著提高。

**表 7-31 松料器对炉膛负压和烟道负压的影响**

| 项 目 | 未安装松料器 | 安装一层松料器 | 安装两层松料器 |
|---|---|---|---|
| 炉膛负压/Pa | -5.8 | -9.2 | -13.5 |
| 大烟道负压/kPa | -15.2 | -14.7 | -14.2 |

### 7.8.9 宝钢八钢布料设施改造

宝钢八钢 265m$^2$烧结机布料方式是采用了摆动胶带机+宽胶带机+11 辊的联合布料形式，未采用缓冲料仓+泥辊布料的形式。投产初期未能解决由于摆头皮带的运行特性造成的宽皮带局部周期性缺料的现象，宽皮带和台车上料的形状呈“M”形，最边缘部分缺料，再向中央的两侧压料，在台车最中部则缺料，造成风量分布严重不均和浪费，烧结机料层被迫铺薄、利用系数低、能耗高。

改造的主要措施是在宽皮带上增加了“M”形分料器、重新调整了摆动皮带的连杆长度和摆幅；并在摆动皮带上方溜槽增加了一个调料板，以调整料流，控制布料（见图 7-39）；同时对松料器进行了重新设计（见图 7-40）。

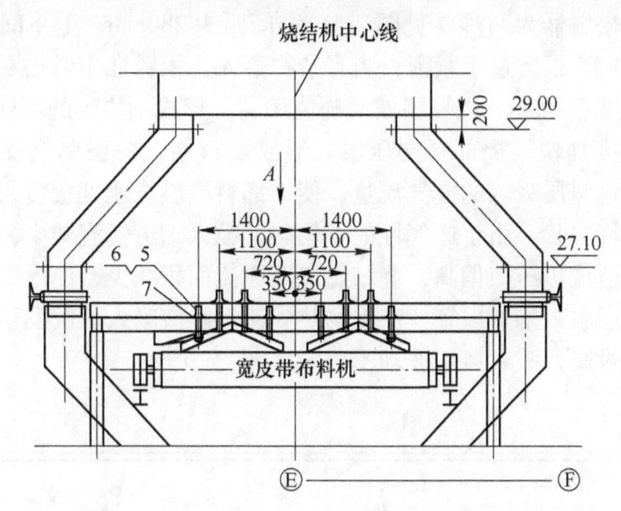


图 7-39　布料系统宽皮带“M”形分料器工艺布置图

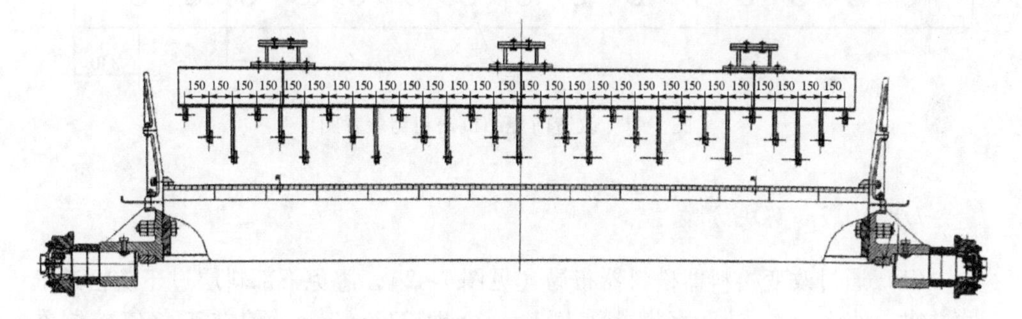

图 7-40　布料系统改进的松料器工艺布置图

实施以上措施后，烧结机料层厚度从 550mm 提升到 650mm，后来又增加到 700mm。料层增厚后，由于对松料器以及混合机打水管等设施进行了改造，烧结混合料粒度也明显改善，布料的偏析作用得到加强，料层上、下部粒度分布合理，厚料层烧结的蓄热作用明显增强，烧结过程高温保持时间增加，烧结矿强度明显改善，焦粉消耗下降，为提升烧结利用系数、降低能耗起到了重要作用。

### 7.8.10　本钢松料器料层透气性改进

松料器形式有棒状、管状和扁钢状；排列分为单排、双排、间隔双排；相比较而言管状质量轻，弯曲时校直容易，还可以充分预热介质，提高料温，价格成本低。生产实践证明：松料器在大幅度提高料层厚度的基础上，能使烧结利用系数显著提高，固体、气体燃料和电力消耗相应降低。

7.8.10.1 现状

本钢原有松料器为两排（见图 7-41），间距为 280mm，上下间距 180mm，上排 17 根，下排 15 根。过于紧密，当有杂物落入，积料堆集时松料器将扩大下部混合料孔隙高度 360mm，燃烧层波动峰值偏高，形成不均匀的断层。使上部混合料垂直燃烧速度加快，上部料层压实。形成硬料层，料层单位气体动力阻力增大，阻碍了通过料层吸入的空气流量，使下部料层燃烧速度缓慢，机尾红料层过厚燃烧层趋于峰谷状。由于透气性的不均匀，吸入烟道气流减少，供给燃烧所用空气量不足，造成负压值偏高，烧结燃烧段通流面积减少，使燃烧层产生热气流不能被通过料层吸入烟道风管，产生的热气流不能被吸入而散发于台车体外造成台车两侧气温过高，吸入风量波动不稳定。

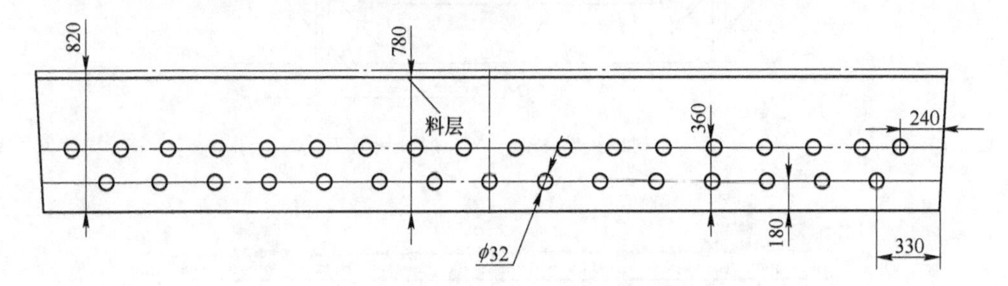


图 7-41 改造前烧结机松料器装置图

7.8.10.2 解决方案

(1) 通过改变松料器松料器布局（见图 7-42），避免下部料层过于疏松透气性过快，使上部料层垂直燃烧速度趋于合理 23mm/min，偏差正负值控制在 5mm。减少台车下部松料器数量，使松料器间距形成不等边三角形避免积料挂料形成大空隙，提高松料器上排高度到 500mm，排数 17，间距 280mm，下排高度 260mm，排数 8，间距 560mm，减少下部料层过于疏松，使料层上部废气的热量很快被下部冷湿料所吸收利用，改善换热条件，有利于使燃烧带趋于在较窄的区域，减少烧结过程中料层对气体的阻力，料层空隙多，增大了通流面积形成良好透气性。使供给燃料燃烧空气量相对增加，台车挡板两侧不加松料器，避免气流边缘化。而上部必须压实，使整个料层气流尽可能分布均匀，保证吸风机吸入风量，风机压力 > 管道阻力，增加通流面积，加快空气通过料层的渗透速度，避免因气流流量不足波动。气流在料层中分布的均匀程度，对烧结矿产量和质量有很大影响，不均匀的气流分布会造成不均匀垂直燃烧速度，而不均匀的垂直燃烧速度又会加重不均匀的气流分布。

(2) 利用空压风强制通风疏松料层，采用 E 形排列或三角形排列根据机尾

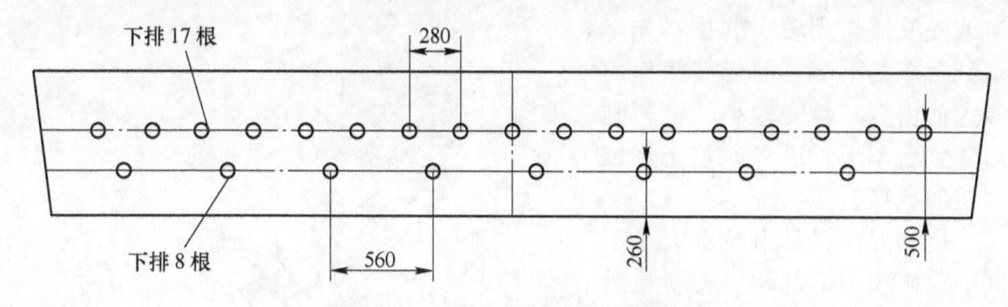


图 7-42 改造后烧结机透气棒图

燃烧层情况开闭通气阀门，以控制气流流量达到疏松料效果。整体改造后的效果如图 7-43 所示。

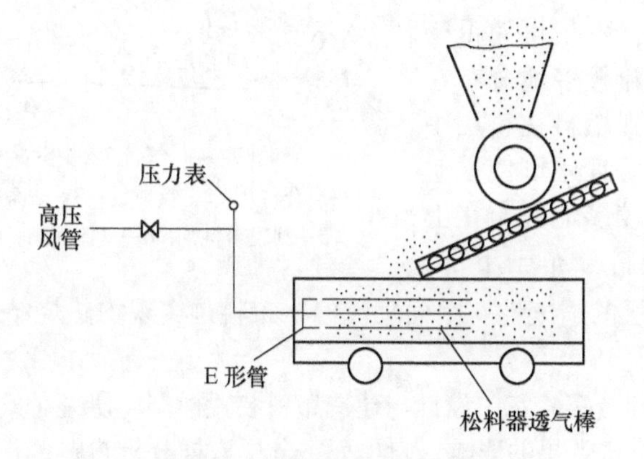


图 7-43 整体改造后的效果图

### 7.8.11 宝钢气流偏析布料烧结技术

为实现均热高料层烧结，中南大学与宝钢股份公司合作研究了气流偏析布料技术。气流偏析布料是在布料反射板与台车之间、沿台车运行方向对下降物料施加逆向气流（见图 7-44），改变物料运行状态，实现燃料和混合料合理偏析，以达到上下层热量均匀的目的。

在气流作用下，固体颗粒在水平方向的阻力加速度为：

$$a = \frac{39\mu^{1/2}\rho_g^{1/2}(u\cos\theta - v_2)^{3/2}}{4d^{3/2}\rho_p}$$

式中，$a$ 为水平方向阻力加速度；$d$ 为固体颗粒直径；$\rho_p$ 为颗粒密度；$\rho_g$ 为气体密度；$\mu$ 为气体黏度；$u$ 为气体流速；$\theta$ 为气流方向与台车运行方向夹角；$v_2$ 为固体颗粒在水平方向运行速率。

从上式可以看出，颗粒直径越小，密度越小，气流速度越大，颗粒向台车前进方向运动的距离越远。由于烧结生产中布料过程是连续的，因此没有被气流携带或受气流作用较小的物料先下落到台车的下部，而受气流作用较大的密度、粒度较小的物料则后落到台车上，更多地位于烧结料层的上部。

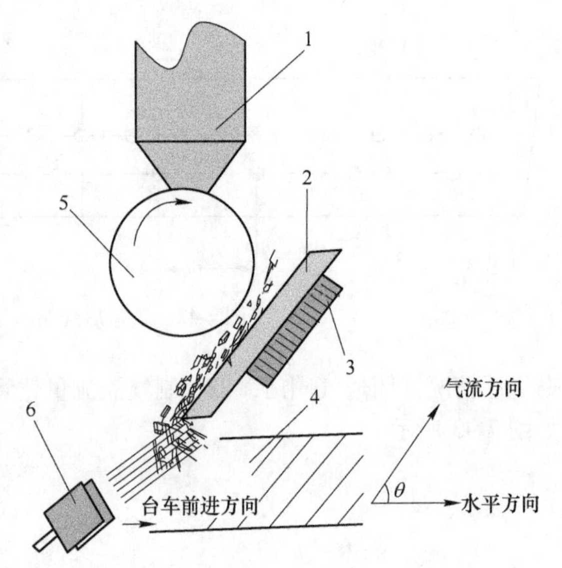


图 7-44　气流布料装置示意图

1—混合料仓；2—反射板；3—磁系；4—烧结料层；5—圆辊给料机；6—气流喷嘴；θ—气流夹角

烧结混合料是由粒度大小不同的铁矿粉、熔剂和焦粉颗粒组成，其中含铁原料粒度 0~8mm 左右，焦粉的粒度一般 0~3mm，且焦粉颗粒的密度低于铁矿颗粒。因而在烧结过程中对混合料施加相向气流时，不仅可使得密度较小的焦粉颗粒较多地分布在料层的上部，达到燃料在料层中的偏析的目的，而且还可使铁矿粉中较细的物料较多地分布在上层，而较粗的物料分布于下部，从而改善烧结料层的透气性。因而气流偏析布料是实现均热烧结并同时改善料层透气性的理想途径。

根据这一原理，实验室中设计与建造布料装置模型，研究了气流速度、气流形式、倾角对布料偏析效果的影响，自上而下分层取样分析布料偏析效果。气流速度对燃料偏析的影响如图 7-45 所示，速度过小则物料偏析效果小，气流速度过大则会造成细粒级物料特别是密度较小的固体燃料损失。气流速度对物料粒度偏析的效果如图 7-46 所示，在适宜范围内，随着气流速度的增大物料的偏析效果逐渐增强，但当增加到一定值后，继续增加气流速度，物料的偏析程度变化较小。

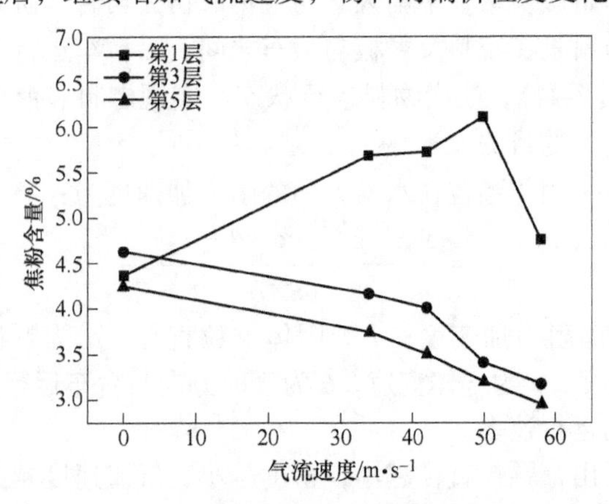


图 7-45　气流速度对料层中焦粉分布的影响

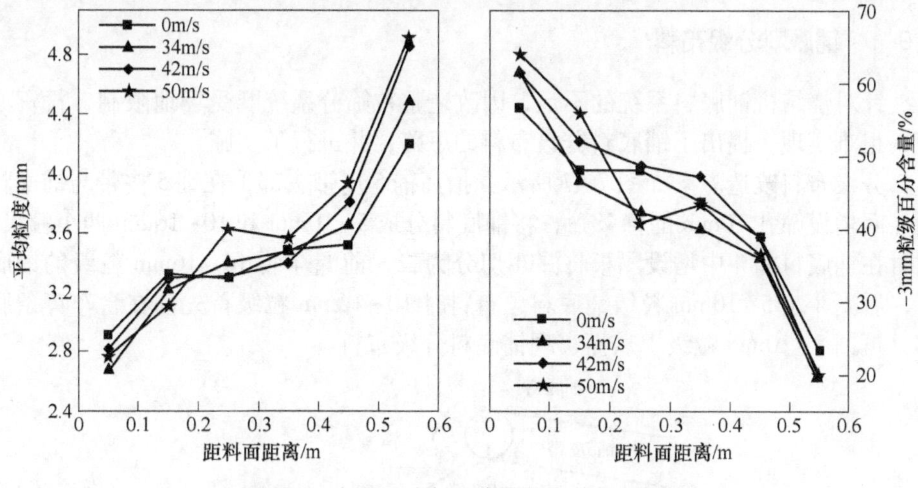


图 7-46 气流速度对混合料粒度偏析的影响

由于气流布料能实现燃料合理偏析，因而可以降低固体燃料配比。采用宝钢烧结料进行的实验室烧结试验发现，采用气流布料可使焦粉配比由 4.6%降低至 4.2%，如表 7-32 所示。宝钢气流布料生产实践表明，烧结矿的固体燃耗降低了 2.18kgce/t。

**表 7-32 气流偏析布料烧结杯试验结果**

| 布料方式 | 焦粉配比 /% | 水分 /% | 垂直烧结速度 /mm · min$^{-1}$ | 成品率 /% | 转鼓强度 /% | 利用系数 /t · (m$^2$ · h)$^{-1}$ |
|---|---|---|---|---|---|---|
| 普通布料 | 4.6 | 10 | 20.08 | 73.26 | 61.05 | 1.401 |
| 气流布料 | 4.2 | 10 | 20.16 | 78.26 | 61.85 | 1.461 |

## 7.9 柳钢 360m²烧结机布料系统优化实践

柳钢 2×360m²烧结机铺底料粒级为 5~16mm（-10mm 约占 48%），粒度整体偏细，而台车箅条间隙为 6~8mm，因此会导致部分铺底料会被抽风带走，进入大烟道；还有部分卡塞在台车箅条间隙造成堵塞，严重影响烧结过程透气性。

烧结料除了利用生石灰消化进行预热外，没有其他预热手段，混合料温度随天气变化、熟熔剂质量、用量的波动而变化。

布料系统平料器安装位置靠后，容易将料层过度压实，进一步影响烧结过程控制。

受上述三个因素的影响，两台烧结机料层透气性不佳，波动频繁，导致烧结料层厚度偏低、台车箅条寿命低，进而抑制了烧结矿的产、质量。为了改变这种状况，柳钢实施了以下技改措施，改善布料效果，优化了烧结过程透气性，取得明显成效。

### 7.9.1　铺底料分级布料

针对烧结机铺底料系统的不足，因改造整粒筛分系统既受场地限制、投资亦高，很难实现。提出了铺底料分级布料的思路，并进行了实施。

分级布料改造方案如图 7-47 所示。抬高铺 5 皮带头部，在铺 5 皮带与铺底料漏斗间增设筛孔 10mm 的棒条筛，将铺底料分成 5~10mm 和 10~16mm 两个粒级。同时在铺底料漏斗中增设隔板将漏斗切分为二，前漏斗装 10~16mm 粒级的铺底料，后漏斗装 5~10mm 粒级铺底料，布料时 10~16mm 粒级首先铺在台车箅条底部，再铺 5~10mm 粒级，从而实现铺底料分级布料。

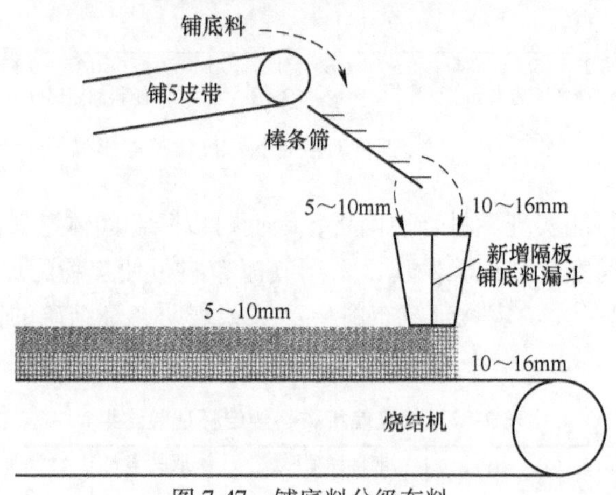


图 7-47　铺底料分级布料

因台车箅条间隙为 6~8mm，铺底料分级布料可以减少-8mm 部分铺底料与台车箅条的接触，有效地解决了铺底料被抽风带走，致使铺底料不足以及堵塞箅条间隙的问题。

### 7.9.2　混合料蒸汽二次预热

原设计使用全熟熔剂生产，利用全熟熔剂消化预热混合料，无其他的预热手段。夏、秋季节气温较高时混合料温能达到露点以上；冬、春季节则经常存在料温不足的问题；同时受熟熔剂用量的变化或质量的波动影响，混合料温时常偏低或波动，致使烧结过程容易出现过湿现象，导致料层透气性恶化。

因此对混合料矿槽漏斗进行改造，如图 7-48 所示。在矿槽中下部沿四周方向安装 50 个蒸汽喷嘴，引入大烟道余热锅炉产生的部分蒸汽对烧结混合料进行预热，使混合料达到 70℃ 以上。增加了混合料二次补充预热手段，此方法不仅确保混合料温始终保持在露点温度以上，还进一步解决了混合料矿槽易结料、悬料的难题。改造后料层厚度相同时烧结机大烟道负压下降了-1. 5kPa 左右，大烟负压相同时料层厚度提高了 80mm，达到了 730mm 以上，效果显著，说明烧结过程的过湿现象消除了。

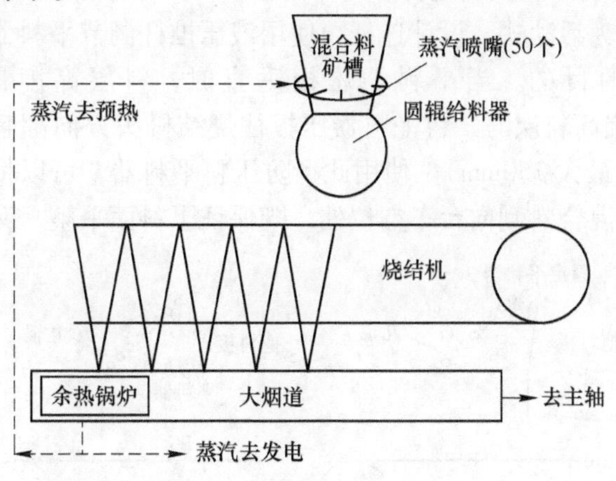


图 7-48　混合料蒸汽二次预热

### 7.9.3　优化九辊布料器间隙、倾角

九辊布料器整体布料效果不佳，表层粗颗粒多，烧结断面不均，表层欠烧、下层过熔。分析原因：（1）九辊布料器倾角 40°、偏小；（2）辊子间隙不均，导致布料效果不佳。

针对这个问题，经过大量实验，将九辊布料器倾角调整为 45°，提高粗颗粒滚动速度，促进粗颗粒向下偏析；辊子间隙统一调整为 3mm，强化不同粒级的垂直分布控制，如图 7-49 所示。优化后混合料布料效果明显改善，垂直偏析效果增强、表层粗颗粒减少，表层“黄点”、断面“花脸”、下层“过熔”现象大幅降低，烧结过程更趋均匀。

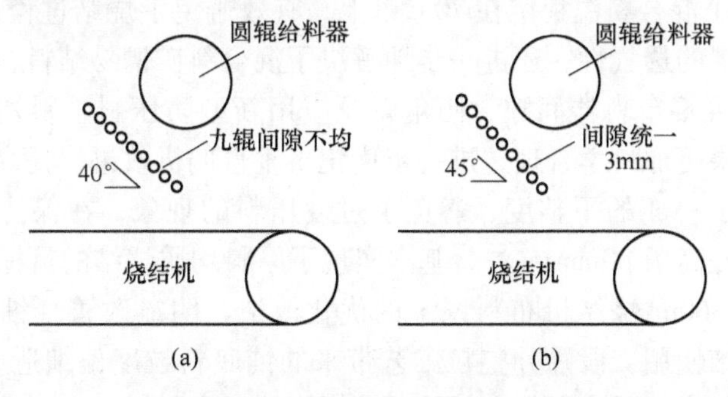


图 7-49　优化九辊布料器间隙、倾角
（a）优化前；（b）优化后

### 7.9.4　应用新型防压料平料器

平料器原来安装在九辊布料器后 1.5m，平料时容易引起混合料堆积集中造成过度压料，使得料层透气性下降。

如图7-50所示，此次改造将平料器前移1.5m至九辊布料器下方，采用翻板结构由固定式改为活动式，设计连杆，使用液压推杆调节平料器角度，进而达到控制平料高度的目的。当平料器压板垂直时，料层高度最低（设计最小650mm）；需要提高料层时，将平料器压板往烧结机头方向翻起，直至到达所需料层高度（设计最大750mm）。使用此型防压料平料器，可以将料面上超出料层高度的、多余的混合料刮向台车空位处，既保证了料面平整，又不会造成压料。

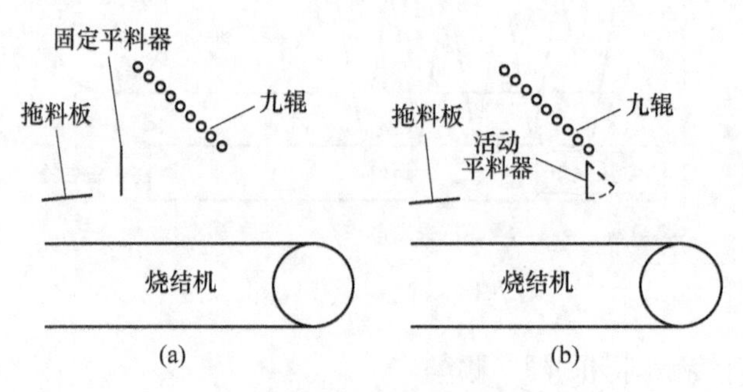


图7-50 固定平料器改为活动式
（a）改造前；（b）改造后

### 7.9.5 应用效果

通过上述技改措施的实施，取得较好的实际效果：

（1）改造后烧结内返矿率下降了1.2%左右，避免了因铺底料被抽走后造成的亏缺引起的台车箅条烧损，也让台车箅条寿命延长了2个月左右；同时，台车箅条间隙畅通率提高了20%左右，烧结过程改善、电耗降低1.5kW·h/t左右。

（2）确保了混合料温稳定在70℃以上，有效避免了烧结过程过湿层的形成，改善了烧结料层的透气性；还进一步地解决了混合料矿槽易结料、悬料的难题。

（3）优化九辊布料器间隙、倾角以及应用新型防压料平料器，使得烧结机混合料布料效果更加科学合理，进一步优化了垂直偏析效果、提高了横向布料的均匀性、改善了料面的平整度、避免了过度压料的现象，在保持同样负压条件下，料层厚度提高了80mm左右，基本实现了厚料均质烧结的目标。

对柳钢2×360m$^2$烧结机布料系统的优化改造，明显改善了铺底料的布料效果，解决了烧结使用二段筛分整粒工艺带来的铺底料粒度偏细造成的不利影响；同时也有效改善烧结混合料的布料效果，提高了混合料温度、避免了烧结过程过湿层的出现，科学地避免了布料过程出现的压料现象。既保护了烧结机台车箅条，又提高了烧结料层的透气性。

## 7.10 料层厚度检测技术现状及发展趋势

烧结机料层厚度是指台车上混合料的料面到台车底部箅条上表面的距离，是烧结生产中的一项关键操作参数，也是考核烧结机中间操作的重要指标，料层厚度及其稳定性直接影响到烧结矿的产量和质量。为了实现最优烧结，必须确定最合理的料层厚度，而台车速度、给料圆辊速度、混合料槽料位的变化以及混合料的成分、水分、粒度的改变都会造成料层厚度的变化。为了保证料层控制在预先设定的目标层厚，就必须实时准确地对料层厚度进行在线检测，所以料层厚度测量是烧结生产中必需的一项技术。

为了实现在线准确检测烧结机料层厚度，国内外不断开发出用于层厚检测的技术，下面将重点从烧结机台车层厚检测技术应用现状、各类检测技术的原理、应用优缺点等进行深入分析，并且对层厚检测技术的发展趋势进行展望，从而为烧结厂提供技术指导，为进步开发层厚检测技术指明方向。

### 7.10.1　烧结机台车层厚现有检测技术及优缺点

烧结机台车层厚现有检测技术中大多采用在九辊布料器之后设置雷达料位计、超声波料位计，检测烧结台车上的料层厚度，属于非接触检测技术。国内也有些厂家安装了闭路电视，使用情况都不尽如人意，且成本高。

#### 7.10.1.1　雷达、激光或超声波等非接触直接检测方法

超声波料位计、激光料位计与雷达料位计除波的类型不同外，其他原理、选型及安装完全相同，均属于非接触式直接测量得到料位数据。常用的雷达料位计又分一般喇叭口式雷达与导波雷达两种，与一般喇叭口式雷达相比，导波雷达对恶劣的现场环境的承受能力更好。下面以目前烧结工程料层厚度检测常用的雷达层厚仪为例进行说明。

如图7-51所示，雷达料位计台车料层厚度检测方法是将雷达料位计安装在九辊布料器之后台车料面。在竖直方向上雷达料位计接线盒固定在烧结机台车料仓的支撑平台处，喇叭形天线穿过烧结机台车内部的上层通道，天线下端位于烧结机台车面料上方，水平方向上雷达料位计位于沿烧结方向的九辊布料器后的位置。

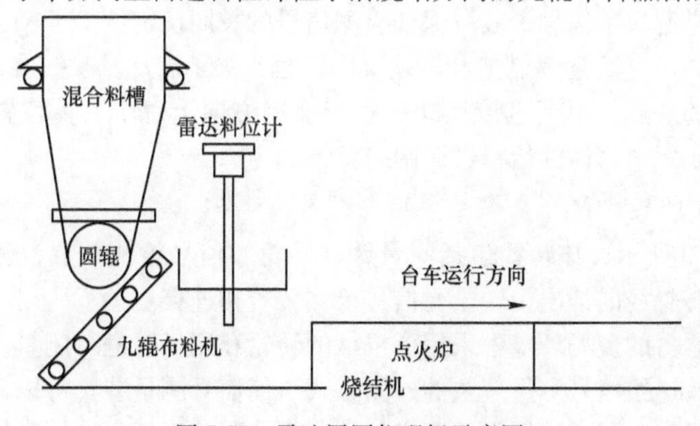


图7-51　雷达层厚仪现场示意图

由于设备附近多环境恶劣、烟气温度高、多腐蚀性气体、多粉尘，这种方法一般在工程项目投产初期测量较稳定、精度高、抗干扰能力强，但运行一定时间后尤其是维护跟不上时，测量的数据准确性将大受影响，甚至无法使用，而且这种测量方法一台雷达料位计只能测量一个点的料层高度，测量多点就需要设置多台设备，价格昂贵。目前国内外烧结层厚检测大多采用该方法。

#### 7.10.1.2　机械装置法

A　浮杆式烧结料层厚度检测装置

如图7-52所示，该装置是在台车料面上横置一个可随料层厚度 $h$ 上下移动的浮杆（或L型平板），长度与料层宽度相同，该浮杆两端用链索与布料机体相连，浮杆垂直方向连接钢丝绳，钢丝绳绕过定滑轮，随动滑轮，下端连有配重用来调节浮杆对料层的压力，并有平整料面的功能。随动滑轮上有转动轴与角位移编码器相连。浮杆随料层上下移动的位置信号，通过上述传动机构以链式柔性的传动，传递给角位移编码器，进行数字编码，输出数字编码信号，送入计算机计算、显示，来实现烧结料层厚度 $h$ 的检测。

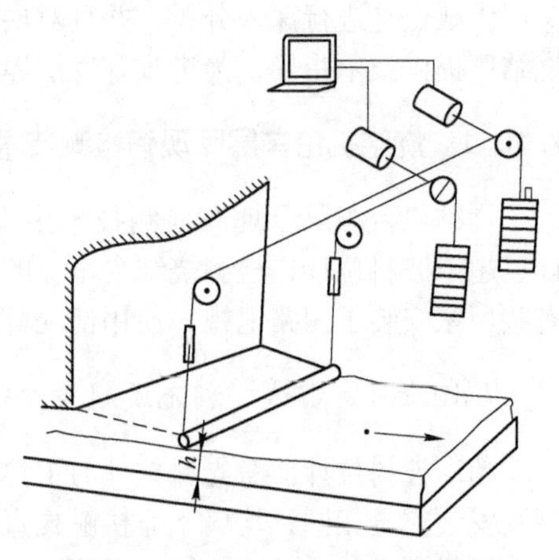

图7-52　浮杆式层厚检测装置示意图

该方法有以下优点：

（1）通过机械传动部分链式柔性的传动来实现浮杆位置信号的传递，这种形式比刚性连接传动适应性强，可在各种环境中使用。

（2）检测稳定性高，采用的高精度光电型角位移编码器，可直接将位置信号转换成二进制数字信号，故可保证检测信号的长期稳定性。

（3）结构简单，容易制造和安装，同时也省去了冷却及吹扫装置。

该方法的缺点是不能直接反映在料层宽度方向上每个具体位置上的料层厚度，对于控制每个具体的给料微调闸门就无能为力。

B　机械的转轮和测量臂层厚检测装置

如图7-53所示，该装置包括测量臂、转轮和信号检测装置，测量臂固定在转轮上并沿转轮径向伸出，转轮与信号检测装置相连接。

由于在恶劣的现场环境中采用了机械的转轮和测量臂进行测量，而将料层厚度的变化值传递给信号测量装置的检测方式，使信号测量装置可以避开现场的恶劣环境，从而实现了烧结机料层厚度的检测和控制，降低了被测料层的数据波动幅度，提高了烧结机生产过程的稳定性以及烧结矿的产量和质量。同时还具有结构简单、维护量小、设备投资小等优点。该方法解决了在点火器前检测烧结台车料层厚度的问题，同时也避免了看火工频繁去烧结机头观察料层厚度，降低了劳动强度。缺点是存在检测机构的维护问题和零点经常变化的问题，主要原因是机械传动容易受现场环境影响，因此实际运行中仍然存在一些难题有待解决，该技术曾在攀钢炼铁厂6号烧结机上使用。

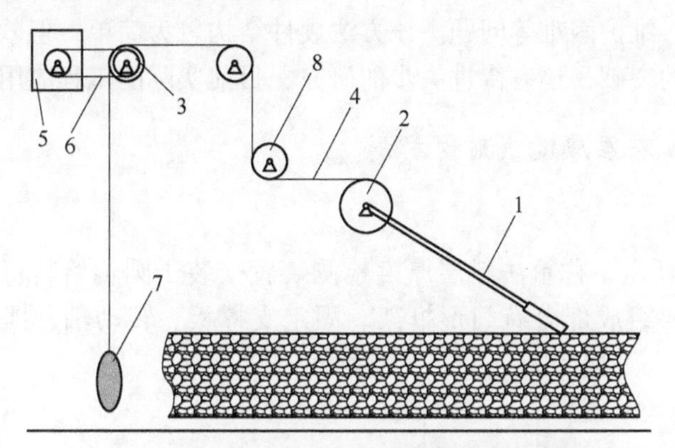


图 7-53 转轮和测量臂层厚检测装置示意图

1—测量臂；2—转轮；3—测量轮；4—钢绳；
5—信号测量装置；6—皮带；7—配重；8—换向张紧轮

### 7.10.1.3 图像处理法

基于图像处理的料层厚度检测装置，包括光源、图像采集装置以及与图像采集装置相连接的图像处理装置，如图 7-54 所示。光源被置于料层上方且能照射

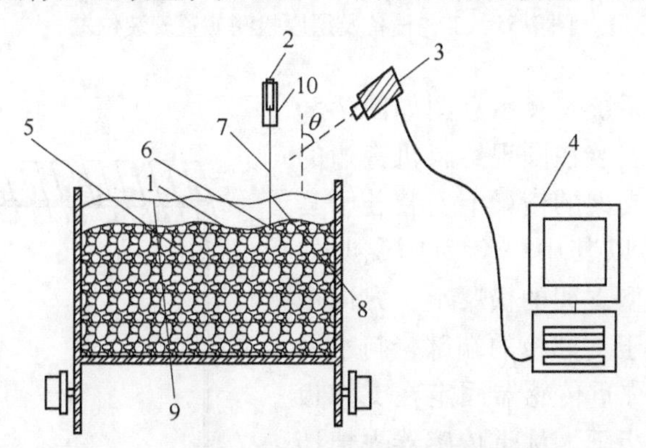


图 7-54 图像法料层厚度检测装置示意图

1—初始料层表面；2—光源；3—图像采集装置；4—图像处理装置；5—物料；6—初始光斑位置；
7—光束；8—料层变化后的光斑位置；9—料层变化后的料层表面；10—透明保护罩

到料层表面形成光斑。图像采集装置被置于能够采集包括光斑在内的料层表面图像的位置，并且图像采集装置的拍摄方向与料层表面所在的平面非垂直。图像处理装置接收图像采集装置所采集的图像，从采集的图像中确定出光斑的位置，且根据光斑位置来确定料层厚度。

这种方法相比机械式料层厚度检测装置和雷达料位计检测方法，有着维护量小，精度高，并且在检测料层的同时可观察料面情况等优点，解决了料层厚度检测受环境影响、维护困难等问题。该方法硬件结构较为简单，但软件技术暂时还未得到革命性的突破，还有待进一步的研究，目前实际的工程应用还少见。

#### 7.10.1.4　料层厚度软测量方法

##### A　称重法

如图 7-55 所示，称重法料层厚度检测装置安装于圆辊给料机旁边、九辊布料器上方，主要组成部分有门形框架、固定支撑板、转动轴、挡料板和称重传感器。

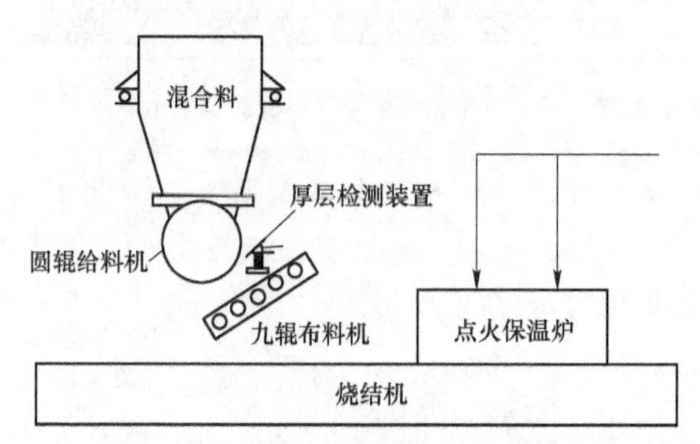


图 7-55　工艺设备及层厚检测装置安装位置

该层厚检测系统安装示意图如图 7-56 所示，门形支架安装在圆辊给料机旁边的固定平台，门形支架的横梁上安装若干套层厚检测装置，以其中一套为例说明如下：固定支撑门型支架的横梁上，方向水平，挡料板固定于支撑板的端部，与水平方向夹角为 $\alpha$。称重传感器固定在支撑板上，安装于挡料板下。称重传感器去掉挡料板的皮重后，初始值为 0。当物料经圆辊给料机出来后，落到挡料板上，称重传感器测量落在挡料板上的料重，料量越

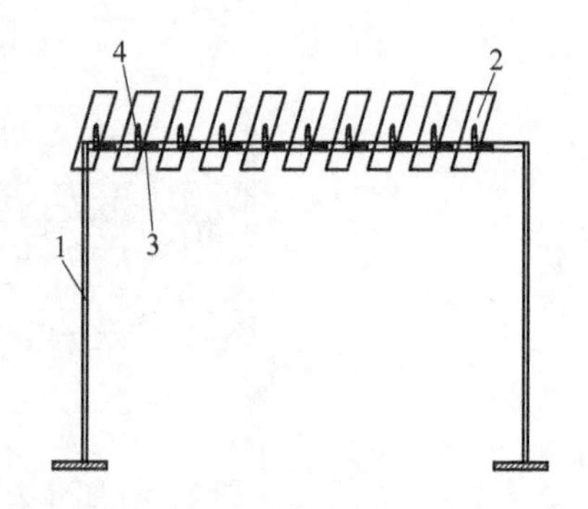


图 7-56　称重法料层厚度检测装置安装

1—门形支架；2—挡（受）料板；3—挡料板支撑；4—称重传感器

大，测得的数值越大，该数值越大，给料越大，烧结机速度稳定时则在烧结机台车上的物料层厚就越高，台车上对应位置处的层厚可以认为与挡料范围内的平均层厚相对应，本系统由多个组成完全相同的料层厚度检测装置构成。

系统的工作流程为：挡料板初始状态保持与水平面成 $\alpha$ 角度，靠近圆辊给料机，当圆辊给料机排料时，排出的物料落到挡料板，并由称重传感器测量出挡料板上的料重，控制系统根据称重传感器直接测量的料重数据及建立的软测量数学模型进行计算间接得到该挡料板区域范围内台车上的料层厚度。

B 角度法

角度法与称重法类似，主要组成部分有门形框架、固定支撑板、转动轴、挡料板和角度传感器。安装示意图如图 7-57 所示。

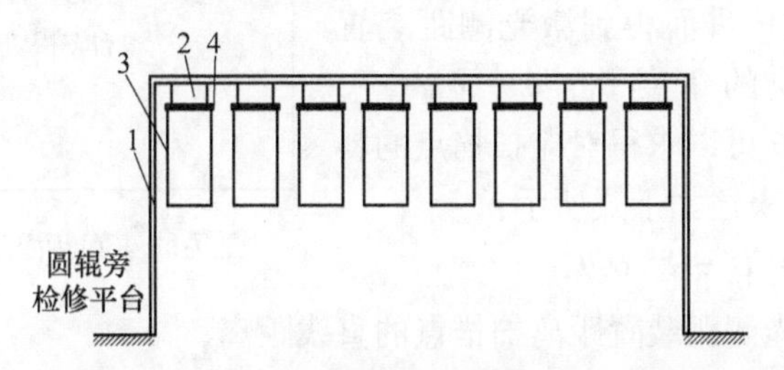


图 7-57 角度法层厚检测装置安装示意图

1—门形支架；2—挡（受）料板；3—挡料板支撑；4—角度传感器

挡料板初始状态保持竖直向下，即与地面垂直，与圆辊给料机贴近基本保持相切，当圆辊给料机排料时，排出的物料接触到挡料板，会对挡料板造成一个推力，使挡料板转动与竖直方向产生一个角度 $\alpha$，控制系统根据角度传感器测量出挡料板旋转的角度 $\alpha$，控制系统根据角度传感器直接测量的挡料板的角度数据及建立的软测量数学模型进行计算间接得到该挡料板区域范围内台车上的料层厚度。

这两种料层厚度软测量方法相比其他的检测方法，将料层厚度检测时间提前，能够在圆辊给料机排料时就检测到台车上料位真实值，达到真正意义上实时检测的效果，并且可以完成多点料层厚度的测量。同时，由于设备结构简单，维护方便，延长了维护周期，维护成本大大降低。

这两种软测量方法缺点是检测精度上与雷达料位计相比稍有不足，但作为层厚检测仪器可实时反映料层变化的真实趋势，完全能够满足与给料微调闸门配合使用时形成闭环控制的检测要求。作为层厚闭环控制系统这两种检测方法还处于开发阶段，目前尚未实际应用于工程。

C 旋转激光法

旋转激光法的料层厚度检测装置主要由电机、拉绳式传感器、激光测距仪表等部件组成，通过安装支架固定安装于烧结机台车料面之上。激光测距仪表在驱动机构的作用下可以沿垂直于烧结台车运动的方向摆动，扫描不同的物料区域以得到多个测量点，获得多组数据，激光测距仪表摆动的角度大小通过拉绳式传感器将行程位移转化为角位移获得。

检测原理如图 7-58 所示，测量装置悬挂安装于台车物料表面上方，初始状态为竖直状态，垂直于料层表面。激光测距装置沿台车横向快速摆动扫描料层表面，测量得到激光测距装置到扫描点的距离 $L_1$，$L_2$，$L_3$，…，$L_n$，通过拉绳式传感器将行程位移转化成角位移进而得到激光测距装置摆动产生的对应的角度 $\theta_1$，$\theta_2$，$\theta_3$，…，$\theta_n$，则每组 $L_i$和 $\theta_i$可以求得对应扫描点的料层厚度 $D_i$，可以表述如下式所示：

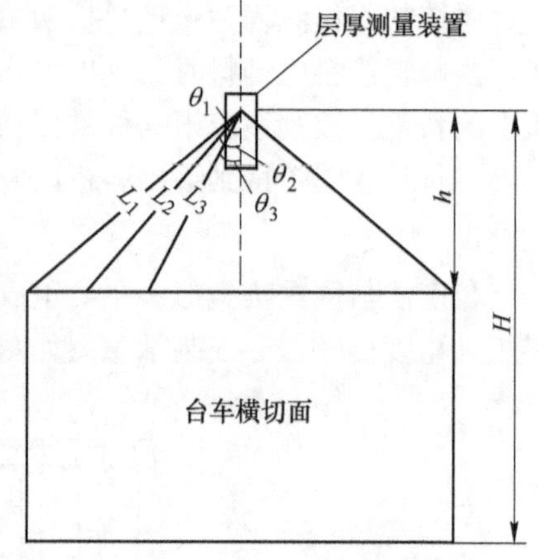


图 7-58　旋转激光法检测原理图

$$D_i = H - L_i\cos\theta_i$$

式中　$L_i$——激光测距装置距离扫描点的直线距离；

$\theta_i$——激光束与竖直向下方向（即垂直于台车料面方向）所成的夹角；

$H$——检测点到烧结机台车底部的距离。

旋转激光检测方法具有测量精度高、抗干扰能力强等诸多优点，降低了日常维护的成本，同时整个层厚检测装置可以沿着烧结台车横向摆动，摆动的角度通过拉绳式传感器可以得到，这样就可以通过一个设备获得很多个点的测量数据，进而提高层厚测量的准确性。缺点是机械部件长期不间断旋转，寿命有限。

### 7.10.2　台车料层厚检测技术发展趋势

料层厚度检测历经多次系统化和精准化的革新，从原始的人工观测到现在广泛应用的雷达料位计、利用机械传动装置检测法、图像测量方法，标志着台车层厚检测技术的进步和艰辛历程。随着钢铁工业的高速发展，大型高炉对烧结矿的质量要求不断提高，烧结操作中更需要对料层厚度进行严格的检测及控制。经过多家烧结厂现场调研，普遍反映层厚检测目前还是存在诸多问题及难题，随着当前的信息化及智能化技术的发展，烧结料层厚度的检测必然也将朝着更加先进的方向发展，主要表现在以下方面：

（1）检测方式更简单可靠易用。越来越多的研究人员将层厚检测方式的落脚点定位在软测量建模上，力求通过简单、耐用、成本低的一次检测元件，引入设备生产参数，建立层厚检测数学模型，间接得到可靠的料层厚度值。

（2）测量更及时。文中提到的称重法和角度法的层厚软测量技术，把传统的位于九辊布料器之后的层厚测量，提前到圆辊给料机排料时，达到真正意义上实时检测的效果。

(3) 检测范围更广。在整个台车料面范围内只检测一个点的层厚肯定无法准确掌握整个台车上的料层厚度，为保证烧结机宽度方向上各点的 BTP 位置一致，检测宽度方向上尤其是与微调闸门对应位置处的多点层厚，并与微调闸门形成闭环控制，是比较重要的。因此，尽可能少的设备检测到的料层范围更广必将成为未来的趋势。

## 7.11 首钢京唐烧结机 800mm 厚料层烧结生产实践

京唐一期 1 号 550m$^2$ 烧结机于 2009 年 5 月 9 日投产，设计年产烧结矿 1132.56 万吨，利用系数 1.35t/(m$^2$·h)，台时产量 750t。烧结主抽风机为引进的 2 台 howden 风机，负压 19kPa。为最大限度地发挥烧结机生产能力，采用了挡板加宽技术和厚料层烧结梯形布料技术，使台车宽度由原来的 5m 加宽至 5.5m，烧结面积由 500m$^2$增加到 550m$^2$。布料厚度设计为 750mm，2009 年 8 月初实行梯形布料技术后达到了 800mm。

### 7.11.1 实施厚料层烧结的工艺优势

厚料层烧结技术的实施与京唐烧结机的工艺优势是分不开的，主要有以下几个方面。

#### 7.11.1.1 设备大型化

首钢京唐烧结厂主要设备参数列于表 7-33~表 7-37。

表 7-33 混合系统设备能力参数

| 项目 | 一次 | 二次 |
|---|---|---|
| 处理能力/t·h$^{-1}$ | 1400 | 1400 |
| 筒体转速/r·min$^{-1}$ | 6 | 5~7 可调速 |
| 混合时间/min | 2.24 | 4 |
| 筒体旋转方向 | 逆时针（顺料流方向看） | 顺时针（顺料流方向看） |
| 驱动方式 | 减速机 | 液压马达 |

表 7-34 烧结机设备能力参数

| 有效面积/m$^2$ | 台车宽度/mm | 台车速度/m·min$^{-1}$ | 拦板高度/mm | 驱动形式 |
|---|---|---|---|---|
| 550 | 5000<br>（拦板之间宽度 5500） | 1.333~4 | 750 | 变频调速 |

表 7-35　主抽风机设备能力参数

| 抽风能力/$m^3 \cdot min^{-1}$ | 功率/kW | 最大功率/kW | 进口压力/kPa | 台数 |
|---|---|---|---|---|
| 25375 | 9735 | 11000 | -18 | 2 |

表 7-36　环冷机设备能力参数

| 冷却面积/$m^2$ | 台车宽度/mm | 拦板高度/mm | 处理能力/$t \cdot h^{-1}$ | 鼓风机台数 |
|---|---|---|---|---|
| 580 | 3900 | 1500 | 1300 | 6 |

表 7-37　成品系统设备能力参数

| 名　称 | 筛子类型 | 处理能力/$t \cdot h^{-1}$ | 筛孔尺寸/mm | 筛分效率/% | 台数 |
|---|---|---|---|---|---|
| 一次筛 | 椭圆等厚振动筛 | 1200 | 12 | 90 | 2 |
| 二次筛 | 直线筛 | 750 | 20 | 80 | 2 |
| 三次筛 | 椭圆等厚振动筛 | 650 | 6.3 | 90 | 2 |

由表 7-33 ~ 表 7-37 可知，京唐烧结机有效面积为 550$m^2$，台车拦板间宽度 5500mm，拦板高度 750mm；单台主抽风机能力达 25375$m^3$/min；环冷机有效冷却面积 580$m^2$。这些主体设备的大型化，都为厚料层烧结提供了设备基础。

#### 7.11.1.2　装备先进

（1）混合系统的二次混合机采用液压传动，其转速可根据生产需要进行调节，进一步强化了制粒。

（2）采用梭式布料器，减轻了混合料在布料矿槽中的偏析。采用圆辊加九辊的布料方式，圆辊设有大闸门和 6 个小闸门，大、小闸门开度可依靠液压机构自动调整，通过调节圆辊转速和大、小闸门开度，可保证布料平整。通过调节九辊转速，可改善混合料在台车上的粒级分布，以增加料层透气性，改善上下料层之间的烧结温度差异，降低返矿率，提高烧结矿强度。

（3）烧结机所有风箱都设有风箱执行机构，通过调节风箱开度，可实现微负压点火、控制局部烧结气氛，更便于烧结终点控制。

（4）环冷机系统配备了 6 台大功率鼓风机，共设有 24 节风箱，每四节为一段，便于控制烧结矿冷却强度，保证烧结矿质量。

（5）烧结主抽风机采用进口的 Howden 风机，其运行稳定，抽风能力大，负压高，可根据生产需要随时调节主抽风机风门开度，调节风量，满足不同生产需求，保证料层透气性。

#### 7.11.1.3　自动化程度高

高度自动化使生产可控能力提高，极大地保证了烧结过程稳定，更加能够满足生产需要，为厚料层烧结提供了支持。烧结系统自动化水平高，主要体现在以下两个方面：

（1）集中监控，应急能力强，满足生产需要所有系统操作都由中控室集中完成，主控室采用直观的图形化操作界面，有24块壁挂式液晶显示屏，可控制和监视全厂设备运行。

（2）具备自主研发的烧结智能闭环控制系统烧结智能闭环控制系统分为过程自动控制和质量自动控制等几个部分。过程自动控制包括返矿仓存自动控制、混合料水分自动控制、烧结点火自动控制、烧结机布料及机速自动控制、烧结均匀性自动控制、烧结终点自动控制等模块。质量自动控制包括烧结矿碱度闭环自动控制、烧结矿 FeO 闭环自动控制模块。烧结智能闭环控制系统，能够根据各个模块的功能，实现自动调节，取消了各岗位人员的操作职能。通过烧结智能闭环控制系统，能够实现人工操作很难或根本无法达到的操作水平，从而实现烧结控制水平质的飞跃，进而带来烧结各项指标的提升。

### 7.11.2 料层750mm厚烧结生产实践

2009年5月根据实验室研究结果，按烧结矿碱度1.85，混合料含碳3.0%，上料量800t/h进行配料。混合料配比列于表7-38，其中，石灰石和焦粉配比是由烧结智能闭环控制系统根据原料成分和碱度设定值及混合料含碳计算得出。

表7-38 投产配比 （%）

| 烧结返矿 | 混匀矿 | 焦粉 | 石灰石 | 白云石 | 轻烧白云石 | 生石灰 | 除尘灰 |
|---|---|---|---|---|---|---|---|
| 15 | 75 | 3.62 | 5.05 | 4.50 | 3.00 | 6.00 | 2.50 |

设定一混水分6.8%，二混水分7.0%，布料厚度750mm，点火温度1100℃，烧结终点控制在24号风箱位置，主抽风门开度18%。由于实验室研究细致深入，给出的配比和操作参数合理，投产不久烧结矿质量就达到要求，投产比较顺利。

根据实验室参数优化试验结果及5月份的生产摸索，对生产操作作了以下调整：（1）停配了轻烧白云石，加配焦化除尘灰；（2）确定了不同上料量时各种操作参数，将二混水分控制在6.8%左右；（3）优化烧结过程控制，保持烟道温度在150℃左右，烧结终点逐渐稳定在26号风箱位置，点火负压控制在10kPa左右；（4）优化烧结矿质量，将 FeO 控制在7.5%±1%，转鼓稳定在77%以上。6~7月份生产过程基本稳定，布料厚度一直保持在750mm，烧结矿质量良好。

为了充分发挥大型烧结机的优势，进一步提高烧结料层厚度以改善烧结矿质量，降低工序能耗。考虑到投产时布料厚度已达到750mm，继续提高会有较大难度，经过广泛调研分析，决定采用梯形布料技术。

### 7.11.3 梯形布料技术探索及设备改造

布料厚度为750mm，虽然生产过程良好，但生产中发现主抽风门开度一直保持低位，上料量低于900t/h时，其开度一直在50%以下，没有充分发挥主抽风机的能力。理论研究表明，料层厚度增加，能够提高烧结矿转鼓强度，降低FeO含量，改善其还原性，降低固体燃耗和返矿率，提高成品率。而提高料层的首要条件是主抽风机能力满足布料厚度增加的要求，可以将料层烧透。根据6、7月份主抽风机风门开度较低的状况，说明主抽风机有足够的能力满足厚料层烧结要求。但烧结机台车挡板高度只有750mm，要在不对设备作较大改造的前提下，进一步将布料厚度提高到750mm以上，这显然有一定困难。

如何通过小改动达到提高布料厚度的目的。受卡车装货的启发，如果将料面铺成像拉满土的卡车一样，就能使料面超过挡板高度一部分，超过挡板部分的料面呈正梯形。那么，又如何能使高出台车挡板部分的混合料不撒落。经过研究，我们对下料处进行了改造。如图7-59所示，将导料挡板下沿部分内移，并在平料板后面，靠近台车挡板部位，加设两块压料板，一方面保证高于台车挡板部分的料不撒落，另一方面将台车两边的料压实，以减小两侧漏风，减缓边缘效应，保证烧结均匀性。

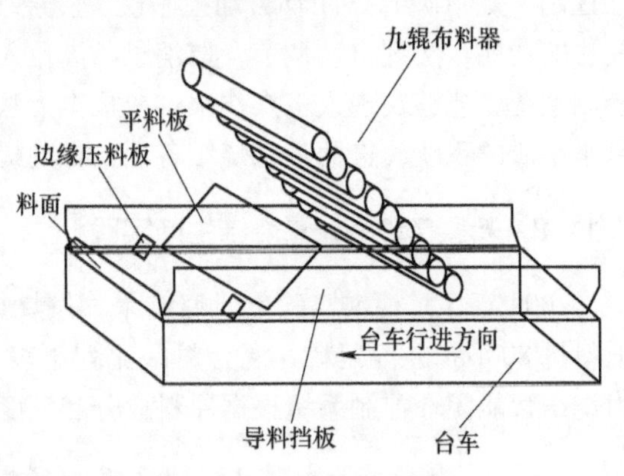

图7-59 梯形布料示意图

设备改造后，布料厚度可达到800mm，继续增加，则台车两边漏料严重，所以确定布料厚度为800mm。实施梯形布料后，也发现了一些问题，如点火效果变差，料层透气性变差，烧结均匀性变差等。

#### 7.11.3.1 点火效果变差的原因分析及改进

研究发现，点火效果变差是由于点火火苗过长引起的。由于点火炉高度一定，火嘴长度一定，750mm料层生产时，空燃比为11。点火火苗长度受空燃比影响，空燃比大，火焰长度就长。梯形布料后，料层厚度增加，而空燃比没有改变，导致点火火焰偏内焰部分接触料面，因内焰较外焰温度低，所以影响了点火效果。后将空燃比由11降至6.5，点火火苗长度变短，点火效果变好。

#### 7.11.3.2 料层透气性变差的原因分析及改进

研究发现，透气性变差有很大一部分是由于料层厚度增加，料层中水分冷凝加剧，冷凝带变宽所致。对此，采取了以下措施：（1）往二混中通入过量蒸汽，进一步提高混合料温度，同时降低一、二混水分设定值，在保证混合制粒的前提下，尽量降低混合料水分；（2）针对料层厚度增加，料层阻力增大，采取加大主抽风门开度，提高烧结负压，增加风量的措施，以保证烧结透气性达到生产要求；（3）改变二混转速，延长制粒时间，在保证混合机填充率不大于设计值的前提下，将二混转速由5.7r/min调整至5.5r/min；（4）摸索九辊转速，改善台车上混合料的粒级分布，九辊转速由35r/min降至22r/min后，烧结透气性明显改善。

#### 7.11.3.3 烧结均匀性变差的原因分析及改进

由于“边缘效应”，靠近台车两边的料粒度较中部粗，透气性好，故两边的烧结速度较快，先到达烧结终点。梯形布料技术的采用，使台车两边的料层厚度更低，烧结速度更快，加剧了“烧结边缘效应”。对此，我们采取改变压料厚度的措施，通过调节圆辊小闸门开度，使台车中部下料少于两边，这样一来，两边料层的压料厚度大，中部压料厚度小，减缓了“边缘效应”，改善了台车横向上的烧结均匀性。

### 7.11.4 料层800mm厚烧结生产实践

2009年8月份实行梯形布料后，料层厚度增至800mm，与5~7月750mm料层相比，各项指标良好（见表7-39），烧结机利用系数、成品率、返矿、工序能耗等指标均有改善。之后，又进行了提高上料量的摸索，旨在保证烧结矿质量的前提下实现达产、高产。表7-40列出了不同上料量条件下，750mm料层和800mm料层的生产参数对比。

**表7-39 首钢京唐1号烧结机2009年5~8月生产指标**

| 项目 | 指 标 | 5月 | 6月 | 7月 | 8月 |
|---|---|---|---|---|---|
| 基本参数 | 产量/t | 212682 | 259783 | 350439 | 423986 |
| | 合格率/% | 93.73 | 97.00 | 98.00 | 98.00 |
| | 作业率/% | 74.86 | 73.06 | 88.79 | 92.37 |
| | 一级品率/% | 75.91 | 89.00 | 74.21 | 74.14 |
| | 转鼓≥77%稳定率/% | 89.08 | 88.00 | 92.10 | 87.84 |
| | FeO(7.5%±1%)稳定率/% | 81.20 | 84.00 | 76.80 | 88.41 |
| | 利用系数/t·$(m^2·h)^{-1}$ | 0.98 | 0.90 | 0.96 | 1.15 |
| | 成品率/% | 76.24 | 81.04 | 79.63 | 80.26 |
| | 返矿/kg·$t^{-1}$ | 311.72 | 233.95 | 255.73 | 245.98 |
| | 布料厚度/mm | 750 | 750 | 750 | 800 |
| | 平均上料量/t·$h^{-1}$ | 840 | 691 | 765 | 888 |

续表 7-39

| 项目 | 指　标 | 5月 | 6月 | 7月 | 8月 |
|---|---|---|---|---|---|
| 工序消耗 | 焦粉消耗/kg · $t^{-1}$ | 50.20 | 49.11 | 49.37 | 48.01 |
| | 煤气消耗/$m^3$ · $t^{-1}$ | 4.02 | 3.31 | 4.56 | 2.87 |
| | 电力消耗/kWh · $t^{-1}$ | 50.81 | 53.62 | 47.87 | 43.20 |
| | 工序能耗/kgce · $t^{-1}$ | 56.77 | 55.72 | 53.69 | 50.61 |
| 停机情况 | 总停机时间/h | 132.33 | 193.85 | 83.43 | 55.57 |
| | 计划检修/% | 50.72 | 51.72 | 80.16 | 52.04 |
| | 机械故障/% | 15.46 | 4.94 | 12.80 | 3.45 |
| | 电气故障/% | 15.39 | 9.54 | 5.75 | 12.09 |
| | 原料场原因/% | 5.78 | 4.09 | 1.28 | 16.77 |
| | 高炉原因/% | 12.66 | 29.52 | 0.00 | 15.66 |
| 烧结矿质量 | $w$(TFe)/% | 56.75 | 56.63 | 56.83 | 56.74 |
| | $w$(FeO)/% | 6.47 | 6.93 | 7.56 | 7.92 |
| | $w$(CaO)/% | 9.91 | 9.52 | 9.44 | 9.85 |
| | $w(SiO_2)$/% | 5.36 | 5.21 | 5.20 | 5.23 |
| | $CaO/SiO_2$ | 1.85 | 1.83 | 1.82 | 1.88 |
| | ISO 转鼓/% | 77.83 | 78.38 | 79.39 | 78.20 |
| | <5mm 比例/% | 9.10 | 7.56 | 6.95 | 7.27 |

从表 7-40 可以看出：在相同上料量条件下，布料厚度由 750mm 增加到 800mm 后，配碳量降低了约 0.35%，混合料水分降低；烧结终点都控制在 26 号风箱的前提下，布料厚度增加，主抽风门开度增加，烟道负压上升，流量略微增加，主抽风机功率略微增加；烟道温度保持在 150℃左右。在相同上料量，碱度相差不大的条件下，布料厚度由 750mm 增加到 800mm 后，转鼓强度约提高 0.12%，FeO 降低 0.37%，返矿率降低 1.6%，成品率提高约 1.6%，自动取样中小于 5mm 部分降低约 0.6% 。

随上料量增大，烧结过程加快，垂直烧结速度增大，冷却强度也随之变大，烧结矿结晶不完善，有的甚至直接形成玻璃质，对烧结矿强度有所影响。而且随上料量增加，烧结机机速加快，点火时间缩短，烧结负压升高，上层烧结矿得不到相应的高温保持时间，获得热量低，冷却速度快，造成表层烧结返矿厚度增加，返矿率增加。

表 7-41 是每周分 6 批次重停成品筛分系统大小成品皮带取样，进行烧结矿粒度组成测定，所得各粒级的平均值。从表 7-41 可以看出，实行梯形布料技术后，烧结矿粒度组成改善明显，其中，大粒级和小粒级部分明显减少，中间粒级

明显增多，粒度组成更趋均匀，对改善高炉透气性十分有利。

**表7-40 不同料层和上料量的烧结参数及烧结矿质量对比**

| 上料量/$t \cdot h^{-1}$ | 700 | | 800 | | 900 | | 1000 | |
|---|---|---|---|---|---|---|---|---|
| 布料厚度/mm | 750 | 800 | 750 | 800 | 750 | 800 | 750 | 800 |
| 配碳量/% | 3.02 | 2.60 | 3.06 | 2.63 | 3.14 | 2.81 | 3.18 | 2.82 |
| 混合料水分/% | 6.96 | 6.67 | 6.85 | 6.53 | 6.83 | 6.32 | 6.79 | 6.27 |
| 终点对应风箱位置/号 | 26 | 26 | 26 | 26 | 26 | 26 | 26 | 26 |
| 1号风门开度/% | 17.7 | 18.1 | 25.1 | 28.7 | 50.1 | 55.9 | 79.0 | 80.0 |
| 2号风门开度/% | 18.2 | 22.9 | 26.5 | 30.0 | 54.6 | 60.7 | 83.1 | 85.0 |
| 1号风机功率/kWh | 5306 | 5437 | 5577 | 5548 | 6256 | 6400 | 6929 | 7162 |
| 2号风机功率/kWh | 5421 | 5502 | 5594 | 5985 | 6403 | 6522 | 6832 | 6931 |
| 1号烟道流量/$m^3 \cdot min^{-1}$ | 2901 | 4403 | 3758 | 5348 | 5404 | 5660 | 5998 | 6348 |
| 2号烟道流量/$m^3 \cdot min^{-1}$ | 3424 | 4393 | 4638 | 5083 | 6158 | 6959 | 6602 | 7673 |
| 1号烟道负压/kPa | -10.3 | -12.2 | -13.0 | -13.6 | -17.3 | -17.5 | -17.5 | -18.6 |
| 2号烟道负压/kPa | -10.3 | -12.4 | -13.2 | -13.7 | -17.3 | -17.7 | -17.6 | -18.7 |
| 1号烟道温度/℃ | 148 | 152 | 146 | 151 | 140 | 147 | 140 | 153 |
| 2号烟道温度/℃ | 150 | 148 | 160 | 158 | 145 | 152 | 159 | 162 |
| $CaO/SiO_2$ | 1.85 | 1.86 | 1.85 | 1.88 | 1.88 | 1.88 | 1.86 | 1.85 |
| 转鼓强度/% | 79.36 | 79.42 | 79.10 | 79.21 | 78.18 | 78.42 | 77.68 | 77.76 |
| FeO含量/% | 7.58 | 7.35 | 7.62 | 7.53 | 8.13 | 7.37 | 8.14 | 7.74 |
| 返矿率/% | 21.02 | 19.61 | 21.35 | 19.77 | 21.12 | 18.36 | 21.91 | 20.99 |
| 成品率/% | 78.98 | 80.39 | 78.65 | 80.23 | 78.88 | 81.64 | 79.09 | 79.01 |
| 自动取样小于5mm粒级/% | 7.38 | 6.20 | 7.18 | 6.90 | 7.23 | 6.65 | 7.81 | 7.33 |

**表7-41 750mm料层与800mm料层烧结矿粒度组成比较** (%)

| 项　目 | >40mm | 40~25mm | 25~16mm | 16~10mm | 10~5mm | <5mm |
|---|---|---|---|---|---|---|
| 6、7月份（料厚750mm） | 26.44 | 26.29 | 13.99 | 13.59 | 17.28 | 2.41 |
| 8月份（料厚800mm） | 18.66 | 22.62 | 20.66 | 20.07 | 15.94 | 2.05 |
| 比较 | -7.78 | -3.67 | 6.67 | 6.49 | -1.34 | -0.36 |

上述结果表明：大型烧结机实行厚料层烧结，有利于生产高强度、高还原性（低FeO）的烧结矿，同时在降低烧结工序能耗方面表现突出。尤其是实行梯形布料，料层厚度达到800mm后，采用低水低碳、低温点火操作，固体燃耗较前2个月降低约1.1kg/t，煤气消耗降低约15MJ/t。

## 7.12　其他均质烧结技术

### 7.12.1　双层烧结技术

双层烧结是降低燃耗并使烧结温度沿料层高度均匀化的一种烧结工艺。在普通烧结的条件下，不同高度上烧结蓄热程度是不同的，最上层自动蓄热为零，对料高为400mm的料层，在距料面200mm处料层的蓄热量占热量总收入的35%~45%，而到达最底层400mm处，自动蓄热量可达55%~60%。由于烧结过程的这一特点，使得不同高度料层上的烧结温度不同。上层温度低，下层温度高。表层温度大约只有1150℃，而底层温度可高达1500℃。如果认为最佳烧结温度为1350℃，那么上部区热量不足，必然使液相量少，烧结矿强度低，形成许多返矿。而下部区则热量过剩，特别是底部出现过烧，导致烧结矿的还原性下降。双层烧结即将两种不同配碳量的混合料分层铺在烧结机上进行烧结，这样下部料层可以利用蓄热而减少配碳量。所以双层烧结工艺既可以降低燃料消耗，又可以使烧结矿的质量均匀化。

双层烧结又可分为双层布料烧结和双层点火烧结。双层布料烧结即将两种不同配碳量的混合料分层铺在烧结机上进行烧结，下部料层可以利用蓄热而减少配碳量。

前苏联烧结厂使用柯尔舒诺夫粉矿进行双层布料烧结试验，上层配碳为3.8%，下层配碳为3.2%，结果降低燃料消耗8%。在烧结库尔斯克精矿时，燃耗下降10%。日本烧结厂采用双层烧结，节约燃耗10%，增产2%。德国的试验焦耗下降15%。前苏联查巴达-西伯利亚冶金厂试验认为烧结料含碳3.4%（其中上层为3.8%，下层为3.2%），各种主要指标为最佳。

双层烧结工艺在前苏联有较大的发展，已有十余台312m²烧结机采用此工艺，生产占全国总产量的21%，平均节约固体燃料10%。

### 7.12.2　鞍钢双层预烧结技术

鞍钢为实现鞍山地区由7条烧结生产线减为6条烧结生产线的战略，千方百计地提高烧结矿产量，降低炼铁生产成本。由首席专家周明顺带领的团队在确保烧结矿质量的前提下，进行超厚料层双层预烧结工艺与工业试验。

在烧结台车上先装下层料进行点火烧结，烧结一定时间后，再装上层料点火烧结，在一台烧结机上，实现上、下两次料层同时烧结。这一技术的优势如下：(1）烧结料层两个燃烧带同时移动，大幅度的缩短烧结时间，烧结矿产量可显著提高。(2）提高烧结利用系数，节约成本。(3）提高料层高度至950~1000mm以上，降低烧结能耗、减少碳氮硫等气体污染物排放。(4）充分利用抽入的空气，大幅节省风量。图7-60为预烧结-双层布料烧结工艺示意图。

通过不断摸索、不断改进的工业试验表明：在精矿比例大于75%的条件下，

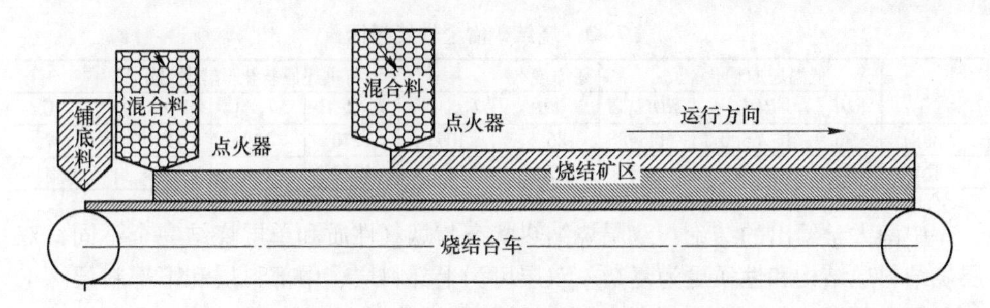


图 7-60　预烧结-双层布料烧结工艺示意图

烧结料层厚度也可达 950~1000mm，烧结机机速 1.85~1.90m/min。炼铁总厂统计：烧结提产 11.74%，烧结矿质量满足冶炼要求，转鼓强度 79.33%，返矿 25%~26%。按增产 11.74%进行经济性评价，能源动力成本增加与增产导致各项费用摊薄两个方面合计，吨矿成本降低 1.74 元。该技术授权发明专利 21 项。

工业试验自 2016 年 2 月 29 日开始，共经历四个阶段，每个阶段都对前一阶段试验进行总结和完善，第四阶段试验取得较好效果。

第一阶段：自 2016 年 2 月 29 日到 3 月末。新工艺试运行，对影响运行的各方面问题进行初步完善，以实现试验设备基本满足连续生产需要。这一阶段分别对分料器、泥辊、平料装置、点火保温段等影响基本生产运行的问题进行了整改完善，排除了双层烧结新工艺点火、布料、成矿几个方面的疑问，证明双层烧结新工艺是可行的。

第二阶段：2016 年 4 月 1 日起到 4 月末。通过工艺完善及操作摸索，点火器前移、增加外配煤滚煤机、增加梭式布料装置，分料器创新改进。这一阶段重点解决了双层烧结新工艺试验工艺的一些工艺、技术、操作不合理问题，为实现烧结提产目标创造了条件。本阶段实现了阶段性的提产。

第三阶段：2016 年 5 月 1 日至 5 月末。重点增设了两台环冷鼓风机，解决环冷机冷却能力不足影响双层烧结新工艺试验问题。5 月 18 日起双层烧结新工艺提产效果明显。

第四阶段：重点对双层烧结矿质量评价。表 7-42 为工业试验烧结矿质量评价，表 7-43 为烧结矿冶金性能指标。

**表 7-42　工业试验烧结矿质量评价**

| 项　目 | 基准期 | 试验期 | 对　比 |
|---|---|---|---|
| 烧结矿 FeO 含量/% | 8.66 | 9.00 | +0.34 |
| 转鼓强度/% | 80.31 | 78.92 | -1.39 |
| 筛分指数（-5mm）/% | 3.96 | 4.54 | +0.58 |
| 烧结矿小粒级（5~10mm）比例/% | 34.70 | 37.17 | +2.47 |

表 7-43　烧结矿冶金性能指标

| 项目 | 低温还原粉化率/% | | | 还原度/% | 荷重还原软化-熔滴性能 | | | | |
|---|---|---|---|---|---|---|---|---|---|
| | $RDI_{+6.3}$ | $RDI_{+3.15}$ | $RDI_{-0.5}$ | $RI$ | $T_{10\%}$/℃ | $T_{40\%}$/℃ | $\Delta T_1$/℃ | $T_s$/℃ | $T_d$/℃ |
| 基准期 | 36.9 | 65.0 | 11.7 | 86.5 | 1091 | 1270 | 179 | 1290 | 1537 |
| 试验期 | 38.2 | 68.2 | 9.5 | 87.6 | 1110 | 1273 | 163 | 1299 | 未滴 |

中南大学给出的结论：双层烧结热状态与烟气性质和单层烧结完全不同，双层烧结料层结构和性质更为复杂。双层可为上部料层、中部料层和下部料层。上部料层为单层烧结过程，其结构和性质与单层烧结相同，自上而下分为烧结矿带、燃烧带、预热带、过湿带和原始料带。中部料层为预烧结形成的烧结矿带，该料层烧结过程与单层烧结过程一样。下部料层烧结过程是与上层料层烧结过程同步进行的双层烧结过程。下部料层结构自上而下也分为烧结矿带、燃烧带、预热带、过湿带和原始料带，但其性质与单层完全不同。图 7-61 为超厚料层双层预烧结机尾断面，图 7-62 为中南大学对双层烧结沿烧结机长度方向料层分析示意图。

图 7-61　双层烧结机尾断面

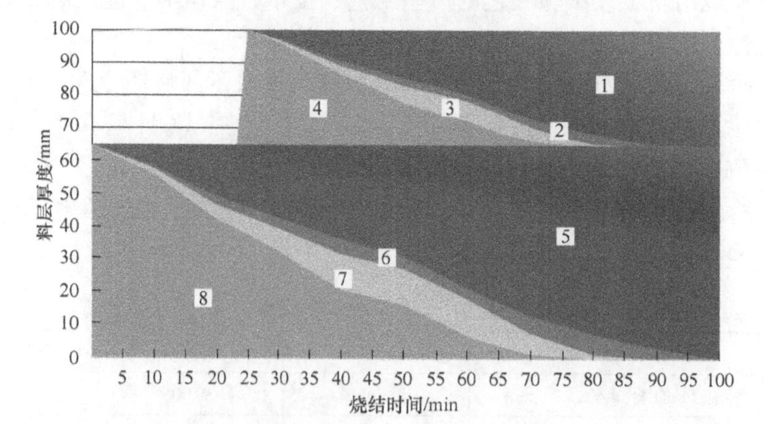


图 7-62　中南大学对双层烧结沿烧结机长度方向料层分析示意图

1—上层烧结矿带；2—上层燃烧带；3—上层干燥预热带；4—上层湿料带；
5—下层烧结矿带；6—下层燃烧带；7—下层干燥预热带；8—下层湿料带

在相同配矿、制粒和点火烧结的工艺参数下，与传统单层烧结方法比较，采用双层烧结法，烧结速度明显加快，利用系数大幅度提高，成品率略有提高、固体燃耗明显降低，但转鼓强度有一定程度降低，该工艺是可行的。

### 7.12.3 热风烧结技术

提高通过料层气流温度的烧结方法统称为热风烧结法。一些文献资料上报道的混合燃烧烧结法也属此类方法。热风烧结具有显著提高烧结矿强度、改善烧结矿还原性性能、降低固体燃料消耗的效果。

热风烧结以热风的物理热代替部分固体燃料的化学热，使烧结料层上、下部热量和温度的分布趋向均匀，料层温度分布如图 7-63 所示。热风烧结使上层温度提高，冷却速度降低，热应力降低，使上下层烧结矿的质量趋于均匀，从而提高烧结矿的成品率。

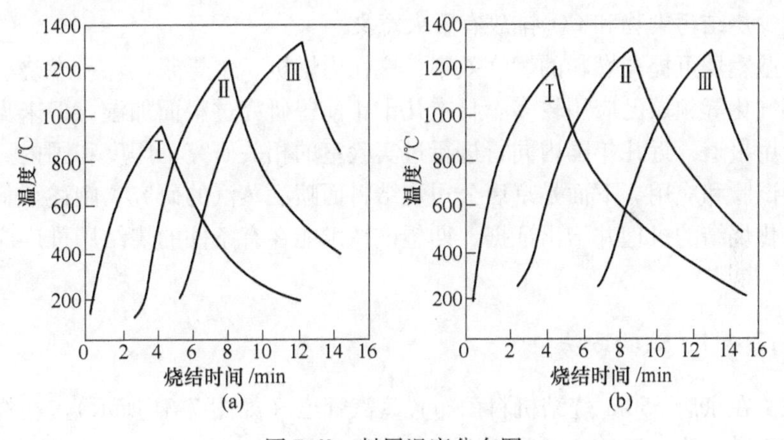


图 7-63 料层温度分布图

（a）普通烧结；（b）热风烧结

Ⅰ—料层上部；Ⅱ—料层中部；Ⅲ—料层下部

热风烧结还能显著地改善烧结矿的还原性，这是因为配料中固体燃料的减少，降低了烧结矿的 FeO 含量，同时，热风烧结有利于 FeO 再氧化；又因料层上下热量分布均匀，减少了过熔和大气孔结构，代之形成许多分散均匀的小气孔，提高了烧结矿的气孔率。

影响热风烧结效果的主要技术参数包括热风温度、固体燃料配比、供风时间、料层厚度等。热风温度在 200~300℃区间，垂直烧结速度降低不明显，超过这个范围，降低幅度比较大，热风烧结使高温带加宽，烧结料层阻力增加，有效风量减少。热风温度越高，对垂直烧结速度的影响就越大，如采取一些必要的改善料层透气性的措施，可以使热风烧结不降低垂直烧结速度。

研究表明，在热风温度 200~300℃的条件下，在固体燃料配比低于普通烧结配比 10%~15%时，完全可生产出各项性能优良的烧结矿。考虑到高温热风的来源和输送的困难，热风温度以 200~300℃为宜。

延长送热风时间可以带来更多的物理热，还可以进一步降低固体燃料配比。但供风时间过长时，利用系数明显降低。因此送热风时间不宜过长。

在热风烧结的条件下，料层厚度越高，降低固体燃耗的效果越明显，但垂直烧结速度有所降低，因此，厚料层热风烧结必须采取相应的措施改善烧结料层的透气性并降低漏风率。

### 7.12.4　烧结料面喷洒蒸汽技术

烧结成矿主要靠燃料燃烧产生的热量提供，由于碳的燃烧有完全燃烧和不完全燃烧两种形式，且完全燃烧所释放的热量是不完全燃烧的三倍之多，故提高烧结燃料的燃烧效率是增加烧结过程热量、降低燃耗的重要手段。同时，燃耗降低又对减少烧结污染物和 $CO_2$ 排放有重大意义。

加湿燃烧可提高燃料的燃烧效率，这在内燃机、水煤浆、煤粉燃烧、煤的层燃和煤气化等领域已应用较多。日本几十年前曾研究过料面加湿，但未见有实际工业应用报道，近几年国内同行进行过实验室的相关研究，印度和国内一些厂矿也有所试验和应用。下面是京唐公司烧结料面喷洒蒸汽的研究，阐述了料面喷洒蒸汽强化烧结的机理并给出证据，期望该技术能在有条件的烧结厂推广应用并不断完善。

#### 7.12.4.1　试验方法

试验在京唐 550m$^2$烧结机料面布置蒸汽管道（如图 7-64 所示）。在烧结料面上铺设管道，第一根管道的位置在烧结机长度方向约 30m 处，在每根管道上有 5 个喷嘴，蒸汽的总用量约 2t/h。在台车的箅条下方进行打孔，采用便携式烟气分

图 7-64　京唐烧结料面喷洒蒸汽现场

析仪插入孔内跟随烧结机运行，测试烧结废气的成分（包括 $O_2$、CO 和 $CO_2$）；在蒸汽喷洒前后对废气成分进行测试和分析，计算废气中 $CO_2/(CO+CO_2)$ 的值。

#### 7.12.4.2 料面喷洒蒸汽对烧结废气成分的影响

烧结料面喷洒蒸汽前后废气成分及 $CO_2/(CO+CO_2)$ 测试结果分析可知，在有蒸汽喷洒时，当经过蒸汽喷洒管道时，废气中的 CO 含量有下降的趋势，$CO_2$ 和 $O_2$ 含量的变化尽管不太明显，但废气 $CO_2/(CO+CO_2)$ 曲线从波谷的 80%升高到波峰的 85%水平，即升高了约 5%。分析认为，烧结料面喷洒蒸汽促进了 C 的完全燃烧，有助于降低废气中 CO 含量，由于 C 燃烧生成 $CO_2$ 和 CO 的放热量不同，故蒸汽喷洒有利于降低烧结固体燃耗指标。经计算，若 $CO_2/(CO+CO_2)$ 比例升高 5%，热量的增加有助于降低固体燃耗约 2kg/t。

#### 7.12.4.3 喷洒蒸汽对烧结废气减排的影响

烧结料面喷洒蒸汽起到了降低 CO 和 $NO_x$ 的效果，尤其降低 CO 的效果明显；烧结杯条件下（50kg 料）喷洒蒸汽 0.002~0.032m³，CO 峰值含量降低 0.1%~0.2%以上；$NO_x$ 峰值含量降低约 0.001%~0.002%。

降低烧结燃料配比有助于降低废气 CO 和 $NO_x$ 含量，配合喷洒适量的蒸汽，可在进一步降低废气 CO 和 $NO_x$ 含量的同时保证烧结矿质量，从而起到节能减排和改善质量的综合效果。

#### 7.12.4.4 京唐烧结蒸汽喷洒工业试验

2015 年 5 月在京唐 1 号 550m²烧结机台车上进行了喷洒蒸汽工业试验。工业试验中，蒸汽喷洒管道使用了 8 根，分布在约 30~72m 范围，各根之间的间隔约 6m。蒸汽的喷洒量为 2t/h 水平，水蒸气的温度为 130℃，压力为 0.3MPa。对喷洒蒸汽前后烧结过程参数和烧结矿质量指标进行了分析比较，其结果分别如表 7-44~表 7-46 所示。

**表 7-44 烧结负压和温度变化情况**

| 项目 | 1 抽空气流量/m³·min⁻¹ | 1 抽空气负压/kPa | 1 抽温度/℃ | 2 抽空气流量/m³·min⁻¹ | 2 抽空气负压/kPa | 2 抽温度/℃ | BRP 位置/m | BTP 位置/m |
|---|---|---|---|---|---|---|---|---|
| 基准 | 21271 | −15.15 | 158 | 17546 | −13.56 | 158 | 64.7 | 91.3 |
| 试验期 | 22120 | −14.68 | 165 | 17268 | −13.15 | 163 | 63.7 | 90.8 |
| 变化 | 848 | 0.5 | 7 | −278 | 0.4 | 5 | −1.0 | −0.4 |

表 7-45　烧结矿成分指标

| 项目 | 成分/% | | | | | | 碱度 |
|---|---|---|---|---|---|---|---|
| | TFe | FeO | CaO | $SiO_2$ | $Al_2O_3$ | MgO | |
| 基准 | 57.71 | 9.04 | 10.17 | 5.02 | 1.85 | 1.30 | 2.02 |
| 试验期 | 57.89 | 8.87 | 10.01 | 4.99 | 1.85 | 1.21 | 2.01 |
| 变化 | 0.2 | -0.2 | -0.2 | 0.0 | 0.0 | -0.1 | 0.0 |

表 7-46　烧结矿质量指标

| 项目 | 转鼓强度/% | 返矿率/% | 固体燃耗/$kg \cdot t^{-1}$ | 比例/% | | | | |
|---|---|---|---|---|---|---|---|---|
| | | | | >40mm | 40~25mm | 25~16mm | 16~10mm | 10~5mm |
| 基准 | 82.59 | 25.82 | 50.21 | 7.87 | 17.90 | 35.60 | 20.47 | 15.85 |
| 试验期 | 82.74 | 25.44 | 48.57 | 7.54 | 17.81 | 36.43 | 20.86 | 15.10 |
| 变化 | 0.15 | -0.38 | -1.64 | -0.3 | -0.1 | 0.8 | 0.4 | -0.8 |

由表 7-44 可见，喷洒蒸汽试验期间，烧结负压降低了约 0.5kPa，主抽废气温度提高了 5~7℃，BRP 和 BTP 位置分别提前 1m 和 0.4m。从表 7-45 成分指标看，喷洒蒸汽前后烧结矿的成分基本稳定。从表 7-46 烧结矿质量指标看，喷洒蒸汽后，烧结矿转鼓指数略有提高，返矿率降低了约 0.3%，烧结固体燃耗降低了 1.64kg/t，烧结矿的粒度有所改善，其中 5~10mm 比例降低了 0.8%。可见喷洒蒸汽有助于烧结矿质量的改善和固体燃耗的降低。

### 7.12.5　富氧烧结技术

2010 年韩国浦项开发出富氧烧结技术，引起广泛关注。此技术通过在烧结料层的不同位置吹入一定量的氧气，提高焦粉燃烧率，加快料层的升温速度，有效解决料层上部区域热量不足的问题，改善烧结矿质量，提高烧结机利用系数。

我国关于富氧烧结的研究主要是增加点火空气或烧结空气中的氧含量，早在 1992 年，攀枝花钢铁研究院就进行过富氧烧结试验，通过比较富氧方式、富氧率、配碳量三种因素对烧结过程的影响发现，富氧烧结可以提高产量，每富氧 1%，可以增产 8.45%，具有良好的经济效益。胡兵等研究了富氧点火对镜铁矿烧结过程的影响，发现富氧烧结能够降低烧结点火能耗和减少 $CO_2$ 的排放量，烧结料层表面固体燃料的利用率提高，可获得良好的烧结矿产量和质量指标。

我国钢厂近年来进行了部分富氧烧结工业化试验，为富氧烧结技术的研究积累了一定的实践经验。梅钢曾在其 3 号烧结机进行富氧烧结研究，试验由富氧点火和向烧结料层吹氧两部分组成，即向点火助燃空气和点火后的烧结料层表面增氧，结果表明富氧点火或富氧烧结能够改善燃料利用率，改善烧结矿强度和粒度组成，降低返矿率。韶钢也曾在其 $360m^2$ 烧结机上进行过富氧烧结试验，结果表明富氧烧结对烧结矿增产、烧结节能和烧结矿质量改善均有明显效果。南通宝钢通过烧结机富氧点火实践实现了提高烧结点火温度、降低固体燃耗和返矿量等良好效果。

#### 7.12.5.1　技术要点

富氧烧结技术的关键在于选取合适的氧浓度和吹氧位置，吹氧时间也随氧浓度和吹氧位置的不同而发生改变。其技术要点如下：

（1）适宜的氧浓度为30%，吹氧流量为65L/min。

（2）从料层下部吹氧，此时上部料层温度最高可达1200℃，比从料层上部吹氧约高出100℃，而中部料层温度最高可达1300℃，也比从料层上部吹氧同样高出100℃左右。

（3）所需吹氧时间随吹氧位置的下移而延长，吹氧位置分别选择在料层上部、中部和下部时，所需吹氧时间分别为295~395s、479~574s和665~745s。

#### 7.12.5.2　技术优劣势分析

富氧烧结与天然液化气（LNG）吹入法烧结各项指标的对比列于表7-47。

**表7-47　富氧烧结与LNG吹入法烧结各项指标对比**

| 工　艺 | 利用系数 | 成品率 | 烧结矿质量 | 能耗 | 投资费用 |
|---|---|---|---|---|---|
| LNG 吹入法 | + | +++ | +++ | +++ | + |
| 富氧操作 | ++ | − | ++++ | + | + |

注："+"为提高幅度；"−"为没有变化。

技术优势：富氧烧结与LNG吹入法相比，烧结机利用系数得到提高，能耗有所下降。该技术能够提高焦粉燃烧率，加快料层的升温速度，有效地解决料层上部区域热量不足的问题，促进该区域燃料的完全燃烧，从而进一步改善烧结矿质量。

技术劣势：投资费用与LNG吹入法相当。

#### 7.12.5.3　应用前景分析

浦项分别采用实验和数值模拟方法，研究了不同吹氧位置条件下富氧烧结的效果。结果认为，从料层上部吹氧比从料层中部和下部吹氧其温度增幅更加明显；烧结时间随吹氧位置沿料层厚度方向下移而缩短，少则相差几秒，多则相差约50s；由于料层下部热量过多聚集，因此不宜将吹氧位置设在料层下部，考虑到料层上部区域热量不足，将吹氧位置设在料层上部更能提高烧结矿质量。富氧点火技术已经成熟，效果较好，有富余氧气的企业可以尝试。

### 7.12.6　基于烧结料层温度测试的烧结热状态解析及工艺参数优化技术

整个铁矿粉烧结造块的主要任务是将散状矿粉通过加热，部分熔化，熔融融合，降温析晶黏结，成为有一定强度和冶金性能，满足高炉炼铁使用的原料。烧结过程各种物理化学反应较为复杂，其主要包括四个基本理论：

（1）用化学反应动力学的基本理论来研究烧结过程固体燃料的燃烧。

（2）用传热的基本理论来研究烧结过程的温度分布及蓄热现象。

（3）用气体力学的理论来分析料层的透气性及工艺参数的关系。

（4）用冶金热力学及矿物工程学的基本理论来研究烧结过程的固相反应、液相形成及烧结矿成矿机理。

烧结台车从点火炉出来，抽风烧结，沿烧结料面到箅条，整个烧结界面，即整个烧结过程，共分为四个带：

（1）烧结成矿带：主要反应是液相凝结，矿物析晶，预热空气；影响烧结成矿的主要因素是降温速率，影响固相凝结的本质即降温速率；所以，一切影响降温速率的因素，即是影响成块的因素。

（2）烧结燃烧带。即燃料燃烧带，温度可达 1100～1500℃，此处主要是烧结矿粉软化、熔融及液相形成。此带对烧结过程产量及质量影响很大。该带过宽会影响料层透气性，导致产量降低。过窄烧结温度低，液相量不足，烧结矿黏结不好，强度低。该层的宽窄受燃料粒度、抽风量的影响。

（3）预热燃烧带。主要作用是干燥与预热。该带特点是热交换迅速，由于热交换剧烈，废气温度很快从 1500℃下降到 60～70℃。此带主要反应是水分蒸发，结晶水及石灰石分解，矿石的氧化还原以及固相反应等。

（4）烧结过湿带。上层高温废气中带入较多的水气，进入下层冷料时，水分析出而形成水分冷凝带。该带影响烧结透气性，破坏已造好的混合料小球，解决的方法是预热混合料。

根据烧结过程的特性，北京科技大学冯根生、祁成林团队研发了基于烧结料层温度测试的烧结热状态解析及工艺参数优化技术，该技术是了解烧结机热状态、诊断目前烧结过程、提供科学优化烧结工艺参数理论依据的必要手段之一，已在沙钢等企业进行系统测试分析，并对烧结机的参数进行系统优化，取得良好的效果，有效提高了烧结机的产质量。

测试工况要求：正常生产，否则视为无效。测试现场图如图 7-65 所示，测试结果如图 7-66 所示，图 7-66 显示为两种不同工况下，烧结机内温度变化情况。

图 7-65　烧结料层温度测试

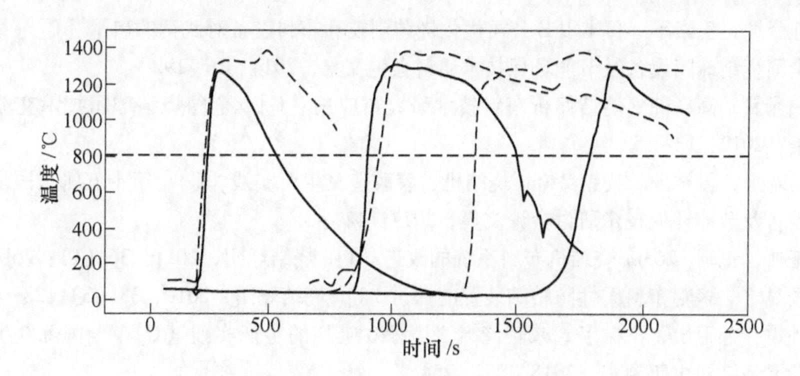


图 7-66 两种不同工况下，烧结料层温度变化分析

## 参 考 文 献

[1] 许满兴．烧结生产推进绿色发展与高质量发展的工艺技术与实施举措 [C]//全国烧结球团技术交流会论文集，2018：6~10.

[2] 冯根生，吴胜利，赵佐军．改善厚料层烧结热态透气性的研究 [J]．烧结球团，2011，36 (1)：1~5.

[3] 龙红明，左俊，王平，等．厚料层烧结高度方向均质性研究 [J]．烧结球团，2013，38 (4)：1~6.

[4] 张波．改善 900mm 厚料层烧结透气性的措施 [J]．烧结球团，2014，39 (1)：15~20.

[5] 郑兴荣，黄世来，戚义龙，等．马钢三铁总厂 900mm 厚料层烧结生产实践 [C]//全国炼铁生产技术会暨炼铁技术年会集，2016：295~302.

[6] 张鑫，李鸿顺．烧结机台车均质烧结新技术研究 [C]//全国炼铁生产技术会暨炼铁技术年会集，2016：165~168.

[7] 裴元东，史凤奎，石江山，等．烧结箅条粘结机理研究及防治应用 [C]．第十五届全国炼铁原料学术会议，2017：189~204.

[8] 邹鹏飞，邓有胜，赵改革，等．湘钢箅条板结原因分析及对策 [J]．烧结球团，2016，41 (6)：21~25.

[9] 边美柱，周福俊，宫文祥．新型无动力烧结箅条清理装置的研制试用 [C]//第九届全国烧结球团设备技术研讨会，2011：12~13.

[10] 刘世雅，刘拴军，徐和平．安钢烧结厂 360m$^2$ 烧结机台车箅条、隔热垫改造 [J]．烧结球团，2010，35 (2)：44~46.

[11] 吕海滨，杨军．莱钢 265m$^2$ 烧结机箅条、隔热垫适应性改造 [C]//第七届全国烧结球团设备技术研讨会论文集，2009：85~87.

[12] 李连海，王炜，王珂，等．莱钢 265m$^2$ 烧结机降低箅条消耗的研究与实践 [C]//第七届全国烧结球团设备技术研讨会论文集，2009：59~63.

[13] 陈令坤，王素平．日本JFE公司优化烧结制粒和布料设备对武钢的启示［C］//第十二届全国烧结球团设备及节能环保技术研讨会论文集，2014：16~19.
[14] 焦光武，高新洲．烧结偏析布料技术研究与应用［C］//全国烧结球团技术交流会论文集，2012：12~15.
[15] 马晓勇，孟祥龙．凌钢240m$^2$烧结机扩容改造及生产实践［C］//第十五届全国烧结球团设备及节能环保技术研讨会论文集，2017：42~43.
[16] 王炜，王珂．265m$^2$烧结机布料系统的改进［J］．烧结球团，2011，36（1）：26~27.
[17] 杨显之．多辊布料柔性防粘结装置的探讨［J］．烧结球团，2010，35（3）：28~30.
[18] 孙雷，孙卫山，王振宇．减轻烧结“边缘效应”的生产实践［C］//全国炼铁生产技术会暨炼铁技术年会集，2018：252~254.
[19] 梁红义，宋福亮．改善360m$^2$烧结机产品质量的攻关实践［C］//全国烧结球团技术交流会论文集，2011：34~37.
[20] 顾秀财．松料器改进增加料层透气性［C］//全国炼铁生产技术会暨炼铁技术年会集，2018：321~323.
[21] 姜涛，李光辉，许斌，等．烧结生产进一步提质节能的途径——均热高料层烧结［C］//第十届中国钢铁年会暨第六届宝钢学术年会论文集，2015：1~9.
[22] 莫龙桂，甘牧原，吴丹伟，等．柳钢2号360m$^2$烧结机布料系统优化实践［C］//全国烧结球团技术交流会论文集，2018：64~66.
[23] 高飞，邱立运，孙英，等．烧结机料层厚度检测技术现状及发展趋势［J］．烧结球团，2016，41（6）：26~30.
[24] 王洪江，安钢，王全乐，等．首钢京唐1号烧结机800mm厚料层烧结生产实践［J］．烧结球团，2010，35（3）：47~51.
[25] 裴元东，史凤奎，吴胜利，等．烧结料面喷洒蒸汽提高燃料燃烧效率研究［J］．烧结球团，2016，41（6）：16~20.
[26] 周文涛，胡俊鸽，郭艳玲，等．日韩烧结技术最新进展及工业化应用前景分析［J］．烧结球团，2013，38（3）：5~8.
[27] 马怀营，赵志星，裴元东，等．我国烧结技术发展综述［C］//全国炼铁生产技术会暨炼铁学术年会文集，2014：316~317.
[28] 周明顺．鞍钢超厚料层双层预烧结工艺与工业试验［C］//2019年全国烧结球团技术交流会文集，上海．

# 8 烧结矿整粒技术

【本章提要】

本章介绍了烧结矿破碎、冷却、筛分设备形式，首钢京唐、宝钢二烧、柳钢成品矿筛分系统特点，淄博山冶单辊破碎机、华通重工销齿传动水密封环冷机、威猛 WFPS 超环保节能复频筛、顺泰克烧结矿 FeO 含量在线检测仪。

优化烧结矿粒度组成的关键是：筛除小于 5mm 的粉末，-5mm≤5%；控制烧结矿的粒度组成中的 5~10mm 的不大于 30%；控制烧结矿粒度上限，+50mm≤8%。国内资料统计表明，入炉料粉末降低 1%，高炉利用系数提高 0.4%~1.0%，焦比降低 0.5%。炉料中大小粒度尺寸的比例与大小粒级所占百分比对炉料在炉内的透气性起着决定性的作用，炉料中大粒级和更小粒级的增加，都会使炉料层的孔隙度变小，使煤气通过料层的阻力增加，影响高炉的顺行。

优化的粒度组成应是大小粒级的粒级差别越小越好。

## 8.1 烧结矿冷却设备

目前烧结矿冷却方式主要有抽风冷却、鼓风冷却和机上冷却三种。

(1) 抽风冷却采用薄料层（$H$<500mm），所需风压相对要低（600~750Pa），冷却机的密封回路简单，而且风机功率小，可以用大风量进行热交换，缩短冷却时间，一般经过 20~30min 烧结矿可冷却到 100℃左右。抽风冷却的缺点是风机在含尘量较大、气体温度较高的条件下工作，叶片寿命短，且所需冷却面积大，一般冷却面积与烧结面积比为 1.25~1.50，不能适应烧结设备大型化的要求。另外，抽风冷却第一段废气温度较低（约 150~200℃），不便于废热回收利用。

(2) 鼓风冷却采用厚料层（$H$=1500mm），低转速，冷却时间长，约 60min。优点是冷却面积相对较小，冷却面积与烧结面积比为 0.9~1.2。冷却后热废气温度为 300~400℃，可以进行废气回收利用。鼓风冷却的缺点是所需风压较高，一般为 2000~5000Pa，因此必须选用密封性能好的密封装置。

带式冷却机和环式冷却机是比较成熟的冷却设备，它们都有较好的冷却效果，两者比较，环式冷却机具有占地面积较小、厂房布置紧凑的优点。带式冷却机则在冷却过程中能同时起到运输作用，对多于两台烧结机的厂房、工艺便于布置，而且布料较均匀，密封结构简单，冷却效果好。

(3) 机上冷却是将烧结机延长后，烧结矿直接在烧结机的后半部进行冷却的工艺。其优点是单辊破碎机工作温度低，不需热矿振动筛和单独的冷却机，可以提高设备作业率，降低设备维修费，便于冷却系统和环境的除尘。

### 8.1.1　鼓风环式冷却机工作特点

环式冷却机是目前应用较广泛的一种冷却设备。早期的环式冷却机是抽风的，而现在基本都是鼓风式的，简称鼓风环冷机（见图 8-1)。

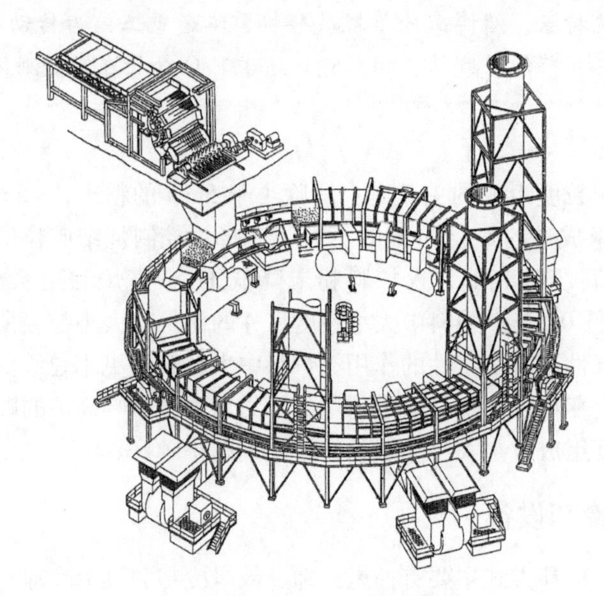

图 8-1　新型环冷机立体示意图

鼓风环冷机是由抽风环冷机发展而来的。其结构形式采用了抽风环冷机的优点。在冷却台车的下面，将风箱固定在支架上，把水平的冷却面积分成几段，一般几个风箱共用一台风机。冷却完了的台车在曲轨处倾斜卸矿。这种冷却机料层厚、占地面积小，冷却风机的叶轮不易磨损。它的冷却效果好，在 20~30min 内烧结矿温度可降到 100~150℃。台车无空载运行，提高了冷却效率且运行平稳，静料层冷却过程中烧结矿不受机械破坏，粉碎少。环式冷却机结构简单，维修费用低。

日本是采用鼓风环式冷却机较早的国家，而且规格也大。例如日本日立造船是生产鲁奇式烧结设备的主要厂家之一，他们研制出的新型环冷机既节能省工又造价低，同时便于操作维护，其主要特点如下：

(1) 取消了原环冷机下部的双重阀和散料输送机。新型环冷机在台车下部设置一整体的风箱，该风箱除用于通过冷风冷却烧结矿外，同时用以接收和输送从冷却机台车通气板上落下的烧结矿散料，并在排料端与冷却后的烧结矿一起排出。

（2）取消地坑并降低了支撑骨架。由于取消了散料输送机和风箱结构的变化，新型环冷机的骨架仅用以支撑台车和罩子，因此比原环冷机的骨架结构高度显著降低，结构件重量减少。

（3）改进了设备的密封结构。取消了运动台车和固定风箱之间的滑动密封；风箱支管与进风通道间采用了水封结构。

（4）新型环冷机密封结构的改进，使环冷机的漏风率显著降低，同等规格的环冷机在相同的工况条件下，新型环冷机所需要的送风量比原环冷机减少1/3。如果原使用三台风机的，现可配置两台（风机参数相同），节约了动力费用。同时使烧结厂的日常维护和定期检修工作量减少。良好的密封装置使环境污染减少，改善了工作条件。表 8-1 为河北华通重工生产的鼓风环式冷却机的技术参数。

**表 8-1 河北华通重工鼓风环式冷却机技术参数**

| 规格 /$m^2$ | 生产能力 /$t \cdot h^{-1}$ | 中径 /m | 冷却时间 /min | 功率 /kW | 台车 | | |
|---|---|---|---|---|---|---|---|
| | | | | | 宽度/m | 拦板高度/m | 料层厚度/m |
| 110 | 235 | 21 | 50~80 | 11 | 2.2 | 1.3 | 1.2 |
| 120 | 250 | 22 | 50~160 | 11 | 2.3 | 1.5 | 1.4 |
| 130 | 260 | 26 | 48~144 | 11 | 2.6 | 1.5 | 1.4 |
| 140 | 302 | 22 | 48~144 | 11 | 2.8 | 1.5 | 1.4 |
| 170 | 380 | 24.5 | 50~120 | 11 | 2.6 | 1.6 | 1.5 |
| 235 | 460 | 30 | 60~120 | 11 | 3.0 | 1.6 | 1.5 |
| 280 | 565 | 33 | 43~130 | 15 | 3.2 | 1.6 | 1.5 |
| 360 | 720 | 38 | 43~130 | 22 | 3.5 | 1.6 | 1.5 |
| 415 | 800 | 44 | 48~144 | 22 | 3.5 | 1.6 | 1.5 |
| 460 | 850 | 44 | 48~144 | 22 | 3.7 | 1.6 | 1.5 |
| 480 | 900 | 48 | 48~144 | 22 | 3.5 | 1.6 | 1.5 |
| 520 | 1000 | 53 | 60~150 | 22 | 3.5 | 1.6 | 1.5 |
| 580 | 1100 | 53 | 60~150 | 22 | 3.9 | 1.6 | 1.5 |
| 650 | 1500 | 59 | 72~155 | 22 | 3.5 | 1.6 | 1.5 |
| 690 | 1600 | 63 | 72~165 | 22 | 3.9 | 1.6 | 1.5 |
| 715 | 1790 | 63 | 72~176 | 22 | 4.0 | 1.6 | 1.5 |

### 8.1.2　鼓风带式冷却机工作特点

带式冷却机是一种带有百叶窗式通风孔的金属板式运输机（如图 8-2 所示），由许多个台车组成，台车两端固定在链板上，构成一条封闭链带，由电动机经减速机传动。工作面的台车上都有密封罩，密封罩上设有抽风（或排气）的烟囱。

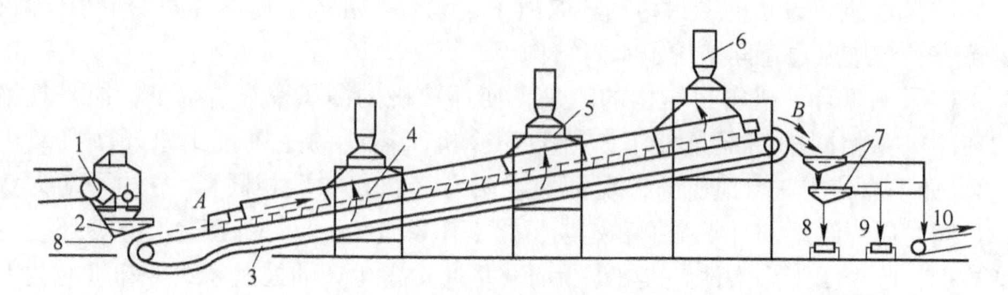


图 8-2　带式鼓风式冷却机示意图

1—烧结机；2—热矿筛；3—冷却机；4—排烟罩；5—冷却风机；6—烟囱；7—冷矿筛；8—返矿；9—铺底料；10—成品烧结矿

早期一般采用抽风冷却，近年来发展了鼓风冷却。烧结面积和冷却面积之比一般为 1～1.5。工作原理是热烧结矿自烧结机尾端加入台车，靠卸料端链轮传动，台车向前缓慢的移动，借助台车下部鼓风冷却，冷却后的烧结矿用胶带运输机运走。

带式冷却机除了设备可靠外，具有以下优缺点：

（1）布料均匀。由于带冷机台车是矩形的，并且沿直线运行，因而烧结矿能够均匀地布到台车上，不易产生布料偏析和短路漏风的现象。

（2）设备制造比环冷机简单，且在运转过程中不易出现跑偏、变形等问题，因而设备的密封性能好。

（3）带冷机呈狭长条形，适宜在狭长的地带配置，而且可在同一厂房内实行平行配置，因此尤其适合与安装有多台烧结机的厂房相配套。

（4）带冷机可安装成一定的倾角，可兼作运输设备，把冷却的烧结矿运至缓冲矿槽。

（5）带冷机箅条不易堵塞。由于带冷机卸矿时翻转 180°，细粒烧结矿一般能掉下来，所以箅条不易堵塞，冷却效果较好。

带式冷却机主要缺点是设备重，由于带冷机的回车道是空载的，所以设备重量较相同处理能力的环冷机要重约 1/4。表 8-2 为河北华通重工生产的鼓风带式冷却机的技术参数。

表 8-2 河北华通重工鼓风带式冷却机技术参数

| 规格 /m² | 总重量 /t | 生产能力 /t·h⁻¹ | 运行速度 /r·min⁻¹ | 倾角 /(°) | 冷却时间 /min | 功率 /kW | 台车 | | |
|---|---|---|---|---|---|---|---|---|---|
| | | | | | | | 有效宽度 /m | 数量 /个 | 拦板高度 /m |
| 30 | 167 | 50~80 | 0.25~2.20 | 10 | 50~70 | 18.5 | 1.5 | 84 | 1.15 |
| 36 | 105 | 70 | 1.17~2.42 | 9 | 17~21 | 22 | 1.0 | 210 | 0.35 |
| 45 | 163 | 90~140 | 0.29~1.46 | 10 | 45~55 | 22 | 1.5 | 190 | 0.55 |
| 50 | 175 | 100~140 | 0.70~1.67 | 9 | 30~65 | 30 | 1.5 | 200 | 0.55 |
| 60 | 308 | 140 | 0.00~1.40 | 5.7 | 50~70 | 30 | 1.5 | 141 | 1.15 |
| 75.6 | 363 | 133~172 | 0.60~1.09 | 12 | 40~70 | 30 | 1.8 | 130 | 1.25 |
| 90 | 662 | 200 | 0.34~1.01 | 5 | 50~90 | 30 | 2.5 | 101 | 1.50 |
| 110 | 831 | 190~245 | 0.39~0.77 | 10 | 50~100 | 18.5 | 3.0 | 129 | 1.60 |
| 120 | 946 | 210 | 0.30~0.90 | 4.96 | 70.18 | 22 | 3.0 | 136 | 1.396 |

## 8.2 剪切式单辊破碎机

### 8.2.1 剪切式单辊破碎机原理

烧结机卸下的烧结饼需破碎到 150mm 以下，才能进入热烧结矿的筛分及冷却设备。烧结矿破碎设备有单辊破碎机、双辊破碎机和波纹辊式破碎机等。

目前我国普遍采用的剪切式单辊破碎机如图 8-3 所示。它主要由齿辊、主

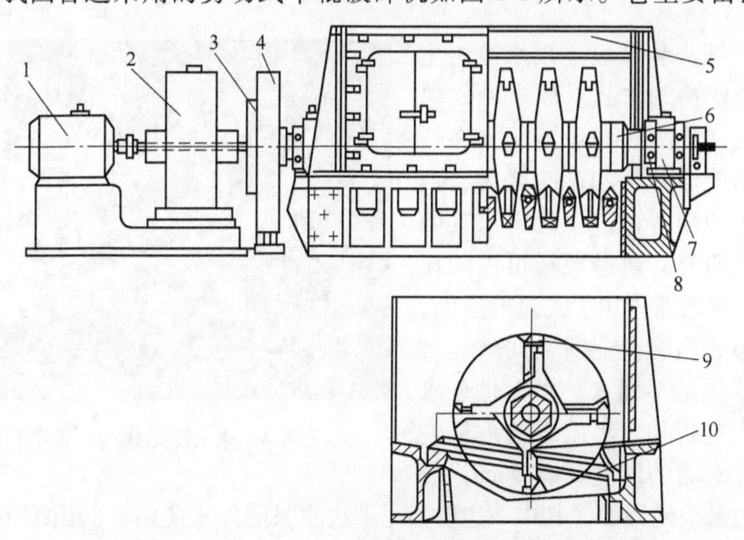


图 8-3 $\phi$1500×2800 剪切式单辊破碎机示意图

1—电动机；2—减速机；3—保险装置；4—开式齿轮；5—箱体；6—齿辊；7—冷却水管；8—轴承座；9—破碎齿；10—箅板

轴、水管、固定箅板及传动减速机构组成。箅板是固定的，设在破碎机的下面，齿辊在箅条之间的间隙内转动。破碎齿冠由耐热耐磨材料堆焊或镶块而成。破碎齿的形状不一，有三齿的也有四齿的，一般以四齿的为多。主轴两端轴承设水冷装置，齿辊的驱动端设有保险装置（保险销或液力耦合器），当过负荷时，保险销被剪断或液力耦合器作用，使设备停止运转，以保护减速机和单辊破碎机。

单辊破碎机的规格与烧结机相适应，主要取决于烧结台车的宽度。设备的规格用齿辊的直径和长度来表示。如 $\phi1600\times3000$ 表示单辊破碎齿辊直径为 1600mm，长度为 3000mm。该设备齿冠有时断裂，一般采用堆焊的办法进行修复。

新建烧结厂有的采用水冷式单辊破碎机。根据测定，水冷式单辊在停机后 10min，齿冠温度仅为 65℃，箅板温度 56℃（水冷箅板）。

水冷式破碎机的优点是：（1）由于采用堆焊式水冷齿辊及箅板，可提高寿命。（2）堆焊整体锤头代替螺栓连接锤头，避免锤头掉落。（3）齿辊、箅板的检修方便，缩短检修时间，保证操作安全，改善了劳动条件。

其缺点是：焊接复杂，对冷却水水质有一定要求。

### 8.2.2　淄博山冶单辊破碎机的特点

从 2005 年至今，淄博山冶工业装备有限公司一直在单辊破碎机上下功夫，在延长单辊的寿命方面积累了丰富的经验。其基本思路是在磨损位置多用耐磨材料，单辊的磨损位置相对固定，找到磨损位置就找到了磨损原因，具体解决方法如下：

（1）锤头和箅板不用水冷，主轴采用通水冷却方式。原水冷式单辊破碎机（见图 8-4），冷却水在一定时期内能给箅板和锤头降温，帮助延长了使用寿命，一旦漏水其弊端也非常明显。通过现场可以明显的看出，水通路占用了大量的空间，从而使布置耐磨合金的空间就非常有限。即便是不漏水，水垢也让水冷效果大打折扣，水质硬的地区使用 3 个月水垢的厚度就有 5mm。箅板是两边调头使用的，其中一边磨损另一边也只能停水使用。而山冶生产的单辊破碎机只有主轴通水，齿冠位置直接去掉原水道，在水道位置用合金代替，更能有效的延长使用寿命。

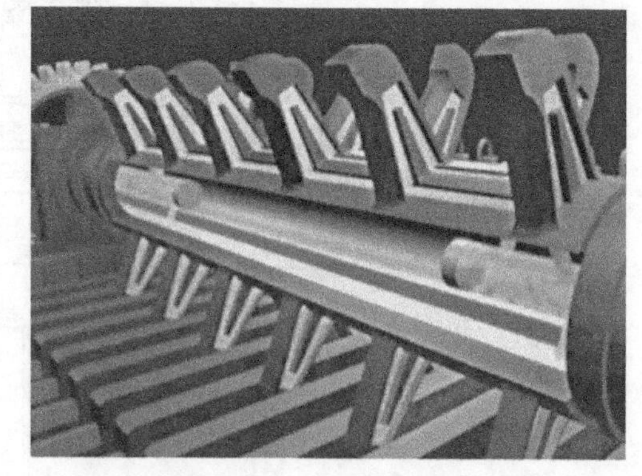

图 8-4　原水冷形式的单辊示意图

（2）改变合金部位的结构和形式增加合金的使用量。加大R型锤头的P部分（见图8-5），主要加大P的体积，再次维修的时候只需更换P的部分，对主轴本体的焊接损伤也低，主轴使用寿命达到十年以上，甚至更长。

（3）改进合金配方，通过改变金相组织，分子结构提高耐磨性。山冶的锤头在同样的时间、同样的工况下，与其他厂家的锤头相比寿命提高几倍（见图8-6）。

图8-5 R型锤头的P部分实图

图8-6 山冶锤头和其他厂家锤头对比

单辊的寿命长短有多方面原因，如烧结矿转鼓强度、台车落料高度、落料点的位置、导料槽的倾角、烧结矿温度等等，但主要原因还是锤头耐磨性。表8-3列出了淄博山冶生产的不同烧结机台车宽度的单辊破碎机规格。

**表8-3 淄博山冶生产的单辊破碎机规格**

| 台车宽度/m | 单辊直径/m | 单辊齿片数/个 | 箅板箅条数/个 | 齿片中心距/mm | 电机功率/kW |
|---|---|---|---|---|---|
| 3.0 | 1.6 | 10 | 11 | 310 | 90 |
| 3.5 | 2.0 | 11 | 12 | 310/330 | 132 |
| 4.0 | 2.2 | 12 | 13 | 310/330 | 132/150 |
| 4.5 | 2.3 | 13/15 | 14/16 | 310/330 | 160/185 |
| 5.0 | 2.4 | 14/15 | 15/17 | 310/330 | 185/200 |
| 5.5 | 2.5 | 16/17 | 17/18 | 320/340 | 220 |
| 6.0 | 2.6 | 17/18 | 18/19 | 320/340 | 250 |

## 8.3 烧结矿筛分设备

烧结矿冷矿筛分是进一步筛分除去烧结矿中的粉末，并分出铺底料。烧结矿的筛分设备较多，常用的冷矿筛分设备主要有直线振动筛、椭圆等厚振动筛和棒条筛。

### 8.3.1　直线振动筛

直线振动筛采用双振动电机驱动，当两台振动电机做同步、反向旋转时，其偏心块所产生的激振力在平行于电机轴线的方向相互抵消，在垂直于电机轴的方向叠为一合力，因此筛机的运动轨迹为一直线。其两电机轴相对筛面有一倾角，在激振力和物料自身重力的合力作用下，物料在筛面上被抛起跳跃式向前做直线运动，从而达到对物料进行筛选和分级的目的。直线振动筛具有能耗低、效率高、结构简单、易维修、全封闭结构无粉尘逸散的特点。

筛机主要由筛箱、筛框、筛网、振动电机、电机台座、减振弹簧、支架等组成。根据减振器安装方法可分为座式或吊挂式。吊挂式直线筛因处理能力小逐渐被淘汰，烧结生产最早普遍采用座式直线筛，其结构如图 8-7 所示。

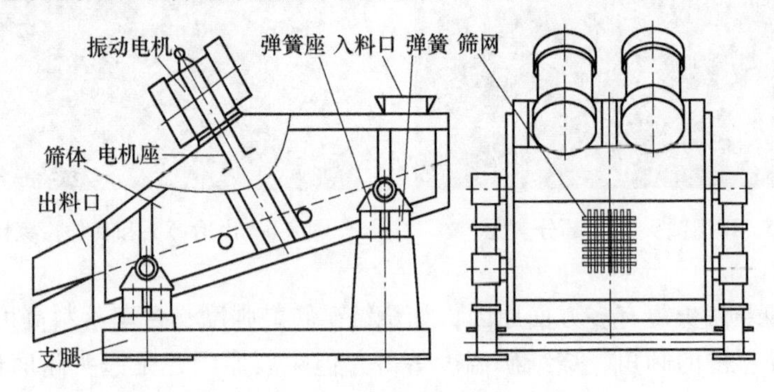


图 8-7　座式直线振动筛结构示意图

### 8.3.2　椭圆等厚振动筛

椭圆等厚振动筛的筛面由不同倾角的三段组成，使物料层在筛面各段厚度近似相等。采用三轴驱动，强迫同步激振原理，运动状态稳定，筛箱运动轨迹为椭圆（见图 8-8）。

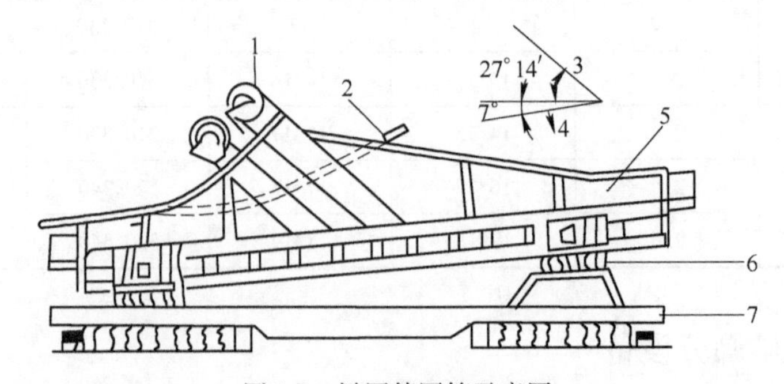


图 8-8　椭圆等厚筛示意图

1—振动器；2—隔热水包；3—振动方向；4—物料运动方向；5—筛箱；6—弹簧；7—底架

## 8.3.3 棒条筛

棒条筛因其有效解决了物料堵塞筛孔的问题，筛分效率高，近年来在烧结生产中得到迅速推广应用。振动棒条筛是一种装有弹性棒条筛面的振动筛。与传统封闭式筛面结构相比，振动棒条筛面最大的不同在于筛面单元的柔性得到充分释放。悬臂筛面单元的高频二次振动可以放松卡在筛孔中的物料颗粒（见图 8-9），且透筛力也得到改善。在结构上，悬臂筛面结构增大了筛面的开孔率，大大提高了物料的透筛概率。棒条筛主要由机架、筛箱、激振器系统、筛面和弹簧等组成，如图 8-10 所示。筛面由弹簧钢材料的棒条组成，激振器系统由带有偏心块的转动轴组成，偏心块在随转动轴转动时，产生了激振力，可以通过增减偏心块的数量或调整偏心块之间的夹角来改变激振力的大小。

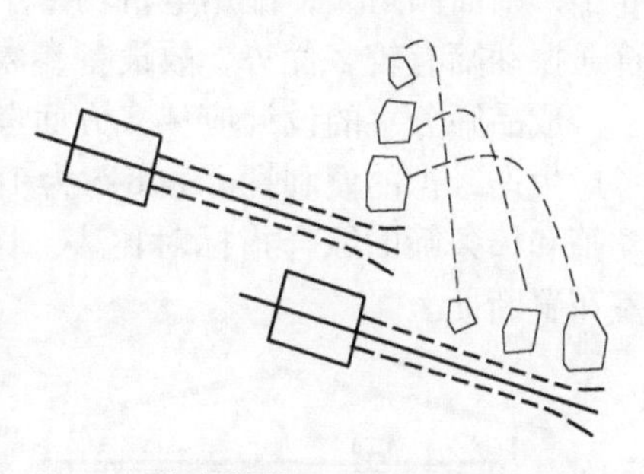

图 8-9 棒条筛筛面上物料分层示意图

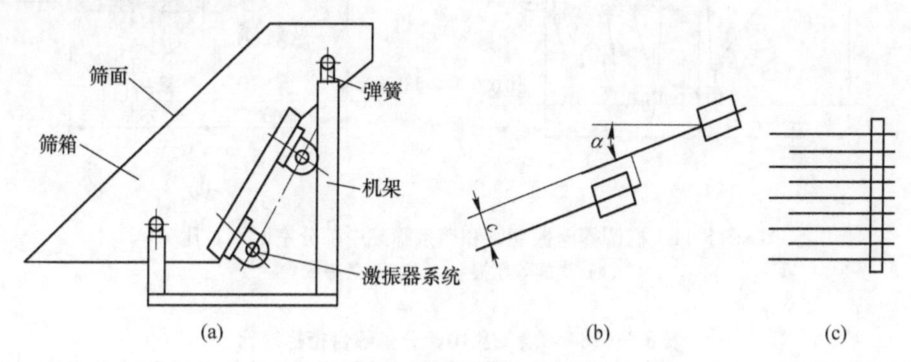


图 8-10 棒条筛的结构简图

（a）结构简图；（b）两层筛面；（c）单层筛面

## 8.3.4 棒条筛与椭圆等厚筛筛分室布置对比

棒条筛与椭圆等厚振动筛的结构及筛面有所不同，由此两种不同形式的筛子在设备参数上也有较大区别。以单台椭圆等厚振动筛与棒条筛作对比，详见表 8-4。

表 8-4 180m² 烧结机所用棒条筛与椭圆等厚振动筛设备参数对比

| 分级筛形式 | 筛子尺寸 /m | 筛面面积 /m² | 筛面倾角 /(°) | 筛孔尺寸 /mm | 处理量 /t | 振频 /r · min⁻¹ | 振幅 /mm | 配用电机 /kW | 设备重量 /t · 台⁻¹ |
|---|---|---|---|---|---|---|---|---|---|
| 椭圆等厚筛 | 3×9 | 27 | 5，10，15 | 20 | 550 | 800 | 3~10 | 45 | 约 60 |
| 棒条筛 | 1.85×6.5 | 12.025 | 25，32 | 20 | 550 | 730 | 5~8 | 2×11 | 约 12.5 |

从表 8-4 可以看出，相同处理能力的棒条筛与椭圆等厚振动筛相比，筛面尺寸小，筛面倾角大，配用电机功率小，设备重量轻。正因为棒条筛的筛分特性比普通振动筛有较多优势，故设备参数上也有较大区别。

成品筛分室的设计应从多方面考虑，既要考虑技术的先进性、经济性，还要考虑生产维护的便利性。表 8-5 为 180m²烧结机集中筛分室分别采用椭圆等厚振动筛和棒条筛的综合指标对比表。图 8-11 为椭圆等厚振动筛和棒条筛集中筛分室布置断面。

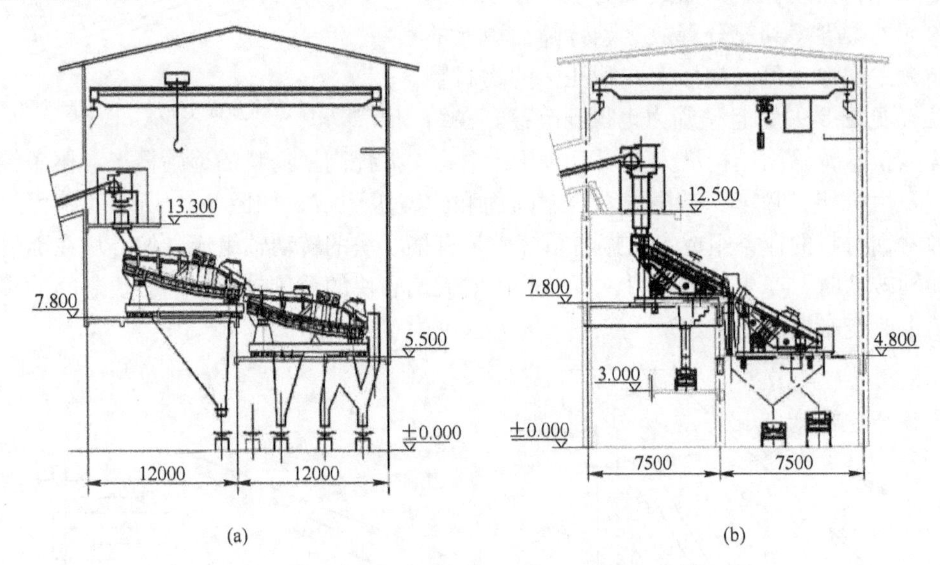


图 8-11　椭圆等厚振动筛和棒条筛集中筛分室断面对比
（a）椭圆等厚筛室；（b）棒条筛室

**表 8-5　180m²烧结集中筛分室综合指标对比**

| 分级筛形式 | 筛分室（长×宽）/m×m | 筛分室建筑高度/m | 入料平台高度/m | 筛子本体除尘风量/$m^3 \cdot h^{-1}$ | 筛分设备年耗电量/kWh | 筛分效率/% | 筛板寿命/月 | 更换筛板耗时/h |
|---|---|---|---|---|---|---|---|---|
| 椭圆等厚振动筛 | 24×24.5 | 22 | 13.5 | 约 50000 | 约 320000 | 85 | 6~8 | 12 |
| 棒条筛 | 14.5×15 | 20 | 12.5 | 约 20000 | 约 156000 | 90 | 4~6 | 6 |

棒条筛设备体积小，重量轻，在采用集中筛分室配置的方式下，厂房高度、占地面积、设备基础都较小；且因同比条件下棒条筛筛面小，罩体多用软性材料密封，密封效果较好，所需的除尘风量也较小；棒条筛配用的电机功率较小，比普通振动筛更节能；相应的公辅配套设施也更节约。从表 8-5 中可以看出，采用棒条筛的集中筛分室在本体工程造价、场地占用面积、能源消耗、生产维护等方面，均比采用椭圆等厚振动筛的筛分室有较多优势，仅在筛板寿命这一项略低于椭圆等厚振动筛。

## 8.4 首钢京唐烧结成品整粒工艺特点及应用

随着我国冶金行业的发展，对烧结成品整粒工艺的要求也越来越高。经过不断地研究和探索，烧结成品整粒工艺不断向着占地面积小、筛分效果好、投资成本低、节能减排等目标迈进。新建烧结厂大都以节约占地面积，节约投资，提高烧结机作业率，最大程度地降低烧结生产成本作为设计目标。首钢京唐钢铁作为国家“十一五”规划纲要的重点工程，建有两台 550m$^2$ 烧结机，年产烧结矿 1132.56 万吨，烧结矿大小成品分级供高炉。首钢京唐烧结整粒筛分工艺采用先进的立式结构设计，在节约占地面积、节约投资成本、节能减排的同时，提高了烧结矿的整粒效果。

### 8.4.1 首钢京唐烧结成品整粒工艺简介

#### 8.4.1.1 整粒工艺流程

首钢京唐烧结整粒工艺流程图如图 8-12 所示。烧结机上热烧结饼经过热破碎，破碎至 150mm 以下，卸至环冷机。经环冷机冷却后，由板式给矿机、带式输送机运至成品筛分室进行整粒。产品分为大于 20mm 的大成品、12～20mm 的铺底料、5～12mm 的小成品和小于 5mm 的返矿 4 个级别。筛分流程采用三次筛分工艺，共有 4 个筛分系列，每台烧结机对应 2 个筛分系列，每个系列配置 3 台冷矿筛，共计 12 台冷矿筛。采用一用一备设计，每个筛分系列处理能力为 1200t/h，若一系列筛子发生故障时，则启用另一系列筛子，不影响正常生产。

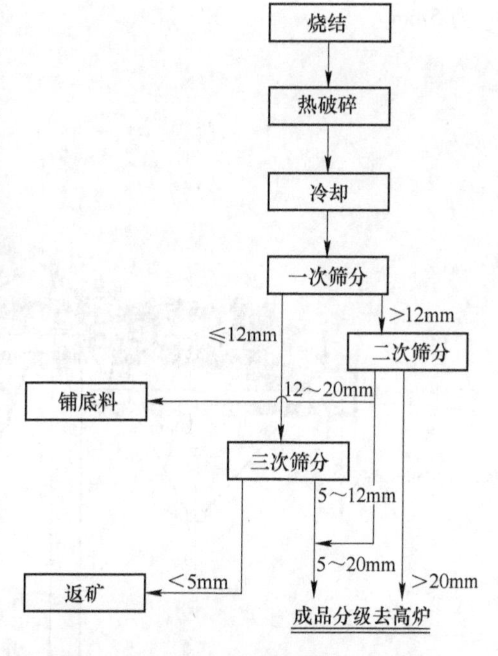


图 8-12 首钢京唐烧结整粒工艺流程图

一次筛规格为 3.8m×10m，筛孔 12mm，烧结矿经筛分后，筛上大于 12mm 的进入二次筛继续分级；筛下 0～12mm 物料进入三次筛继续分级。

二次筛规格为 3.8m×7.5m，筛孔 20mm，筛上不小于 20mm 作为大成品，用带式输送机运至高炉矿槽；筛下 12～20mm 粒级作为铺底料，运至烧结主厂房铺底料仓；多余 12～20mm 粒级作为成品烧结矿通过带式输送机、分料器进入小成品带式输送机送至高炉矿槽。

三次筛规格为 3. 8m×10. 6m，筛孔 5mm，筛上 5～12mm 粒级作为小成品，用带式输送机运至高炉矿槽。筛下 0～5mm 粒级作为返矿，返回烧结配料室参加配料。

成品烧结矿分为大于 20mm 的大成品以及多余铺底料与小成品混合成的 5～20 的小粒级物料，成品分级运送至高炉。

8.4.1.2 立式整粒结构简介

首钢京唐烧结采用立式整粒设计，一次筛和二次筛采用直接相连结构，三次筛和一次筛直接用溜槽相连（见图 8-13）。每台烧结机对应两个筛分系列，两个筛分系列的 6 台筛子都在一个筛分间内。一次筛和三次筛采用椭圆等厚振动筛，二次筛为直线筛。椭圆等厚振动筛的电机功率为 55kW，直线筛的电机功率为 45kW。一次筛的筛孔尺寸为 12mm，二次筛的筛孔尺寸为 20mm，三次筛筛孔尺寸为 5mm。

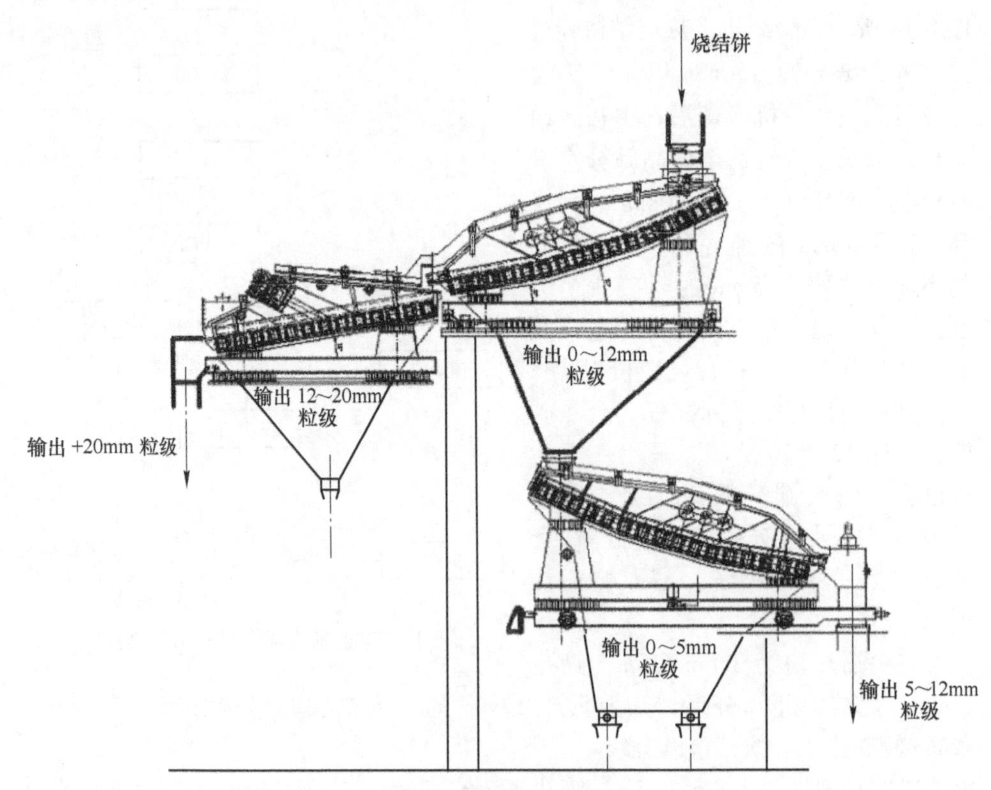


图 8-13 首钢京唐烧结立式三次整粒示意图

## 8.4.2 首钢京唐烧结成品整粒工艺特点

### 8.4.2.1 传统整粒工艺缺点

传统的整粒工艺，采用平面式设计，分多个成品筛分室，成品筛分室之间通过带式输送机连接，具有以下缺点：

（1）占地面积大。由于传统整粒筛分工艺采用平面式的布置，需要多个筛分室，使占地面积大大增加。

（2）投资高，易扬尘。筛分室之间用多条带式输送机连接，而且不同的筛分室都需要配备相应的检修设备，不但增加了设备和土建投资，而且转运点多，扬尘点多，易对环境造成污染，多个筛分室的布置使环境除尘器的规模增加，相应需要配置更高功率的除尘风机，增加了耗电量。

（3）耗能大，运行成本高。传统筛分的设备较为沉重，需要更大功率的电机才能够带动，增加了烧结生产成本。

（4）作业率低。多条带式输送机倒运，不仅使设备维护量大大增加，而且事故率高，致使整粒筛分作业率低。

（5）整粒效果差。传统的整粒筛分工艺分级出的铺底料中易掺入小粒级物料，在烧结时，容易堵台车箅条，致使烧结抽风面积下降，影响烧结生产。

### 8.4.2.2 首钢京唐整粒筛分工艺特点

（1）占地面积小。整粒筛分工艺采用立式设计，两个系列 6 台筛子都在一个筛分间内，大大减小了占地面积。两台烧结机对应共有四个筛分系列，12 台筛子共用一个筛分室。两台烧结机的成品筛分室长 64m，宽 36m，占地面积 2304m$^2$，即单台 550m$^2$烧结机对应整粒筛分室占地面积为 1152m$^2$。

（2）投资成本降低。整粒筛分系统的一次筛和二次筛采用直接相连结构，三次筛和一次筛直接用溜槽相连。两台烧结机的四个筛分系列，12 台筛子共用一个润滑系统，且不需要带式输送机倒运，使投资成本大大降低。

（3）设备运行维护费用低，维护工作量小，作业率高。去除倒运带式输送机后，大大降低了设备的维护量，减少设备运行维护费用的同时，使设备作业率大大提高。

（4）扬尘面积小，节能减排。整个整粒筛分工艺设计结构紧凑，除尘面积小，减少扬尘污染。并且除尘风机功率低，节约能源。

（5）整粒效果好。立式筛分设计，溜槽连接，不会发生掉料、混料现象，保证了各个筛分粒级的纯净，筛分效果好。

#### 8.4.2.3　传统整粒筛分与京唐烧结整粒筛分比较

当前筛分使用较多的是三次筛分，设两个筛分室，一次筛分室采用接力筛组成三次筛布置在独立筛分楼内。但与首钢京唐三次筛立体布置结构设计相比仍有较大差距。以国内450m²烧结机整粒筛分工艺比较，数据见表8-6。

**表8-6　传统整粒筛分与首钢京唐烧结整粒筛分比较**

| 工艺 | 烧结机面积/m² | 处理能力/t·h⁻¹ | 筛分类型 | 筛分室个数 | 布置结构 | 筛分室占地面积/m² | 筛分设备/台 | 工作方式 | 传输方式 |
|---|---|---|---|---|---|---|---|---|---|
| 传统筛分 | 450 | 1000 | 三次筛分 | 2 | 一、二次筛+三次筛 | 1419 | 9 | 两备一用 | 带式输送机 |
| 首钢京唐筛分 | 550 | 1200 | 三次筛分 | 1 | 三次筛立式 | 1152 | 6 | 一备一用 | 溜槽 |

由表8-6对比数据可见，在烧结机生产能力和整粒筛分设备处理能力都增加的条件下，首钢京唐烧结整粒筛分室占地面积仍然减小了267m²，筛分设备减少了3台。由于采用立式整粒工艺，没有转运带式输送机通廊，这又节约了很大的占地面积。少用了3台筛分设备和筛分间的转运输送机，无疑会大大降低投资成本和电量消耗以及运行维护费用。

### 8.4.3　应用情况

首钢京唐烧结整粒筛分自2009年5月投产以来，经过10个多月的生产实践，运行稳定，整粒效果好，大小成品分级输送至高炉，为5500m³高炉顺行提供了基础。并且维护量小，维护费用低，耗电量少，应用效果良好。烧结矿大小成品整粒分级效果好，大小成品粒度组成情况见表8-7。

**表8-7　大小成品的粒度组成**　（%）

| 烧结矿 | >40mm | 40~25mm | 25~16mm | 16~10mm | 10~5mm | <5mm |
|---|---|---|---|---|---|---|
| 大成品 | 36.28 | 43.61 | 18.52 | 1.59 | 0 | 0 |
| 小成品 | 0 | 0 | 29.12 | 34.13 | 35.43 | 1.32 |

## 8.5　宝钢二烧结成品整粒改造

宝钢二烧结成品整粒系统原有三道筛分机的技术参数见表8-8。由表可知，三道筛分机体积大、重量重、占地面积大、电耗高、筛分处理能力受限；筛分效果差，烧结矿中细粒级（-10mm）比例平均为24.8%，其中-5mm占3.4%；且除尘吸风点多，除尘效果差，已不适应新形势下的生产要求。

表 8-8 改造前各筛分机的技术参数

| 设备名称 | 形　式 | 台数 | 能力/t·h$^{-1}$ | 重量/t | 筛分面积/m×m | 驱动电机 | 移动电机 |
|---|---|---|---|---|---|---|---|
| 一筛 | 自定中心、圆周 | 2 备 1 用 | 580 | 50 | 2.7×6.6 | 55kW×2 台 | 3.7kW×6 台 |
| 二筛 | 低头式、直线 | 2 备 1 用 | 460 | 60 | 3.0×9.0 | 45kW×2 台 | 3.7kW×6 台 |
| 三筛 | 低头式、直线 | 2 备 1 用 | 290 | 60 | 3.0×9.0 | 45kW×2 台 | 3.7kW×6 台 |

### 8.5.1 新型悬臂筛网振动筛的应用

经过考察论证，在 2010 年 11 月大修期间，将原有三道铸板式筛网振动筛全部改造成新型悬臂筛网振动筛。其主要技术参数见表 8-9，主特点有：

（1）筛子规格小，重量轻。新的悬臂筛网振动筛体积小、重量轻，只有28t，比改造前减轻 50%以上，设备的运行驱动能力降低，占地面积小，提高了空间利用率。

（2）筛网的有效开孔率高。悬臂筛网开孔率约 35%，比一般铸板式筛网约 10%的开孔率高 20%以上。此外，由于铸板式筛网筛缝为长方形，大小不变，临界颗粒的烧结矿在运动中受其他物料的挤压和自身的惯性，易堵塞筛孔，使有效开孔率下降。而悬臂筛网结构没有径向的横条，在矩形梁上固定一组悬臂棒条弹性筛网，其首端固定在横梁上，末端悬臂为自由端，释放了对棒条二次振动的约束。在同样的振幅下，高振频可使筛网相对筛箱产生二次振动，有效减少临界颗粒夹塞现象的发生，从而保证了有效开孔率与开孔率基本相同。

（3）筛网加装自动清理装置。由于二次筛和三次筛是负责筛分 10mm、5mm 粒级的振动筛，筛缝小，筛分颗粒小，为避免棒条间夹料堵塞，在棒条前端的下面均安装了棒条击打管。每排棒条有 7 根击打管，每台筛子共计 126 根，起自动清理筛缝的作用，保持筛网的有效开孔，消除了临界粒径颗粒栓塞筛缝的现象。

表 8-9 改造后各筛分机的技术参数

| 设备名称 | 形　式 | 台数 | 能力/t·h$^{-1}$ | 重量/t | 筛分面积/m×m | 驱动电机 | 移动电机 |
|---|---|---|---|---|---|---|---|
| 一筛 | 悬臂筛网、直线 | 2 备 1 用 | 580 | 28 | 2.7×6.6 | 11kW×2 台 | 3.7kW×6 台 |
| 二筛 | 悬臂筛网、直线 | 2 备 1 用 | 550 | 28 | 3.0×9.0 | 11kW×2 台 | 3.7kW×6 台 |
| 三筛 | 悬臂筛网、直线 | 2 备 1 用 | 350 | 28 | 3.0×9.0 | 11kW×2 台 | 3.7kW×6 台 |

### 8.5.2 筛分效果

悬臂筛网振动筛应用后（2011 年 1~10 月）成品烧结矿中细粒级（-10mm）的比例平均为 22%，比改造前减小 2.8%；月均变化波动范围缩小，较改造前减小了 7.06%；平均粒度略有增大，且最高值达 24.1mm，这是改造前（年平均 22.3mm）从未出现过的。

通过分析高炉槽下含粉率，发现有一定的下降（见图 8-14），表明三次筛筛分效果优于改造前，改善了成品烧结矿的粒度组成，有利于强化高炉冶炼。

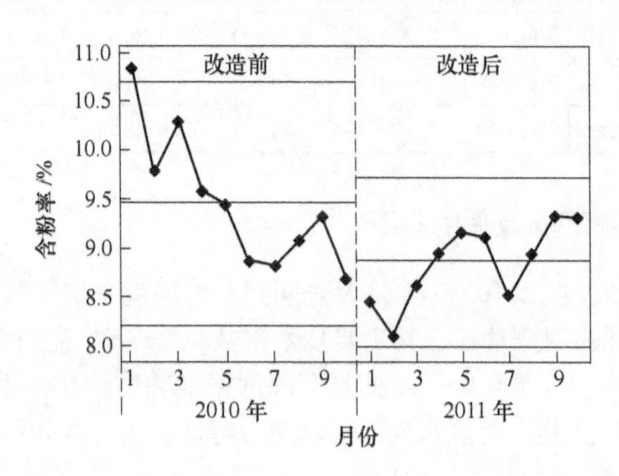


图 8-14　高炉侧槽下含粉率对比

### 8.5.3　电能消耗

由表 8-9 可知，新型筛分机每台筛机的 2 组发振器电机每小时共消耗电能均为 11kWh，则正常生产时，6 台筛分机每小时的电耗为 66kWh。切筛移动装置电机不变。以 2011 年 1～10 月实际运转率 97.69%，产出烧结矿总量 $4.946\times10^6$t 计，则新型筛分机应用后可节省的耗电量为：$304\times24\times97.6\%\times(290-66)=1.597\times10^6$ kWh，即每吨烧结矿可节省电量为 0.323kWh。

### 8.5.4　除尘效果

轻巧紧凑的结构，减少了 6 个引风点，降低了风量损失，加上良好的密封性，使筛分过程中筛箱内部形成较小负压，大大减少了除尘引风量。另外，将除尘管道三通、弯头等部位的防磨措施改为采用铸石复合管，在各除尘点的支风管上设置阻力平衡器，保证除尘系统风量平衡，提高了除尘效果。成品布袋除尘器除尘灰产生量明显大于改造前，生产现场扬尘量减小，生产环境得到改善。

### 8.5.5　总结

新型悬臂筛网振动筛在成品整粒系统上线应用近一年以来，满足了工艺需求，提高了筛分效果，降低了电耗，改善了环境。

（1）成品烧结矿细粒级（<10mm）比例降低 2.8%，平均粒度略有增大。

（2）三次筛筛上物含粉率降低，高炉侧槽下粉率下降 0.61%。

（3）吨矿电耗可降低 0.323kWh。

(4) 除尘引风量得到优化，除尘效果提高，现场环境得到改善。

## 8.6 柳钢筛分系统增设转炉用烧结矿转运工艺

柳钢在1号、2号烧结机设计中，从环冷机出来的烧结矿经两级振动筛筛分后，≥16mm的作为成品矿，≤6mm的作为烧结返矿进入配料室，6~16mm部分进入烧结楼作为铺底料，剩余部分仍进入成品矿仓。此方案中，铺底料粒度较小，易从箅条缝隙漏出，造成除尘负荷增加及大烟道磨损加剧；而且小粒度烧结矿进入成品仓，也影响成品矿的品质，增加炼铁返矿量及工序成本。有鉴于此，3号烧结机设计中提出了完善筛分工艺的要求。

在节能降耗攻关中，柳钢提出了使用烧结返矿取代部分废钢作为冷却剂的方案。烧结返矿的冷却效应是废钢的3倍左右，而且烧结矿中铁元素含量约为53%，烧结返矿在作冷却剂的同时，铁元素被还原进入钢液，可降低钢铁料耗，还可增加渣中氧化铁的含量。基于上述要求，对3号烧结机筛分工艺作了如下改进（见图8-15）：≥14.5mm的作为成品烧结，10~14.5mm部分作为铺底料，多余部分仍进入成品仓，6~10mm部分则运送到转炉。图中转炉-1胶带机为可逆式，一端通向转炉-2胶带机，可为转炉供料；另一端通向返料胶带，当转炉用料过剩时，这部分烧结矿再通过返料胶带返回配料室或成品仓。

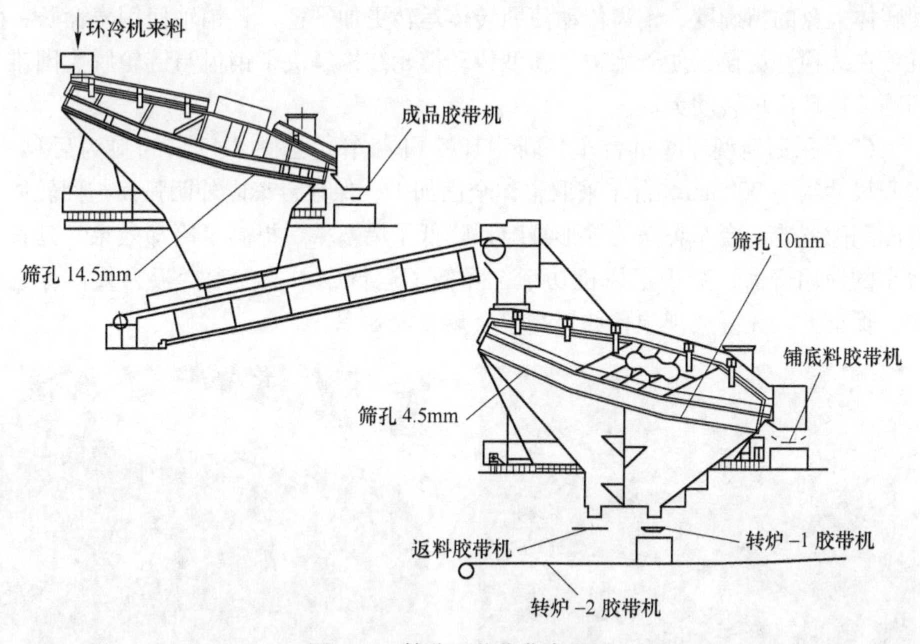


图8-15 筛分工艺优化布置图

优化后，铺底料由最小6mm提高到10mm，极大地减少了台车上漏料，降低了除尘负荷及大烟道磨损；而且一次筛分由16mm缩小至14.5mm，减少了大粒度烧结矿用作铺底料的浪费。另外 3 号烧结机每天可为炼钢转炉提供 6～10mm 烧结矿 2000t 左右，从转炉使用情况来看，装入量在 160t 时，每加入 1t 烧结返矿，可降低钢水温度 20～23℃，降低吨钢料耗 3.0～3.3kg，经济效益十分显著。同时，成品烧结矿中细粒级减少，也提高了高炉用烧结的品质，降低了高炉返矿量。

## 8.7　华通重工销齿传动水密封环冷机

华通重工研发的新型销齿传动水密封环冷机为高效节能型产品，处于国际、国内领先水平，已获得 9 项国家专利，在莱芜钢铁、山西建龙、秦邮特钢、东海特钢、吉林通钢、鞍山宝得等 100 多家钢铁企业使用。

以 300$m^2$环冷机为例，原配套的风机电机功率 5 台×630kW＝3150kW，使用该密封后，降低为 5×160kW＝800kW，每年仅这一项所产生的经济效益约为 1040 万元。余热发电量较老环冷机吨矿提高 8kWh 以上，即每年增加的经济效益为 1900 万元。具体优点如下：

（1）采用新型销齿传动装置（见图 8-16）。即硬齿面减速机+垂直式开式齿轮+链轮，链条采用新型整体制作而成，链条节距精确等分，保证了链条与整个回转体大盘的精确度，销齿传动使回转体运转更加平稳，各销轴使用寿命长，并且可在线检修更换，便于维护。新型传动链轮结构解决了销齿与链轮脱齿困难的问题，使环冷机转动灵活。

（2）采用新型环冷机台车。新型环冷机台车（见图 8-17）卸料为后移式，张开尺寸约为 900mm。台车采取整体全面加工，保证台车内外圈弧面与回转体内外圈间隙紧凑。台车箅条为锥形缝隙，降低了堵塞率、提高了冷却效果，延长了台车的使用寿命，减小了风机功率，降低了运行成本。台车拦板为整体保温结构，保证此处无漏风现象，并提高了余热发电效率。

图 8-16　新型销齿传动形式

图 8-17　新型环冷机台车

（3）环冷机上部采用新型水密封。环冷机上部密封装置，用特殊的罩体密封并通过水密封装置与台车栏板上侧实现紧密密封，进而避免了大量的热气与灰尘从罩子的两侧吹出，保护传动装置，使传动装置的使用寿命更长，提高了环冷机周围的环境质量，降低了工人的清扫工作量。下部密封是双层密封，采用可以调节的新型双向联合弹性密封或新型联合下部水密封装置，极大降低了台车下部的漏风率，漏风率不大于 3%，达到国家环保检测标准，环冷机岗位粉尘小于 5mg（以平山敬业钢铁有限公司 3 号环冷机为例）。

## 8.8 秦皇岛金呈环冷机石墨自润滑自调节多级复合密封

秦皇岛金呈科技开发有限公司研发的石墨自润滑自调节多级复合密封（见图 8-18）集机械密封和软密封于一体，在原机械密封的基础上，治理漏风效果又进一步提升，工作过程中，固定在环冷机风箱上的自润滑弹性滑块装置与上部摩擦板紧密接触，形成密封。自润滑弹性滑块装置内部镶嵌固体润滑材料，下部设置有耐高温弹簧组、限位装置、柔性密封、高度调节杆、骨架。此密封设计克服了所有环冷机跑偏情况，自润滑式弹性滑块装置安装在风箱上部，滑块通过弹簧顶起，与上部摩擦板紧密接触，防止接触面漏风。为防止台车轮吊落引起密封的损害，本装置内部设有限位装置，当台车轮轴过度挤压滑块装置时，限位装置向下运动，当限位装置到底部时，弹性滑块不再下降，以此保护整个密封系统的正常运转。整体密封设计有联动功能，确保静密封与动密封的整个安全接触面无卡死现象；环冷机的正反方向都设有安全导向，双钝型倒角设计，确保环冷的正转、反转无卡死；弹簧采用耐高温弹簧，弹簧耐温 700℃，确保弹簧的使用寿命及效果。内部密封利用风的作用形成紧密接触，接触面确保不漏风，并在此基础上有一层软密封作为保护，既解决了原来的不锈钢挡风板容易损坏的问题，又有一层软密封作为机械密封漏风点的防护，做到整体无漏风点。

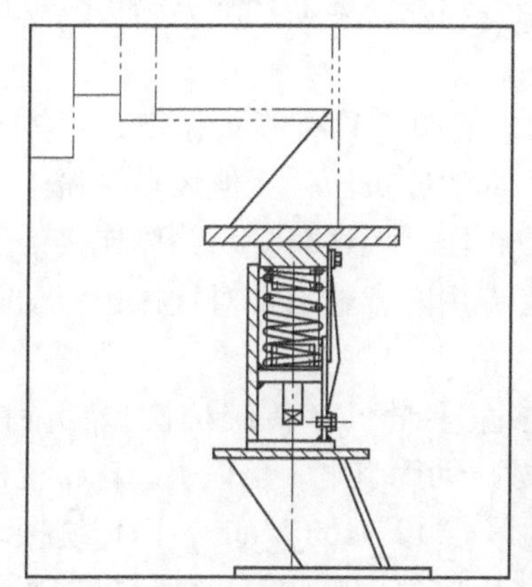

图 8-18 秦皇岛金呈密封装置原理图及现场安装效果

在沧州中铁、乌海万腾、安阳凤宝等多台环冷机应用后效果明显（见图8-19）。采用石墨机械密封和普通橡胶密封相比，使用寿命大大提高，正常使用情况下可达2年，并且零维护，设计结构合理，根据台车跑偏量进行设计，对环冷机本体设备变形适应性强，平时不必维修不用调整，节省检修的人工费用和材料费用。

图8-19 秦皇岛金呈石墨密封安装前后效果对比图

## 8.9 威猛WFPS超环保节能复频筛

WFPS系列复频筛是河南威猛振动设备股份有限公司的新型专利产品，针对该复频筛分段筛分，每段筛段振幅、振频可单独调节等特点，运行时需有与之配套的专属智能控制系统，以有效发挥和提高筛分效率。仅2015~2017年的三年国内外高炉和烧结WFPS系列复频筛投入使用超过150台套。复频筛（见图8-20）的优势如下：

（1）先进的筛分理念，独特筛板结构。通过分段控制，实现了筛板变频、变幅、变轨迹运动、达到高效的筛分目的；采用专利筛板浮动式临界筛板，单块筛板上加载不同频率，堵孔几率降低80%。

（2）环保性。与传统棒条筛和椭圆筛相比，复频筛只有筛板振动，筛体不振动，真正实现了全静态密封，该结构使筛体内部形成负压，无泄风点，粉尘不外泄；而传统振动筛采用动态密封使筛体内形成正压，大量粉尘从筛体连接处压出，形成严重粉尘污染，复频筛筛箱内壁增加有专用隔音材料，对比棒条振动筛和椭圆振动筛可有效降低噪声6~10dB。

（3）节能性。同等工矿条件下，复频筛参振重量只有传统椭圆振动筛的1/5，棒条振动筛的3/5，因此复频筛比传统椭圆振动筛节电1倍以上，比传统棒条振动筛节电1/3，由于采用静态密封，所需风量仅12~16$m^3$/min，而传统振动筛动态密封每平方米需除尘风量20~25$m^3$/min，因此使用复频筛可使风机功率下降1倍以上。

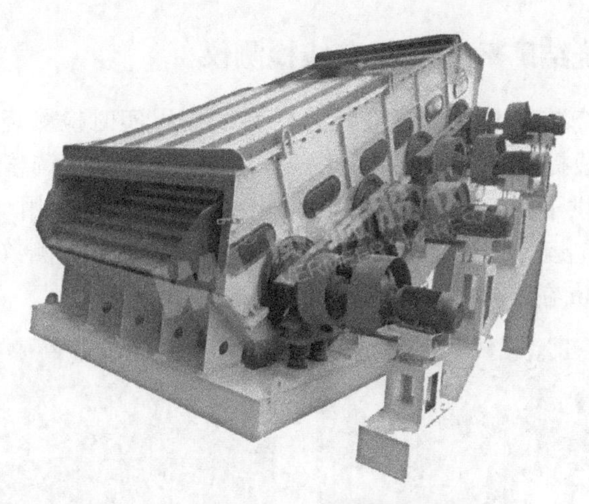

图 8-20 WFPS 超强环保复频筛实图

（4）高筛分效率，大处理量。传统椭圆振动筛开孔率只有 17%，筛分效率仅有 75%；而传统棒条振动筛不具备变频、变幅等功能，筛分效率只有 80%；而复频筛采用单层双面自清理筛板，开孔率可达到 40%，通过变频、变幅等手段可提高有效筛分效率 90%以上。

（5）易维护性。传统椭圆振动筛每更换一次筛板需 4 个人 10h 左右，传统棒条振动筛每更换一次筛板需 4 个人 6h 左右，而复频筛筛箱选用易拉手无螺栓设计，筛板采用整体更换方式，更换一次筛面需 2 个人 2h 左右，缩短维修时间，快速恢复生产，维修简单，降低工人劳动强度。

（6）降低建设成本。传统椭圆振动筛和传统棒条振动筛均为整体振动模式，启动停车时最大动载荷是正常动载荷的 6~8 倍，而复频筛采取分段振动模式，在启动停车时只是正常动载荷的 2~3 倍，极大降低了基础建设费用，经济效益明显；同等工况条件下，单台传统椭圆振动筛占用 $305m^3$，传统棒条振动筛占用 $120m^3$，而复频筛采用垂直立体布置，结构紧凑，只需 $95m^3$，节约用地空间 50%以上。

（7）备件消耗低。复频筛激振器轴承采用独特的远距分散布置，自循环散热系统，激振器温度可控制在 65℃以下，轴承使用寿命是传统振动筛的三倍以上，所需润滑油只有传统振动筛的 1/10，同时复频筛除筛板更换外，筛体无损耗，筛体使用寿命可无期限延长。

（8）全组合方式，极大方便工艺布置。根据烧结厂对物料粒度要求，采用多种组合结构，如 V 型、八字型、叠层型等，对于黏性含水物料，采用复频多通道薄层筛分；对于处理量大，分级粒度多采用复频等厚概率多层筛分原理等多种组合方式，极大方便客户工艺流程布置。

## 8.10　顺泰克烧结矿 FeO 含量在线检测仪

北京顺泰克烧结矿 FeO 含量在线检测系统可以实时检测烧结矿 FeO 含量，比常规检化验手段提前数个小时，极大地缩短了混合料配碳调整周期，为稳定烧结矿 FeO 含量提供了保障。2014 年在宝钢 4DL 烧结机安装使用（见图 8-21），设备经过长时间稳定运行，在线检测烧结矿 FeO 含量同化学检测数据误差±0.3%之内。实现 5~10min 在线检测一次，达到预期效果。

图 8-21　宝钢 4DL 烧结机安装 FeO 在线检测仪现场及检测结果

（1）工作原理：顺泰克烧结矿 FeO 含量在线检测系统是根据电磁原理来进行测量，烧结矿属磁性物质，磁导率主要来源于 $Fe_3O_4$的含量高低，而烧结矿中 FeO 与 $Fe_3O_4$有对应关系，故而通过测量磁导率就可以将非电量的烧结矿中的 FeO 含量检测出来，在测量装置部分安装有磁感应线圈，当被测烧结矿通过磁感应线圈时，磁感应线圈的电感量会发生变化，通过检测变化的电感量就能间接得到烧结矿磁性指数（*MI*），磁性指数（*MI*）与烧结矿中 FeO 含量具有一定的对应关系，因此，根据磁性指数（*MI*）就可计算出烧结矿中 FeO 含量。其在线检测原理见图 8-22 和表 8-10。

**表 8-10　相关系统参数**

| 检测对象 | 粒度较小的烧结矿（返矿） | 流量 | 不小于 0.3t/h |
|---|---|---|---|
| 测量范围 | 10%~54%（磁性指数 *MI*） | 被测烧结矿粒度 | 0~10mm |
| 测量精度 | 1.0%（磁性指数 *MI*） | 现场显示 | 实时 FeO 含量 |
| FeO | ±0.5%（绝对值） | | 实时曲线与历史曲线 |

（2）安装位置：烧结矿 FeO 含量在线检测系统独立安装于成品筛分系统的返矿皮带上，同生产设备不接触，安装位置灵活方便，物料测量完成后将卸料至返矿皮带上，完成一个测量循环。

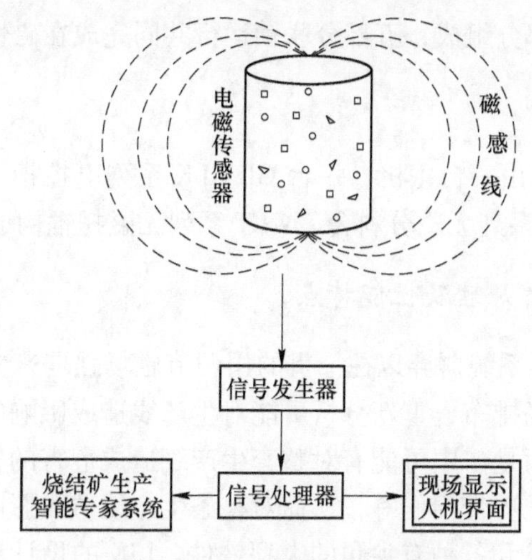


图 8-22 FeO 在线检测原理

## 8.11 新型除铁器在莱钢烧结生产中的应用与实践

目前，国内烧结厂在混匀料输送中分离大块铁杂物的设备一般有两种：一种是振动筛，其虽能有效地分离出大块的矿料、铁石杂物等，但对于细而长的铁条、铁棒、钢钎分离效果却比较差；另一种是除铁器，但传统的除铁器是用调节磁场强弱来实现铁和矿的分离，若磁性太强，则会把铁矿粉一块吸起，不满足生产条件，故烧结厂所用的除铁器磁性均不能太强，如此对大块的铁杂物分离效果就比较差了。故国内烧结厂大多采用两者结合的方式，优缺互补，从而更为有效的分离出混匀料中的大块铁杂物，净化物料，保护下一道工序的机器设备。莱钢银山前区原料系统始建于 2005 年初，同年 11 月初完工，11 月 15 日试生产，2006 年 1 月 1 日正式投产，主要承担莱钢新二区原料的接受、贮存、配料、混匀、混匀料输送等工作。其混匀料输送线在设计之初有两台永磁除铁器和一台重型振动筛来分离混匀料中的大块铁杂物。但实践中在下端料线仍多次发现较大的铁件，并多次发生下端工序皮带被划伤的事故。这说明现有的分离设备不能满足安全生产，要解决这个问题必须从除铁器入手，为此，莱钢烧结厂引进了抚顺基隆磁电设备有限公司的 LJK-4510 型除铁器，有效的分离出可能会造成输送堵塞、皮带损伤的大块的铁板、长的铁条及各种有尖角的大型铁件，可靠的保护了下一道工序的机器设备，保证了生产的需要。

### 8.11.1 LJK 系列除铁器构成工作原理及工作过程

LJK 系列除铁系统是针对磁性物料除铁问题设计的一种全新原理的除铁系

统，该系统由五个部分组成，五部分联锁运行共同完成在磁性矿中除铁的目的。

8.11.1.1 构成

LJK 系列除铁器由一台主机、一台 GLA-LK 系列电控柜、一台 LJT 系列金属探测仪、一件 WCT 系列无磁分料台、WCT 系列无磁托辊构成。

8.11.1.2 工作原理及性能特点

LJK 系列除铁器系统摒弃以往一贯的用调节磁场强弱来实现铁和矿分离的方法，采用特殊的磁场排布，重新分析可能对生产线造成影响的主要原因并非是因为矿中含有铁件，而是矿中可能有对整套生产线造成危害的铁，这类铁件可能会造成输送堵塞、输送皮带损伤等，从而对整条生产线造成影响，这类铁件多为大块的铁板、长的铁条和各种有尖角的大型铁件。LJK 的设计思路就是针对这种形状的铁件，这类铁件虽说看似各不相同，但是它们也有其共同的特点就是与磁性矿石相比相对截面积较大，针对这一特点，采用独特的磁场排布就可以将有害铁件和磁矿分开。

该系统的金属探测仪配用 LJT 系列磁性物料专用金属探测仪，该探测仪对磁性矿（如混匀料）做了特殊优化，可以屏蔽掉由正常的矿粉产生的信号，准确地判断出铁件并即时发出来铁信号，确保了来铁信号的实时性和准确性以及探测的灵敏度，有效地避免漏铁和误动作。整套系统的核心技术是 LJK 专用带式除铁器，该除铁器由具有高强磁场的主机和一块具有合理磁场排布的分离磁场两部分组成，由于更大的、更合理的磁分离区域，因此可以在不影响除铁效果的情况下尽可能地解决回收式除铁器一贯带矿量多的问题。该带式除铁器的分离磁场设计合理、磁场强度设计合适，完全能满足分离磁性物料和铁件的要求。

LJK 专用带式除铁器能耗很低，线圈散热方式为自冷式。它采用独特磁芯结构和磁路设计，根据闭合载流线圈可以产生稳恒磁场的基本原理，设计成 LJK 带式除铁器的磁芯，在其轭板边缘与其焊成一体的铁芯的外侧，按最佳散热条件绕成励磁线圈，借助四周外壳及良好导热材料进行散热。本设计方法将磁力线最大限度的集中在除铁器下部以便随时激发出超强磁场。其特点为：全封闭、自冷、绝缘好、低温升、散热快、磁势大、耐用、重量轻、吸力强、能耗低、除铁率高、全电磁。

8.11.1.3 工作过程

LJK 系列除铁器工作过程为：

（1）金属探测仪探到来铁信号时，将信号传到自动电控整流柜。

（2）整流柜适时启动带式除铁器皮带并精确启动励磁，当铁件到达主磁极下时以瞬时极强励磁将表面或深层的铁件和一些磁性特物料同时吸起。

（3）铁件吸起后马上转到保持励磁状态，不再继续吸起物料，以使吸起的物料达到最少，减少带出矿的量。

（4）吸起的铁件连同磁性矿通过除铁器皮带的带动向后运动，进行首次磁力分离，在首次分离中大块的磁性矿将重新落回输送皮带上。

（5）皮带继续运行到达具有特殊磁场排布的磁力分选区域，再经过分选区的三次分选，使大部分磁性物料又掉落回输送皮带上。

（6）剩下的少量物料和铁件被带到无磁分料平台上进行再次分离。

（7）LJK 除铁器主机的励磁完全停止，除铁器皮带适时停止等待下次来铁信号。经过多次分选后可实现良好且带矿量很少的除铁效果，经过整套过程铁件将被带到分离区域，矿石将重新回到输送皮带上。

### 8.11.2　LJK 系列除铁器的优缺点

与传统产品相比，LJK 型系列除铁器（如图 8-23 所示）具有自身的优缺点和创新性。

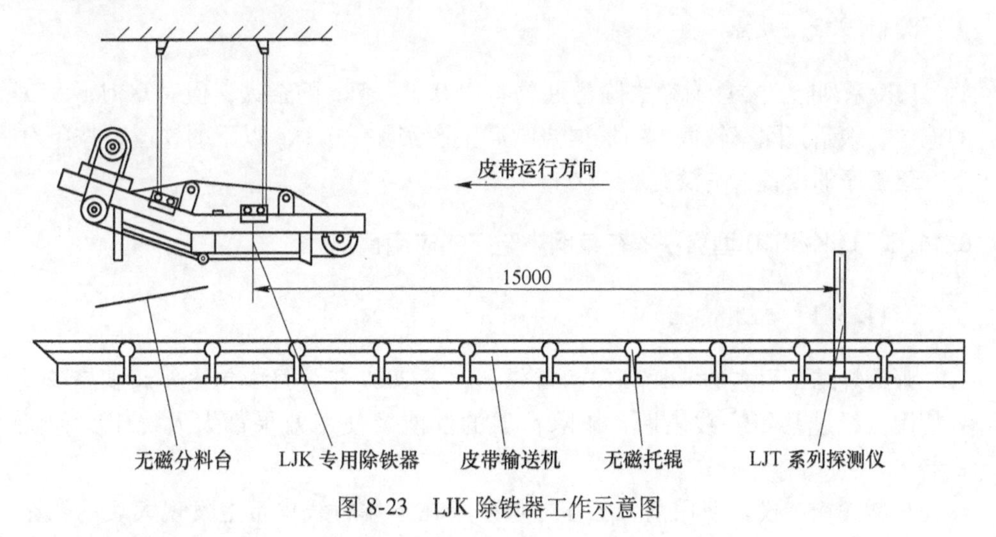


图 8-23　LJK 除铁器工作示意图

#### 8.11.2.1　优点

（1）LJK 系列除铁器系统摒弃以往一贯的用调节磁场强弱来实现铁和矿分离的方法，而采用特殊的磁场排布，能侦测和分检出可能会造成输送堵塞、损伤输送皮带，从而对整条生产线造成影响的大块的铁板、长的铁条和各种有尖角的大型铁件，针对其与磁性矿石相比相对截面积较大的特点，采用独特的磁场排布就可以将有害铁件和磁矿分开。这也是 LJK 型除铁器最大的创新之处。

（2）该系统的金属探测仪配用LJT系列磁性物料专用金属探测仪，该探测仪对磁性矿（如混匀料）做了特殊优化，可以屏蔽掉由正常的矿粉产生的信号，准确地判断出铁件并即时发出来铁信号，确保了来铁信号的实时性和准确性以及探测的灵敏度，有效地避免漏铁和误动作。从而有效的除去混匀料中的大块铁杂物，达到保护下一道工序的目的。这在同类产品中是一个发明性创举，创新性突出。

（3）具有特殊磁场排布的磁力分选区域，经过分选区域，大部分的物料掉落回皮带，剩下的少量物料和铁件被带到无磁分料台上进行再次分离。与其他永磁除铁器相比，其分离效果更好。

（4）工作制的优越性。其他大部分同类产品的工作制都是100%，而LJK型除铁器在整流柜的控制下，只有接到来铁信号时才启动带式除铁器并精确启动励磁，其工作制约为10%，耗能大为减少。

（5）LJK系列除铁器系统的线圈散热方式为自冷式，励磁线圈按最佳散热条件绕制而成，工作更为稳定可靠。

#### 8.11.2.2 缺点

LJK系列除铁器能有效去除磁性物料中0.1~35kg的杂铁，但对0.1kg以下的铁丝、铁条去除率较低。但根据烧结厂生产实际，0.1kg以下的铁丝、铁条对下一道工序的设备根本没有影响。

### 8.11.3 LJK-4510型除铁器在莱钢烧结厂的应用情况

#### 8.11.3.1 应用情况

莱钢烧结厂引进的LJK-4510型除铁器，于2007年8月中旬安装调试完毕投入使用。经过几年实践表明，该除铁器的性能及使用效果都大大优于其他除铁器。

在新除铁器投入使用前，工作人员多次在下端料线皮带上发现大块的铁杂物，也因此发生多次皮带撕裂、划伤事故，而新除铁器安装投入使用后，通过几年的实践，未再出现类似问题。

#### 8.11.3.2 出现的问题及处理

由于LJK-4510型除铁器是首次在莱钢烧结厂使用，使用初期曾出现了一系列问题。笔者认为总结并分析这些问题，可以为以后在烧结厂使用LJK系列除铁器积累宝贵的经验。现将使用中可能出现的故障及处理方法总结见表8-11。

表 8-11 LJK-4510 型除铁器可能出现的故障及处理方法

| 故障现象 | 可能原因 | 处理办法 |
| --- | --- | --- |
| 除铁器励磁不能启动 | (1)热过载继电器跳闸;(2)热过载继电器损坏;(3)电机故障;(4)交流接触器损坏 | (1)复位热过载继电器;(2)更换热过载继电器;(3)检查电机并处理;(4)更换交流接触器 |
| 除铁器不励磁 | (1)断路器跳闸;(2)励磁回路断线 | (1)查明原因并合断路器;(2)检查回路与电磁铁接线部分 |
| 操作时断路器跳闸 | (1)主交流接触器 KM1 黏联;(2)整流元件击穿短路 | (1)更换触电或元件;(2)更换整流元件 |
| 仪表、指示灯无显示 | (1)仪表、灯损坏;(2)连线断;(3)断路器跳闸 | (1)更换仪表、灯;(2)检查连线;(3)检查原因并合上断路器 |

相比于传统除铁器，LJK 系列除铁器具有很多优点，如全封闭、自冷、绝缘好、低温升、散热快、磁势大、重量轻、吸力强、能耗低、除铁率高、全电磁等。它与皮带输送机配套使用，可以从磁性物料中去除 0.1~35kg 的杂铁，对净化物料、回收杂铁，保护下一道工序的机器设备是一个良好的选择。

## 参考文献

[1] 周传典. 高炉炼铁生产技术手册 [M]. 北京：冶金工业出版社，2012：6~7.

[2] 王洪江，安钢，李文武，等. 首钢京唐烧结成品整粒工艺特点及应用 [J]. 烧结球团，2011，36 (1)：12~14.

[3] 郭艺勇，周茂军，张代华，等. 新型筛分机在宝钢二烧结成品整粒系统中的应用 [J]. 烧结球团，2012，37 (5)：21~24.

[4] 周茂涛，王志文，王会超，等. 柳钢 $360m^2$ 烧结机工艺及设备优化 [J]. 烧结球团，2013，38 (3)：16~17.

[5] 甘牧原，李宗社，刘巍，等. 在线成分测控系统在柳钢烧结生产的应用实践 [J]. 烧结球团，2018，43 (3)：32~36.

[6] 潘磊，李随军，段元民，等. 一种新型除铁器在莱钢烧结厂的应用与实践 [C]//第八届全国烧结球团设备技术研讨会文集，2010.